U0159829

高等学校电子与通信类专业系列教材

通信对抗原理

冯小平 李 鹏 杨绍全 编著

西安电子科技大学出版社

内 容 简 介

本书重点介绍通信对抗系统中对通信信号的截获、定位、处理、干扰的基本原理和方法。其主要内容包括通信信号的频率测量、到达方向测量和定位技术，通信侦察系统的信号处理技术，对模拟和数字通信系统的通信干扰的基本原理与技术，对扩频通信系统、通信链路和通信网等特殊通信系统的对抗技术等。

本书既可作为高等学校信息对抗技术专业本科生、研究生通信对抗课程的教材，也可作为通信对抗及相关领域的科技人员的参考书。

★ 本书配有电子教案，有需要的老师可与出版社联系，免费提供。

图书在版编目(CIP)数据

通信对抗原理/冯小平，李鹏，杨绍全编著. —西安：
西安电子科技大学出版社，2009.8(2021.7重印)
ISBN 978 - 7 - 5606 - 2320 - 7

Ⅰ. 通…　Ⅱ. ①冯…　②李　③杨…　Ⅲ. 通信对抗—高等学校—教材　Ⅳ. TN975

中国版本图书馆 CIP 数据核字(2009)第 124832 号

策划编辑　毛红兵
责任编辑　毛红兵
出版发行　西安电子科技大学出版社(西安市太白南路 2 号)
电　话　(029)88202421　88201467　邮　编　710071
网　址　www.xduph.com　　电子邮箱　xdupfxb001@163.com
经　销　新华书店
印刷单位　广东虎彩云印刷有限公司
版　次　2021 年 7 月第 1 版第 4 次印刷
开　本　787 毫米×1092 毫米　1/16　印　张　20.5
字　数　478 千字
定　价　49.00 元

ISBN 978 - 7 - 5606 - 2320 - 7/TN

XDUP 2612001 - 4

前　言

信息对抗是近年来得到迅速发展的学科之一，作为信息对抗学科的重要方向之一的通信对抗的发展，受到了国内外专家的重视。为适应信息对抗领域的发展和进步，国内很多高等院校相继设立了信息对抗技术专业。西安电子科技大学从 2000 年开始，恢复了信息对抗专业，目前已经设立了包括本科、硕士和博士在内的信息对抗方向的完整的培养体系。为了满足学科建设和人才培养的需要，我们在总结多年通信对抗系统研究成果的基础上，汲取了国内外专家和同行的研究成果，完成了这本通信对抗原理教材的编写工作。

作为面向信息对抗技术专业本科生和研究生的教材，本书在内容的选取和安排上，侧重于介绍通信对抗系统的基本原理和信号处理技术。其基本特点是，全面地反映了近几年通信对抗领域的研究成果，力求使通信对抗系统的理论知识系统化、条理化；系统地介绍了通信对抗系统先进的信号处理原理和技术，反映信号处理软件化和数字化的趋势。在重点介绍通信对抗系统中对通信信号的截获、定位、处理、干扰的基本原理和方法的基础上，还介绍了通信对抗领域的新的发展方向和新的研究成果，以拓展学生的知识面，熟悉和掌握通信对抗系统的基本理论和分析方法。

本书分为 8 章，第 1 章为绪论，简单介绍通信对抗领域的基本特点。之后通过三部分介绍通信对抗系统的组成原理和技术。第一部分为通信侦察原理和技术，包括第 2～5 章，分别介绍通信侦察系统的测频、测向、信号处理和侦察截获方程等内容；第二部分为通信干扰原理和技术，包括第 6、7 章，分别介绍通信干扰技术和干扰效果评估技术；第三部分为对特殊通信系统的对抗技术(第 8 章)，介绍对扩频通信、数据链和通信网的对抗技术。

本书既可作为高等学校信息对抗技术专业本科生、研究生通信对抗课程的教材，也可作为相关领域的科技人员的参考书。通信对抗是信息对抗技术专业的必修课，其先修课程为电子线路、随机信号分析、通信原理、雷达对抗原理等。后续课程为信息战导论、信息对抗新技术等。本书内容丰富，授课教师可以根据教学大纲要求进行选择，介绍主要内容或者全部内容。作者建议对本科生只介绍前 7 章的主要内容。

本书由冯小平、李鹏和杨绍全共同编著。杨绍全教授负责第 1 章、李鹏教授负责第 3 章、冯小平教授负责其余各章的编写工作并统编全书。赵国庆教授参与了编写大纲的评审，并且仔细地审阅了全书，提出了许多宝贵的建议，作者在此表示衷心的感谢。电子工程学院的研究生张亚苹、卢璐参与了部分图表的仿真和绘制工作，作者在此也对他们的工作表示衷心的感谢。本书的出版列入了学校"十一五"重点教材计划，编写过程中得到了学校有关部门的支持和帮助，同时也得到了西安电子科技大学出版社领导和编辑的大力支持与帮助，作者在此对他们的工作再次表示衷心的感谢。

　　由于水平和时间的限制，书中难免存在不完善之处，敬请专家和读者指正。

作　　者

2009 年 6 月于西安电子科技大学

目 录

第 1 章 绪论 ……………………………………………………………… 1

1.1 通信对抗概述 …………………………………………………………… 1

1.2 通信对抗的含义 ………………………………………………………… 3

1.3 通信对抗系统的组成和分类 …………………………………………… 4

  1.3.1 通信对抗系统的组成 ……………………………………………… 4

  1.3.2 通信对抗系统的分类 ……………………………………………… 7

1.4 通信对抗系统的特点 …………………………………………………… 7

  1.4.1 信号环境 …………………………………………………………… 7

  1.4.2 通信对抗系统的工作特点 ………………………………………… 9

  1.4.3 无线电频段划分 …………………………………………………… 10

1.5 通信对抗系统的主要技术指标 ………………………………………… 11

1.6 通信侦察的应用领域 …………………………………………………… 12

  1.6.1 通信侦察在非军事领域的应用 …………………………………… 12

  1.6.2 通信对抗在军事领域的应用 ……………………………………… 12

习题 …………………………………………………………………………… 14

第 2 章 通信侦察和通信信号频率的测量 ……………………………… 15

2.1 通信侦察系统概述 ……………………………………………………… 15

  2.1.1 通信侦察系统的含义、分类和特点 ……………………………… 15

  2.1.2 通信侦察系统的任务 ……………………………………………… 17

  2.1.3 通信侦察系统的用途 ……………………………………………… 19

  2.1.4 通信侦察的关键技术和发展趋势 ………………………………… 21

  2.1.5 通信侦察系统的组成 ……………………………………………… 22

  2.1.6 通信侦察系统的主要技术指标 …………………………………… 23

2.2 通信系统和通信信号的基本特点 ……………………………………… 25

  2.2.1 通信系统的组成和特点 …………………………………………… 25

  2.2.2 模拟通信信号基本类型和特点 …………………………………… 27

  2.2.3 数字通信信号基本类型和特点 …………………………………… 30

2.3 频率测量的技术指标和分类 …………………………………………… 34

  2.3.1 频率测量的主要技术指标 ………………………………………… 35

  2.3.2 频率测量技术分类 ………………………………………………… 36

2.4 通信信号频率的直接检测方法 ………………………………………… 36

  2.4.1 频率搜索接收机的基本原理 ……………………………………… 36

  2.4.2 频率搜索方式 ……………………………………………………… 38

  2.4.3 频率搜索时间和速度 ……………………………………………… 39

  2.4.4 信道化接收机 ……………………………………………………… 40

2.5　通信信号频率的变换域检测方法 ……………………………………………… 44

　　2.5.1　声光接收机 …………………………………………………………………… 44

　　2.5.2　压缩接收机 …………………………………………………………………… 47

2.6　通信信号的数字化测频方法 …………………………………………………… 51

　　2.6.1　数字化技术基础 ……………………………………………………………… 51

　　2.6.2　宽带数字化接收机 …………………………………………………………… 55

　　2.6.3　数字信道化接收机 …………………………………………………………… 58

　　2.6.4　数字测频算法 ………………………………………………………………… 61

习题 ……………………………………………………………………………………… 63

第 3 章　通信信号的测向与定位 ………………………………………………… 64

3.1　测向与定位概述 ………………………………………………………………… 64

　　3.1.1　通信辐射源测向系统组成 …………………………………………………… 64

　　3.1.2　通信测向和定位技术分类 …………………………………………………… 65

　　3.1.3　通信测向和定位设备的主要指标 …………………………………………… 65

3.2　测向天线 ………………………………………………………………………… 66

　　3.2.1　概述 …………………………………………………………………………… 66

　　3.2.2　线天线 ………………………………………………………………………… 68

　　3.2.3　口径天线 ……………………………………………………………………… 70

　　3.2.4　有源天线 ……………………………………………………………………… 71

　　3.2.5　阵列天线 ……………………………………………………………………… 71

3.3　振幅法测向 ……………………………………………………………………… 72

　　3.3.1　最大幅度法 …………………………………………………………………… 72

　　3.3.2　最小振幅法 …………………………………………………………………… 74

　　3.3.3　单脉冲比幅法 ………………………………………………………………… 74

　　3.3.4　沃森-瓦特比幅法 …………………………………………………………… 75

3.4　相位法测向 ……………………………………………………………………… 78

　　3.4.1　单基线干涉仪测向 …………………………………………………………… 78

　　3.4.2　一维多基线相位干涉仪测向 ………………………………………………… 79

　　3.4.3　二维圆阵相位干涉仪测向 …………………………………………………… 80

3.5　相关干涉仪测向 ………………………………………………………………… 82

　　3.5.1　双通道相关干涉仪的组成 …………………………………………………… 82

　　3.5.2　双通道相关干涉仪的测向过程 ……………………………………………… 83

　　3.5.3　相关干涉仪的特点 …………………………………………………………… 83

3.6　多普勒测向 ……………………………………………………………………… 84

　　3.6.1　多普勒效应 …………………………………………………………………… 84

　　3.6.2　多普勒测向原理 ……………………………………………………………… 84

　　3.6.3　数字化多普勒测向 …………………………………………………………… 86

3.7　到达时差测向 …………………………………………………………………… 87

　　3.7.1　到达时间差测向的基本原理 ………………………………………………… 87

　　3.7.2　相关法时差测量 ……………………………………………………………… 88

　　3.7.3　循环自相关法时差测量 ……………………………………………………… 88

3.8　空间谱估计测向 ………………………………………………………………… 91

    3.8.1　均匀线阵 ··· 91

    3.8.2　MUSIC 算法 ··· 92

  3.9　通信辐射源定位 ··· 94

    3.9.1　测向定位技术 ··· 94

    3.9.2　时差定位技术 ··· 96

    3.9.3　差分多普勒定位 ··· 97

    3.9.4　联合定位 ·· 99

  习题 ·· 99

第 4 章　通信侦察系统的信号处理 ······································ 100

  4.1　概述 ··· 100

  4.2　通信信号参数的测量分析 ··· 100

    4.2.1　通信信号的载频测量分析 ··· 101

    4.2.2　信号的带宽测量分析 ·· 103

    4.2.3　信号的电平测量分析 ·· 104

    4.2.4　AM 信号的调幅度测量分析 ·· 104

    4.2.5　FM 信号的最大频偏测量分析 ·· 105

    4.2.6　通信信号的瞬时参数分析 ··· 106

    4.2.7　MFSK 信号频移间隔测量分析 ·· 107

    4.2.8　码元速率测量分析 ·· 108

  4.3　通信信号调制类型识别 ··· 112

    4.3.1　调制类型识别概述 ·· 112

    4.3.2　常用通信信号的瞬时特征 ··· 115

    4.3.3　基于统计矩的模拟通信信号调制识别 ······························· 123

    4.3.4　基于统计矩的数字通信信号调制识别 ······························· 126

    4.3.5　基于统计矩的通信信号调制识别 ···································· 131

    4.3.6　基于统计参数的通信信号调制识别 ·································· 133

    4.3.7　基于高阶累积量的通信信号调制识别 ······························ 137

    4.3.8　基于星座图的数字通信信号识别 ···································· 139

  4.4　通信信号解调 ·· 140

    4.4.1　概述 ··· 140

    4.4.2　MFSK 信号盲解调 ··· 142

    4.4.3　MPSK 信号盲解调 ··· 143

    4.4.4　幅度调制信号盲解调 ·· 145

  习题 ··· 146

第 5 章　通信侦察系统的灵敏度和作用距离 ···················· 148

  5.1　通信侦察接收机灵敏度 ··· 148

    5.1.1　噪声系数 ·· 148

    5.1.2　接收机灵敏度 ··· 149

  5.2　通信侦察系统的作用距离 ··· 150

    5.2.1　自由空间电波传播模型 ·· 150

    5.2.2　地面反射传播模型 ·· 151

  5.2.3 侦察作用距离 ……………………………………………… 152

 5.3 通信侦察系统的截获概率 ………………………………………… 153

 习题 ……………………………………………………………………… 154

第 6 章 通信干扰原理 ……………………………………………… 155

 6.1 通信干扰系统的组成和分类 …………………………………… 155

  6.1.1 通信干扰的基本概念 …………………………………… 155

  6.1.2 通信干扰的特点 ………………………………………… 157

  6.1.3 通信干扰系统的组成和工作流程 ……………………… 158

  6.1.4 通信干扰的分类 ………………………………………… 160

  6.1.5 通信干扰系统的主要技术指标 ………………………… 161

 6.2 通信干扰体制和基本原理 ……………………………………… 162

  6.2.1 通信干扰体制 …………………………………………… 162

  6.2.2 通信干扰的基本原理 …………………………………… 163

  6.2.3 有效干扰准则和干扰能力 ……………………………… 166

 6.3 通信干扰样式 …………………………………………………… 170

  6.3.1 压制式通信干扰样式 …………………………………… 170

  6.3.2 欺骗式通信干扰样式 …………………………………… 185

 6.4 对模拟通信信号的干扰技术 …………………………………… 189

  6.4.1 对 AM 通信信号的干扰 ………………………………… 189

  6.4.2 对 FM 通信信号的干扰 ………………………………… 193

  6.4.3 对 SSB 通信信号的干扰 ………………………………… 195

 6.5 对数字通信信号的干扰技术 …………………………………… 197

  6.5.1 对 2ASK 通信信号的干扰 ……………………………… 197

  6.5.2 对 2FSK 通信信号的干扰 ……………………………… 200

  6.5.3 对 2PSK 通信信号的干扰 ……………………………… 206

 习题 ……………………………………………………………………… 210

第 7 章 通信干扰方程和干扰效果评价 ……………………………… 212

 7.1 通信干扰方程 …………………………………………………… 212

  7.1.1 理想条件下的通信干扰方程 …………………………… 212

  7.1.2 修正的通信干扰方程 …………………………………… 213

  7.1.3 通信干扰有效辐射功率计算 …………………………… 214

  7.1.4 干扰压制区分析 ………………………………………… 216

 7.2 通信干扰效果评价准则 ………………………………………… 219

  7.2.1 概述 ……………………………………………………… 219

  7.2.2 干扰效果评价准则 ……………………………………… 220

 7.3 通信干扰效能检测和评估方法 ………………………………… 222

  7.3.1 对语音通信系统干扰效能的检测和评估 ……………… 222

  7.3.2 对数字通信系统干扰效能的检测和评估 ……………… 225

 7.4 对语音信号质量的客观评价方法 ……………………………… 226

  7.4.1 概述 ……………………………………………………… 226

  7.4.2 语音信号的失真测度 …………………………………… 229

　　7.4.3　基于 Mel 谱失真测度的干扰效果评价 ……………………………… 232
　7.5　通信干扰效能评估的仿真技术 ……………………………………………… 238
　　7.5.1　通信干扰效能评估的物理仿真 …………………………………………… 238
　　7.5.2　通信干扰效能检测与评估的计算机仿真 ………………………………… 242
　习题 …………………………………………………………………………………… 245

第8章　对特殊通信系统的对抗技术 ……………………………………………… 247
　8.1　概述 …………………………………………………………………………… 247
　8.2　扩频通信系统及其特点 ……………………………………………………… 248
　　8.2.1　直接序列扩频(DSSS) ……………………………………………………… 248
　　8.2.2　跳频扩频(FHSS) …………………………………………………………… 249
　　8.2.3　跳时扩频(THSS) …………………………………………………………… 251
　8.3　直接序列扩频通信系统对抗技术 …………………………………………… 252
　　8.3.1　直接序列扩频通信信号的截获技术 ……………………………………… 252
　　8.3.2　直扩信号参数估计和解扩技术 …………………………………………… 258
　　8.3.3　对直接序列扩频通信系统的干扰 ………………………………………… 259
　8.4　跳频通信系统对抗技术 ……………………………………………………… 269
　　8.4.1　跳频通信信号的侦察技术 ………………………………………………… 269
　　8.4.2　跳频通信信号分析技术 …………………………………………………… 276
　　8.4.3　对跳频通信系统的干扰 …………………………………………………… 282
　8.5　通信链路对抗技术 …………………………………………………………… 286
　　8.5.1　数据链概述 ………………………………………………………………… 286
　　8.5.2　典型的战术数据链分析 …………………………………………………… 288
　　8.5.3　数据链对抗技术 …………………………………………………………… 293
　8.6　通信网对抗技术 ……………………………………………………………… 295
　　8.6.1　通信网的分类 ……………………………………………………………… 296
　　8.6.2　典型军事通信网的基本原理 ……………………………………………… 299
　　8.6.3　对通信网的侦察技术 ……………………………………………………… 303
　　8.6.4　对通信网的综合干扰技术 ………………………………………………… 308
　　8.6.5　对通信网对抗的效能评估技术 …………………………………………… 310
　习题 …………………………………………………………………………………… 311

参考文献 …………………………………………………………………………… 312

第 1 章 绪 论

1.1 通信对抗概述

在信息化社会里，信息既是财富又是宝贵的资源。在军事斗争中，信息是战斗力的重要组成部分。现代化战场是信息化战场，在信息化战场中，部队的作战指挥、武器控制既依赖于敌我双方的兵力部署、军事意图和武器作战能力的信息，也依赖于敌我双方的信息传输能力。因此，争夺信息的优势的斗争，即保证己方信息安全传输和通过各种手段获取对方信息并破坏对方信息传输的斗争，成了现代战争的焦点。

信息是依靠通信系统传输的，因此通信系统是作战指挥和武器控制的神经中枢。无线电通信是现代战争中的主要通信方式之一，如广为使用的地面通信、移动通信、卫星通信、数据通信和协同通信等战场通信网历来都是战争中指挥、控制和信息沟通的主要手段，也是作战环境中的唯一手段。对通信网台的干扰，破坏对方的信息传输，中断其神经中枢，可使其指挥失灵、武器失控，它比杀伤对方的部分作战力量和摧毁某个武器的影响要大得多。

通信对抗是最早使用的电子战手段，随着无线电电报在军事通信中的应用，1904 年日俄战争中，双方利用无线电设备窃听舰—舰和舰—地间的通信，以获取军事情报，这是通信侦察的最早实践。早期的无线电台很少，而电台总是和军队指挥机关在一起的，因此第一次世界大战期间出现了无线电测向机，利用通信测向定位，判断军队集结地区，也从敌方无线电台的位置变动，来判断部队调动情况。1916 年在英德海军间的日德兰海战中，英国利用海岸的无线电测向机，测到了德国舰队的电台方向，以此引导英国舰队追踪德国军舰，使德国军舰受到重创。第一次世界大战期间，通信干扰也首次投入实际应用。两艘德国巡洋舰被英国巡洋舰追踪，英国海军部命令英舰将德舰的行动不断地报告以便组织英国驻地中海的舰队拦截德舰，但德舰窃听到了英舰与海军部的无线电联系，德舰上的无线电发射设备发射一种与英舰电台频率相同的噪声。英国人几次改频但不奏效，致使英国海军部无法接收到英舰发来的信号。与此同时，德舰突然改变航线，避开了英国舰队的攻击。

第二次世界大战期间，出现了有组织的通信对抗活动，专用的无线电通信侦察设备、测向设备和通信干扰机相继出现，如超外差式自动调谐侦察机、测向机、噪声调制的干扰机。随着电子技术的发展，通信对抗设备也不断进步。从 20 世纪第二次世界大战到 70 年代，通信对抗发展缓慢。直到最近二十多年来，通信对抗因其在战场上表现出的独特的作用，才又受到各国青睐，得到了长足进步和快速发展。综观通信对抗发展史，通信对抗大体经历了如下一些阶段。

1) 用通信设备实施对抗阶段

该阶段从通信对抗首次使用开始,持续到20世纪的第二次世界大战,除测向设备外,基本上没有专用的通信对抗装备,也基本没有进行通信对抗理论、体制和专题技术的研究,差不多都是使用现成的通信电台或改装的通信设备,即直接采用通信设备监视敌方的通信信号,监听通信内容,使用测向设备测量通信发射机的方位,获取情报信息。必要时,用通信发射机发出噪声调制干扰或语音欺骗干扰,甚至还用过电火花的调谐干扰。

除测向设备外,这一阶段的主要通信对抗装备就是通信电台,只有少量在通信电台基础上改装的侦听设备以及用通信电台加装干扰信号激励器形成的干扰附加器等。

2) 单机对抗阶段

第二次世界大战后,战争几乎连年不断。直到20世纪70年代,世界先后经历了朝鲜战争、越南战争以及持续不断的中东战争。虽然该阶段通信对抗发展缓慢,但是战场上的侦察和反侦察、窃听和反窃听仍然是通信和通信对抗斗争的焦点。伴随着通信系统逐步采用各种加密措施(包括后来出现的数字技术),除了在各种通信设备混杂并用时期仍可监听部分老式的电台信号外,已无法直接依靠人工侦听(收)方法来获取情报信息。尽管难以获得通信情报信息,但是通过测量通信辐射源方位、监视通信信道和测量通信信号参数,仍然可以获得通信信号的基本特征参数,从而对通信设备实现干扰引导,实现破坏通信设备的通信联络的目的。因此,该阶段研制、生产和使用了专门的通信侦察、测向和干扰的单机设备。

在这个阶段,有关国家进行了侦察接收、测向和定位体制以及干扰理论研究,实际试验了通信对抗样机,取得了对当时各种通信体制和各种制式电台信号进行侦察接收和测向定位的最有效方法以及最佳干扰样式等数据,基本确立了最佳干扰理论。在此基础上,开发并批量生产了以地面平台(固定式和移动式)为主的专用的通信侦察、测向(定位)和干扰装备。

该阶段通信对抗的主要作战对象仍然是模拟制式、人工调谐的战术通信电台,操作方式主要采用人工控制和手动操作,后来出现了利用硬件实现对信号的半自动或自动搜索、截获、监听和瞄准干扰,以及数字调谐的通信对抗单机设备。

这一阶段的通信对抗装备主要是以地面使用为主的各种便携式的通信侦察、测向设备以及拦阻式或瞄准式通信干扰单机。装备的主要缺点是反应速度慢、工作频段窄、干扰功率小、设备体积大而笨重,且基本没有信号处理能力,必须依靠人工来分析、判断和识别信号。

3) 系统对抗阶段

从20世纪70年代起,伴随着微电子技术、计算机技术和通信网络化技术的发展,通信对抗的系统设计技术、数字控制和管理技术、信号分析与识别技术等方面取得了理论和工程应用性的突破。与此同时,通信对抗单机设备也通过计算机控制实现系统集成,使通信对抗装备的系统化和数字化有了突飞猛进的发展。实现集成后的通信对抗系统大大提高了作战能力。从此,通信对抗同通信的较量逐步进入系统对抗阶段。

通信对抗从对单一电台对抗发展到对通信网、数据链的对抗,出现了从手机通话侦听到对散射通信、卫星通信的侦察和干扰。现在世界各国有成千上万种无线电通信对抗装置在地面、军舰和飞机上，与此同时，专门从事通信对抗研制和生产的部门、通信对抗部队以及专用通信对抗飞机也相继出现。

1.2 通信对抗的含义

无线电通信对抗就是为削弱、破坏敌方无线电通信系统的使用效能和保护己方无线电通信系统使用效能的正常发挥所采取的措施与行动的总称，简称为通信对抗。因此，通信对抗就是敌对双方在军事通信领域进行的、为作战行动直接服务的电子对抗活动，是通信领域中的电子战，也称为通信电子战。其实质就是敌对双方在通信领域内为争夺电磁频谱的使用权和控制权展开的争斗。

按照通信对抗的上述定义，通信对抗包括两个方面的主要内容：其一是为了削弱、破坏敌方无线电通信系统所采取的措施和行动，它一般包括通信侦察和通信干扰两个方面；其二是为了保护己方无线电通信系统使用效能的正常发挥所采取的措施和行动，它就是通信反侦察/抗干扰（简称"通信抗干扰"）技术。本书主要讨论前者，后者即通信抗干扰属于通信系统的内容，本书不做讨论。

通信对抗是无线电通信领域的电子战，如图1.2-1所示。通信对抗包括通信侦察和通信干扰。通信侦察的目的之一是获取通信情报，以了解对方的军事意图、无线通信设备的技术水平，为军事行动决策和制定通信对抗装备的研制规划提供依据。这种情报称为通信情报（communications intelligent，comint）。通信侦察的另一个目的是根据所截获的信号，分析对方的通信信号工作频率、调制方式、调制参数和对通信设备的定位，使指挥员实时了解战场的电子态势，引导干扰机对关键节点的通信设备实施干扰。这种通信侦察也称为电子支援措施（Electronic Support Measurement，ESM）。

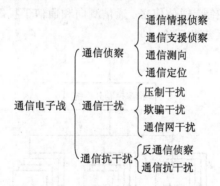

图1.2-1 通信电子战

通信干扰（Communications Jamming）是人为使用辐射电磁能量的办法，对敌方无线电通信过程进行压制和破坏，主要目的是削弱甚至阻断敌方信息网络体系中的"神经"和"血管"（如指挥通信、协同通信、情报通信、勤务通信等）。通信干扰按照其干扰方式分为压制干扰、欺骗干扰和通信网干扰等。压制式干扰是使敌方通信设备收到的有用信息模糊不清或被完全掩盖，甚至通信中断。根据对目标信号的破坏程度分为全压制干扰和部分压制干扰。欺骗干扰是在敌方使用的通信信道上，模仿敌方通信系统的通信方式、语音、信息等信号特征，冒充其通信网内的电台，发送伪造的虚假或者欺骗消息，从而造成敌接收方判断失误或产生错误行动。通信网干扰是指针对通信网的通信干扰。

通信抗干扰(含通信反侦察)包括两部分内容：一是利用通信干扰手段扰乱敌方的侦察设备，阻止其截获我方辐射的电磁信号(即"通信对抗反侦察")，这属于通信干扰范畴；二是对己方通信设备等电子信息装备采取电磁加固和抗干扰措施，减少辐射和加强保密，增强电子信息装备本身的反侦察和抗干扰能力，它属于通信抗干扰范畴，不在本书讨论的内容之列。

从宏观上讲，通信对抗以敌方的"无线电通信"为对象。而"无线电通信"这个术语，即我们平时简称"通信"的这两个字，在现今科学技术迅猛发展的时代里已经不是一个简单的概念了。现在，它已包括多频谱、多制式、多用途、多平台等名目繁多的种类。这样，通信对抗也就成了一个外延丰富的概念。目前，通信对抗技术和通信对抗装备已经发展成为名目繁多、涉及到方方面面的相当宽广的技术领域。

1.3 通信对抗系统的组成和分类

1.3.1 通信对抗系统的组成

由于实际电磁环境中存在各种波段、各种调制方式的通信设备，因此通信对抗不是一台干扰机对一台通信设备的对抗，而是系统对系统的对抗。

通信对抗系统是指通过计算机和网络把各种通信对抗设备有机地连接在一起，进行统一指挥协调的通信对抗的综合体。因此，通信对抗系统也称战术通信对抗的指挥、控制和通信系统(command，control，communication system)。

通信对抗系统由指挥控制、通信侦察、通信测向和通信干扰等分系统组成，如图 1.3 - 1 所示。下面分别讨论各分系统的用途。

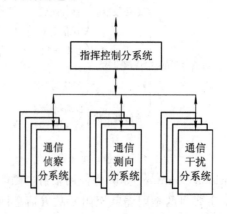

图 1.3 - 1　通信对抗系统

1) 指挥控制分系统

指挥控制分系统用于对系统下属各站的作战指挥和控制，收集处理各站上报的侦察情报和工作状态信息，统一各站的工作；也负责与上级指挥所的通信联络，接受上级指挥所下达的作战命令，完成相应的对抗任务，并上报战况。指挥控制系统具有电子态势显示（显示敌方通信设备的地理位置）、辅助决策、数据库以及与上级指挥所和下属各站的通信等功能。

2）通信侦察分系统

通信侦察分系统用于对作战区域内通信信号的截获、分选、参数测量、调制样式识别和信息解调等。该分系统一般有多个工作在不同频段、分布在不同地域的侦察站，完成对不同频段、不同区域的侦察。通信侦察分系统由侦察天线、搜索接收机、全景显示、分析接收机、信号分析显示和数据库等组成，如图 1.3－2 所示。

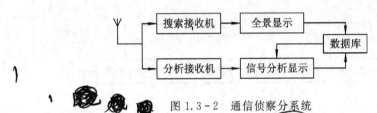

图 1.3－2 通信侦察分系统

通信侦察分系统的第一个功能是截获信号，侦察天线的波束在空域内搜索、截获通信系统来的信号，并将信号送给搜索接收机和分析接收机。第二个功能是测量信号参数。搜索接收机测量接收信号的频率、电平、到达时间等，并将各通信设备的频率分布全景地显示在全景显示器上，同时将测量的参数送到数据库进行存储。搜索接收机是宽带的，用于对频带内信号的频率进行全面调查，给出通信信号在频域上的全景分布。分析接收机是窄带接收机，它用来对感兴趣的信号进行详细分析，以较高精度测量信号的频率、调制类型识别、解调和参数测量，并将分析和测量结果显示在分析显示器上。由于分析接收机是窄带的，它也可以对模拟通信实现监听，因此分析接收机也称监听/分析接收机。

3）通信测向分系统

通信测向分系统用以对通信信号的测向和定位。对通信信号的测向是利用方向性天线在空域范围内搜索，或用多天线组成的天线阵测量信号到天线阵的幅度差、相位差或到达时间差实现的。原理上，通信侦察分系统的天线也可进行测向，但通信侦察天线的波束宽度宽，测向精度低。因此，为了保证对通信信号的空域截获概率，目前的通信对抗系统中都有独立的通信测向分系统。测向分系统的组成如图 1.3－3 所示。

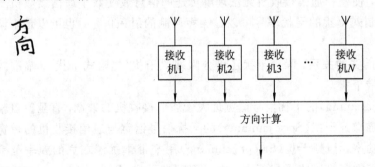

图 1.3－3 通信测向分系统

对通信信号的定位通常由两个测向站用交叉定位方法实现。对通信信号的测向、定位可初步判定通信电台的部署，引导反辐射武器摧毁重要的通信节点，也可引导干扰机在方向上瞄准，有效地利用干扰功率。

4）通信干扰分系统

在通信对抗系统中，通信干扰分系统根据系统控制决策分系统的命令对特定的通信信号进行干扰，这时侦察分系统向干扰分系统提供干扰对象的频率、方向、调制方式、调制参数等信息，干扰引导单元在频率、方向上瞄准干扰对象，并由干扰信号形成设备产生低功率的射频干扰信号，最后经功率放大由天线向指定方向发射干扰信号。通常，通信干扰机前端有自己的接收天线和接收机，可独立进行侦收和干扰。通信干扰分系统的组成如图1.3-4所示。

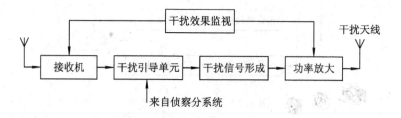

图 1.3 - 4　通信干扰分系统

对通信系统的干扰方式有压制式干扰和欺骗式干扰，如图 1.3-5 所示。

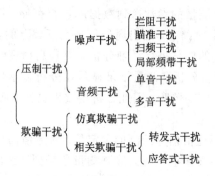

图 1.3 - 5　通信干扰分类

压制式干扰（Overwhelm jamming）是功率型干扰，干扰机发射大功率干扰信号以降低通信接收机输入的信干比，使模拟通信接收机无法理解传送的信息或使数字通信接收机增大接收信号的误码率。压制式干扰的干扰信号可以是噪声调制的射频信号，也可以是未调制的音频信号。

根据干扰谱宽与信号谱宽的关系，噪声干扰还可分阻塞式干扰（拦阻式干扰）、瞄准式干扰、扫频干扰和局部频带干扰。

阻塞式干扰（Barrage jamming）的干扰信号谱宽远大于通信接收机的带宽，直至覆盖整个跳频通信的频率范围。瞄准式干扰（Spot jamming）的干扰信号谱宽与通信接收机的带宽相当，能有效地利用干扰功率。扫频干扰（Swept jamming）用窄带干扰谱在宽的频率范围内扫描，每个时刻的瞬时带宽与瞄准式干扰相当。而局部频带干扰（Partial jamming）是对一定频率范围内的信号干扰，干扰频谱宽度小于通信信号占据的频率范围。

未经调制的干扰信号有单频信号（单音干扰）或多个频率的信号（多音干扰）等。这种干扰的机理与噪声干扰不同。它的频率、相位与通信信号不同，当干扰信号和通信信号同时存在于接收机中时，合成信号会产生包络失真和相位失真。通信接收机解调输出信号会出现误码。未调制干扰常用于对数字通信系统干扰。

欺骗式干扰（Deceptive jamming）的目的是冒充通信网台中的一个台站与该网中其他台站进行通信，把假信号注入通信网，使敌方通信系统产生错误判断。欺骗式干扰实现难度大，较少使用。但是用应答式干扰冒充通信网的信号进行干扰则得到广泛的应用。应答式干扰的原理是将侦收的信号存储，然后延时转发。应答式干扰的频率、调制参数等与通信信号完全相同，相当于通信接收机同时收到两个内容不同的信号，当干扰功率与通信信号功率相当时，通信接收机会产生解调错误。但应指出，对于跳频通信系统干扰时，应答式干扰的干扰效果取决于通信接收机、干扰机和通信发射机的位置关系。即与干扰信号和接收信号的重叠时间长短有关，重叠时间越长，干扰效果越好。

应该指出，这里所说的欺骗式干扰是专指使通信设备产生虚假信息或产生解调错误的干扰，它与信息欺骗不同。后者是用通信、广播等手段，宣传战争的性质、虚假的作战态势和战果，以瓦解敌方民众和作战人员的意志与战斗力。信息欺骗是信息战中军事欺骗的重要组成部分。

除猝发通信外，大多数通信的持续时间较长，以便把电文等完整地传送到接收端，因此干扰在时间上通常也是连续的。但是干扰机在干扰过程中需经常监视干扰效果，即干扰时侦收通信信号，以检查干扰的效果。当发现通信设备受干扰，跳到其他频率工作时，干扰信号频率也随之变化或改变干扰方式（如阻塞式干扰）。这时，干扰信号的部分能量可能被干扰系统的侦察接收天线接收，引起干扰系统的自激。引起自激的原因是干扰机的收发天线的隔离度低，使干扰功率经空间耦合到接收端的功率大于接收机的灵敏度。为了防止自激的发生，可增大收发天线间的距离、增大天线间电波的吸收或使用极化互为正交的收发天线。目前的干扰机都采用时间分割方式工作，即在干扰过程中周期性地停止一段时间用于侦察。这种监视干扰效果的方法称为时间选通，国外文献上称"Look through"。

1.3.2 通信对抗系统的分类

按频段分，通信对抗系统可分为短波、超短波和微波通信对抗系统。短波通信对抗系统的频率范围为 3～30 MHz；超短波通信对抗系统的频率范围为 30～300 MHz；微波通信对抗系统的频率范围为 300～3000 MHz。

按功能分，通信对抗系统可分为战术通信、移动通信、卫星通信等通信对抗系统。

按平台分，通信对抗系统可分为车载、机载、舰载和星载通信对抗系统。

1.4　通信对抗系统的特点

通信对抗所面临的信号环境和通信对抗的工作方式决定了通信对抗系统的特点。

1.4.1 信号环境

通信对抗系统的信号环境有以下几个特点：

（1）工作频率范围宽。常用的战术通信网台的工作频率范围从 1 MHz 到 3000 MHz，毫米波通信的频率可达 40 GHz，而通信信号的最小谱宽仅有 25 kHz，可以想像，在该频率范围内将会有几万个网台同时工作。

（2）调制方式多。通信信号有模拟调制和数字调制，根据被调制的参数不同，又有幅度调制、频率调制和相位调制。不管是模拟信息还是数字信息，它们都采用上述三种基本调制方式。但为了区分模拟调制与数字调制，人们又采用了如下的术语与代号：

模拟调幅——AM；

模拟调频——FM；

模拟调相——PM；

数字调幅——ASK，又称振幅键控；

数字调频——FSK，又称频率键控；

数字调相——PSK，又称相位键控。

实际应用的技术，往往比上面所介绍的要复杂的多，还有一些派生的调制方式也得到了应用。例如，为了节省传输频带并增加抗干扰能力，在调幅基础上派生出一种"单边带调制"，它只传送调幅信号的上边带或下边带。有时为了接收的方便，还同时送出一部分下边带及载频，这叫做"残留边带调制"。这种派生的"单边带调制"在短波通信中应用很广。

（3）工作体制多。通信信号在频域上有单频、跳频和扩频等体制，在时域上有跳时、猝发等体制。通信信号的跳频有慢速跳频（每个频率驻留时间内包含许多数据比特，跳速为每秒钟几跳到几十跳）和快速跳频（每个数据比特内有多次跳频，跳速为几百跳到千跳以上）；跳时是指传送的信息在每帧的不同时刻发送；扩频是源码经随机码调制后发射，接收端将接收信号与同步的随机码相关恢复源码。猝发是在不到 1 秒时间内发送完一份完整的报文的通信方式。在一些通信系统中，跳频、扩频、跳时可组合使用。

（4）信息种类多。一般来说，通信信号的信息源可分为三类：语音（语言、音乐等）、图像和数据。

在通信中，语音信息通常限制在 300～3400 Hz 频率范围内，有时只使用 300～2700 Hz 频率范围，因为在此以外的频率分量对语音的可懂度贡献不大。

图像信息有慢扫描静止图像，它可以在上述语音频带内传输；也有实时动态视频图像，如不进行任何处理，则需占用 0～6 MHz 频率基带。

在通信系统中，数据通常以"0"与"1"表示的二进制代码（比特）形式出现，就像计算机中一般使用二进制数的道理是一样的。因为它最简单，所以传输可靠性最高，同时最容易与计算机接口，也最容易处理与储存。

从信息传输角度，又可以把信息源分为两大类：一类是模拟信息（语音、图像等）；另一类是数字（数据）信息（包括将模拟信息"数字化"处理后变换成的"数据"）。

数字传输的主要优点有：首先可通过信息处理的办法，大大压缩冗余信息，从而节省通信传输时占用的频带宽度和传输时间；其次可提高传输质量，因为数字信息传输形式的可靠性与抗干扰能力大大优于模拟信息传输形式；第三是可进行更简单且有效的保密处理；最后，更重要的一点是数字通信系统可以与计算机直接接口，对信息的控制、处理、存储与应用都非常方便。

1.4.2 通信对抗系统的工作特点

与通信双方以完全合作的工作方式相反，通信对抗系统与通信系统的关系是非协作关系。这个特点决定了通信对抗系统区别于通信系统，具有如下特点。

(1) 工作频段宽。从通信对抗系统的频率范围可以看到，每个波段的频率范围达 10 个倍频程。这要求天线、接收机、干扰机的功率放大器都具有宽带性能。目前的微波元器件难以满足要求的带宽，通常根据对通信对抗系统的频率范围，用多个较窄带宽的天线、功率放大器等并行工作来解决。国外侦察频率范围已复盖 100 kHz～18 GHz，干扰的频率范围复盖 1～2500 MHz。

(2) 空域覆盖范围大。通信对抗系统要求的覆盖空域取决于系统平台。对于地面车载系统，方位覆盖正面的规定范围；而对机载、舰载和星载系统要求方位覆盖 360°，仰角覆盖 90°。

(3) 截获概率高。通信对抗系统截获信号是随机事件。信号截获是指侦察接收机在频率上、方向上、极化上与通信信号的一致，而且能测量信号的参数。由于通信信号的持续时间有限，而侦察接收机需要在一定频率范围内搜索，只有当侦察接收机的频率与信号频率相同的时刻，信号存在一定时间，侦察接收机才能在频域上截获信号。在空域上，如果侦察接收天线与通信发射天线都是旋转的，侦察天线与通信发射天线方向上对准时，侦察接收机才能截获信号。如果侦察天线的极化与通信发射天线极化正交，则侦察接收机不能截获信号。在空域上提高截获概率的方法是增大侦察天线波束宽度和提高接收机灵敏度，对通信发射天线的旁瓣侦察，在极化上用圆极化天线侦察线极化信号，但这时接收信号功率有 3 dB 损失。因此，通信对抗系统的信号截获主要指频域截获，将在后续章节详细讨论。

严格地说，对通信设备的干扰也是概率事件，因为通信对抗系统只能获得通信发射机的方向，而干扰的对象是通信接收机。因此，当通信发射机只向通信接收机发送信号时，由于无法测出通信接收机的方向而无法干扰。通常假定通信设备是收、发双工的，即通信设备可以发射，也可以接收，这时通信发射机的方向与接收机的方向是一致的。或者假设通信收、发设备位于一个较小的方向范围内，用宽波束干扰天线覆盖通信收、发设备的方向，实现对通信接收设备的干扰。

宽带接收和宽波束天线是保证通信对抗系统对通信信号高截获概率的重要措施。

(4) 灵敏度高。灵敏度是指接收机输出端的信噪比满足通信设备正常工作要求的最小接收信号功率。接收机灵敏度受接收机输入端的噪声功率的限制。当接收信号功率高于接收机灵敏度一定倍数时，信号才能正确接收。而接收的信号功率与距离平方成反比（短波时，由于大气对电波的折射影响，与距离 4 次方成反比）。通信侦察和通信干扰设备离通信发射机的距离大于通信接收机离发射机的距离，因此通信对抗系统接收机没有距离优势。通信侦察设备的灵敏度往往比通信接收机的灵敏度更高（−100～−110 dBm）。对扩频通信侦察时，侦察机接收的信号与接收的噪声同一数量级，甚至信号淹没在噪声中，在没有先验知识时，截获扩频信号是困难的课题。

(5) 动态范围大。动态范围是指侦察接收机正常工作的输入信号功率范围。动态范围的下限受接收机灵敏度限制，而上限取决于使侦察接收机饱和的功率和不产生交互调制的功率，前者定义的动态范围称饱和动态范围，而后者定义的动态范围称无寄生干扰的动态范围。通常无寄生干扰的动态范围小于饱和动态范围。因此，通常意义下的动态范围指的是无寄生干扰的动态范围。无寄生干扰的动态范围的含义如下：由于线性系统特性不理想，呈现非线性，当两个不同频率输入时，其输出除这两个频率外，还出现两个频率的组合频率分量，这两个组合频率分量与输入信号频率相距很近而无法滤除，形成了互调干扰。

在一个区域内，通信设备发射功率不同，离通信侦察设备的距离不同，尤其在通信侦察接收机相对于通信设备运动时，接收到的信号功率变化很大，为了保证通信侦察接收机能正确地测量信号参数，其动态范围一般为70～100 dB。

(6) 调制识别能力强。对于不同调制方式的信号需用相应的解调方式和干扰样式，因此在解调前需要调制识别。不仅需要识别出模拟调制和数字调制，还要识别出调制参数（幅度调制、频率调制或相位调制），以及识别出每个参数的调制阶数（如 PSK 调制的 BPSK、QBSK、8PSK 等的 2、4、8 阶）。

(7) 参数测量能力强。在通信中，收、发双方是合作关系，接收方确知信号频率或跳频通信的跳频图案、时间上的同步信号（如帧同步、码元同步，在跳时通信中跳时图案的同步）、扩展通信中的扩频与解扩用的随机码和信源、信道的加密、解密的密钥等。而通信对抗系统与通信系统是非合作关系，无法得到这些先验信息，因此通信对抗系统需要对通信信号参数的准确测量或估计，才能实现频率同步、码速率同步，正确地解调侦收信号的信息。

1.4.3 无线电频段划分

为了实现可靠的无线电通信，选择合适的载波频率是非常重要的，因为无线电波在空间传播都遵循一定的规律。如电波在自由空间传播的衰减与传播距离平方成正比，同时也与其频率的平方成正比。这样，电磁频谱的低端特别适用于通信，因而这一频段特别拥挤。于是，人们使用的无线电频谱不得不向高端拓展。另外，为了避免众多的通信系统互相影响，人们不得不在世界范围内协调无线电频谱的使用，使各种不同业务占用不同的频段，使之合理、有序。

无线电通信频段的划分及其用途如表1.4-1所示。

表 1.4-1 通信频段的划分及其用途

频 段	用 途
0.3～30 kHz	岸对潜艇的远程通信
0.3～3 MHz	舰队编队内部通信，舰—岸通信，应急通信和救生通信
2～10 MHz	陆、海、空远程移动通信，近程战术指挥通信
10～30 MHz	地面远程战略通信，舰—岸远程通信和岸—潜指挥通信
30～88 MHz	移动战术通信，装甲兵指挥协同通信，舰—舰通信
100～174 MHz	地—空、舰—空、空—空指挥和协同通信
225～400 MHz	地—空、舰—空、空—空指挥引导通信及舰载通信
0.2～10 GHz	定向无线电通信
0.2～100 GHz	卫星通信

频段的这种划分只具有相对正确性，在多数的情况下，一般用途的电台基本上是这样设计的。但是，随着技术的进步，一些通信系统为了抗干扰的目的也跨波段设计。

1.5 通信对抗系统的主要技术指标

通信对抗系统的技术指标包括：

(1) 系统的频率范围：包括侦察设备的频率覆盖范围、测向设备的频率覆盖范围和干扰设备的频率覆盖范围。这些频率覆盖范围可能不完全一样，而侦察的频率范围总是宽于测向和干扰的频率范围。

(2) 系统的作用区域范围：包括方位覆盖范围、仰角覆盖范围和作用距离范围。方位和仰角覆盖范围与系统采用的天线有关，一般与天线的波束宽度相同。侦察作用距离范围与侦察接收机灵敏度有关，干扰作用距离范围与干扰机功率等因素有关。

(3) 侦察接收机灵敏度和动态范围：灵敏度分为侦察接收机灵敏度和侦察系统灵敏度，通常希望它比通信接收机灵敏度高。通信侦察系统的动态范围是指其正常工作的最大信号功率和最小功率之比，最小功率与接收机灵敏度有关。

(4) 全景搜索时间：搜索全景显示频率范围的时间，它取决于步进频率间隔、换频时间和在每个频率上的驻留时间。例如通信侦察的频率范围为 Δf，信道间隔为 δf，频率切换时间为 T_1，驻留时间为 T_2，则全景搜索时间为

$$T_p = \frac{\Delta f}{\delta f}(T_1 + T_2) \tag{1.5-1}$$

(5) 搜索接收机的全景显示频率搜索速度：指每秒钟搜索的频率范围或信道数目。频率搜索速度取决于在每个信道上的驻留时间，一般驻留时应保证信号能建立到额定的幅度值，通常认为驻留时间等于带宽 B 的倒数，即

$$T_2 = \frac{1}{B} \tag{1.5-2}$$

最大频率搜索速度 v_f 为

$$v_f = \frac{B}{T_2} = B^2 \tag{1.5-3}$$

(6) 测向精度：用均方根值测向误差表示。它包括测向天线在内的整个测向系统误差。测向精度取决于测向方法。高精度测向技术(如相位干涉仪测向)的测向误差可小于1°。

(7) 测量参数的内容：通信侦察系统可以测量的通信信号参数，包括载波频率、调制参数、调制类型及其测量精度要求等。

(8) 干扰样式和干扰功率：通信侦察干扰系统能够提供的干扰样式的类型、干扰功率等。

(9) 能干扰的目标信道数：能够同时干扰的通信信道数目。典型的通信信道间隔为25 kHz，因此能干扰的目标信道数是干扰信号带宽与通信信道间隔之比。

(10) 数据库容量：数据库用以存储敌、我方的网台频率、方位、信号参数、网台间关系、干扰分系统的报告等。指挥控制分系统和电子侦察分系统都有数据库，它们存储的内容不同，对数据库容量有相应的规定。

（11）响应时间：包括搜索接收机响应时间、测向响应时间和干扰响应时间。搜索接收机响应时间指的是全景搜索时间；测向响应时间定义为从要求测向到在测向显示器上指示出方向的时间；干扰响应时间定义为某个预编程信道上的接收信号电平达到门限电平，到施放干扰的时间。

1.6　通信侦察的应用领域

1.6.1　通信侦察在非军事领域的应用

通信侦察在非军事领域的应用主要包括以下几个方面：

（1）无线电监测：通常来说，国家无线电管理委员会负责无线电通信频率的使用与分配，并对实施情况进行监视。无线电监测的主要任务是进行频率管理，包括：

- 检查经过批准并进行过频率登记的通信用户，监测其辐射无线电信号的质量。
- 搜索、发现未经批准的非法通信用户。
- 监测来自境外的无线电波的辐射，检查其是否对我无线电通信形成干扰，是否超过国际协议规定的容限值，如果超过了，则要通过国际电信联盟进行协调，以维护国家权益。
- 监测电磁环境"干扰雾"，以便分析原因并采取措施予以消除或减弱"干扰雾"，使正常的无线通信的质量得到保证。

（2）无线电安全监测：为了国家的安全，国家安全部门需要不间断地对境内外各种通信电台进行监视、测量和定位，发现并找出非法电台。

（3）无线电报警：用于对特殊场所的监控和报警，如进行汽车防盗报警、银行监控、重要部位监视等。

（4）反恐和保密：

- 采用干扰方式，可以阻止恐怖分子用无线电信号遥控引爆炸弹。
- 通过干扰，可以在会场、剧院、考场等需要安静的特定场所保持移动通信设施的静默。
- 形成干扰屏障可防止保密信息外泄。

1.6.2　通信对抗在军事领域的应用

通信侦察在军事领域的应用主要包括以下几个方面：

（1）军事通信的情报侦察和支援侦察。通过对敌方通信的侦察，可了解其兵力部署、作战意图与动向、通信网的组成与位置、信号特征（调制方式、信号属性等），测量信号技术参数（频率、方位等），为作战指挥员制定作战计划和采取行动提供依据。

无论是和平时期还是战时，对军事通信的情报侦察和支援侦察是十分重要的。如美国除了进行地面侦察外，还派遣专门的侦察船、侦察飞机甚至专门发射侦察卫星实施全球侦察。

（2）引导软、硬杀伤武器对敌通信系统进行压制或摧毁。在通信侦察对敌情分析的基础上，充分掌握敌各级指挥通信电台的频率、信号属性及位置的情况，一旦战争需要，可向各种软、硬杀伤武器提供攻击目标的信息，以便利用通信干扰装备对敌各级指挥通信系统进行干扰破坏或利用各种火力兵器摧毁敌信息基础设施。

（3）对敌数据链通信进行干扰。在现代战争中，敌方空中预警机的远距离探测及空中指挥功能对我方的威胁非常大，为了削弱其功能，除了对其预警雷达进行干扰外，还可以通过对其数据通信链路进行干扰，以破坏其情报信息的传递与通信指挥的畅通。由于预警机的通信线路对预警机功能的发挥至关重要，一般预警机都采用具有很强的抗干扰能力的数据链通信。所以对数据链通信的侦察与干扰是一项极富挑战性的通信对抗应用。

（4）对敌防空雷达网的数据通信链路进行干扰。在我作战机群执行对敌轰炸与攻击任务时，会遇到敌防空火力的拦阻。此时除了用雷达对抗对敌雷达的工作进行压制外，还要对敌防空雷达网的数据通信链路进行压制，这样双管齐下，才能达到更好的效果。因为雷达对飞机的威胁并不在雷达本身，而在于雷达情报数据传递到作战指挥部后，引导防空武器对飞机进行的攻击。因此，只要使雷达数据通信线路失灵，指挥部门得不到情报，防空武器就无用武之地。

（5）对敌地（舰）—空指挥通信及空—空协同通信进行干扰。在歼击机拦截作战中，作战机群如果脱离了地面（或航母）指挥及空中通信联络，就会变成乌合之众，所以对敌地（舰）—空指挥通信及空—空协同通信进行有效的干扰，是空战中一项有效的作战手段，可大大削弱机群的战斗力，从而减少我方作战飞机的损失。

（6）作为潜艇的自卫作战武器。潜艇是现代海战中极具威力的作战舰艇，它对大型舰艇，如航空母舰、导弹驱逐舰等构成很大威胁。能长期潜航的核潜艇更是一种十分隐蔽的战略洲际导弹的发射平台，对潜在的敌国构成极大威胁。因此潜艇特别是核潜艇的活动踪迹，无论战时还是平时，都是潜在敌国十分关注的问题，时刻都企图掌握。为此，发展了多种探潜的手段，其中有一种叫做航空探潜，探潜飞机向感兴趣的水域投下一批声纳浮标，这些浮标探测到潜艇后，通过数据通信线路向探潜飞机发送情报，多个浮标的探测信息可以对潜艇进行定位，从而对潜艇构成威胁。为了破坏这种探潜方法，除了潜艇本身尽量消声匿迹外，还可以用通信对抗手段实行自卫。具体办法是，潜艇向感兴趣的水域放出一批通信对抗浮标，这种浮标专门侦察上述声纳浮标的数据通信链路，一旦发现它们开始发送信息，即刻施放干扰予以压制，使探潜飞机得不到确切的信息，从而达到保护自己的目的。为了保卫一条价值连城的核潜艇，配备一批通信对抗浮标，实在是太值得了。

（7）对敌无线电广播和电视进行干扰。战争期间，在必要时可对敌无线电广播和电视进行干扰或发射假的广播和电视信号进行欺骗，实施"心理战"，扰乱其军民的情绪，这也是通信对抗的一项很有价值的应用。

（8）制造反通信侦察的干扰屏障，保护己方通信。通信干扰除了干扰敌方通信外，还可以用于保护己方的通信，不让敌方侦察到。其办法是在离敌通信侦察站（或侦察飞机）较近而离我方通信地域较远的地方，用定向天线向敌方发射宽频带噪声，频带宽度要覆盖己方通信使用的频率范围，从而形成一道干扰屏障，使敌侦察设备收到的只是我方通信频率使用范围内的噪声，而我方的通信信号完全淹没在噪声中。这种反侦察的办法在战争的关键时刻使用是非常有效的。

（9）配合防空雷达对入侵敌机进行航迹探测。当大规模机群入侵时，如果雷达受干扰而不能充分发挥作用，则无源探测仍然可以完成对敌机群的航迹探测，对通信信号进行测向与定位是无源探测的一个重要方面。

习　题

1-1　什么是通信对抗？其实质是什么？

1-2　通信对抗系统主要由哪几部分组成？各部分的主要作用是什么？

1-3　通信对抗系统的信号环境有哪些基本特点？

1-4　通信对抗系统的工作有哪些基本特点？

第 2 章　通信侦察和通信信号频率的测量

2.1　通信侦察系统概述

2.1.1　通信侦察系统的含义、分类和特点

1. 通信侦察的含义

通信侦察是通信对抗的重要组成部分，是实施通信干扰的前提和基础。通信侦察利用专门的电子接收机截获目标辐射源的无线电通信信号，检测分析通信辐射源信号的特征参数和技术体制，测量通信辐射源的方向和位置，判断目标的类型及其搭载平台的属性，为通信干扰提供技术支持，或者获取军事通信情报。

通信侦察所获得的通信情报对判明敌情、分析军事形势和指挥作战具有重要的意义。因此，世界各国都十分重视并都在大力发展通信侦察技术，以保持自己在军事情报方面的优势。

2. 通信侦察的分类

通信侦察按照不同的条件和方法，可以分成不同的类型。

1) 按照侦察任务分类

按照通信侦察设备担负的任务不同，通信侦察可分为以下五类。

(1) 通信支援侦察。通信支援侦察属于战术情报侦察，其任务是监视当前战场上敌方通信辐射源的位置、工作参数、技术参数和变化态势，并且判断其威胁程度，为指挥员和有关的作战系统提供技术情报，作为指挥系统的辅助决策依据。通信支援侦察需要测量的信号特征和技术参数有工作频率、调制方式、电平、方位、网台属性等。

(2) 通信情报侦察。通信情报侦察属于战略情报侦察，它通过长期和连续的监测某个地区的通信辐射源的战术、技术参数和情报信息，获得广泛、全面、准确的技术和军事情报，提供给高级决策机关和指挥中心的数据库，为指挥中心的战略或者战役决策提供依据。通信情报侦察在平时和战时都要进行，通信侦察情报的形成，通常需要长期的观测和积累，然后经过自动分析和处理，才能得到比较准确、系统和详实的情报。通信情报侦察还需要获取对通信信号解调后的内容，即传送的信息真谛，包括语音、数据、图像、文字信息等。

(3) 通信干扰引导侦察。通信干扰引导侦察设备对通信干扰设备提供实时引导，向干扰设备提供威胁通信辐射源的方向、频率、调制方式、调制参数、威胁程度等相关信息，以便干扰设备的干扰资源配置，合理地选择干扰对象、最佳干扰样式和干扰时机。同时在干扰过程中，需要不断监视通信辐射源环境和信号参数的变化，动态地调整干扰参数和管理干扰资源。

（4）反辐射武器引导侦察。反辐射武器引导侦察提供对通信辐射源进行截获和分析识别，引导反辐射武器跟踪威胁辐射源，并且进行攻击。

（5）电磁频谱监测。无线电频谱监测是通信侦察的重要任务之一。无线电频谱监测分为民用和军用无线电监测。无线电监测系统对给定频谱范围内的辐射源信号进行实时侦收，分析辐射源信号特征，统计辐射源信号占用度，对辐射源信号进行测向，为无线电频谱分配和管理提供技术信息，为有效的频谱管理提供有力的保障。

无线电频谱监测的功能与通信情报侦察有许多类似之处，无线电频谱监测设备通过长期和连续地监测与监听某个地区的通信辐射源的技术参数和活动规律，获得广泛、全面、准确的技术和频谱占用信息，提供频谱管理中心的数据库，实现有效的频谱监测和管理。

在上述几种侦察类型中，情报侦察的实时性要求最低，但需要获得的参数多；支援侦察的实时性要求次之，干扰引导和反辐射引导的实时性要求最高。

2）按侦察设备作用范围分类

按照侦察设备作用范围和作战级别的不同，通信侦察可分为战术通信侦察和战略通信侦察。

（1）战术通信侦察。战术通信侦察的对象是战术通信，侦察范围相对较小，但实时性要求高，主要针对战场军、师指挥部和前线战斗指挥部之间以及与下属部队和下属部队之间的通信。频率范围从短波到超短波的战术通信频段。战术通信侦察一般属于支援侦察。

（2）战略通信侦察。战略通信侦察的对象是战略通信，侦察范围包括陆、海、空、天的全球通信，主要针对国家军事指挥中心和战区指挥部之间以及与执行特殊任务的作战部队之间的通信。频率范围从短波、超短波至微波的远距离战略通信频段。战略通信侦察一般属于情报侦察。

3）其他分类方法

在习惯上还常常使用另外一些不同的分类方法，如：

• 按工作频段可分为短波通信侦察、超短波通信侦察、微波通信侦察等；
• 按运载平台可分为便携式、车载、机载、舰（船）载、星载通信侦察等；
• 按被侦察对象属性可分为常规通信侦察、跳频通信侦察、直扩通信侦察等。

3. 通信侦察的特点

通信侦察的对象是各种通信信号，这些信号是多种多样的。通信侦察设备面临的是一个未知的、复杂多变的电磁环境。通信方进行通信的时候总是千方百计地希望能畅通无阻，通信的内容不被对方窃听到；而作为侦察者则总是希望能搜索、截获到尽量多的通信方的信息，以便从中分析出更多的情报内容，作为干扰或攻击作战行动的依据。在这种侦察与反侦察的对立斗争中可以看到，通信侦察具有以下几个特点。

1）频率覆盖范围宽

通信侦察需要覆盖无线电通信所使用的全部频率范围。从目前的技术发展情况看，这个频率范围大约从零点几千赫兹到几十千兆赫兹。当然，对一个实际的通信侦察设备而言并不一定要求其覆盖这样宽的频段，应根据其侦察目的、侦察对象、侦察方式、部队活动特点、电波传播特性及电磁环境的复杂程度等，覆盖通信使用的频段。

2）侦察区域范围广

在现代战争中，通信系统处于一种全方位、立体式的分布。因此要求通信侦察系统也应该实现立体式的侦察，其侦察距离远、范围广、时间长。通信侦察设备既可以单兵携带，也可以由各种运动平台如卫星、飞机、舰艇、机动车辆装载，形成天、空、地、海的多维、全方位、全天候、全时辰的广域侦察范围和能力。

3）通信侦察的信号环境复杂

通信侦察面临的信号环境复杂，主要表现在以下几个方面：

（1）通信信号所传送的信息种类多，通常有语音、图像、数据等。根据它们的特点，通信信号可以区分为离散信号和连续信号。为了侦察这些信号，应采用不同的侦察设备。

（2）通信信号的调制方式繁多，它包括模拟调制、二进制数字调制、多进制数字调制、扩频调制、频分复用、码分复用、时分复用，以及各种通信网、数据链等。

（3）通信信号的信道间隔小，并且是连续波信号，其持续时间长，相互交叠。

（4）由于通信设备分布范围广，发射功率变化大，以及电波传播衰落现象等的影响，引起通信信号的信号电平范围变化大。

（5）通信电台种类和型号特别繁多，同一频段、同一用途的通信电台也是各种各样，不同型号的电台具有不同的技术特征。所以，通信侦察装备必须面对各种通信信号，并能检测和识别这些信号的特征。

4）侦察设备隐蔽安全

通信侦察设备是一种被动的无源侦察设备，并不辐射电磁波，其主要功能是搜索和截获电磁信号，并从中获取信息内容。因此，通信侦察设备隐蔽性好、安全，不易被敌方发现，可以免遭反辐射兵器的攻击。

5）实时、快速和持久性

在战争中，战争形势瞬息万变，信息的时效性特别强。一份特别重要的情报在几个小时甚至几分钟之后就可能变得毫无意义。因此，通信侦察必须特别重视实时性。另一方面，无线电信号的留空时间是很短暂的，通信侦察设备的反应速度必须很快，即信号搜索、截获处理、信息传输都要快。如果不能实时截获，侦察就将无所作为。为了保证通信侦察的实时性，通信侦察装备必须长时间不间断地连续工作。与通信相比，通信侦察更具有时域上的持久性。

2.1.2　通信侦察系统的任务

通信侦察系统在给定的频段内，搜索、截获敌方无线电通信信号，并且进行信号的分析、识别、监视和监听，从信号中获取信号的技术参数、工作特征、通信内容等情报的军事活动。这些活动的目的是为了获取战略和战术情报、监视给定区域通信辐射源状态、引导干扰等。

任何无线电信号都由它的时间域、频率域和空间域参数完全确定。通信侦察的任务就是通过各种方法获取无线电通信信号的时间域、频率域和空间域参数，通过这些参数，分析和识别通信辐射源个体特征，获取其工作特征甚至通信内容，通过准确、详实、即时的通信辐射源的技术情报，为指挥决策和开展通信对抗服务。

通信侦察的主要任务包括以下几个方面。

1）通信信号的搜索和截获

通信侦察的首要任务就是截获所处地域的感兴趣的无线电通信信号。通信信号出现的方向、频率、时间、强度等，对于通信侦察设备而言是完全或者部分未知和随机的。通信侦察设备实际上是使用一个空域、频域、时域、能量域窗口构成的多维搜索窗，按照一定的截获概率截获感兴趣的通信信号。所以,为了截获感兴趣的通信信号,需要满足空域重合、频域重合、时域重合和能量足够的四个截获条件。

(1)空域重合:使侦察设备的天线指向与通信信号的到达方向(方位和俯仰角)重合。通常侦察设备使用全向或者定向天线,如果使用定向天线,需要进行空域搜索,搜索的速度会影响重合概率。

(2)频域重合:使侦察设备的工作频率与通信信号的频率一致。实现频域重合的方法之一是使用频域宽开的接收机实现宽开守候法,但是它的设备的代价比较高,所以用的不多。常用的方法是频率搜索法,频率搜索实际上是使侦察接收设备以一定的带宽和速度,扫描指定的频段。在扫描过程中,一旦侦察接收机的工作频率与目标信号频率一致,信号就满足了频域重合条件。

(3)时域重合:要求侦察设备工作时,存在感兴趣的通信信号,这个条件一般比较容易满足。

(4)能量足够:是指被截获的通信信号场强满足侦察接收机的灵敏度要求,这是不言而喻的。

截获条件是一个多维窗口共同重合的问题,单独一个条件比较容易满足,但是,共同满足就需要仔细地考虑和分析。比如,在综合考虑空域、频域和时域重合要求的时候,因为目标信号可能是间断工作的,并且其工作频率是某个频率,在进行多维窗口搜索过程中,重合的概率就会下降。因此空域搜索速度、时域停留时间和频域搜索速度之间需要综合考虑,才能满足一定的截获概率的要求。

2)通信信号的参数分析和检测

通信信号都有多个技术参数,构成了信号的参数集。这些技术参数主要有:中心频率、带宽、信号相对电平、调制参数、数据速率、跳频速率和频率集等。通信侦察设备需要对所截获的每个通信信号分析和检测它的技术参数集中的各种参数,才能为后续的信号类型识别、干扰引导、信号解调、情报分析提供支持。

目前,对通信信号的技术参数集的获取大多采用数字信号处理的方法实现,如利用频域分析方法得到信号的中心频率、带宽和相对电平,利用时域分析方法得到码元宽度、码元速率、跳频速率等通信信号的其他参数。近几年也有采用时频分析等现代信号处理方法,获取通信信号的参数。

3)通信辐射源测向和定位

除了截获和分析通信辐射源的技术参数外,确定通信辐射源的方向和位置是通信侦察系统的重要任务之一。对通信辐射源进行测向和定位,形成给定区域内通信辐射源的分布图、通信网台的分布图,对于判断敌我双方兵力部署和作战动向,为我方作战计划的制定提供情报支援。

对通信辐射源的测向方法主要有比幅测向、干涉仪测向等传统测向方法,近年来也采用空间谱估计测向等现代测向方法。测向是完成定位的必要步骤,测向完成后,通常采用交叉定位技术,实现对辐射源的定位。

4)通信信号分选、调制分类和网台识别

调制分类之前,需要按照通信信号的中心频率和带宽,对侦察频带中的多个通信信号进行分选和分离,把它们分离成单一的信号。信号分选和分离可利用中心频率和带宽可调的窄带滤波器或者信道化滤波器等方法实现。

对通信信号的调制参数进行提取，然后进行调制分类，为识别通信电台的属性和解调信号服务。调制分类根据通信信号各种调制方式的特点，提取反映调制类型的特征参数，构成特征参数集，按照一定的准则进行调制分类。

通信网台识别利用通信信号的信号特征实现，所谓信号特征应该是信号的信息内容、信号的技术参数和信号的通联特征的总和。目前在通信网台识别中，主要使用技术参数和通联特征。

信号的技术参数包括频域参数(如工作频率、信号带宽、频谱结构等)、时域特性(如波形、传输速率、跳频速率等)、空域特性(如到达方向、电波极化等)、调制域特性(如调制参数等)以及细微特征(如信号载频的准确度和稳定度、语音信号的语音特征、信号的伴生杂散电平等，是信号的第二类技术特征，俗称"指纹")。依据一般的技术特征可以对目标信号进行宏观的网台区分和识别，而细微特征则可用于对通信者的个体进行识别。

信号的通联特征主要是指信号与外部的联络关系，如通信体制、通信对象和业务量大小、使用频度、通信功率的大小等，可以此判断和识别该通信网台的重要程度、级别、属性及相互关系等。

通信网台识别是通信侦察的重要任务之一，目前仍然是通信对抗领域的重要研究课题，特别是在复杂环境中，如何提高正确识别的概率，还需要作大量和艰苦的工作。

5) 通信信号解调和信息恢复

对通信信号解调、监听和信息恢复是通信情报侦察的重要内容。对于模拟通信信号，其解调和监听的实现比较容易。数字通信信号调制方式多，对于通信侦察系统的数字调制解调器必须解决两个基本问题，首先是解调器的通用性，它应该能够适用不同的调制方式和调制参数的数字通信信号的解调；此外通信侦察设备的解调是一种缺乏有关调制参数先验知识的被动式解调，其载波和码元同步的难度增加，解调器必须采用盲解调技术。

恢复数字通信信号传输的信息，其难度极高。军事通信系统通常采用加密技术、信源编码和纠错编码技术，对于通信网信号还有通信网络协议等，作为非协作的第三方，通信侦察系统一般都不拥有被监测对象的密码、信源编码方法、纠错编码方法和通信协议的先验信息，因此要恢复信息是十分困难的。

6) 通信侦察情报的融合处理

通信侦察系统一般是由分布在不同地域的多个侦察和测向设备组成的。这些设备侦察到的通信信号可能是同一辐射源在相同时刻辐射的信号，也可能是同一辐射源在不同时刻辐射的信号，还可能是不同辐射源在不同时刻、不同地点辐射的信号等。通信侦察情报融合的目的，就是将各个设备观测到的大量的通信辐射源报告进行综合分析和相关处理，形成有价值的、统一的侦察情报，进一步得出敌方通信态势和对态势的评价及敌方兵力部署和作战意图分析，产生决策建议，上报给指挥中心。

2.1.3　通信侦察系统的用途

通信侦察的用途就是探测和感知所在区域中敌我双方通信辐射源的活动，获取通信情报。从本质上说，在实施通信侦察的时候，直接侦收到的东西一般来讲并不是情报，而是目标信号，对目标信号进行解调之后得到的是信息，如语音、图像或数据，对各种信息进行积累、初步处理与评价之后所得到的结果才是情报(即原始情报)。

通信侦察所得到的(原始)情报包括作战情报和技术情报两部分,从敌方通信系统传输的信号中获取的信息内容,即战术方面的情报,或称作战情报;再之就是敌方使用的通信装备,以及这些装备的信号特征和技术参数,即技术情报。在得到了这两方面的情报之后再通过融合、分析、判断和综合,就可以得到对敌方的系统认识,即通信情报。

1) 作战情报

作战情报是侦察得到的那些情报中与作战行为直接有关的部分。譬如查清敌方通信网络的组成,电台配置情况,相互联络关系、联络特征;通过对信号的分析、识别、处理与解调,直接获取信息内容,了解敌方的作战行动或意图。作战情报主要用于为战场指挥员提供决策依据。

2) 技术情报

技术情报是侦察得到的敌方通信网台的信号特征和技术参数,如工作频率、工作种类、调制方式、信号电平、传输速率、细微特征及网台属性、通信体制、方位等。技术情报有助于了解敌方可能采取的通信装备型号和技术发展水平。

技术情报主要用于为通信测向和干扰装备的频率引导提供支援,为通信干扰装备提供干扰样式引导,并为通信电子战效能评估提供客观依据。

3) 通信情报

通信情报就是对作战情报和技术情报进行进一步的分析、判断和综合后所得到的对敌方的系统认识。通信情报的主要内容有:

(1) 判断敌方的兵力部署。频率数据是通信侦察的最重要的信息之一,通过对某一地域内敌通信网台频率数据的侦察并结合测向和定位计算可以得到有关网台的地理坐标。从通信网台在地域上的分布情况可以表明其部队的隶属关系,从而可以推断敌人的兵力部署情况。对频率数据的侦察还可发现某个电台的消失或某些新电台的出现。通信网台情况的变化在很大程度上反应了部队部署的变化。

(2) 判断敌方指挥系统的配置。在确定了敌网台位置之后,根据侦测得到的信号电平的大小,可以估算通信网台的发射功率等级。一般来讲,功率大的电台是级别比较高的指挥机关,而功率小的则多为下级部队。根据侦测得到的通信网台的工作时间,可以得知那些通信频繁或通信密度大的一般是敌通信网的主台,这可能是敌人的指挥部所在;而另外一些电台,不管它们工作在哪些频率上则多半是属台,是敌人的下级部队。根据对敌通信电台工作作风、电台纪律及保密安全情况等的分析可以判断敌方通信人员的素质、训练水平和管理情况,进而可以判断敌通信台的级别。

(3) 判断敌方的作战意图。获得的作战情报和技术情报内容是通信侦察的最重要的侦察结果,是实施电子战的重要基础。通过对敌通信内容的侦听和通信网台整体关系的分析,综合各种侦察所得信息,可直接或间接得知敌方的作战意图,从而掌握敌方的全局部署情况。

(4) 有效分类和识别目标。在电磁环境愈来愈复杂的今天,如何快速寻找到需要的信号是一个非常棘手的问题。通过对敌通信网台细微特征(指纹)的进一步侦察、分析、研究和评价,还可实现对辐射源个体特征的识别和分类。

(5) 监视敌方发射的干扰。和平时期,通信侦察可以用于情报的搜集与积累,侦察敌方各种通信信息;战时,通信侦察还能向指挥机构提供敌方实施电子进攻的有关信息,提供敌人是否施放了通信干扰，以及施放了什么样的通信干扰等，为我方及时、正确地组织指挥通信和采取抗干扰措施提供依据。

2.1.4　通信侦察的关键技术和发展趋势

1. 通信侦察的关键技术

（1）密集信号环境下的快速分选和识别技术。随着现代电子技术的高速发展，民用通信、军事通信、广播、电视、业余通信、工业干扰、天电干扰相互交错和重叠，通信频段内的信号数量已接近饱和的程度，使得对未知信号的搜索截获变得像大海捞针。特别是在军事通信中往往采用如猝发通信等快速通信方式以及各种低截获概率通信体制，更使通信侦察变得十分困难和复杂。因此，必须从技术上解决在密集信号环境下对通信信号的快速截获、准确分选和识别问题。

（2）高速跳频信号的侦察技术。随着通信对抗技术的发展，世界各国竞相发展反侦察/抗干扰能力强大的跳频通信技术，而且跳速越来越高、跳频范围越来越宽，这就要求通信侦察系统必须采用新体制、新技术以解决对高速跳频通信信号的截获和侦收问题。目前，对中、低速跳频信号采用的数字 FFT 处理方法、压缩接收机方法、模拟信道化接收方法等技术途径，尚不能应付高速跳频通信。

（3）直扩通信信号的侦察技术。直接序列扩频通信是另一种重要的反侦察/抗干扰的低截获概率通信体制。目前常用的直扩通信侦察技术有平方倍频能量检测法、周期谱自相关检测法、空间互相关检测法以及倒谱检测法等，但都不是很理想。理想的直扩通信侦察技术尚需继续开发。

（4）全球个人通信侦察技术。虽然全球个人通信技术当前主要应用于民用通信业务，但由于其可以实现"任何个人在任何时间、任何地点与其他任何人进行任何方式的通信"的巨大优势，必然会广泛地应用于未来的军事通信。对全球个人通信的侦察技术也必然成为重要研究课题之一。

（5）超低相位噪声的快速频率合成技术。几乎在所有的现代接收设备中都需要数字式频率合成器，而且通信侦察接收设备侦收信号的质量在很大程度上取决于所用频率合成器的性能。频段宽、步进间隔小、换频速度快、频谱纯度高（相位噪声低）是通信侦察系统对新型频率合成器的最基本要求。

（6）新体制通信信号侦察技术。随着通信技术的快速发展，诸如正交跳频、变跳速跳频、跳频/直扩结合等通信及其他新型数字通信等已开始应用于军事通信，必须尽快解决对这些新体制通信信号的侦察技术。

2. 通信侦察的发展趋势

通信侦察的发展趋势完全取决于通信的发展趋势。为了反侦察/抗干扰的目的，新的通信体制和通信战略都是向着高频段、宽频带、数字化、网络化的方向发展，因此，通信侦察的发展趋势也应针对通信技术发展采取相应的对策。

（1）高频段和宽频带。高频段和宽频带的第一种意义是频率范围的极端扩展。现在的通信已从长波扩展到可见光范围；第二种意义是采用跳频和直扩等扩展频谱通信技术也向高频段和宽频带发展，它们都是反侦察/抗干扰能力极强的新通信体制。

(2) 数字化和网络化。数字化和网络化是现代通信发展最快和最重要的技术,也是实现全球个人通信的基础。通信侦察系统同样必须走数字化和网络化的道路,深入研究探测 C^4ISR 系统中通信网的办法。

(3) 软件无线电侦察技术。在高科技的现代战争中,为了更好地适应多变的信号环境,通信侦察必须充分利用计算机软件技术,特别是基于软件无线电理论来发展软件无线电侦察技术。

(4) 多平台、多手段综合一体化侦察技术。面对无线电通信的多体制、多频段工作,只靠单一的侦察手段已不能完全截获所需的信息。只有把陆、海、空、天各种平台、各种手段的通信侦察技术予以综合利用,才有可能获得全面、准确的情报信息。

2.1.5 通信侦察系统的组成

通信侦察的任务由通信侦察系统完成。典型的通信侦察设备包括天线、射频接收机、测向设备、通信信号分析和处理设备、通信情报分析设备、通信链路和控制设备等组成。其组成如图 2.1-1 所示。

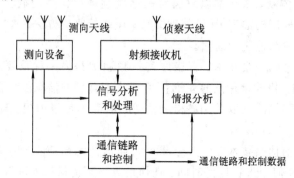

图 2.1-1 通信侦察系统组成

(1) 天线。通信侦察系统的天线包括侦察天线和测向天线,在某些情况下测向天线和侦察天线共用。侦察天线通常使用宽频段、宽波束天线。测向天线也是宽频段天线,但是根据测向方法的不同,也使用不同结构形式的多元天线阵。

(2) 射频接收机。射频接收机在宽频带范围内将射频信号混频、放大,为信号分析和测向处理设备提供足够强的中频输出信号。通信侦察的射频接收机可以是窄带搜索接收机,也可以是宽带接收机。对于测向系统,它的射频接收机可能是多通道的。

(3) 测向设备。测向设备完成对通信辐射源信号到达方向的测量。目前常用的测向技术包括振幅测向、相位测向、多普勒测向、空间谱估计测向等。测向设备可以独立工作,也可以与侦察分析设备协同工作。当测向设备独立工作时,它也具备一定的信号分析和处理功能;当多个测向设备协同工作时,还可以实现对通信辐射源的定位。

(4) 通信信号分析和处理设备。通信信号分析和处理设备完成对通信信号的参数测量和分析,获取通信信号的频率、带宽、调制类型、调制参数等基本技术参数。它还担负通信信号类型识别、网台识别任务,以及对通信信号的解调、解扩、监听和监测任务。

(5) 通信情报分析设备。通信情报分析设备利用通信信号分析和处理设备得到的通信信号技术参数,测向设备得到的通信信号的到达方向参数,进行综合分析处理,得到通信情报。通信情报在通过通信网络传送到上级指挥中心的同时,也在本地记录和显示。

通信侦察系统主要由通信信号截获和分析设备与通信测向设备两部分构成，通信信号的截获和分析设备完成通信信号的截获、频率测量和信号参数的分析，简称为侦察设备。通信测向设备完成通信信号到达方向的测量。这两个功能既有联系，也有区别，因此将分别给予讨论。

2.1.6　通信侦察系统的主要技术指标

通信侦察系统的主要技术指标有三类：第一类是系统总体指标，它反映通信侦察系统的总体性能；第二类是接收机射频通道指标；第三类是信号分析和处理指标。

1) 系统总体技术指标

(1) 侦察作用距离。侦察作用距离是通信侦察系统根据规定的概率可截获和侦收通信辐射源信号的最大距离。它是通信侦察系统的一项重要战术指标。侦察作用距离是侦察接收系统输入端的信号电平等于侦收灵敏度时的侦察距离。它与侦察系统的技术性能、通信发射机的技术性能和电波传播条件等有关。

(2) 空域覆盖范围。空域覆盖范围反映了侦察系统方位和俯仰角覆盖能力。空域覆盖范围与系统的天线和测向体制有关，对于全向系统，空域覆盖范围是一个以侦察天线为中心的全球或者半球，球的直径与侦察作用距离有关。通信侦察系统的俯仰覆盖通常是全向的，方位覆盖范围是全向或者定向的。

空域覆盖范围可以分解为方位覆盖范围和俯仰覆盖范围两个指标。

(3) 工作频率范围。工作频率范围是通信侦察系统的重要指标。传统的通信侦察系统的侦察频率范围为 0.1 MHz～3 GHz，现代通信侦察系统的侦察频率范围已经向微波和毫米波扩展，高端需要覆盖到 40 GHz 甚至更高。通信侦察系统工作频率范围的确定主要由通信侦察系统的使命和任务决定。

(4) 系统灵敏度。系统灵敏度是指当侦察系统终端设备在规定的信噪比条件下，完成信号检测或者处理时，天线输入的最小信号功率或者天线口面上的最小信号场强。

系统灵敏度与天线增益、接收机灵敏度、检测信噪比等因素有关。它除了考虑接收机灵敏度外，还须考虑天馈系统的增益或损耗。现代通信侦察系统的系统侦收灵敏度大约为 $-90\sim-110$ dBm。

(5) 测频精度。测频精度(或称"测频准确度")是指通信侦察系统测量目标信号频率的读数与目标信号频率真值的符合程度。测频精度要求与工作任务要求和工作频段有关，通常情报侦察频谱监测任务要求的测频精度要求最高，而在短波频段，容许的测频准确度一般为 1～10 Hz；在超短波以上频段，允许的测频准确度可稍低一些，一般为 0.3～2 kHz。

(6) 测向精度。测向精度是指通信侦察系统测量目标信号到达方向的读数与目标信号到达方向真值的符合程度。测向精度要求与工作任务要求有关，通常情报侦察与频谱监测任务要求的测向精度高，而支援侦察和干扰引导任务要求的测向精度要求低，测向精度一般为 0.1 度～几度。

(7) 信号截获概率。信号截获概率是指通信侦察系统截获指定信号的可能性。它与侦察系统体制、信号环境、信号检测方法等因素有关。

(8) 系统反应时间。系统反应时间是指系统截获到指定信号到输出该信号技术参数或者情报信息所需的时间间隔。

2）接收机射频通道指标

（1）接收机灵敏度。接收机灵敏度是指当侦察系统终端设备在规定的信噪比条件下，完成信号检测或者处理时，接收机输入端的最小信号功率。接收机灵敏度与接收机体制、内部噪声、瞬时带宽等因素有关。通常直接检波接收机灵敏度最低，而外差接收机的灵敏度较高。

（2）接收机瞬时带宽。瞬时带宽是指接收机工作的带宽，通常由接收机的中频放大器带宽决定。接收机的瞬时带宽可以覆盖多个通信信道，此时称为宽带接收机，它也可以只覆盖一个通信信道，此时称为窄带接收机。通信信号的信号带宽变化较大，如 10 kHz、25 kHz、200 kHz 等，对于扩频信号，其带宽甚至达到几十兆赫兹。因此，通信侦察接收机的瞬时带宽通常是可变的。

（3）频率搜索速度。频率搜索速度是指侦察接收机在单位时间内，可以搜索的频带范围值。它与接收机本振的置频速度、信号处理时间、信号环境等因素有关。侦察接收机的频率搜索速度一般为 100～2000 MHz/s。

（4）频率搜索间隔。频率搜索（步进）间隔反映接收设备精确调谐的能力，一般由接收机本振的最小频率步进量决定。如短波接收机的最小频率间隔为 1～10 Hz，超短波接收机的最小频率间隔一般为 1 kHz，要求不太高的场合可为 12.5 kHz、25 kHz，等等。

（5）接收机动态范围。接收机动态范围是指为保证适应复杂的信号环境，通信侦察接收机能够正确截获和侦收的目标信号的强度变化范围。动态范围有两种定义：

① 饱和动态范围：一般指接收机灵敏度到饱和时的信号强度变化范围。过强的信号会使接收机饱和，同时还会抑制弱小信号。

② 无寄生干扰动态范围：当两个以上的信号同时进入接收机时，由于射频通道的器件的非线性，会引起交调干扰。无寄生干扰动态范围是指接收机不出现交调干扰的最大信号与最小信号的电平之差。

无寄生干扰动态范围比饱和动态范围小得多，一般要求动态范围不小于 50～60 dB。

（6）选择性。通信侦察接收系统从大量复杂信号环境中选出所需的有用信号的能力称为选择性。选择性可分为单频选择性和多频选择性两类。

单频选择性包括邻道选择性、中频选择性和镜频选择性。邻道选择性一般要求不小于 50～60 dB，中频选择性和镜频选择性通常要求大于 80 dB。

多频选择性是指由于侦察接收机的非线性而引起的互调、交调、阻塞和倒易混频。多频选择性通常用规定条件下容许的干扰电平来表示，一般为 80～100 dBμV。

3）信号分析和处理指标

（1）信号环境适应能力。信号环境适应能力是指信号分析和处理系统能够正常分析和处理的通信信号种类、信号密度的能力。信号环境可以用复杂性和密集性描述。复杂性是指可以分析和处理信号的种类，即它可处理的常规通信信号、扩频通信信号类型。密集性是指可以同时分析和处理的通信信号的个数。在现代战场中，通常通信侦察设备面临的是一个复杂、密集的信号环境。

（2）信号处理带宽。信号处理带宽是指侦察系统信号处理器正常分析和处理信号的带宽。信号处理带宽越宽，信号处理器的能力越强。

（3）信号处理时间。信号处理时间是指信号处理器在给定的信号环境条件下分析和处理信号所需的时间间隔。信号处理时间越小，信号处理器的能力越强。

（4）信号正确识别概率。信号正确识别概率是指信号分析识别系统正确地识别信号类型的概率。它与信号环境密切相关，信号环境越复杂，信号识别的难度越高。

（5）频率分辩率。频率分辨率是指系统能够区分的两个不同频率的信号之间的最小频率间隔。

2.2　通信系统和通信信号的基本特点

通信与通信对抗是"矛"和"盾"的双方。在现代的信息化战争中，指挥、控制、情报、探测的信息都必须使用通信网进行信息的传输和交换，通信网的畅通和安全与否，是决定战争胜负的关键因素。

在更好地了解通信对抗本身的相关知识之前，我们首先简要的介绍通信对抗的作战对象——通信系统的基本组成和通信信号的基本特点。

2.2.1　通信系统的组成和特点

通信系统的组成如图 2.2－1 所示，通信系统由发送设备、信道和接收设备三部分组成，其中发送设备把信源产生的信息经过适当的变换（如编码、加密、调制等）后，形成某种形式的通信信号，然后以有线或者无线方式送给信道。接收设备从信道中提取发送设备发送的信号，并且进行与发送方相反的变换（解码、解密、解调等），恢复所传送的信息，送给宿主。

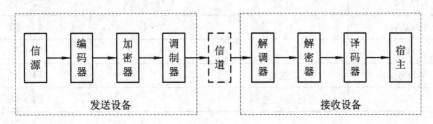

图 2.2－1　数字通信系统原理框图

通信系统按照所传输的信息的类型是连续的还是离散的，分为模拟通信系统和数字通信系统。模拟通信系统比较简单，通常只有调制/解调和频率变换等基本功能，难以实现对信息的编码和加密等处理，其抗干扰性能低于数字通信系统，因此模拟通信系统已经逐渐的被淘汰。

一个典型的数字通信系统可能包含三种基本的信息变换过程，即编码/解码、加密/解密、调制/解调处理。这三种处理可以根据系统的需要进行选择。下面我们分别介绍这三种变换过程及其特点。

1）编码/解码变换

通信系统中的编码/解码变换按照其目的分为信源编码和信道编码，信源编码的任务是把信源发出的信息转换为二进制信息流，以提高通信系统的传输效率。而信道编码是为了减小传输过程中的错误而采取的编码措施，是为了改善通信系统传输信息的质量。两者的目的不同，因此既有联系同时又有差别。

（1）信源编码。通信系统的信源可以是模拟信源，如音频信号、视频信号等；也可以是数字信源，如字符、数据、文件等。不管是模拟信源还是数字信源，在进行信源编码后，都转换为二进制形式的信息码流。

对于数字信息，信源编码的过程实际上是把一个离散有限状态符号集 $X = \{x_1, x_2, \cdots, x_L\}$ 中的每个符号，按照某种规则指定一个唯一的 R 位二进制数与其对应。

如常用的 ASCII 编码，用 8 位二进制数表示英文字母和数字等，汉字编码为 16 位二进制数，电报编码采用莫氏码。

对于模拟信源，它发出的信息是连续信号，它的编码过程实际上包括量化和编码两步。量化是把模拟信号转换成数字信号的过程，常用的量化方法有均匀量化和非均匀量化两种。对量化后的信息再进行编码。

在通信系统中，对模拟语音信号的传输是一个重要的任务之一，因此许多关于信源编码的方法都是针对语音编码的。语音编码按照编码的原理分为波形编码和参量编码两种类型。其中波形编码基于语音信号的时域特性实现，如脉冲编码调制（PCM）、增量编码调制（DPCM）等，也可以基于信号的频域特性实现，如子带编码（SBC）、自适应变换编码（ATC）等。参量编码基于语音信号的描述模型中的几个参数实现，如线性预测编码（LPC）等。表 2.2 - 1 是几种语音编码器的性能。

表 2.2 - 1　几种语音编码器的性能

编码方法	量化方式	码长/bit	编码速率/(kb/s)
PCM	对数	7~8	56~64
DPCM	对数	4~6	32~48
ADPCM	对数	3~4	24~32
DM	自适应	1	32~64
ADM	二进制	1	16~32
LPC	自适应二进制	—	24~96

信源解码器实际上是编码的逆过程，它把编码数据流还原成原始信息，这里不再讨论。

（2）信道编码。信号在信道中传输的过程，会受到各种信道噪声、无意或者有意干扰，引起传输错误。信道编码的目的是检测或者纠正传输过程中的错误，提高信息传输的可靠性和质量。

信道编码有三类基本方式，一种是前向纠错控制（FEC），其次是检错重发（ARQ），最后是混合方法——FEC 和 ARQ 结合。

采用前向纠错控制编码时，设数据源的比特速率为 R，为防止差错需要加入冗余比特，编码器输出速率为 R_c，则编码效率是 $r = R/R_c$。一般，$R_c > R$，$r < 1$。此外，使用 FEC 后，使系统所需容量增大。系统中，编码后的序列经调制后发送到信道，在接收端经解调、译码后恢复原信息序列。

在 ARQ 系统中，先将数据分组。每组 N 比特，其中 K 比特信息，余下 $N-K$ 比特为控制识别标志。为了达到一定检错能力，分组编码有足够的冗余量。译码器不纠错，当检测到分组中出错时，就通过反向信道要求重发那个分组。接收每收到一个分组，都通过反向信道发送一个认可（ACK）或不认可（NACK），通知发送方正确/错误。发方收到 ACK

后，才发送下一个新分组，否则重发原来的码组。

　　在信道编码中使用的编码技术主要有两种，一种是线性分组码，一种是卷积码。

　　设码组长为 N，其中有 K 位信息码，$r=N-K$ 位监督码，分组码表示为 (N, K)。长度为 N 的序列，有 2^N 种可能的排列，选取其中 2^K 个排列与信息码组一一对应，则这 2^K 个称为许用码组，其余 2^N-2^K 个称为禁用码组。信息码后有 r 个监督码元，有 2^r 个不同排列，选取其中一组作为监督码元。按一定规则选取监督码元，就构成了不同的编码方法。这些规则就是按照一定的数学关系构成。如果监督码元为本码组中某些信息码元的模 2 和，可以得到 R 个线性关系式，称为一致监督关系，所构成的码为线性码。

　　常用的线性分组码有交织码、BCH 码、格雷码、RS 码等。每一种码编码效率是不同的，其检错和纠错能力也不同。线性码是分组码，卷积码是非线性码。在分组码中，N 个码为一组，其中 r 个监督位只能监督本组的 K 个信息码。对于卷积码，编码器在任何时间内产生的 n 个码元，不仅与这段时间内的 k 个信息码有关，且与前 $(N-1)$ 段内的信息码有关，因此，卷积码可以监督 N 段时间内的信息位。卷积码的译码比编码复杂，通常有代数译码和概率译码两种方法。

　　关于信道编码的详细论述，可以参考相关的教科书，这里不再详细讨论。

　　2) 加密/解密变换

　　当需要保密通信时，可以对所传输的信息进行人为"扰乱"，即加上密码，以满足保密要求。

　　3) 调制/解调变换

　　调制在通信系统中有两种重要作用，调制的主要作用是将基带信号的频谱搬移到射频上去，使信号变换为适合于信道传输或者实现信道复用的频带信号；其次它可以提高系统传输的可靠性和有效性。在通信系统中，发送设备通常需要调制过程，而接收设备中需要解调过程，调制和解调两者是互逆的。

　　调制可以分为模拟调制和数字调制两种方式，对于模拟调制，基带信号是连续信号，而数字调制，基带信号是离散信号。调制器需要载波信号，常用的载波信号是正弦波和脉冲波。正弦波作为载波的调制称为正弦调制，而脉冲作为载波的调制称为脉冲调制。

　　常用的模拟调制以正弦波信号作为载波，利用模拟调制信号控制正弦载波的幅度、相位和频率，分别称为幅度调制（AM）、相位调制（PM）和频率调制（FM）。幅度调制是线性调制，也称为调幅信号，常见的调幅信号（AM）有几种形式，如双边带（DSB）、单边带（SSB）和残留边带（VSB）等。相位调制和频率调制是角度调制，它们是非线性调制，角度调制中 FM 是一种被广泛应用的调制方式。

　　与模拟调制相同，数字调制通常也以正弦波信号作为载波，但是其调制信号是离散的数字信号。分别利用数字基带信号控制正弦载波的幅度、相位和频率，可以得到数字调制信号。常用的数字调制信号为幅度键控（ASK）、相移键控（PSK）、频移键控（FSK）、正交幅度调制（QAM）等。此外，数字调制还有二进制和多进制调制的形式，因此其调制样式繁多，性能各异。

2.2.2　模拟通信信号基本类型和特点

　　常用的模拟调制信号是调幅（AM）和调频（FM）。下面我们来分析这些信号的基本特

点。模拟通信信号可以表示为

$$s(t) = A(t)\cos[2\pi f_c t + \varphi(t)] \qquad (2.2-1)$$

式中，$A(t)$ 为信号的瞬时幅度；f_c 为信号的载波频率；$\varphi(t)$ 为信号的瞬时相位。信号的瞬时频率 $f(t)$ 可以由式(2.2-2)确定：

$$f(t) = f_c + \frac{1}{2\pi}\varphi'(t) \qquad (2.2-2)$$

1. 调幅信号(AM)

对于调幅信号，在式(2.2-1)中令 $\varphi(t) = \varphi_0$，$A(t) = A_0[1 + m_a m(t)]$，其中 A_0 是载波幅度，m_a 是调幅度，$m(t)$ 是模拟基带信号，并且满足 $|m(t)| < 1$，则调幅信号可以表示为

$$s_{AM1}(t) = A_0[1 + m_a m(t)]\cos(2\pi f_c t + \varphi_0) \qquad (2.2-3)$$

设模拟基带信号的频谱为 $M(\omega)$，则对上式进行傅立叶变换，可以得到调幅信号的频谱为

$$S_{AM1}(\omega) = \pi A_0 m_a[\delta(\omega - \omega_c) + \delta(\omega + \omega_c)] + \frac{A_0}{2}[M(\omega - \omega_c) + M(\omega - \omega_c)]$$

$$(2.2-4)$$

式(2.2-3)和式(2.2-4)是双边带调幅信号(AM-DSB)的时域和频域表达式，其相应的时域波形和频谱如图 2.2-2 所示。

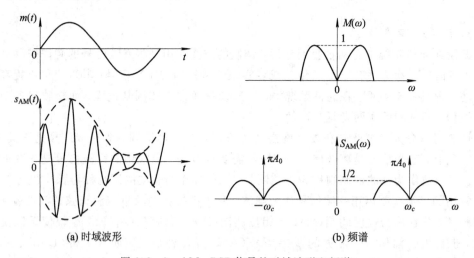

(a) 时域波形 (b) 频谱

图 2.2-2 AM-DSB 信号的时域波形和频谱

双边带调幅信号中存在载波分量，这就是它的频谱函数中的冲击函数分量。在式(2.2-3)中，如果基带信号不包含直流分量，它将成为抑制载波的双边带调幅信号(AM-SC-DSB)，其时域和频域表示分别为

$$s_{AM2}(t) = A_0 m_a m(t)\cos(2\pi f_c t + \varphi_0) \qquad (2.2-5)$$

$$S_{AM2}(\omega) = \frac{A_0}{2}[M(\omega - \omega_c) + M(\omega - \omega_c)] \qquad (2.2-6)$$

由此可见，在抑制载波的双边带调幅信号的频谱中没有载波谱分量。

AM 信号常用的形式还包括单边带调幅信号(AM-SSB)，单边带信号有两种形式，它们是上边带(USB)和下边带(LSB)。其时域和频域表示分别为

$$s_{\text{AM3,4}}(t) = \frac{A_0}{2}\left[m(t)\cos(2\pi f_c) \pm \hat{m}(t)\sin(2\pi f_c t)\right] \qquad (2.2-7)$$

式中，$\hat{m}(t)$ 为基带信号的希尔波特变换，其定义为

$$\hat{m}(t) = \frac{1}{\pi}\int_{-\infty}^{\infty}\frac{m(\tau)}{t-\tau}\mathrm{d}\tau \qquad (2.2-8)$$

在式（2.2-7）中，如果取减号，得到的是上边带信号（USB），如果取加号，得到的是下边带信号（LSB）。

单边带信号的频谱可以表示为

$$S_{\text{AM3,4}}(\omega) = \frac{A_0}{2}\left[M(\omega-\omega_c) + M(\omega-\omega_c)\right]H(\omega) \qquad (2.2-9)$$

其中，当滤波器 $H(\omega)$ 为理想高通滤波器时，得到的是上边带信号；当滤波器是理想低通滤波器时，可以得到下边带信号。如果滤波器的特性是非理想高/低通滤波器，则会得到残留边带信号（AM-VSB）。

边带的概念及其频谱结构如图 2.2-3 所示。

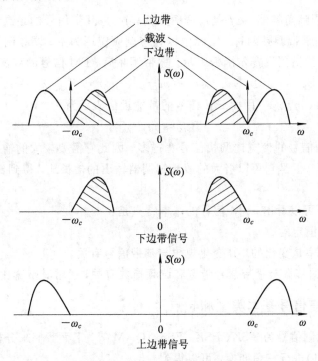

图 2.2-3　边带的功能及其频谱结构

设基带调制信号的最高频率分量为 f_m，即基带信号的频率范围为 $0 \sim f_m$，则 AM-DSB 信号的带宽为

$$B_{\text{AM}} = 2f_m \qquad (2.2-10)$$

也就是说，双边带 AM 信号的带宽是基带信号带宽的 2 倍。

从上述的分析可以看出，AM 信号的基本特点是：

（1）其包络是变化的，且变化规律与基带信号有关。

（2）其载波频率是恒定的，与基带信号无关。

（3）AM 信号的带宽是基带信号带宽的 1～2 倍。当它是 DSB 形式时，已调信号的带

宽是基带调制信号的 2 倍；当它是 SSB 形式时，已调信号的带宽与基带调制信号相同；当它是 VSB 形式时，已调信号的带宽处于基带调制信号 1～2 倍之间。

（4）AM 信号中可能包含载波分量，这是 DSB 信号；或者不包含载波分量，这是 SC - DSB 信号。

2. FM 信号

调频信号（FM）可以表示为

$$s_{\mathrm{FM}}(t) = A_0 \cos[2\pi f_c t + 2\pi K_f \int_{-\infty}^{t} m(\tau)\mathrm{d}\tau] \qquad (2.2-11)$$

式（2.2 - 11）可以通过式（2.1 - 1）按照以下方式得到。令 $A(t) = A_0$，$\varphi(t) = 2\pi K_f \int_{-\infty}^{t} m(\tau)\mathrm{d}\tau$，其中 A_0 是载波幅度，$m(t)$ 是模拟基带信号，并且满足 $|m(t)| < 1$，K_f 是调频斜率，它与调频指数 m_f 的关系为

$$m_f = \frac{K_f}{\omega_m} = \frac{\Delta\omega}{\omega_m} = \frac{\Delta f}{f_m} \qquad (2.2-12)$$

其中，$\Delta\omega$ 是最大调频角频偏；Δf 是最调频频偏；f_m 是基带信号的最高频率分量。调频信号分为宽带调频和窄带调频两种，实际中以宽带调频应用为主。调频调制是一种非线性调制，调制后信号的频谱用贝赛尔函数表示。宽带调频后，FM 信号的带宽为

$$B_{\mathrm{FM}} = 2(\Delta f + f_m) = 2(m_f f_m + f_m) = B_{\mathrm{AM}}(m_f + 1) \qquad (2.2-13)$$

对于宽带调频，$m_f \gg 1$，因此 FM 信号的带宽近似表示为

$$B_{\mathrm{FM}} \approx m_f B_{\mathrm{AM}} \qquad (2.2-14)$$

可见宽带调频信号的带宽比调幅信号宽得多。因此它需要较大的输出带宽，这需要占用较多的信道资源，但是它可以极大的改善解调器输出的信噪比，得到比 AM 信号更好的抗干扰性能。

从上述的分析可以看出，FM 信号的基本特点是：

（1）其包络是恒定的。

（2）其载波频率是变化的，其变化规律与基带信号有关。

（3）FM 信号的带宽与基带信号带宽和调频指数有关，通常其带宽比 AM 信号宽得多。

2.2.3 数字通信信号基本类型和特点

常用的数字调制信号为 ASK、PSK、FSK、QAM 等。下面我们来分析这些信号的基本特点。对式（2.2 - 1）进行三角变换，可以得到

$$\begin{aligned} s(t) &= A(t)\cos[2\pi f_c t + \varphi(t)] \\ &= A(t)\cos[\varphi(t)]\cos(2\pi f_c t) + A(t)\sin[\varphi(t)]\sin(2\pi f_c t) \end{aligned} \qquad (2.2-15)$$

令

$$\begin{cases} I(t) = A(t)\cos[\varphi(t)] \\ Q(t) = A(t)\sin[\varphi(t)] \end{cases} \qquad (2.2-16)$$

则有

$$s(t) = I(t)\cos(2\pi f_c t) + Q(t)\sin(2\pi f_c t) \qquad (2.2-17)$$

也就是说，通信信号可以表示成为上述的正交表达式，或者说，任何通信信号都可以

利用两个正交的基带信号 $I(t)$ 和 $Q(t)$ 产生。

1. 2ASK 信号

2ASK 信号,即二进制幅度键控信号,也称为 OOK。在式(2.2-17)中,令 $I(t)=\sum_n a_n g(t-nT_s)$,$Q(t)=0$,可以得到 2ASK 信号的时域表达式为

$$s_{2\text{ASK}}(t) = \Big[\sum_n a_n g(t-nT_s) \Big] \cos(2\pi f_c t) \tag{2.2-18}$$

其中,$g(t)$ 是持续时间为 T_s 的矩形脉冲;$a_n \in \{0,1\}$ 是二进制符号序列。如果在一个码元持续时间 $[0,T_s]$ 内观察,则当 $a_n=0$ 时,2ASK 信号不发送高频脉冲;而当 $a_n=1$ 时,发送高频脉冲。由于 a_n 是一个随机序列,因此 2ASK 信号是一个被随机单极性脉冲调制的随机过程,其频谱用功率谱描述。可以证明,当二进制序列 a_n 为 0、1 等概序列、基带脉冲为矩形脉冲时,其功率谱为

$$P_{2\text{ASK}}(f) = \frac{T_s}{16} \left[\left| \frac{\sin\pi(f+f_c)T_s}{\pi(f+f_c)T_s} \right|^2 + \left| \frac{\sin\pi(f-f_c)T_s}{\pi(f-f_c)T_s} \right|^2 \right]$$
$$+ \frac{1}{16} [\delta(f+f_c) + \delta(f-f_c)] \tag{2.2-19}$$

2ASK 信号的时域、频域特性如图 2.2-4 所示。

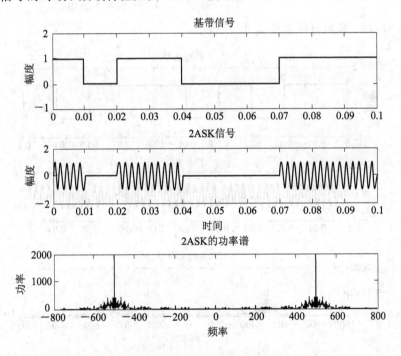

图 2.2-4　2ASK 信号的时域和频域特性

从上述的分析可以看出,2ASK 信号的基本特点是:

(1) 其包络是变化的,其载波频率恒定的。

(2) 功率谱中包含载波分量。

(3) 功率谱的连续谱的形状是 Sa() 函数,其第一零点宽度为 $2f_s$。

(4) 信号带宽是基带脉冲波形带宽的 2 倍,近似为 $2f_s$。

2. 2PSK 信号

2PSK(BPSK)信号，即二进制相移键控信号。在式(2.2-17)中，令 $I(t) = \sum_n a_n g(t-nT_s)$，$Q(t)=0$，可以得到 2PSK 信号的时域表达式为

$$s_{2PSK}(t) = \Big[\sum_n a_n g(t-nT_s)\Big]\cos(2\pi f_c t) \tag{2.2-20}$$

注意到上述表述与 2ASK 是类似的，所不同的是符号序列的取值。对于 2PSK 调制，$a_n \in \{-1, 1\}$。如果在一个码元持续时间 $[0, T_s]$ 内观察，2PSK 信号发送的是载波初始相位分别是 0 或者 π 的高频脉冲序列，因此这种方式也称为绝对相移键控信号。2PSK 信号的另外一种形式是相对(差分)相移键控信号(DPSK)，它利用前后相邻码元的载波相位差表示二进制信息。当 2PSK 和 2DPSK 的时域波形完全一致时，它们表示的信息却完全不同。或者说，如果不知道采用绝对还是相对相移调制，则从波形上我们无法区分它们。

可以证明，当二进制序列 a_n 为 0、1 等概序列、基带脉冲为矩形脉冲时，2PSK/2DPSK 信号的功率谱为

$$P_{2PSK}(f) = \frac{T_s}{4}\Big[\Big|\frac{\sin\pi(f+f_c)T_s}{\pi(f+f_c)T_s}\Big|^2 + \Big|\frac{\sin\pi(f-f_c)T_s}{\pi(f-f_c)T_s}\Big|^2\Big] \tag{2.2-21}$$

2PSK 信号的时域、频域特性如图 2.2-5 所示。

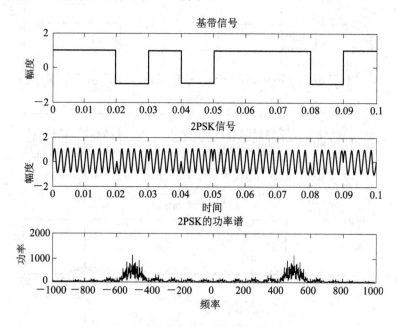

图 2.2-5 2PSK 信号的时域和频域特性

从上述的分析可以看出，2PSK 信号的基本特点是：

(1) 其包络是恒定的，其载波频率恒定的。

(2) 信号中个码元的初始相位与信息码有关。

(3) 功率谱可能不包含载波分量，其连续谱的形状是 Sa( )函数，其第一零点宽度为 $2f_s$。

（4）信号带宽是基带脉冲波形带宽的 2 倍，近似为 $2f_s$。

3. 2FSK 信号

2FSK 信号，即二进制频移键控信号。2FSK 信号的时域表达式为

$$s_{2FSK}(t) = \left[\sum_n a_n g(t - nT_s) \right] \cos(2\pi f_1 t + \varphi_n) + \left[\sum_n \bar{a}_n g(t - nT_s) \right] \cos(2\pi f_2 t + \theta_n)$$

$$(2.2 - 22)$$

其中，$a_n \in \{0, 1\}$；$\bar{a}_n$ 是 a_n 的反码；φ_n 和 θ_n 分别是码元载波初始相位。如果在一个码元持续时间 $[0, T_s]$ 内观察时，当 $a_n = 1$ 时，2FSK 信号发送高频脉冲的载波频率是 f_1；当 $a_n = 0$ 时，发送高频脉冲的载波频率是 f_2。

可以证明，当二进制序列 a_n 为 0、1 等概序列、基带脉冲为矩形脉冲时，2FSK 信号的功率谱为

$$P_{2FSK}(f) = \frac{T_s}{16} \left[\left| \frac{\sin\pi(f + f_1)T_s}{\pi(f + f_1)T_s} \right|^2 + \left| \frac{\sin\pi(f - f_1)T_s}{\pi(f - f_1)T_s} \right|^2 \right]$$

$$+ \frac{T_s}{16} \left[\left| \frac{\sin\pi(f + f_2)T_s}{\pi(f + f_2)T_s} \right|^2 + \left| \frac{\sin\pi(f - f_2)T_s}{\pi(f - f_2)T_s} \right|^2 \right]$$

$$+ \frac{1}{16} \left[\delta(f + f_1) + \delta(f - f_1) + \delta(f + f_2) + \delta(f - f_2) \right] \quad (2.2 - 23)$$

2FSK 信号的时域、频域特性如图 2.2 - 6 所示。

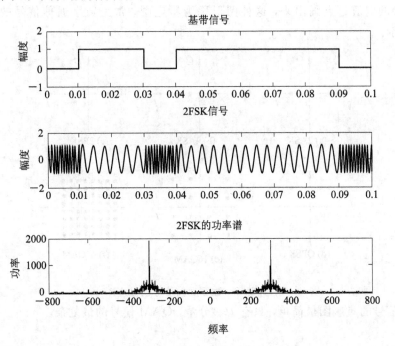

图 2.2 - 6 2FSK 信号的时域和频域特性

从上述的分析可以看出，2FSK 信号的基本特点是：

（1）其包络是恒定的，其载波频率是变化的，它有两个发送频率 f_1 和 f_2。

（2）信号的发送频率与信息码有关。

（3）功率谱可能包含载波分量，位于其两个发送频率 f_1 和 f_2。

(4) 信号带宽为 $B=|f_2-f_1|+2f_s$。

4. QAM 信号

QAM 信号，即正交幅度调制信号，也称为幅度相位联合键控信号。在式(2.2-17)中，令 $I(t)=\sum_n a_n g(t-nT_s)\cos\varphi_n$，$Q(t)=-\sum_n a_n g(t-nT_s)\sin\varphi_n$，可以得到 QAM 信号的时域表达式为

$$s_{\mathrm{QAM}}(t)=\Big[\sum_n a_n g(t-nT_s)\cos\varphi_n\Big]\cos(2\pi f_c t)$$
$$-\Big[\sum_n \bar{a}_n g(t-nT_s)\sin\varphi_n\Big]\cos(2\pi f_c t) \qquad (2.2-24)$$

从上式可以看出，QAM 信号可以看成是两个正交信号的和。目前常用的 QAM 信号主要是 16QAM 和 64QAM 信号。

从上述的分析可以看出，QAM 信号的基本特点是：

(1) 其包络是变化的，载波频率是恒定的。

(2) 码元初始相位与信息码有关。

(3) 功率谱形状与 PSK 信号类似，信号带宽与 PSK 信号相同。

5. 数字通信信号的星座图

数字通信信号都可以利用正交形式表示。如果以 $I(t)$ 为横坐标，$Q(t)$ 为纵坐标，将 $I(t)$ 和 $Q(t)$ 的取值打点画出来，这种图形称为星座图。常见数字通信信号的星座图如图 2.2-7 所示。

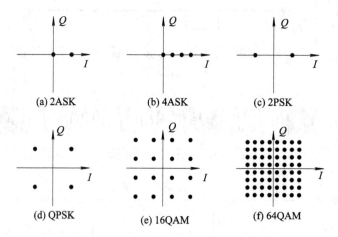

图 2.2-7 数字通信信号的星座图

ASK 信号的星座图最简单，只有 $I(t)$ 分量，QAM 信号的最复杂。

2.3 频率测量的技术指标和分类

对通信信号的频率测量是通信侦察系统的重要任务之一，对通信信号的频率测量通常与通信信号的截获和分析一起完成。

通信信号的频域参数包括载波频率、带宽、码元速率、扩频/跳频速率等。本节介绍通信信号载波频率的测量，载波频率是通信信号的基本和重要特征，它具有相对稳定性，也是通信对抗系统进行信号分选、识别、干扰的基本参数之一。

2.3.1　频率测量的主要技术指标

频率测量的主要技术指标包括：

1）测频时间

测频时间 T_{fm} 是指从接收机截获信号至测频输出测频结果所需的时间。对于通信侦察系统，希望测频时间越短越好。

测频时间直接影响到侦察系统的截获概率和截获时间。

频域截获概率，即频率搜索概率定义为

$$P_{\text{IF1}} = \frac{\Delta f_r}{f_2 - f_1} \qquad (2.3-1)$$

其中，Δf_r 是测频接收机瞬时带宽；$f_2 - f_1$ 是测频范围，即侦察频率范围。例如，$\Delta f_2 = 10 \text{ MHz}$，$f_2 - f_1 = 1000 \text{ MHz}$，则频率搜索概率 $P_{\text{IF1}} = 1 \times 10^{-5}$，可见搜索接收机的频率搜索概率很低。

截获时间是指达到给定的截获概率所需的时间。如果采用非搜索测频接收机，则信号的截获时间为

$$T_{\text{IF1}} = T_{TH} + T_{fm} \qquad (2.3-2)$$

其中，T_{TH} 是侦察系统的通过时间；T_{fm} 是测频时间。

2）测频范围、瞬时带宽、频率分辨力和测频精度

测频范围是指测频系统最大可测的信号的频率范围；瞬时带宽是指测频系统在任一瞬间可以测量的信号的频率范围；频率分辨力是指测频系统所能分开的两个同时到达信号的最小频率差；将测频误差的均方根误差称为测频精度。

不同的测频系统的测频范围、瞬时带宽、频率分辨力差异很大。如传统的宽带测频接收机的瞬时带宽很宽，其频率截获概率高，但频率分辨率很低，等于瞬时带宽。而窄带搜索接收机的瞬时带宽很窄，频率截获概率很低，但频率分辨率很高。

传统搜索接收机的最大测频误差为

$$\delta f_{\max} = \pm \frac{1}{2} \Delta f_r \qquad (2.3-3)$$

瞬时带宽越宽，测频误差越大。

3）可测频信号类型

通信信号可以分成常规通信信号和扩频（特殊）通信信号。常规通信信号包括模拟调制信号，如 AM、FM，数字调制信号如 2ASK、2PSK、QPSK、2FSK、8FSK 等，扩频（特殊）通信包括 DS-SS、FH-SS、QAM、FDMA、CDMA、TDMA 等。

一般而言，常规通信信号测频比特殊通信信号的测频容易。扩频通信信号的测频比较困难，特别是跳频和跳时扩频通信信号、突发通信信号等。

4）灵敏度和动态范围

灵敏度是保证正确的发现和测量信号的前提，它与接收机体制和接收机的噪声电平

有关。

动态范围是指保证测频接收机精确测频条件下信号功率的变化范围，它包括：

工作动态范围：保证测频精度条件下的强信号与弱信号的功率之比，也称为噪声限制动态范围。

瞬时动态范围：保证测频精度条件下的强信号与寄生信号的功率之比。

2.3.2　频率测量技术分类

测频通常是在侦察系统的前端完成的。按照测频系统采用的技术原理，可以把测频技术分为三类，它们分别是直接测量法、变换测量法，其分类如图 2.3-1 所示。

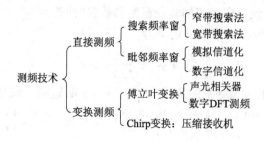

图 2.3-1　测频技术分类

按照测频技术实现的原理，我们可以把测频方法分为直接测频和变换测频两类。直接测频方法使用某种形式的频率窗口，对进入频率窗口的信号进行测频。如果使用单个频率窗口，在整个频率范围内进行搜索，称为搜索频率窗；如果使用多个频率窗口，称为毗邻频率窗或者滤波器组。变化测频方法使用某种变换，将信号变换到相应的变换域，再间接的进行测频，其常用的变换形式是傅立叶变换和 Chirp 变换。

值得注意的是，通信侦察的频率范围一般是很宽的，通常通信侦察接收机只能工作在其中的某个频段内。在实际的通信侦察系统中，侦察接收机采用的是外差接收机，通过改变本振频率，在侦察频率范围内进行频率搜索，而在瞬时带宽内可以采用直接测频或者变换测频方法。

2.4　通信信号频率的直接检测方法

2.4.1　频率搜索接收机的基本原理

频率搜索接收机通常利用超外差接收机完成。按照频率搜索的瞬时带宽，可以将搜索接收机分为宽带搜索和窄带搜索。宽带搜索是指在接收机的瞬时带宽同时存在多个不同频率的通信信号，或者接收机的瞬时带宽大于信号带宽。而窄带搜索是指在接收机的瞬时带宽内只存在一个信号。

1) 频率搜索的基本原理

搜索式超外差接收机原理如图 2.4-1 所示。

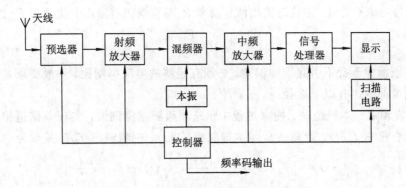

图 2.4 - 1　搜索式超外差接收机原理

　　射频预选器从密集的信号环境中选出其频带内的通信信号，经过混频器混频后转换为中频频率，进行放大滤波后送给信号处理器测量其信号频率和其他技术参数。频率搜索通过同时调谐射频预选器的中心频率和本振频率实现，在搜索过程中，需要始终保持进入预选器的信号频率 f_R 与本振频率 f_L 的频差正好为中频频率 f_I。因此射频预选器必须和本振频率一起统调。

　　由于中频频率很低，因此可以到达良好的频率选择性和接收机灵敏度，同时中频信号保持着通信信号的幅度、频率和相位信息，因此搜索接收机在通信侦察中得到广泛的应用。其主要缺点是，存在寄生信道干扰，窄带搜索接收机搜索时间长，降低了系统频率截获概率。

　　2) 寄生信道及其消除方法

　　如果在混频器输入的同时加入信号 f_R 和本振信号 f_L，由于混频器的非线性作用，因此多种频率组合可以产生中频信号，其一般关系为

$$mf_L + nf_R = f_I$$

其中，m、n 为整数。由于射频输入信号比本振电平低得多，因此只考虑其基波分量，即 $n = \pm 1$。其中当 $m=1$、$n=-1$ 时为主信道；当 $m=-1$、$n=-1$ 时为镜像干扰。主信道和镜像信道如图 2.4 - 2 所示。

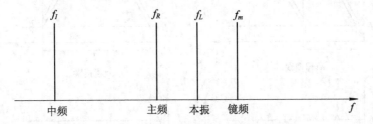

图 2.4 - 2　主信道和镜像信道示意图

　　对于主信道 $m=1$，$n=-1$，它是接收机得到的有用信号的频率关系，即

$$f_L - f_R = f_I \tag{2.4-1}$$

而寄生信道是除了 $m=1$，$n=-1$ 之外的频率关系，即

$$mf_L + nf_R = f_I,\ m \neq -1 \text{ 且 } n \neq -1 \tag{2.4-2}$$

其中的主要寄生信道是满足关系 $mf_L \pm f_R = f_I$ 的信道。而 $m=-1$，$n=-1$ 为镜像干扰，即

$$f_R - f_L = f_I \tag{2.4-3}$$

　　在接收机中，通常用镜像抑制比来衡量混频器对镜像干扰的抑制能力，它定义为：保持

射频输入信号功率不变时，主信道输出信号功率 P_{so} 与镜像信道输出干扰功率 P_{mo} 之比，即

$$d_{ms} = \frac{P_{so}}{P_{mo}} \qquad (2.4-4)$$

为了保证镜像干扰不引起测频误差，必须有足够的镜像抑制比，一般要求 $d_{ms} \geqslant 60$ dB。提高镜像抑制比有以下途径：

(1) 微波预选—本振统调。搜索过程中预选器跟随本振调谐，实现单信道接收。此时，预选器的中心频率 $f_p(t)$、带宽 Δf_r 与本振频率 $f_L(t)$、中频频率 f_I 的关系为

$$f_p(t) = \left[f_L(t) - f_I - \frac{\Delta f_r}{2}, \ f_L(t) - f_I + \frac{\Delta f_r}{2} \right]$$

(2) 宽带滤波—高中频。用宽带滤波器代替预选器，滤波器的频率范围为 $f_p = [f_1, f_2]$，并且提高中频频率，中频满足 $f_I > (f_2 - f_1)/2$。

(3) 常用镜像抑制混频器。采用双平衡混频器，它的两个混频输出主信道输出相加，镜像信道相减，镜像抑制比可达到 $20 \sim 30$ dB。

(4) 采用零中频技术。采用零中频技术，此时，主信道与镜像信道重合。零中频技术电路简单，易于实现正交双通道处理，但灵敏度较低。

2.4.2 频率搜索方式

频率搜索可以采用连续搜索和步进搜索两种方式：连续搜索又分为单程搜索和双程搜索方式，步进搜索又分为等间隔搜索和灵巧搜索方式。频率连续搜索方式和步进搜索方式的搜索时间图如图 2.4-3 所示。

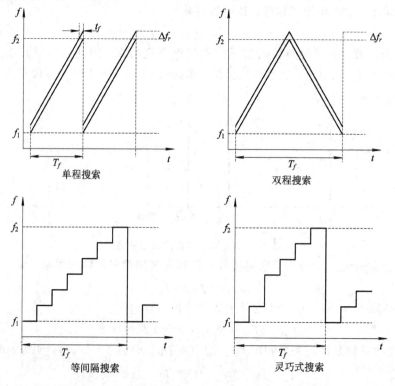

图 2.4-3　频率搜索时间图

图 2.4 - 3 中，$|f_2 - f_1|$ 是频率搜索范围；T_f 为频率搜索周期；t_f 频率搜索时的接收时间，即搜索一个侦察接收机带宽 Δf_r 所用的时间；f_0 为信号中心频率。

连续搜索属于模拟搜索方法，它的本振一般都是利用压控振荡器(VCO)实现的，其优点是电路简单，便于与模拟显示器构成全景接收机，但是不便于采用数字显示。步进搜索属于数字搜索方式，随着数字技术的普遍采用，目前新型的测频接收机基本上都采用步进频率搜索，本振通常需要数字控制的频率合成器实现，具有频率稳定度和准确度高，搜索方式灵活等优点，得到了广泛的应用。

2.4.3　频率搜索时间和速度

1. 频率搜索时间

频率搜索时间是指搜索完给定频率范围所需的时间。它与频率搜索范围 $|f_2 - f_1|$、频率步进间隔 Δf、信道间隔 ΔF、本振换频时间 T_{lr}、搜索驻留时间 T_{st} 等因素有关。

对于宽带搜索接收机，频率步进间隔通常按照二分之一的准则选择，即频率步进间隔为搜索带宽 Δf_I(中频带宽)的二分之一。按照这个准则，频率步进搜索过程中的本振频率点数 N_{wb} 为

$$N_{wb} = \frac{2 \, | f_2 - f_1 |}{\Delta f_I} \qquad (2.4 - 5)$$

宽带接收机一次完成多个通信信道的搜索，它的频率搜索时间为

$$T_{fwb} = N_{wb}(T_{rs} + T_{st}) \qquad (2.4 - 6)$$

类似地，对于窄带搜索接收机，频率步进间隔可以为通信信号的最小信道间隔 Δf。相应的频率步进搜索过程中的本振频率点数 N_{nb} 为

$$N_{nb} = \frac{| f_2 - f_1 |}{\Delta f} \qquad (2.4 - 7)$$

窄带搜索接收机一次完成单个通信信道的搜索，它的频率搜索时间为

$$T_{fnb} = N_{nb}(T_{rs} + T_{st}) \qquad (2.4 - 8)$$

设超短波通信电台的频率范围为 30～90 MHz，信道间隔为 25 kHz，本振换频时间为 100 μs，搜索驻留时间为 1000 μs。如果利用窄带频率搜索接收机，那么本振频率点数 N_{nb} 为

$$N_{nb} = \frac{(90 - 30) \times 10^6}{25 \times 10^3} = 2400$$

频率搜索时间为

$$T_{fnb} = 2400 \times (100 + 1000) = 2\,640\,000 \ \mu\text{s} = 2640 \text{ ms}$$

可见频率搜索时间是比较长的。为了减小频率搜索时间，有以下 4 个可能的途径：

(1) 通过采用并行多信道搜索方式，减小频率搜索范围。它可以减小搜索时间，但是也会使设备量和成本增加。

(2) 采用宽带搜索方式，减小频率步进搜索过程中的本振频率点数。

(3) 采用换频时间短的高速频率合成本振。

(4) 减小搜索驻留时间。搜索驻留时间主要取决于频率测量和信号分析时间。在搜索驻留时间内，信号处理器需要完成给定的频率测量、信号参数分析等任务。为了减小搜索

驻留时间，需要采用高速、高性能的信号处理器。

2. 频率搜索速度

频率搜索时间和搜索速度会影响系统的频率截获概率。一般情况下，采用搜索方式工作时，可以按照频率搜索速度分为频率慢速可靠搜索、频率快速可靠搜索和概率搜索。

（1）频率慢速可靠搜索。实现频率慢速可靠搜索的基本条件是：在频率搜索周期内，通信信号始终存在，同时搜索接收机在的搜索驻留时间大于信号处理时间。

设通信信号的停留时间为 T_{sd}，频率搜索周期为 T_f，搜索驻留时间为 T_{st}，信号处理时间为 T_{sp}，则频率慢速可靠搜索的基本条件可以表示为

$$T_f \leqslant T_{sd} \quad 且 \quad T_{st} \geqslant T_{sp} \qquad (2.4-9)$$

上述可靠搜索条件对于在频率搜索过程中始终存在的通信信号是容易满足的，而对于持续时间短的突发通信信号、跳频通信信号等，就比较困难。

（2）频率快速可靠搜索。实现频率快速可靠搜索的基本条件是：搜索接收机在的频率搜索周期小于通信信号的停留时间，即满足

$$T_f \leqslant T_{sd} \qquad (2.4-10)$$

此时要求的频率搜索速度为

$$V_f \geqslant \frac{|f_2 - f_1|}{T_{sd}} \qquad (2.4-11)$$

对于给定的搜索接收机，它能够实现的最高频率搜索速度与本振换频时间 T_{lr} 和接收机的信号建立时间 T_{rs} 有关，即

$$V_f \leqslant \frac{|f_2 - f_1|}{T_{lr} + T_{rs}} \qquad (2.4-12)$$

而接收机的建立时间是它的带宽 B_I 的倒数。

通信信号的停留时间按照不同的侦察截获要求，可以选取不同的参数。如对于常规数字调制信号，它的含义是码元宽度；对于直接序列扩频信号，它可以是伪码周期；对于跳频信号，它可以是跳频信号驻留时间；对于 LINK 数据链信号，它可以是帧长度。

快速频率搜索要求的搜索速度可能很高，如工作频带为 225～400 MHz 的 LINK11 信号，它的帧长度为 13.33 ms，它要求的频率搜索速度是

$$V_f = \frac{(400-225) \times 10^6}{13.33 \times 10^{-3}} = 13.128 \ (GHz/s)$$

可见快速搜索的速度极高。当不满足快慢和慢速搜索条件时，频率搜索为概率搜索。

2.4.4 信道化接收机

搜索接收机具有结构简单、工作可靠等特点，但是其搜索时间长，降低了系统截获概率。提高截获概率的途径之一是采用并行搜索体制，可以实现并行搜索的接收机主要有信道化接收机、压缩接收机、声光接收机、数字接收机等。本节介绍信道化技术，其他技术将在后续部分陆续介绍。

信道化接收机采用大量的并行接收和处理信道覆盖测频范围，它有三种基本形式。这三种基本形式是由信道化模块的不同组合形式构成的。

1. 纯信道化接收机

纯信道化接收机的原理框图如图 2.4-4 所示。

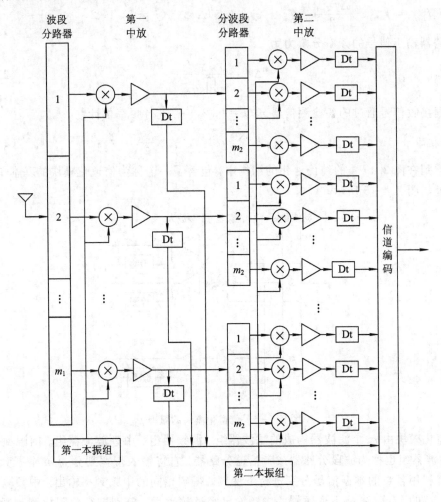

图 2.4-4　纯信道化接收机的原理框图

信道化接收机利用波段分路器将侦察频带划分为 m_1 路，各个波段分路器输出的信号经过第一变频器变频，将射频频率变换为第一中频频率 f_{i1}，第一本振组输出等间隔的频率，使各路中频输出频率和带宽相同。各路中频输出经过放大后分成两路：一路送给门限检测（Dt），确定信号频率属于哪个波段；另一路输出送给各自的子波段分路器，再分成 m_2 路。各个子波段分路器输出的信号经过第二变频器变频，将第一中频变换为第二中频频率 f_{i2}，各路中频输出进行给门限检测，检测信号的频率，同时输出中频信号。

第一分路器为 m_1 个，第一中放带宽 $\Delta f_{r1} = (f_2 - f_1)/m_1$，第一中频频率 $\Delta f_{i1} > (f_2 - f_1)/2$，当采用低外差方式时第一本振组频率为

$$f_{L1j} = f_1 - f_{i1} + (j + 0.5)\Delta f_{r1} \quad (j = 0, 1, 2, \cdots, m_1 - 1)$$

第二分路器为 m_2 个，第二中放带宽 $\Delta f_{r2} = \Delta f_{r1}/m_2$，第二中频频率 $\Delta f_{i2} > \Delta f_{r1}/2$，当采用低外差方式时，第二本振组频率为

$$f_{L2j} = f_{i1} - \frac{\Delta f_{r1}}{2} - f_{i2} + (j + 0.5)\Delta f_{r2} \quad (j = 0, 1, 2, \cdots, m_2 - 1)$$

以此类推：第 k 分路器 m_k，第 k 中放带宽 $\Delta f_{rk} = \Delta f_{rk-1}/m_k$，第 k 中频频率 $\Delta f_{ik} >$ $\Delta f_{rk-1}/2$，当采用低外差方式时，第 k 本振组频率为

$$f_{Lkj} = f_{ik-1} - \frac{\Delta f_{rk-1}}{2} - f_{ik} + (j+0.5)\Delta f_{rk} \quad (j=0,1,2,\cdots,m_k-1)$$

第 k 分路器输出信号的频率分辨力为

$$\Delta f = \frac{f_2 - f_1}{\prod_k m_k} \tag{2.4-13}$$

根据接收信号通过的各检测信道 $n_k(k=1,2,\cdots)$ 进行频率估计：

$$\hat{f} = f_1 + \sum_k n_k \times \Delta f_{rk} + \frac{\Delta f}{2} \tag{2.4-14}$$

注意到在图 2.4-4 的纯信道化的结构中，包含了一个称为信道化模块的基本单元，其组成原理如图 2.4-5 所示。

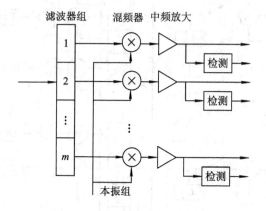

图 2.4-5 信道化模块的原理

信道化模块由 m 个滤波器构成的滤波器组、混频器组、中频放大器组、门限检测组等组成。滤波器组也称为波段分路器或者信道分路器，它将输入带宽划分为 m 个子频带，每个子频带利用各自的本振信号分别进行下变频，得到相同的中频频率输出。中频输出带宽为输入带宽的 $1/m$。各路下变频器的中频输出经过放大后，分别进行门限检测判断，输出门限检测判断结果，同时根据需要也可以输出中频信号。

借助信道化模块，我们可以说图 2.4-4 的纯信道化由一个波段信道化模块（一级）和 m_1 个二级信道化模块组成，并且波段信道化的 m_1 个第一中频输出都续接了一个专用的二级信道化模块，即并行使用了 m_1 个二级信道化模块。

纯信道化接收机的波段分路器个数是

$$L_d = 1 + m_1 + m_1 m_2 + \cdots + \prod_{i=1}^{k-1} m_i \tag{2.4-15}$$

混频器和中频放大器个数是

$$L_m = m_1 + m_1 m_2 + \cdots + \prod_{i=1}^{k-1} m_i \tag{2.4-16}$$

本振频率个数混频器和中频放大器个数是

$$L_l = m_1 + m_2 + m_3 + \cdots + m_k = \sum_{i=1}^{k} m_i \tag{2.4-17}$$

门限检测器个数是

$$L_t = \prod_{i=1}^{k} m_i \qquad (2.4-18)$$

纯信道化接收机可以得到很高的频率分辨率和频率覆盖范围，但是其体积大、重量重、成本高、系统复杂。

2. 频带折叠信道化接收机

频带折叠信道化接收机的原理与纯信道化接收机类似，它的第一级波段分路器与纯信道化的相同。其余各级的分路器的输出先取和，求和后的信号进入后级信道化模块，依次类推。其原理如图 2.4-6 所示。

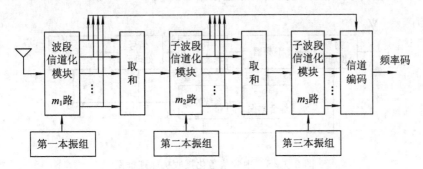

图 2.4-6　折叠信道化接收机原理框图

从上图可以看出，折叠信道化接收机的每级只设一个信道化模块，这种结构大大减少了设备量。但是，由于对分路器输出取和，在减少了分路器的同时，各频段的噪声也叠加，使接收机灵敏度下降。此外，当不同频率的信号同时到达时，同一级信道化模块的若干个中频放大器均有输出，当其和路后到下级的信道化模块中会引起多路输出，引起测频模糊。为了防止测频模糊现象，折叠信道化接收机需要特殊的解模糊处理。

3. 时分制信道化接收机

时分制信道化接收机的结构与频带折叠信道化接收机基本相同，所不同的是用快速分路开关取代了取和电路。在同一时刻，访问开关只与一个波段接通，其他波段被断开，避免了频带折叠带来的噪声增加和同时到达信号的影响。时分制信道化接收机原理框图如图 2.4-7 所示。

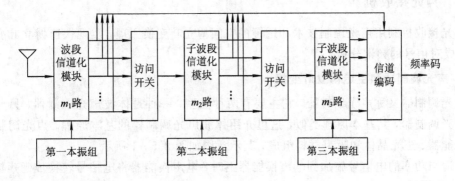

图 2.4-7　时分制信道化接收机原理框图

时分制结构因为每层中频输出由访问开关转换，所以存在信号的漏截获问题。

从上述分析可以看出，信道化接收机实际上是利用一级或者多级滤波器组，将侦察频段分成多个信道，最小信道间隔一般为 25 kHz(也有 12.5 kHz)。它具有灵敏度高、动态范围大、搜索速度快、同时到达信号能力强等优点。缺点是结构复杂、体积大、成本高。

信道化接收机存在的另一个问题是宽带信号检测的问题。当信号带宽大于信道化间隔时，相邻的多个信道都会有信号输出，如果不进行处理，会引起虚假频率输出。

4. 中频信道化接收机

前面分析的信道化接收机是在射频进行信道化的，在实际应用中，还可以采用中频信道化接收机。典型的中频信道化接收机原理框图如图 2.4 - 8 所示。

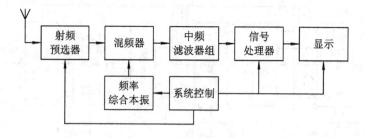

图 2.4 - 8　中频信道化接收机原理框图

中频信道化接收机是在中频部分使用中频滤波器组实现宽带与高灵敏度的超外差接收机。其射频前端的射频预选器的带宽和本振频率步进间隔与中频滤波器组的带宽匹配。其特点是滤波器组的设计可以通用化、模块化，具有较强的适应性。

2.5　通信信号频率的变换域检测方法

除了直接利用搜索接收机和信道化接收机测量信号频率外，侦察系统中还采用各种特殊的器件，实现傅立叶变换，间接实现频率测量，这就是变换域方法。使用不同的器件，就构成了声光接收机和压缩接收机。变换域测量属于宽带通信侦察接收机。

2.5.1　声光接收机

声光接收机利用声光调制技术和透镜的空间傅立叶变换原理，实现快速傅立叶变换算法，完成对信号的频谱分析。

1. 声光调制器和空域傅立叶变换

声光调制器又称声光偏转器，它主要有两种类型，一种是体波声光调制器，另一种是面波声光调制器，其基本原理类似，这里介绍体波声光调制器的基本原理。声光调制器由电声换能器、声光晶体和吸声材料组成，其示意图如图 2.5 - 1 所示。

当适当功率的电信号施加到电声换能器上时，电声换能器将电信号转换成超声波，它会引起晶体内部折射率随着电信号频率变化，形成相位光栅。当激光束通过这种相位光栅时，声波对光波进行相位调制，产生衍射光。这就是著名的喇曼－奈斯(Raman-Nath)衍

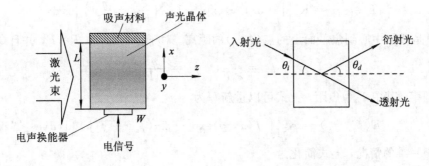

(a) 声光调制器结构示意图　　　　(b) 布拉格衍射示意图

图 2.5-1　声光调制器的示意图

射，喇曼－奈斯衍射产生的是多级衍射。一般声光调制器都工作在布拉格(Bragg)衍射模式，因此声光调制器又称为布拉格小室。

设输入信号为单频信号

$$s(t) = A\cos(\omega_s t + \phi_i) \tag{2.5-1}$$

光波波长为 λ_0，声波在介质中的传播速度为 v_s。当光束以布拉格角 θ_i 入射时，由布拉格衍射引起的衍射光的偏转角与输入信号频率和光波波长的关系为

$$\theta_i = \theta_d = \arcsin\left(\frac{\lambda_0 f_s}{2v_s}\right) \tag{2.5-2}$$

如果满足条件 $\theta_i + \theta_d \leqslant 0.01$ rad，则上式简化为

$$\theta_i = \theta_d \approx \frac{\lambda_0 f_s}{2v_s} \tag{2.5-3}$$

可见，衍射光的偏转角与被测信号的频率成正比。这就说明，在布拉格衍射条件下，衍射光的偏角大小代表了电信号的频率。如果再利用透镜对衍射光进行汇聚，实现空域傅立叶变换，然后对汇聚后的光进行光电转换和检测，就完成了频谱分析即测频工作。下面分析空域傅立叶变换的基本原理，其示意图如图 2.5-2 所示。

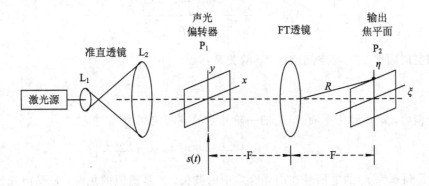

图 2.5-2　空域傅立叶变换的示意图

在图 2.5-2 中，声光器件位于 FT 透镜的输入焦平面 P_1，光电检测器阵列位于 FT 透镜的输出焦平面 P_2。根据傅立叶光学原理，一个聚焦透镜可以完成空域傅立叶变换。透镜输出焦平面 P_2 与输入焦平面 P_1 上的空间调制函数 $f(x,y)$ 之间满足傅立叶变换关系：

$$E(\xi,\ \eta) = K_1 \iint_L f(x,\ y) \exp\left[-\mathrm{j}\frac{2\pi}{\lambda_0}\left(\frac{\xi}{R}x + \frac{\eta}{R}y\right)\right]\mathrm{d}x\mathrm{d}y \qquad (2.5-4)$$

其中，R 是透镜中心到焦平面上的点 $(\xi,\ \eta)$ 的距离。对于小衍射角，$R \approx F$，并且令

$$f_x = \frac{\xi}{\lambda_0 F}, \qquad f_y = \frac{\eta}{\lambda_0 F}$$

为空间频率，其中 F 为焦距。上式可以重新写为

$$E(f_x,\ f_y) = K_1 \iint_L f(x,\ y)\exp[-\mathrm{j}2\pi(f_x x + f_x y)]\mathrm{d}x\mathrm{d}y \qquad (2.5-5)$$

对于一维的情况，上式简化为

$$E(f_x) = K_2 \int_{-L/2}^{L/2} f(x)\exp[-\mathrm{j}2\pi f_x x]\mathrm{d}x \qquad (2.5-6)$$

设声光器件位于平面 P_1，送给声光器件的信号为

$$s(t) = \cos(2\pi f_s t) \qquad (2.5-7)$$

则声光调制器在输入焦平面 P_1 光波的相位调制函数近似为

$$f(x) = 1 + \mathrm{j}\Phi(x) \approx 1 + \phi_m \cos\left(2\pi f_s \frac{x}{v_s}\right) \qquad (2.5-8)$$

代入式 $(2.5-6)$ 得到

$$E(f_x) = K_2 \int_{-L/2}^{L/2} \left(1 + \phi_m \cos\left(2\pi f_x \frac{x}{v_s}\right)\right)\exp[\mathrm{j}2\pi f_x x]\mathrm{d}x$$

$$= \frac{L}{2}\frac{\sin 2\pi f_s}{2\pi f_s} + \mathrm{j}\frac{\phi_m}{2}\frac{L}{2}\frac{\sin\left(2\pi f_s + \dfrac{2\pi}{\lambda_s}\right)}{2\pi f_s + \dfrac{2\pi}{\lambda_s}} + \mathrm{j}\frac{\phi_m}{2}\frac{L}{2}\frac{\sin\left(2\pi f_s - \dfrac{2\pi}{\lambda_s}\right)}{2\pi f_s - \dfrac{2\pi}{\lambda_s}}$$

$$= A_0 + A_{+1} + A_{-1} \qquad (2.5-9)$$

其中 A_0 和 $A_{\pm 1}$ 分别是零阶光和一阶光分量。零阶光是未受电信号调制的光分量，它对于频谱分析没有贡献。而一阶光是受到电信号调制的光分量，是我们所关心的光分量。一阶光分量为

$$A_{\pm 1} = \mathrm{j}\frac{\phi_m}{2}\frac{L}{2}\frac{\sin\left(2\pi f_s \pm \dfrac{2\pi}{\lambda_s}\right)}{2\pi f_s \pm \dfrac{2\pi}{\lambda_s}} \qquad (2.5-10)$$

利用空间频率 $f_{x\pm 1}$ 与空间位移 $\xi_{\pm 1}$ 的关系：

$$f_{x\pm 1} = \frac{\xi_{\pm 1}}{\lambda_0 F} = \pm\frac{1}{\lambda_s} \qquad (2.5-11)$$

即经过透镜后，聚焦到焦平面 P_2 上的一阶光束的空间位移为

$$|\xi_{+1}| = |\xi_{-1}| = F\frac{\lambda_0}{\lambda_s} = F\lambda_0\frac{f_s}{v_s} = \left(\frac{F\lambda_0 T}{L}\right)f_s \qquad (2.5-12)$$

其中，λ_s 是频率为 f_s 的电信号在声光介质中的波长；F 是透镜的焦距；L 是声光器件的光孔径；T 是声光器件的声波在声光介质中的渡越时间。

上述关系与傅立叶变换的理论完全符合，同时它说明，一阶光束的空间位移与输入信号频率成正比。因此如果在输出焦平面上放置光电检测器阵列，就可以检测输入信号的频率。

2. 声光接收机工作原理

典型的声光接收机原理框图如图 2.5-3 所示。声光接收机利用声光偏转器（布拉格小室）使入射光束受信号频率调制发生偏转，偏转角度正比于信号频率，用一组光检测器件检测偏转之后的光信号，从而完成测频目的。

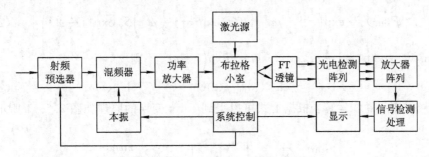

图 2.5-3　声光接收机原理框图

天线收到的信号经过射频预选器选择进入接收机，经过混频变换到声光调制器的工作频带内。在测频过程中，本振在系统控制单元的控制下，采用步进扫描，构成搜索接收机。经过混频的中频信号，再经过中频放大器和功率放大器放大，驱动声光器件，产生相应的衍射光。衍射光经过位于焦平面 P_2 的光电检测器阵列转换成电信号，进行能量检测，完成信号频率的测量。

从信号分析的观点看，声光接收机从原理上与信道化接收机是等价的。它利用声光调制器，将不同频率的信号衍射到位于透镜输出焦平面的光电检测阵列（光电二极管或者 CCD 器件），每个光电管的输出相当于信道化接收机的一个信道的输出。因此声光接收机具有多信号分辨能力。

声光接收机的主要特点是瞬时带宽宽、搜索速度快，能够实现全概率信号的截获，但动态范围小。目前国外报道的声光接收机的瞬时带宽为 5～2000 MHz，频率分辨率为 20 kHz～1 MHz，动态范围为 30～40 dB。

本节给出的声光接收机只是适用于谱分析的功率型声光接收机，它只能测量光的强度，其输出只有信号的幅度（能量），没有相位信息。在声光接收机中还有外差型声光接收机，它不但可以提供信号的幅度，还可以提供信号的相位，外差型声光接收机的动态范围提高到 50～60 dB。有关外差型声光接收机的原理读者可以参考相关的文献资料，这里不再讨论。

2.5.2　压缩接收机

压缩接收机建立在一种特殊的傅立叶变换——线性调频变换（chirp 变换）的基础之上。下面分析它的工作原理。

1. chirp 变换原理

设输入信号为 $f(t)$，其频谱可以通过傅立叶变换得到

$$F(\omega) = \int_{-\infty}^{\infty} f(t)\exp(-j\omega t)\mathrm{d}t \qquad (2.5-13)$$

假设 $\omega=\mu\tau$，其中 μ 是常数，τ 是时间。对上式进行变量代换得

$$F(\omega) = F(\mu\tau) = \int_{-\infty}^{\infty} f(t)\exp(-j\mu\tau t)\mathrm{d}t$$

$$= \exp\left(-j\frac{1}{2}\mu\tau^2\right)\int_{-\infty}^{\infty} f(t)\exp\left[-j\frac{1}{2}\mu t^2\right]\exp\left[-j\frac{1}{2}\mu(\tau-t)^2\right]\mathrm{d}t \quad (2.5-14)$$

利用卷积关系，上式可以表示为

$$F(\mu\tau) = \exp\left(-j\frac{1}{2}\mu\tau^2\right)\left[f(t)\exp\left(-j\frac{1}{2}\mu t^2\right)\bigotimes \exp\left(j\frac{1}{2}\mu t^2\right)\right] \quad (2.5-15)$$

令 $ch^-(t)=\exp\left(-j\frac{1}{2}\mu t^2\right)$，$ch^+(t)=\exp\left(j\frac{1}{2}\mu t^2\right)$，则

$$F(\mu\tau) = ch^-(\tau)\{[f(t)ch^-(t)]\bigotimes ch^+(t)\} \quad (2.5-16)$$

其中，符号 $\bigotimes$ 表示卷积运算。根据上式可以得到 chirp 变换的原理如图 2.5-4 所示。

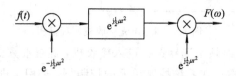

图 2.5-4　chirp 变换的原理

chirp 变换处理的计算模型可以概括为 M-C-M。这里 M 代表乘法，C 代表卷积。在这个计算模型中，利用另外一种方式实现了时域信号的傅立叶变换。计算模型包括以下三个步骤：

（1）将输入的时域信号 $f(t)$ 与一线性调频信号 $ch^-(t)$ 相乘，使得 $f(t)$ 在单位圆作相位变换，变成线性调频信号(其频率的变化与时间成线性关系)。

（2）将上述乘积通过一斜率相等但符号相反的线性调频滤波器 $h(t)=ch^+(t)$，进行卷积运算，所得输出的包络就对应着输入信号的傅立叶变换。

（3）卷积后的结果再与另一线性调频信号 $ch^+(t)$ 相乘，去除掉因步骤(1)引入的相位失真，便得到输入信号的谱函数。

在谱分析应用中，我们只关心信号的振幅信息，不注重相位信息，因此后乘 $ch^+(t)$ 可用包络检波来代替。压缩接收机就是根据上述原理，采用 SAW 色散延迟线作预乘和卷积。利用 SAW 滤波器构成的压缩接收机如图 2.5-5 所示。

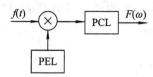

图 2.5-5　基于 SAW 器件的 chirp 变换谱分析仪

其中，利用脉冲展宽延迟线(PEL)产生 chirp 信号，卷积运算由脉冲压缩延迟线(PCL)实现，乘法利用混频器实现。PEL 和 PCL 的时频特性的斜率必须相反。

2. 压缩接收机测频原理

压缩接收机利用 PEL 本振，将接收信号转换为线性调频信号，然后通过 PCL 延迟线压缩信号，将频率转换到时域脉冲的延迟时间，通过测量延迟时间实现测频。

　　为了保证测频范围内的信号能够完全被压缩，压缩接收机的测频范围、本振、压缩延迟线的频率-时间关系应该满足下面的条件：

　　(1) 其测频范围等于压缩延迟线(PCL)的带宽，即 $f_2-f_1=\Delta f_C$，它也是压缩接收机的瞬时带宽，其中 f_1 和 f_2 分别是接收机带宽对应的最低和最高频率。

　　(2) 本振扫频范围等于展宽延迟线(PEL)的带宽，即 $f_{Lmax}-f_{Lmin}=\Delta f_E$，它与压缩延迟线的关系是：$\Delta f_E=2\Delta f_C$。

　　(3) 满足完全压缩的条件是本振频率与信号频率的差落入压缩延迟线的频带 $f_{Cmax}-f_{Cmin}=\Delta f_C$ 内，此时本振扫频周期 T_E 与压缩延迟线采样时间 T_C 的关系为 $T_E=2T_C$。

　　满足完全压缩条件时，压缩接收机测频的频率和时间关系如图 2.5-6 所示。

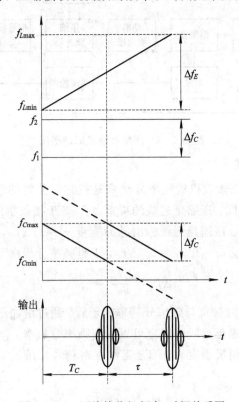

图 2.5-6　压缩接收机频率-时间关系图

　　设输入信号频率为 f_1，它与扫频本振混频后得到中频信号，中频信号是一个线性调频信号，其频率差落入压缩延迟线带宽内的时间是 $0\sim T_C$，压缩延迟线输出的脉冲形状为辛格函数(Sa( ))，其最大值的出现时间是 T_C。同理，如果输入信号频率为 f_2，它与扫频本振混频后得到中频信号的频率差落入压缩延迟线带宽内的时间是 $T_C\sim T_C+\tau$，压缩延迟线输出脉冲最大值出现的时间是 $T_C+\tau$。

　　由此可见，如果信号频率不同，压缩延迟线开始取样的时间不同，则压缩延迟线输出脉冲最大值的时间不同，即输出脉冲最大值的延迟时间与信号频率成正比。这样，只要测量输出脉冲的时间，就可以得到信号的频率，完成频率测量。频率为 $f_1\leqslant f\leqslant f_2$ 的信号压缩输出的脉冲最大值的延迟时间为

$$\tau=\frac{f-f_1}{\Delta f_C}T_C \qquad\qquad (2.5-17)$$

输出脉冲的幅度为 $D_C = \Delta f_C T_C$。根据输出脉冲的延迟时间可以确定信号的频率为

$$f = f_1 + \frac{\tau}{T_C}(f_2 - f_1) \tag{2.5 - 18}$$

压缩接收机原理框图如图 2.5 - 7 所示。压缩接收机是利用快速微扫本振，截获侦察频带内的所有信号，再通过压缩延迟线压缩，转换到时域进行测频的接收机。声表面波色散延迟线的频率分辨率是延迟时间的倒数，它相当于一个滤波器组，滤波器数目等于带宽和延迟时间的乘积。

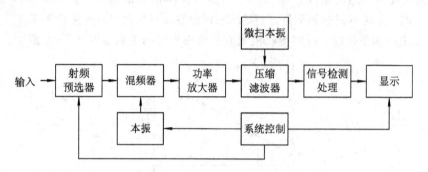

图 2.5 - 7　压缩接收机原理框图

3. 压缩接收机的参数

（1）频率分辨率。压缩接收机的频率分辨率是指它可分辨的信号的最小频率间隔，取决于压缩延迟线的延迟时间。压缩延迟线的带宽 Δf_C 等于接收机的瞬时带宽 Δf_r，它是压缩接收机的瞬时测频范围。压缩延迟线输出脉冲宽度 $\tau_0 = 1/\Delta f_C$，它是时域的最小分辨单元，接收机总的分辨单元为 $n = T_C/\tau_0 = T_C \Delta f_C$，于是频率分辨率为

$$\Delta f = \frac{\Delta f_C}{n} = \frac{1}{T_C} \tag{2.5 - 19}$$

压缩接收机解决了瞬时带宽与频率分辨率的矛盾。通过增加压缩延迟线的带宽可以扩大瞬时带宽，通过增加压缩延迟线的时宽可以提高频率分辨率。

（2）压缩增益和接收机灵敏度。压缩延迟线在对信号压缩时，可以使输出脉冲的峰值提高。其压缩增益为

$$D_C = \Delta f_C T_C \tag{2.5 - 20}$$

压缩增益带来的好处是，使接收机灵敏度提高了 D_C 倍。如果压缩延迟线失配引起的信噪比损失为 L_C，则在完全压缩条件下，压缩接收机的灵敏度 S_{minC} 与普通接收机的灵敏度 S_{min0} 的关系为

$$S_{minC} = S_{min0} \frac{L_C}{D_C} \tag{2.5 - 21}$$

如果不满足完全压缩条件，即信号的取样时间 t_{sa} 小于 T_C，则实际灵敏度为

$$S_{minC} = S_{min0} \frac{L_C}{D_C}\left(\frac{T_C}{T_{sa}}\right)^2 \tag{2.5 - 22}$$

（3）动态范围。压缩接收机的瞬时动态范围主要受压缩延迟线旁瓣电平的限制，其典型值为 35～45 dB，饱和动态范围为 60～80 dB。

（4）取样时间。取样时间 t_{sa} 是压缩延迟线对信号的截取时宽，其最大值是压缩延迟线

的时宽 T_C。

（5）频率截获时间。频率截获时间 t_{IF} 等于本振扫描周期，通常 $t_{IF} = 2t_{sa}$，$t_{IFmax} = 2T_C = T_E$。

压缩接收机的特点是搜索速度快、截获概率高、频率分辨能力强、体积小、重量轻、成本低。但目前所能达到的动态范围较小。此外，其输出为窄脉冲，丢失了信号的其他信息，因此在通信侦察中其应用会受到限制。

2.6　通信信号的数字化测频方法

随着数字信号处理技术的进步，通信信号的数字化测频得到了迅速的发展，传统的接收机朝着软件化和数字化进步，这就是软件无线电的思想。软件无线电数字接收机的设计思想是：将宽带 ADC 和 DAC 变换器尽可能靠近天线，即把 ADC 和 DAC 从基带移到中频甚至射频，把接收到的模拟信号尽早数字化；然后用实时高速 FPGA/DSP 做 ADC 后的一系列处理，使无线电系统的各种功能通过软件进行定义。然而，由于受器件水平的制约，直接对射频采样处理还有一定难度。在保留软件无线电通用、灵活、开放的特点的前提下，目前普遍采用的是中频数字化方案。

目前广泛使用的各种数字化测频技术大多采用中频数字化技术，接收机采用模拟宽带射频前端的外差接收机技术，在中频采样后，利用各种数字化技术实现通信信号频率的测量。随着数字化器件如 ADC、DSP、FPGA 等的进步，数字化将逐步向射频前端推进，形成完全数字化的数字接收机。

2.6.1　数字化技术基础

数字化接收机包含了许多现代数字信号处理的关键技术，如高速采样技术、高速数字信号处理器技术、高速测频算法和信号处理算法等。本节简单介绍采样定理和正交变换问题。

1. 带限信号采样定理

Nyquist 采样定理：对于一个频率带限信号 $x(t)$，其频带限制在 $(0, f_H)$ 内，如果以不小于 $f_s = 2f_H$ 的采样速率对 $x(t)$ 进行等间隔采样，得到时间离散的采样信号 $x(n) = x(nT_s)$，其中 $T_s = 1/f_s$ 称为采样间隔，则采样值 $x(n)$ 能完全确定原信号 $x(t)$。

对模拟信号进行采样后，所得数字信号的频谱为原信号频谱的周期延拓。采样前后模拟信号和数字信号的频谱如图 2.6-1 所示。

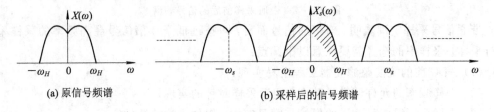

(a) 原信号频谱　　　　　　　(b) 采样后的信号频谱

图 2.6-1　采样前后的信号频谱

Nyquist 采样定理只讨论了频谱分布在$(0, f_H)$上的基带信号的采样问题，如果对频率分布在某一有限频带(f_L, f_H)的带通信号进行采样，虽然同样可以根据 Nyquist 采样定理按 $f_s \geqslant 2f_H$ 的采样速率来进行，但是当 $f_H \gg f_H - f_L$，也就是当信号的最高频率远远大于其信号带宽时，会引入以下问题：

(1) 高速 ADC 器件难以实现；

(2) 由采样孔径抖动造成的信噪比恶化严重；

(3) ADC 采样速率过高，对数字信号处理速度要求高，实时处理困难。

2. 带通采样定理

由于带通信号本身的带宽并不一定很宽，因此自然会想到能不能采用比 Nyquist 采样率更低的速率来采样，而依然能正确地恢复原始信号 $x(t)$。这就是带通采样需要解决的问题。

带通采样定理：设一个带通信号 $x(t)$，其频带限制在(f_L, f_H)内，如果其采样速率 f_s 满足

$$f_s = \frac{2(f_L + f_H)}{2n + 1} \qquad (2.6-1)$$

n 取能满足 $f_s \geqslant 2(f_H - f_L)$ 的最大正整数$(0, 1, 2, \cdots)$，则用 f_s 进行等间隔采样所得到的信号采样值 $x(kT_s)$ 能准确地确定原信号 $x(t)$。

上式用带通信号的中心频率也可表示为

$$f_s = \frac{4f_0}{2n + 1} \qquad (2.6-2)$$

其中，$f_0 = (f_L + f_H)$，n 取能满足 $f_s \geqslant 2B(B = f_H - f_L$ 为频带宽度$)$的最大正整数。

带通采样定理表明，对带通信号而言，可按远低于 2 倍信号最高频率的采样频率来进行欠采样（采样率小于奈奎斯特频率），于是采样频率可大大降低，减少后端数据处理的工作量，提高处理效率，中频数字接收机也易于实现。实际上，当 $f_0 = f_H/2$、$B = f_H$ 时，取 $n = 0$，它就是 Nyquist 带限信号采样定理。

带通采样前后的信号频谱如图 2.6-2 所示。

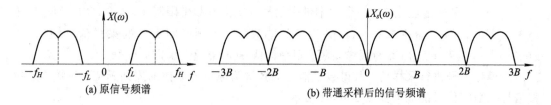

图 2.6-2　带通采样前后的信号频谱

带通信号采样定理表明：对带通信号而言，可按远低于 2 倍信号最高频率的采样率来进行采样。采样率的选择需要注意以下几点：

(1) ADC 前的抗混叠滤波器工程上易实现；

(2) 采样频率的允许偏离足够大，便于采样时钟的实现；

(3) 采样后所需信号频谱的保护带宽足够大，以便于滤波器的实现。

带通采样定理的应用，大大降低了采样率理论值，因而也大大降低了对 ADC 和 DSP

的要求。带通采样也称为欠采样，一般把采样频率低于 2 倍信号最高频率的采样方式称为欠采样。反之，把采样频率高于 2 倍信号最高频率的采样称为过采样。

3. 数字正交变换原理

根据傅立叶变换的性质可知，实信号 $x(t)$ 的频谱具有共轭对称性，即 $X(f) = X^*(-f)$。因此，其正、负频率的幅度分量是对称的，相位分量是相反的，只需用其正频分量或负频分量就可完全描述 $x(t)$，不会丢失任何信息。取正频分量，构造一个信号 $z(t)$，令它的频谱 $Z(f)$ 为

$$Z(f) = \begin{cases} 2X(f), & f > 0 \\ X(f), & f = 0 \\ 0, & f < 0 \end{cases} \qquad (2.6-3)$$

$z(t)$ 与 $x(t)$ 的关系：$z(t) = x(t) + jH[x(t)]$，其中，$H[x(t)]$ 表示 $x(t)$ 的 Hilbert 变换。

由 Hilbert 变换的性质可知 $x(t)$ 和 $H[x(t)]$ 是正交的。因此 $z(t)$ 是 $x(t)$ 的正交分解，称为 $x(t)$ 复解析信号。一个窄带实信号表示为

$$x(t) = a(t)\cos[\omega_0 t + \theta(t)] \qquad (2.6-4)$$

它的解析表达式为

$$z(t) = a(t)\cos[\omega_0 t + \theta(t)] + ja(t)\sin[\omega_0 t + \theta(t)] \qquad (2.6-5)$$

相应的极坐标形式为

$$z(t) = a(t)e^{j[\omega_0 t + \theta(t)]} = a(t)e^{j\theta(t)}e^{j\omega_0 t} \qquad (2.6-6)$$

将上式乘以 $e^{-j\omega_0 t}$，把载频 ω_0 变为零，其结果成为基带信号（零中频信号），记为

$$x_B(t) = a(t)e^{j\theta(t)} = x_{BI}(t) + jx_{BQ}(t) \qquad (2.6-7)$$

其中，$x_{BI}(t) = a(t)\cos[\theta(t)]$；$x_{BQ}(t) = a(t)\sin[\theta(t)]$，它们称为基带信号的同相分量和正交分量。

上述正交分解的过程可以表示在图 2.6 - 3 中。

将上述过程数字化，得到数字正交原理结构如图 2.6 - 4 所示。其中，正交本振用数字控制振荡器（NCO）实现，低通滤波器（LPF）通常用 FIR 滤波器实现。模拟输入信号 $x(t)$ 经高速采样后变成数字信号，然后与数字正交本振相乘，得到零中频的正交数字序列。其中 LPF 滤波器的主要作用是抗混叠滤波，滤波器后的数据进行抽取，以降低输出数据的数据率。

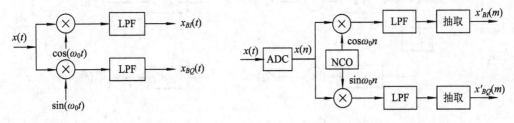

图 2.6 - 3　正交下变频原理框图　　　　　图 2.6 - 4　数字正交下变频原理框图

与模拟正交下变频相比，数字下变频的优点在于：由于两个正交本振序列的形成与相乘都是数字运算的结果，其正交性是完全可以保证的，由于只用一个 ADC，所以正交变换的幅度平衡也容易满足，前提是必须确保运算精度。

注意：在上述数字下变频方法中，乘法器、低通滤波器（LPF）都以采样频率工作。当采样速率很高，并且滤波器阶数很高时，滤波器的实现将需要大量的软件或者硬件资源。因此需要寻求高效的数字正交下变频实现方法，基于多相结构的高效宽带数字下变频就是其中之一。

4. 基于多相结构的数字正交下变频

设输入信号为

$$x(t) = a(t)\cos[2\pi f_0 t + \varphi(t)] \tag{2.6-8}$$

按照带通采样定理以采样频率 f_s 对其进行采样，其中

$$f_s = \frac{4f_0}{2m+1} \qquad (m = 0, 1, 2, \cdots) \tag{2.6-9}$$

得到的采样序列为

$$\begin{aligned}
x(n) &= a(n)\cos\left[2\pi \frac{f_0}{f_s} n + \varphi(n)\right] \\
&= a(n)\cos\left[2\pi \frac{2m+1}{4} n + \varphi(n)\right] \\
&= x_{BI}(n)\cos\left(\frac{2m+1}{2}\pi n\right) - x_{BQ}(n)\sin\left(\frac{2m+1}{2}\pi n\right)
\end{aligned} \tag{2.6-10}$$

式中，$x_{BI}(n) = a(n)\cos\varphi(n)$；$x_{BQ}(n) = a(n)\sin\varphi(n)$，可得

$$x(2n) = x_{BI}(2n)\cos[(2m+1)\pi n] = x_{BI}(2n)(-1)^n \tag{2.6-11}$$

$$x(2n+1) = -x_{BQ}(2n+1)\cos\left[\frac{2m+1}{2}\pi(2n+1)\right] = x_{BQ}(2n)(-1)^n \tag{2.6-12}$$

令

$$\begin{cases} x'_{BI}(n) = x_{BI}(2n) = x(2n)(-1)^n \\ x'_{BQ}(n) = x_{BQ}(2n+1) = x(2n+1)(-1)^n \end{cases} \tag{2.6-13}$$

即 $x'_{BI}(n)$ 和 $x'_{BQ}(n)$ 两个序列分别是同相分量 $x_{BI}(n)$ 和正交分量 $x_{BQ}(n)$ 的 2 倍抽取序列，其实现过程如图 2.6 - 5 所示。

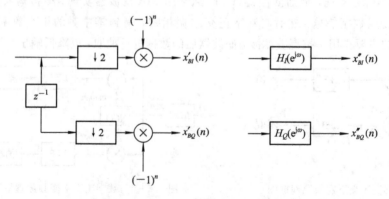

图 2.6 - 5　正交变换的多相滤波实现

通过简单的数字计算就能得到正交的两路信号，拥有较高的精度。$x'_{BI}(n)$ 和 $x'_{BQ}(n)$ 的数字谱为

$$\begin{cases} x'_{BI}(n)(e^{j\omega}) = \dfrac{1}{2}X_{BI}(e^{j\frac{\omega}{2}}) \\ x'_{BQ}(n)(e^{j\omega}) = \dfrac{1}{2}X_{BQ}(e^{j\frac{\omega}{2}})e^{j\frac{\omega}{2}} \end{cases} \tag{2.6-14}$$

这就说明两者的数字谱相差一个延迟因子 $e^{j\frac{\omega}{2}}$，在时域上相差半个采样点，而这半个采样点就是由奇偶抽取引起的。这种在时间上"对不齐"可以通过两个时延滤波器加以校正。其滤波器响应要满足：

$$\begin{cases} \dfrac{H_Q(e^{j\frac{\omega}{2}})}{H_I(e^{j\frac{\omega}{2}})} = e^{j\frac{\omega}{2}} \\ |H_I(e^{j\frac{\omega}{2}})| = |H_Q(e^{j\frac{\omega}{2}})| = 1 \end{cases} \tag{2.6-15}$$

由此可以得到两种实现方法：

$$\begin{cases} H_I(e^{j\frac{3\omega}{4}}) = e^{j\frac{3\omega}{4}} \\ H_Q(e^{j\omega}) = e^{j\frac{\omega}{4}} \end{cases} \quad \text{或} \quad \begin{cases} H_I(e^{j\omega}) = e^{j\frac{\omega}{2}} \\ H_Q(e^{j\omega}) = 1 \end{cases} \tag{2.6-16}$$

上述描述的是多相滤波器实现的基本原理，其具体实现可参考相关的技术文献。

2.6.2　宽带数字化接收机

1. 数字化接收机的基本原理和组成

宽带数字化接收机是一种信道化＋数字化的搜索接收机，其典型组成原理如图 2.6-6 所示。

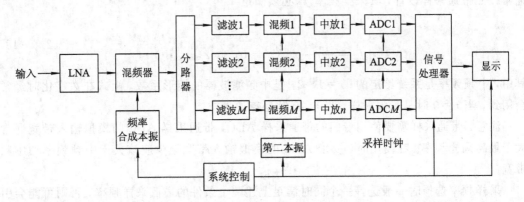

图 2.6-6　典型宽带数字化接收机组成原理

射频信号经过低噪声放大器（LNA）放大、混频后，变换为第一中频信号，然后经过中频分路器分为 M 路，分别送给 M 路中频滤波器组滤波，再经第二混频后转换为统一的第二中频。M 路第二中频具有相同的频率，它们分别被 M 路中频放大器放大后，利用 M 路数模转换器（ADC）进行高速采样数字化，利用 FFT 实现频率测量。

中频数字化接收机实际上是模拟和数字混合的接收机。其射频和信道化前端的设计与传统的搜索接收机相同，其中的几个关键指标如工作频率范围、接收机灵敏度、动态范围等取决于射频和信道化前端。因此在设计中需要仔细考虑。限于篇幅，这里只介绍有关数字化中的几个关键问题。

2. 数字化接收机的主要设计参数

数字化接收机的关键设计参数包括分路器路数 M、单路处理瞬时带宽 B_I 和 ADC 采样频率等。瞬时处理带宽和 ADC 采样频率主要受 ADC 器件、DSP 处理器的处理能力等因素的限制。

1）分路数目

设搜索波段的频率范围为 $f_2 \sim f_1$，单路处理瞬时带宽为 B_I，则分路器路数为

$$M = \frac{|f_2 - f_1|}{B_I} \qquad (2.6-17)$$

可见，分路器路数由频率范围和中频带宽决定。当频率范围一定时，由中频带宽确定，而中频带宽与 ADC 器件、数字信号处理器的处理能力等因素有关。

2）ADC 参数和系统性能的关系

在数字接收机设计中，ADC 的性能对系统性能有很大的影响。数字接收机的动态范围和灵敏度会受 ADC 性能的限制。

ADC 的选择一般从采样分辨率（ADC 位数）、采样频率和输入模拟带宽等几个方面考虑。目前 12 位 ADC 的采样频率可以达到 200 MHz，14 位 ADC 的采样频率可以达到 100 MHz，10 位 ADC 的采样频率可以达到 1000 MHz 以上，其性能已经可以满足数字化通信侦察接收机的要求。

（1）ADC 采样频率。ADC 的采样频率取决于中频频率 f_I 和中频带宽 B_I。数字接收机通常按照带通采样设计，其采样频率 f_s 必须满足

$$\begin{cases} f_s \geqslant (r+1)B_I \\ f_s = \dfrac{4f_I}{2n+1} \quad (n=0,1,2,3,\cdots) \end{cases} \qquad (2.6-18)$$

其中，中频频率是系统给定的；$r = 1 \sim 2$，是中频滤波器的矩形系数。上式在数字化时经常会用到，当 $n=0$ 时是带限采样，当 $n \neq 0$ 时是带通采样。

注意：带通采样需要使用专门的带通采样 ADC，带通采样 ADC 的模拟输入带宽通常大于最高采样频率。在使用时，要求 ADC 的模拟输入带宽至少应该大于中频频率加中频带宽。

采样频率选择时一般选择一个同时满足上述两个条件的最低采样频率。否则可能会引起所谓的混叠效应，导致采样错误，使后续的数字处理无法正确完成。设中频频率 $f_I = 70$ MHz，中频带宽 $B_I = 20$ MHz，矩形系数 $r = 1.5$。那么按照条件式（2.6-18）中的条件一，采样频率 $f_s \geqslant 2.5 \times 20 = 50$ MHz；而按照式（2.6-18）中的条件二，可以选择的采样频率为 280、93.33、56、40 MHz 等。因此同时满足两个条件的采样频率最小值为 56 MHz。

（2）ADC 采样分辨率和动态范围。设 ADC 为 b 位，量化电平为 q，输入为单频正弦信号，ADC 允许的最大输入电压为 V_{max}，则可以证明，ADC 输入的最大信号的功率和量化噪声功率分别为

$$P_{max} = \frac{V_{max}^2}{2} = \frac{2^{2b}q^2}{8} \qquad (2.6-19)$$

$$N_q = \frac{q^2}{12} \tag{2.6-20}$$

ADC 允许的最小输入信号电平受 ADC 量化噪声的限制，因此 ADC 的动态范围为

$$D_{\text{ADC}} = \left(\frac{S}{N}\right)_{\max} = \frac{P_{\max}}{N_q} = \frac{3}{2} \times 2^{2b} \tag{2.6-21}$$

用对数表示为

$$D_{\text{ADC}} = 1.76 + 6.02b \ (\text{dB}) \tag{2.6-22}$$

最大信噪比是在输入信号最大的条件下得到的，当输入信号幅度下降时，量化信噪比也下降。可见 ADC 的动态范围与它的最大量化信噪比的值相同。

值得注意的是，ADC 引入了量化噪声，它输出的噪声功率中包含接收机输出噪声和量化噪声两部分，因此它影响整个接收机的噪声系数，使系统噪声系数恶化。

3）频率分辨率和瞬时处理带宽

如果数字接收机利用 FFT 进行频率分析测量，那么频率分辨率 δf、采样频率 f_s、瞬时处理带宽（中频带宽）B_I、采样间隔 t_s 和 FFT 长度 N 满足下面的关系

$$\delta f = \frac{f_s}{N} = \frac{1}{Nt_s} = \frac{(1+r)B_I}{N} \tag{2.6-23}$$

因此，当采样频率一定时，FFT 长度越长，频率分辨率越高。而 FFT 长度 N 为

$$N = \frac{(1+r)B_I}{\delta f} \tag{2.6-24}$$

可见，FFT 的长度与瞬时处理带宽和频率分辨率有关。在处理带宽一定的情况下，要求的频率分辨率越高，FFT 长度越大，当然完成 FFT 所需的运算时间就越长。我们知道，FFT 的运算时间与 $N \, \text{lb} N$ 成正比。另一方面，为了满足频率搜索速度的要求，在信号处理器能力有限的情况下可能不允许加长处理时间。因此，处理时间与搜索速度、频率分辨率会产生矛盾。解决这个矛盾的唯一途径是采用并行处理技术。并行处理可以采用并行多通道技术，也可以采用多处理器并行结构。

4）数字接收机的频率搜索速度和 DSP 处理能力

FFT 的运算速度将会影响搜索接收机的搜索速度，而 FFT 通常利用 DSP 或者 FPGA 实现。下面进一步分析搜索接收机对 DSP 运算速度的要求。

设搜索接收机以中频带宽为 B_I 进行搜索，数字接收机利用长度为 N 的 FFT 进行频率分析，系统频率分辨率为 δf。此时采集 N 点数据的时间，即采样时间为

$$T_s = \frac{N}{f_s} = \frac{1}{\delta f} \tag{2.6-25}$$

当数字接收机在瞬时搜索带宽 B_I 上的驻留时间等于采样时间 T_s 时，它达到最高搜索速度，即

$$V_{f\max} = \frac{B_I}{T_s} = B_I \delta f \tag{2.6-26}$$

为了满足上述频率搜索速度要求，DSP 处理器必须在完成 N 个数据样本采样的时间内，完成 FFT 处理，或者说，DSP 完成 FFT 处理的时间应该小于或等于采样时间，此时 DSP 能够在 N 个样本的采样时间内完成对瞬时处理带宽 B_I 的 FFT 分析。我们知道，完成 N 点 FFT 需要进行 $2N \, \text{lb} N$ 次实数乘加运算，如果 DSP 完成一次实数乘加运算的时间为

t_{ma}，则要求 DSP 的运算速度至少满足

$$(2N\ \text{lb}N)t_{ma} \leqslant T_s = \frac{1}{\delta f} \tag{2.6-27}$$

或者

$$t_{ma} \leqslant \frac{1}{2N\ \text{lb}N\delta f} \tag{2.6-28}$$

将式(2.6-24)代入上式，可以得到

$$t_{ma} \leqslant \frac{1}{2(r+1)B_I\{\text{lb}[(r+1)B_I]-\text{lb}\delta f\}} \tag{2.6-29}$$

一般 $r \leqslant 2$，将 $r=2$ 代入上式，可以得到

$$t_{ma} \leqslant \frac{1}{6B_I\{\text{lb}(6B_I)-\text{lb}\delta f\}} \tag{2.6-30}$$

对于大多数 DSP，其实数乘加运算的时间正好就是一个指令周期。如果以 MIPS(每秒百万条指令)计算，则对 DSP 的运算速度要求是

$$R_{\text{MIPS}} \geqslant 6B_I(21.59+\text{lb}B_I-\text{lb}\delta f)\ (\text{MIPS}) \tag{2.6-31}$$

式中，B_I 以 MHz 为单位；δf 以 kHz 为单位计算。

FFT 的实现可以利用高速 DSP，也可以利用高速 FPGA。FPGA 实现具有处理速度快的特点，其处理速度比 DSP 快，但是缺乏灵活性和通用性。

下面通过一个例子来说明数字接收机对 DSP 处理速度的要求。

例如：某数字接收机中频带宽为 20 MHz，要求频率分辨率小于 25 kHz，试计算它要求的 DSP 运算速度，估计其最高频率搜索速度。

解：DSP 的运算速度为

$$R_{\text{MIPS}} \geqslant 6 \times 20 \times (21.59+4.32-4.65) = 2551.2\ (\text{MIPS})$$

最高频率搜索速度为

$$V_{f\text{max}} = 20 \times 10^6 \times 25 \times 10^3 = 500\ (\text{GHz/s})$$

2.6.3 数字信道化接收机

1. 数字信道化接收机的基本原理和组成

数字式信道化接收机是建立在模拟信道化接收机的基础上的，它实际上是用数字滤波器组代替模拟滤波器组的中频信道化接收机。典型的数字信道化接收机原理框图如图 2.6-7 所示。

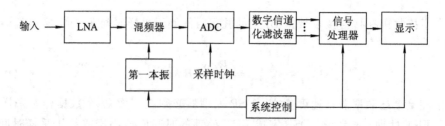

图 2.6-7 数字信道化接收机原理框图

　　数字信道化接收机的射频前端是一个典型的宽带搜索接收机，数字信道化通常是在中频实现的。射频前端接收的射频信号，经过混频放大，输出宽带中频信号。中频信号利用高速 ADC，将模拟信号数字化，送给数字信道化滤波器处理。

　　在数字式信道化接收机中，为获得均衡的信道特性，通常采用的是均匀离散傅立叶变换(DFT)滤波器组的方法，其基本原理如图 2.6 - 8 所示。

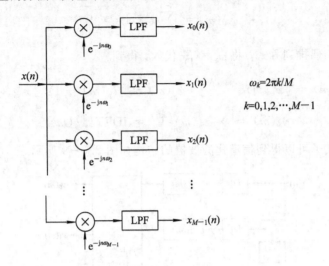

图 2.6 - 8　DFT 信道滤波器原理

　　其中，滤波器有 M 个通道。由于每个通道都利用 DFT 变换的因子作为权系数，因此称为 DFT 滤波器。在 DFT 滤波器中，滤波器的权系数为

$$\begin{cases} h(k) = \mathrm{e}^{-\mathrm{j}n\omega_k} \\ \omega_k = \dfrac{2\pi k}{M}, \ k = 0, 1, 2, \cdots, M-1 \end{cases} \qquad (2.6-32)$$

　　DFT 滤波器可以有效地实现信道化分离。但是由于其必须进行 M 个低通滤波运算，当低通滤波器(LPF)用 FIR 滤波器实现时，其需要的硬件资源非常大，因此它逐渐地被高效的多相滤波器取代。

2. 基于 DFT 多相滤波器组的信道化滤波器

　　采用基于 DFT 多相滤波器组的信道化滤波器技术，可以高效地实现数字信道化滤波器。通常，数字信道化是在数字正交下变频(DDC)后进行的，输入是复信号 $x(n)$。低通滤波器采用 N 阶 FIR 滤波器，其响应为 $h_{LP}(n)$，且抽取率 $K=D$，则第 k 个信道滤波器的输出为

$$y_k(m) = \sum_{i=0}^{N-1} x(n-i) \mathrm{e}^{-\mathrm{j}\omega_k(n-i)} h_{LP}(i) \ |_{n=mD}$$

$$= \sum_{p=0}^{K-1} \sum_{i=0}^{\frac{N}{K}-1} x(mD - iK - p) \mathrm{e}^{-\mathrm{j}\omega_k(mD-iK-p)} h_{LP}(iK + p) \qquad (2.6-33)$$

　　令 $x_p(m) = x(mD - p)$，$g_p(m) = h_{LP}(iK + p)$，$(p = 0, 1, 2, \cdots, K-1, L = N/K)$，则

$$y_k(m) = \sum_{p=0}^{K-1}\left[\sum_{i=0}^{L-1} x_p(m-i)\mathrm{e}^{-\mathrm{j}\omega_k(m-i)D} g_p(i)\right]\mathrm{e}^{\mathrm{j}\omega_k p}$$
$$= \sum_{p=0}^{K-1}\{[x_p(m-i)\mathrm{e}^{-\mathrm{j}\omega_k(m-i)D}] * g_p(i)\}\mathrm{e}^{\mathrm{j}\omega_k p} \tag{2.6-34}$$

定义 $x_p'(m)=[x_p(m)\mathrm{e}^{-\mathrm{j}\omega_k mD}] * g_p(m)$，则

$$y_k(m) = \sum_{p=0}^{K-1} x_p'(m)\mathrm{e}^{\mathrm{j}\omega_k p} \tag{2.6-35}$$

设滤波器采用偶排列方式，将 $\omega_k = \dfrac{2\pi k}{D}$ 代入，得到

$$x_p'(m) = [x_p(m)\mathrm{e}^{-\mathrm{j}\frac{2\pi}{D}kmD}] * g_p(m) = [x_p(m)(-1)^m] * g_p(m) \tag{2.6-36}$$

$$y_k(m) = \sum_{p=0}^{K-1} x_p'(m)\mathrm{e}^{\mathrm{j}\frac{2\pi}{D}kp} = \mathrm{IDFT}\{x_p'(m)\} \tag{2.6-37}$$

由上面两个式子可以得到信道化滤波器的结构如图 2.6-9 所示。

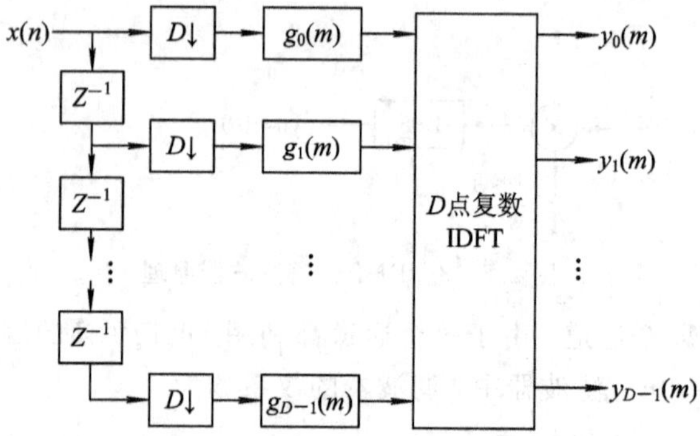

图 2.6-9　信道化滤波器的结构

其中，由于采用了预先抽取方式，降低了滤波运算的运算量。而 $g_p(m)$ 是低通原型滤波器 $h_{LP}(n)$ 的多相分量，滤波器阶数是原来的 $1/D$，IDFT 可以利用 FFT 实现，系统的数据率降低，实时性能很高。

3. 信道间隔

设系统采样频率为 f_s，侦察瞬时带宽为 B，当采用 D 点 IDFT 实现多相滤波器时，信道数等于 D，信道间隔为 $2\pi/D$，模拟频率对应的信道间隔为

$$\Delta f - \frac{B}{D} \tag{2.6-38}$$

通信信号的最小信道间隔为 25(12.5) kHz，通信侦察频率至少为 1～3000 MHz，接收机瞬时带宽一般为 10～20 MHz。如果信道间隔按照 25 kHz 考虑，那么信道数为

$$D = \frac{20\ \mathrm{MHz}}{25\ \mathrm{kHz}} = 800\ 个$$

设低通原型 FIR 滤波器阶数为 N，多相滤波器 $g_p(m)$ 为 8 阶，则 $N=8\times800=6400$ 阶，可见，如果直接实现信道间隔为 25 kHz 的数字信道化滤波器，则需要很大的硬件资源和运算时间。因此，与模拟信道化类似，数字信道化时也经常采用折叠信道化技术，以降低低通原型 FIR 滤波器阶数，减小运算时间。如果采用 M 级折叠信道化技术，则将总的信

道数划分为 M 级信道数的积，即

$$D = \prod_{k=1}^{M} D_k \qquad (2.6-39)$$

例如，$M=2$ 时，各级信道数 $D_k=32(k=1, 2)$，总信道数为 1024。而各级低通原型滤波器的阶数为 $8 \times 32 = 256$。可见，通过采用折叠信道化技术，可以极大减小硬件资源和运算时间要求。

4. 信道输出检测

数字信道化输出进行检测和编码后，才能得到信号的频率值。信道检测是对各信道输出进行判决，以判断该信道是否存在信号。

对各信道输出序列的幅度分别作门限检测。门限检测判断过程是，当信道输出幅度超过门限值时，判断该信道有信号。门限检测虽然是较为简单易行的检测方法，但它只有当输入信噪比较高的时候才能得到较好的检测性能；当信噪比较低，甚至为负信噪比时，检测性能就会变得很差，应该采用其他高性能的检测方法，如统计检测方法。

完成信道门限检测后，在一个搜索驻留时间内，各信道输出还需按照以下基本准则处理：

(1) 当所有信道中只有一个信号存在时，只输出该信道数据，进行频率估计和后续处理。

(2) 当所有信道中有两个以上的不相邻信道存在同时到达信号时，输出这些信道的数据，分别进行频率估计和后续处理。

(3) 当相邻两个信道同时有输出，且幅度差异较大(相差 3 dB 以上)时，选择其中幅度最大信道的输出(适应于窄带信号)，进行频率估计和后续处理。

(4) 当相邻两个以上的信道同时有输出，且幅度基本相同时，进行信道拼接后输出(适应于宽带信号)，进行频率估计和后续处理。

(5) 当系统指定跟踪某个频率时，优先输出该信道的数据，并进行频率估计和后续处理。

2.6.4　数字测频算法

不管是宽带数字接收机，还是数字信道化接收机，其输出还需要后续的测频处理，才能得到信号的精确的频率，这就是测频算法需要完成的任务。

1. 一阶差分法测频

模拟信号的瞬时频率 $f(t)$ 与瞬时相位 $\varphi(t)$ 的关系为

$$f(t) = \frac{\mathrm{d}\varphi(t)}{\mathrm{d}t} \qquad (2.6-40)$$

则在数字域瞬时频率 $f(n)$ 与瞬时相位 $\varphi(n)$ 的关系为

$$f(n) = \frac{\varphi(n) - \varphi(n-1)}{2\pi T} \qquad (2.6-41)$$

式中，T 为采样时间间隔；角频率 $\omega(n) = \varphi(n) - \varphi(n-1)$。上式表明在数字域频率和相位的关系是简单的一阶差分关系。这样我们利用瞬时相位进行一阶差分，可以得到瞬时频率值。但是由于正弦周期信号的瞬时相位被限定在 $[-\pi, \pi]$ 之间，会造成相位差的不连续性，

会出现相位模糊现象,可用下面的两个式子来解模糊:

$$C(n) = \begin{cases} C(n-1) + 2\pi, & \text{若 } \varphi(n) - \varphi(n+1) > \pi \\ C(n-1) - 2\pi, & \text{若 } \varphi(n) - \varphi(n+1) < -\pi \\ C(n), & \text{其他} \end{cases} \qquad (2.6-42)$$

解模糊后的相位序列为

$$\phi(n) = \varphi(n) + C(n) \qquad (2.6-43)$$

由上述 3 个关系式可得信号的瞬时频率为

$$f(n) = \frac{\Delta\phi(n)}{2\pi T} \qquad (2.6-44)$$

式中,$\Delta\phi(n) = \phi(n) - \phi(n-1)$。由于一阶相位差法测频对于噪声影响比较敏感,需要取多点平均,因此输出信号的频率为

$$\hat{f} = \frac{1}{N-1} \sum_{n=1}^{N-1} f(n) \qquad (2.6-45)$$

其中,N 为输出的采样点数。输入信号的频率 $\hat{f}_k = \hat{f} + f_L$,$f_L$ 为本振频率。

一阶相位差法的特点是运算量小、速度快、简单,特别适合于实时处理系统。但是它对噪声比较敏感,只适合于信噪比较高的场合。

2. FFT 法测频

信号的频率可以利用 FFT 粗测,也可以精测。设 FFT 长度为 N,采样频率为 f_s,则 FFT 的测频精度为

$$\delta f = \frac{f_s}{N} \qquad (2.6-46)$$

采用 FFT 测频时,测频误差与信号频率有关,其最大测频误差为 FFT 的分辨率 $\delta f/2$,最小测频误差为 0。如果测频误差在 $[-\delta f/2, \delta f/2]$ 内均匀分布,则测频精度(均方误差)为

$$\sigma_f = \left[\frac{1}{\delta f} \int_{-\delta f/2}^{\delta f/2} x^2 \, dx \right]^{1/2} = \frac{\delta f}{2\sqrt{3}} \qquad (2.4-47)$$

利用 FFT 测频时,为了得到高的测频精度,需要增加 FFT 的长度来保证。因此,测频精度的提高会加长处理时间。

3. 频域估计法测频

设信号的采样序列为 $x(n)$,对它进行 FFT,得到它的频谱序列:

$$X(k) = \text{FFT}\{x(n)\} \qquad (2.4-48)$$

然后估计其中心频率为

$$\hat{f}_0 = \frac{\sum_{k=1}^{N_s/2} k \mid X(k) \mid^2}{\sum_{k=1}^{N_s/2} \mid X(k) \mid^2} \qquad (2.4-49)$$

频域估计方法适合于对称谱的情况,如 AM/DSB、FM、FSK、ASK、PSK 等大多数通信信号。

习　题

2-1　按照通信侦察系统担负的任务，通信侦察系统分为哪几种类型？

2-2　通信侦察有哪些特点？

2-3　为了截获感兴趣的通信信号，通信侦察系统需要满足哪几个截获条件？

2-4　通信侦察系统由哪几个主要部分组成？各部分的主要功能是什么？

2-5　AM 信号有哪些基本特点？

2-6　FM 信号有哪些基本特点？

2-7　分别说明 2ASK、2FSK 和 2PSK 信号各有哪些基本特点和差异。

2-8　按照频率搜索的瞬时带宽，可以将搜索接收机分为宽带搜索和窄带搜索。如何区分宽带频率搜索和窄带频率搜索？

2-9　某频率搜索接收机的搜索带宽为 1 MHz，测频范围为 30～90 MHz，试计算该接收机的频率搜索概率。设信道间隔为 25 kHz，本振换频时间为 50 μs，搜索驻留时间为 500 μs。如果利用窄带频率搜索接收机，试问该接收机的本振频率点数为多少？频率搜索时间是多少？

2-10　某侦察系统采用纯信道化接收机，其测频范围为 10～90 MHz，第一分路器带宽为 10 MHz，最小信道化滤波器带宽为 25 kHz。如果采用二次分路结构，试计算第一和第二分路器个数。该系统的频率分辨率是多少？

2-11　信号频率的变换域测量方法有哪几种？各有什么特点？

2-12　某数字化测频接收机采用模拟信道化＋数字化结构，其搜索波段的频率范围为 100～1000 MHz，单路处理瞬时带宽为 10 MHz，滤波器矩形系数等于 2，试计算其分路器路数。如果采用 FFT 测频，FFT 点数为 1024，则其频率分辨率是多少？

2-13　某数字接收机中频带宽为 10 MHz，要求频率分辨率小于 25 kHz，试计算它要求的 DSP 运算速度，估计其最高频率搜索速度。

2-14　某数字信道化系统的侦察频率范围为 1～30 MHz，最小信道间隔为 25 kHz。如果侦察接收机中频带宽为 10 MHz，那么它的信道数和测频精度分别是多少？

第3章 通信信号的测向与定位

无线电测向和定位就是确定通信辐射源的来波方向和位置。对通信信号的测向和定位既是通信对抗系统领域的一个重要和相对独立的技术领域，也是通信侦察系统的重要组成部分。本章重点讨论通信信号测向定位的基本原理和方法。

3.1 测向与定位概述

3.1.1 通信辐射源测向系统组成

通信测向系统包括测向天线、接收机、处理器、控制器和显示器等设备。其基本组成如图 3.1 - 1 所示。

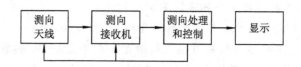

图 3.1 - 1 通信测向设备的基本组成

测向天线接收空间的电磁信号，在少数情况下，测向天线由单个天线构成。在大多数情况下，测向天线由在空间按照一定规律排列的多个天线阵元构成，根据不同的测向方法，这些天线阵元形成不同的结构，实现测向系统的要求。

测向接收机的主要功能是对天线系统送来的信号进行选择和放大，为随后的测向处理提供幅度特性和相位特性合适的中频信号。根据测向方法的不同，测向接收机可以采用单信道和多信道的接收机。

测向处理、控制及显示单元的主要功能是对测向接收机送来的含有方位信息的测向信号进行模/数（ADC）变换、处理和运算，从信号中提取方位信息，并对测向结果进行存储、显示或打印输出。它的另一功能是控制测向设备各组成部分（测向天线、接收机、测向处理显示器、输出接口等）协调工作，例如测向天线的阵元转换、接收机本振及信道的控制、测向工作方式的选择、测向速度及其他工作参数的设置、测向设备的校准以及测向结果的输出等均由测向处理控制显示单元来控制。

测向处理部分的具体工作原理和工作过程因测向设备的不同而不同，对此我们将在后面的有关章节中作相应介绍。

3.1.2　通信测向和定位技术分类

通信测向和定位系统的分类比较复杂，它可以按照工作频段、运载平台和工作原理等进行分类。由于通信信号的来波方向可以从信号的幅度、相位、多普勒频移、到达时间等参数中获得，因此我们按照工作原理将测向方法分为振幅法、相位法、多普勒法、到达时差法等测向方法。

（1）振幅法测向。根据测向天线阵列各阵元（单元天线）感应来波信号后输出信号的幅度大小，即利用天线各阵元的直接幅度响应或者比较幅度响应，测得来波到达方向的方法称为振幅法测向，也称幅度法测向。

（2）相位法测向。根据测向天线阵列各阵元之间的相位差，测定来波到达方向的方法称为相位法测向。如相位干涉仪测向、多普勒和准多普勒测向技术等。

（3）多普勒法测向。利用测向天线自身以一定的速度旋转引起的接收信号附加多普勒调制进行测向的方法，称为多普勒法测向。多普勒法测向本质上属于相位法测向。

（4）时差测向。根据测得的来波信号到达测向天线阵列中两个或两个以上不同位置的阵元的时间差来测定来波到达方向的方法称为到达时间差测向，简称时差测向。

（5）空间谱估计测向技术。空间谱估计测向是将测向天线阵列接收的信号分解为信号与噪声两个子空间，利用来波方向构成的矢量与噪声子空间正交的特性测向。

无源定位是在通信测向的基础上发展起来的，因而利用测向的结果进行定位计算或估计是最经典和最成熟的定位技术，称为测向定位法。后来，随着各种测向和定位技术的开发及利用，时差定位、多普勒频移定位、测向和频差以及时差和频差的联合定位也逐步发展并进入了实用阶段。

3.1.3　通信测向和定位设备的主要指标

测向和定位设备在电性能、物理性能、环境和使用要求及接口功能等多方面都有严格的指标要求。本节主要讨论测向和定位设备在电性能方面的主要指标。

（1）工作频率范围。工作频率范围是指通信测向和定位系统的工作频率范围。例如，短波测向设备的工作频率范围通常为 1.5～30 MHz；超短波测向设备的工作频率范围目前多数为 20～1000 MHz 或 30～1000 MHz。

（2）测向范围。测向范围是指通信测向和定位系统的可测向的空域范围。如方位全向工作、半向工作或者部分方向测向等。

（3）瞬时处理带宽。当要求能对短持续时间信号（如短脉冲、跳频信号）进行测向或定位时，为了保证测向或定位反应时间能适应对短持续时间信号搜索截获和采样方面的要求，对测向或定位设备的瞬时射频带宽和处理带宽（例如常用的 FFT 处理带宽）提出了相应的要求。通常测向或定位处理器的瞬时处理带宽决定了测向或定位设备的瞬时射频带宽。

（4）测向和定位误差。测向和定位误差包括测向和定位准确度、测向和定位精度等指标。

① 测向误差。测向误差表示在一定的来波信号强度下测向设备测得的目标方位角与其真实方位角之差的统计值，这是测向设备最重要的指标。通常，这一指标有两种表述方式。

（a）设备测向误差：表示不包含测向天线的基本测向设备的测向误差。由于不涉及测向天线，不存在场地和周围环境的影响，因此这一误差很小，一般测向设备的测向误差均在±(0.5~1°)范围内。

(b) 系统测向误差：表示包含测向天线在内的整个测向系统的总的测向误差。检测时，应在外场环境中把整个测向系统安装在规定的平台上，并在一定距离上开设目标电台，进行现场测试。在检测这一指标过程中，场地和周围环境对指标的测试结果影响很大，故对这一指标一般都要注明场地要求和周围环境要求。例如对场地的大小、平坦度、周围的障碍物(山林、高楼、铁塔、高压线网等)和无关辐射源等都会提出一定的要求。

由于测试场地和周围环境对测向误差的影响不可能完全消除掉，因此系统测向误差不是用某一点上的测试结果来表示，而是用若干测试值的均方根值来表示。

② 定位误差。当采用测向法定位时，测向误差将直接影响定位误差；当采用时差定位和其他定位方法时，时间及其他参数测量的准确度等原因直接影响定位误差。

定位误差一般采用所确定的目标定位模糊区域的圆概率误差(CEP)(即用圆的直径与定位距离的比值)表示。

(5) 测向反应时间。测向反应时间通常有两种不同的表述方式。

① 测向和定位速度：表示测向或定位设备对目标完成一次测向或定位所需要的时间，它包括接到命令把接收机置定到被测频率上截获目标信号、进行处理运算以及把结果送到显示器显示出来这一过程所需要的全部时间。

② 容许的信号最短持续时间：表示测向或定位设备为保证测向或定位精度所需要的被测信号的最短持续时间。一般测向或定位设备的处理器对接收机输出的中频信号需要通过采样完成模/数变换，而后进行处理运算。只有信号持续时间足够长，才能采集到足够数量的样本以保证相应的精度。

(6) 测向灵敏度。测向和定位灵敏度是在保证容许的测向示向度偏差(测向误差)或定位误差条件下所需被测信号的最小场强，通常以 $\mu V/m$ 为单位。

测向灵敏度与工作频率有关。对一部宽频段工作的测向或定位设备而言，测向或定位灵敏度不能用某一个数值来表示，至少在不同的子频段内，灵敏度是不同的。所以在测向或定位设备产品性能介绍中，测向或定位灵敏度通常用一个数值范围来表述。有不少测向设备同时附有 $E_0 - f$ 变化曲线，这种表述方式更为确切。

测向灵敏度直接影响测向和定位误差。测向或定位误差与灵敏度直接相关，在表示测向或定位灵敏度指标时，必须同时注明容许的测向或定位误差。

(7) 测向方式。测向和定位设备的测向方式属于功能性要求，通常有守候式测向、扫描式测向、搜索引导式测向、规定时限的测向、连续测向等。

3.2 测向天线

3.2.1 概述

天线是通信对抗系统的传感器，其作用是将电信号转换为电磁信号(干扰)，或者将电磁信号转换为电信号(侦察和测向)。由于通信对抗系统感兴趣信号的频率范围非常宽，占据了很宽的频段，因此要求其天线是宽频段天线。在一般情况下，天线工作在一个相对较窄的频带内,因此可采用多副天线。而系统的安装空间是有限的,要在有限的空间中安装多副天线是难以实现甚至是不可能的。从这种意义上看,通信对抗系统需要使用在很宽的频率范围内都有效的宽频带天线。

测向系统一般采用由多个单元天线(或称"阵元")组合形成的天线阵列,以便确定来波的方向。在某些情况下,也可以采用一个单元天线完成测向任务。天线阵的结构通常与测向方法密切相关,不同的测向方法需要不同的天线阵列结构。通信对抗系统覆盖的频率范围很宽,它通常在不同的频段使用不同的天线。在低频范围内常用的天线类型包括偶极子天线、单极子天线和对数周期天线,三者结构都比较简单,并且前两者是全向的,而后者有较好方向性和较宽的频带。本节简要介绍在通信侦察系统中常用的一些天线单元及其基本特点。

天线通常具有互易性,即普通的天线既可以作为发射天线,也可以作为接收天线,所表现的特性是相同的。但是当使用有源天线时,天线中包含的放大器等有源器件是单向的,有源天线不再满足互易性特性。

天线的三个重要参数是频率响应、方向性和阻抗特性。天线的频率响应决定了天线可以有效发射或者接收信号的带宽,天线的方向性描述天线辐射的电磁信号的能量在空间各个方向的能量分布情况。当天线的阻抗与其负载或者源的阻抗匹配时,其驻波比最小,得到的辐射效率最高并且实现最大功率传输。天线的阻抗通常是一个复阻抗,需要共扼匹配才能达到最佳。

天线的主要参数包括主瓣、半功率波束宽度、平均功率宽度、辐射方向、副瓣、副瓣电平、增益等,定义如图 3.2-1 所示。

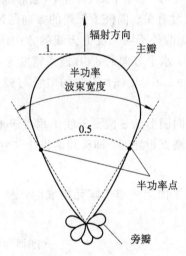

图 3.2-1　天线的参数

天线的有效面积用符号 A_e 表示,它决定了天线从它所在的空间中获取的电磁信号的总能量。不计损耗,天线获取的能量为

$$P_R = P_d A_e \qquad (3.2-1)$$

其中,P_d 是天线周围的电磁信号的功率密度。注意天线的有效面积并不是它的物理面积,一般为(0.4～0.7)倍的物理面积。天线有效面积和天线增益之间的关系如下:

$$G = \frac{4\pi A_e}{\lambda^2} \qquad (3.2-2)$$

天线增益表明了天线的方向性，它是将有向天线的增益与一个全向天线进行比较，用它相对于全向天线增益的分贝数(dBi)度量天线的增益。换句话说，全向天线没有增益，它在各个方向的辐射功率相同。通信对抗系统中经常使用全向天线，因为事先并不知道目标信号在哪个方向辐射，因此假定目标可能出现在任何方向。

3.2.2　线天线

线天线由安装在某种支撑结构上的一段导体组成。如果它的中点作为馈入点，就构成了偶极子天线，如果它的一端作为馈入点，就构成了单极子天线。

1. 偶极子天线

偶极子天线是最常用的也是最简单的无源单元天线。它由同方向上对齐的两个阵元构成，图 3.2 - 2 是它的结构和辐射方向图。

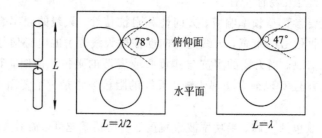

图 3.2 - 2　偶极子天线的结构和辐射方向图

天线的方向图与其物理尺寸有关。偶极子天线的方向图形状主要取决于它的长度。图 3.2 - 2 给出了 $L = \lambda/2$ 和 $L = \lambda$ 两种不同长度的天线的方向图。当 $L = \lambda/2$(半波长)时，俯仰方向的 3 dB 波束宽度为 $78°$，水平方向的 3 dB 波束宽度为 $360°$。半波长偶极子天线增益为 2 dBi，天线有效面积为 $A_e = 1.64\lambda^2/4\pi$。天线的增益与频率有关，当偏离中心频率时，天线增益会下降。

注意，上述给出的天线方向图形状是假设天线是垂直于地面放置。如果天线垂直于地面放置，则它的极化方向也是垂直于地面，即天线的极化与它的电轴一致。

2. 单极子天线

单极子天线是由安装在地平面上的单个阵元构成的，图 3.2 - 3 是它的结构和辐射方向图。

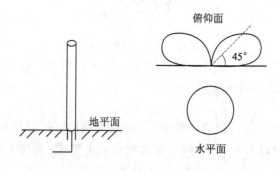

图 3.2 - 3　单极子天线的结构和辐射方向图

　　单极子天线也是非常简单的天线，它是 VHF 频段内战术电台的常用天线形式。由于受地平面的影响，俯仰方向只要 0°以上有效，俯仰方向的 3 dB 波束宽度接近 45°，水平方向的 3 dB 波束宽度为 360°。单极子天线的长度一般是 $\lambda/4$，其最大增益为 0 dB，天线有效面积 $A_e \approx \lambda^2/4\pi$。

　　需要说明的是，这里地平面在很多情况下并非真实的地面，而是电器地，如机箱外壳等。如果单极子天线安装在地面，则需要保证良好的接地，否则会影响其辐射性能。手持电话和移动通信系统使用的天线都属于单极子天线，在这些情况下，天线的方向图特性会变差。

3. 环形天线

　　环形天线有与偶极子天线类似的辐射特性，其形状可以是圆环，也可以是任意形状的环。图 3.2 - 4 是环形天线的结构和辐射方向图。

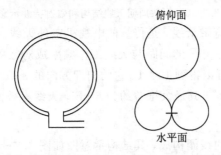

图 3.2 - 4　环形天线的结构和辐射方向图

　　图 3.2 - 4 是环形天线垂直放置的情况。其俯仰方向为全向，即 360°，水平方向的 3 dB 波束宽度为两个 90°。环形天线有效面积 $A_e \approx 0.63\lambda^2/4\pi$。一般情况下，环的半径比波长小得多。

4. 交叉环天线

　　环形天线的一个重要形式是交叉环天线。交叉环天线由两个互相垂直的圆环(或矩形环)、宽带移相器和功率相加器等部分组成。垂直环的二路输出信号经移相器时产生 90°相移，再送入相加器相加或相减，产生各向同性输出，其结构如图 3.2 - 5 所示。

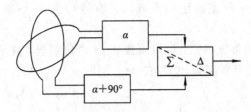

图 3.2 - 5　交叉环天线

　　以上几种单元天线均属无方向性天线，其中环形天线和水平偶极子天线是无线电测向设备早期经常使用的一种测向天线，多用于短波波段。交叉环天线也是短波测向天线中广泛使用的天线之一。

5. 对数周期天线

对数周期天线结构和辐射特性示意图如图 3.2-6 所示。

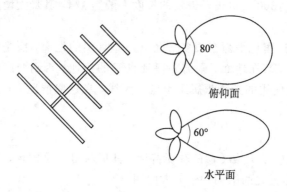

图 3.2-6 对数周期天线结构和辐射特性示意图

对数周期天线是一种宽带天线，是传统的电视机室外天线。对数周期天线由数个不同长度的偶极子天线组成，各阵子的间距与天线工作频率成对数关系，使得对数天线可以覆盖很快的频率范围，甚至可以得到 10∶1。它的俯仰方向的 3 dB 波束宽度约为 80°，水平方向的 3 dB 波束宽度约为 60°。其最大增益约为 6 dBi，天线有效面积 $A_e \approx 4\lambda^2/(4\pi)$。

6. 螺旋天线

螺旋天线由绕成多匝的线圈构成，其结构示意图如图 3.2-7 所示。

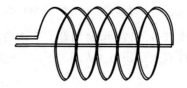

图 3.2-7 螺旋天线结构示意图

螺旋天线有多种形式，如正向螺旋天线、轴向螺旋天线、锥形螺旋天线、平面螺旋天线等，每种形式的天线的特性不同。螺旋天线产生的电磁波是圆极化的或者椭圆极化的，螺旋的直径尽可能与信号波长一致，以满足辐射特性的要求。

轴向螺旋天线的是一种宽带定向天线，其增益约为 12～20 dBi，天线有效面积为 $A_e = 4\lambda^2/\pi \sim 8\lambda^2/\pi$。

对数周期螺线天线的带宽很宽，可以覆盖 3～4 个倍频程，其增益约为 0～6 dBi。天线的辐射特性是定向的，波束宽度为 80°左右。

3.2.3 口径天线

与线天线不同，对电磁波的传播而言，口径天线呈现的是一种二维结构，而线天线呈现的是一维结构。此外，口径(面)天线主要应用在频率较高的场合。

1. 喇叭天线

喇叭天线被广泛应用于高频段。它通常使用波导馈入激励信号，在波导的尾部，其开口逐步变宽，形成喇叭式口径天线。喇叭天线的结构和辐射特性示意图如图 3.2-8 所示。

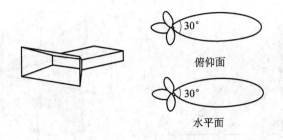

俯仰面

水平面

图 3.2 - 8　喇叭天线的结构和辐射特性示意图

喇叭天线是定向天线，其辐射方向指向喇叭口径面的法线方向，天线的最大有效面积 $A_e = 0.81A$，A 是口径的物理面积。

除了普通喇叭天线外，为了扩展频率范围，可以使用双脊喇叭天线，其工作频率范围可以达到几个倍频程。

2. 抛物面天线

抛物面天线是一种反射天线，它的馈源放置在抛物反射面的焦点上，馈源辐射的电磁波经过抛物面反射后形成波束。这类天线具有极好的增益和方向性性能，在高频范围获得了广泛的应用。它的波束宽度的变化范围为 $0.5 \sim 30°$，增益变化范围为 $10 \sim 55$ dBi。

3.2.4　有源天线

天线通常是无源器件。如果使用有源器件（如放大器）来改善某些短小天线的某些特性，或者减小天线的尺寸，这类天线就称为有源天线。

天线的增益与其长度有关，因此天线收集的电磁信号的能量随着天线长度的增加而增加。连接到短小尺寸天线输出端口的放大器可以对天线收集的微弱信号进行放大，使得信号功率增加，提高有源天线输出信号功率，获得一定的增益。有源天线的带宽与天线元和有源放大器的频带两者有关，因此在宽带应用中，有源放大器通常使用宽带低噪声放大器。由于放大器不是在全部工作频率范围内都具有线性特性，因此放大器可能会出现强弱信号之间的交调干扰，这是有源天线设计中必须考虑的。

有源天线的主要优点是尺寸小，与相同特性的无源天线相比，它的尺寸要小得多。这一点在较低频率范围（HF 或者以下）是十分重要的，因为在这个频段天线尺寸是很大的。

目前有源天线的噪声可以设计得很小，互调问题也得到很好的解决，所以在高频、甚高频和特高频频段各种测向天线中得到了广泛的应用。

3.2.5　阵列天线

可以将前面讨论的偶极子天线、喇叭天线、螺旋天线等单个天线元组合起来，形成各种天线阵列，实现相控阵天线和各种测向天线。这些阵列天线可以表现出单个天线难以实现的辐射特性。

天线阵列的排列方式比较灵活，如可以排列成 L 形、T 形、均匀圆阵、三角形、多边形等。图 3.2 - 9 给出了几种常用的阵列天线的阵元分布图。

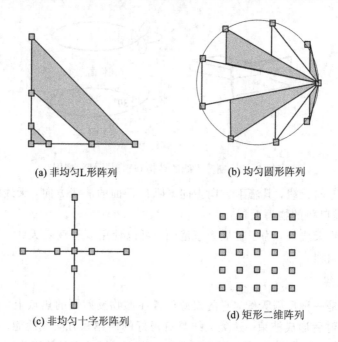

(a) 非均匀L形阵列　　　　　　　(b) 均匀圆形阵列

(c) 非均匀十字形阵列　　　　　(d) 矩形二维阵列

图 3.2 - 9　几种常用的阵列天线的阵元分布图

图 3.2 - 9(a)、(b)、(c)所示三种阵列天线是相位干涉仪测向方法经常使用的阵列形式，圆阵在多普勒测向方法和相关干涉仪测向方法中经常使用，矩形阵列经常作为相控阵天线阵列使用。阵列天线的应用与测向方法有关，需要结合测向方法进行说明，相关的内容将结合后续各节的测向方法进一步讨论。

3.3　振 幅 法 测 向

振幅法测向是利用天线对不同方向来波的幅度响应测量通信信号的到达方向的。振幅法测向方法有最大幅度法、相邻比幅法等。

3.3.1　最大幅度法

1. 最大幅度法测向的基本原理

最大幅度法测向的基本原理是，利用波束宽度为 θ_r 的窄波束侦察天线，以一定的速度在测角范围 Ω_{AOA} 内连续搜索，当收到的通信信号最强时，侦察天线波束指向就是通信辐射源信号的到达方向角。其基本原理如图 3.3 - 1 所示。

最大幅度法通常采用两次测量法，以提高测角精度。在天线搜索过程中，当通信辐射源信号的幅度分别高于、低于检测门限时，分别记录波束指向角 θ_1 和 θ_2，且将它们的平均值作为到达角的一次估值：

$$\hat{\theta} = \frac{1}{2}(\theta_1 + \theta_2) \tag{3.3 - 1}$$

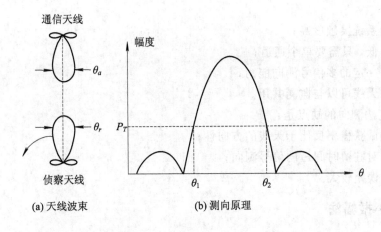

图 3.3 - 1　最大幅度法测向的原理

2. 测角精度和角度分辨率

最大幅度法的测角误差包括系统误差和随机误差，其中系统误差主要来源于测向天线的安装误差、波束畸变和非对称误差等，可以通过各种系统标校方法消除或者减小。这里主要讨论随机误差。

测角系统的随机误差主要来自系统噪声。由于噪声的影响，检测出的角度 θ_1 和 θ_2 出现偏差 $\Delta\theta_1$ 和 $\Delta\theta_2$，通常这两个偏差是均值为零的随机过程。由于两次测量的时间较长，可以认为 $\Delta\theta_1$ 和 $\Delta\theta_2$ 是统计独立的，并且具有相同的分布，因此测角均值

$$E[\hat{\theta}] = \frac{1}{2}(\theta_1 + \Delta\theta_1 + \theta_2 + \Delta\theta_2) = \frac{1}{2}(\theta_1 + \theta_2) \qquad (3.3-2)$$

是无偏的，其中 $E[\cdot]$ 是统计平均。角度测量方差为

$$D[\hat{\theta}] = \frac{1}{2}D[\Delta\theta_1] = \frac{1}{2}D[\Delta\theta_2] = \frac{1}{2}D[\Delta\theta] \qquad (3.3-3)$$

设检测门限对应的信号电平为 A（最大增益电平的一半），噪声电压均方根为 σ_n，天线波束的公称值为 $\dfrac{A}{\theta_r}$，将噪声电压换算成角度误差的均方根值，即

$$\sigma_\theta = (D[\Delta\theta])^{1/2} = \frac{\sigma_n}{A/\theta_r} = \frac{\theta_r}{\sqrt{S/N}} \qquad (3.3-4)$$

其中，$\dfrac{A}{\sigma_n} = \sqrt{\dfrac{S}{N}}$，即测角方差为

$$D[\Delta\theta] = \frac{\sigma_n}{A/\theta_r} = \frac{\theta_r^2}{2(S/N)} \qquad (3.3-5)$$

可见，最大幅度法的测角误差与波束宽度的平方成正比，与检测信噪比成反比。

最大幅度法的角度分辨率主要取决于测向天线的波束宽度，而波束宽度与天线口径 d 有关。根据瑞利光学分辨率准则，当信噪比大于 10 dB 时，角度分辨率为

$$\delta\theta \approx \theta_r = 70\frac{\lambda}{d} \; (°) \qquad (3.3-6)$$

最大幅度法主要应用在微波波段，微波波段容易得到具有强方向性的天线。它的优

点是：

  (1) 测向系统灵敏度高；

  (2) 成本低，只需要单个通道；

  (3) 具有一定的多信号测向能力；

  (4) 测向天线可以与监测共用。

最大幅度法测向的缺点是：

  (1) 空域截获概率反比于天线的方向性；

  (2) 难以对驻留时间短的信号测向；

  (3) 测向误差较大。

3.3.2　最小振幅法

  与最大幅度法测向类似，最小幅度法测向的基本原理是，利用波束宽度为 θ_r 的窄波束侦察天线，以一定的速度在测角范围 Ω_{AOA} 内连续搜索，当收到的通信信号最小时，侦察天线波束指向就是通信辐射源信号的到达方向角。

  最小幅度法实际上是将侦察天线的波束零点对准来波方向。当波束零点对准来波方向时，天线感应信号为零，测向接收机输出信号为零，此时天线零点方向就判断为来波方向。

  最小幅度法的测向精度和角度分辨率比最大幅度法高，测向方法简单，可以使用简单的偶极子天线测向。这种方法主要用于长波和短波波段。

3.3.3　单脉冲比幅法

  单脉冲相邻比幅法使用 N 个相同方向图函数的天线，均匀分布到 360° 方向。通过比较相邻两个天线输出信号的幅度，获得信号的到达方向。相邻比幅测向法是单脉冲测向技术的一种，典型的四通道单脉冲测向系统组成原理如图 3.3-2 所示。

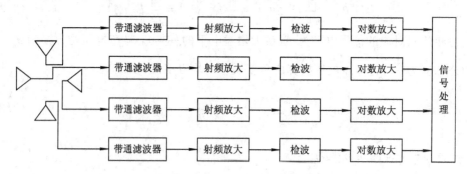

图 3.3-2　四通道单脉冲测向系统组成原理

  每个天线分别对应一个接收通道，接收通道由射频放大、检波、放大等组成。将 N 个具有相同方向图的天线均匀分布在 $[0,2\pi]$ 方位内，相邻天线的张角为 $\theta_s=2\pi/N$，设各天线方向图函数为

$$F(\theta-i\theta_s), \qquad i=0,1,\cdots,N-1 \qquad (3.3-7)$$

  各个天线接收的信号经过相应的幅度响应为 K_i 的接收通道，输出信号的包络为

$$s_i(t)=\lg[K_iF(\theta-i\theta_s)A(t)], \qquad i=0,1,\cdots,N-1 \qquad (3.3-8)$$

其中，$A(t)$是接收信号的包络。设天线方向图是对称的，即 $F(\theta) = F(-\theta)$，当通信信号到达方向位于任意两个天线之间，且偏离两天线等信号轴的夹角为 φ 时，其关系如图 3.3-3 所示。

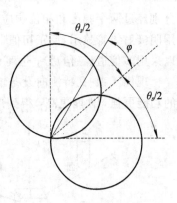

对应通道输出的信号分别为

$$\begin{cases} s_1(t) = K_1 F\left(\dfrac{\theta_s}{2} - \varphi\right) A(t) \\ s_2(t) = K_2 F\left(\dfrac{\theta_s}{2} + \varphi\right) A(t) \end{cases} \quad (3.3-9)$$

将两个通道的输出信号相除，得到其输出电压比为

图 3.3-3　相邻天线方向图

$$R = \frac{s_1(t)}{s_2(t)} = \frac{K_1 F\left(\dfrac{\theta_s}{2} - \varphi\right)}{K_2 F\left(\dfrac{\theta_s}{2} + \varphi\right)} \quad (3.3-10)$$

还可以用分贝表示其对数电压比

$$R_{\text{dB}} = 10\lg\left[\frac{K_1 F\left(\dfrac{\theta_s}{2} - \varphi\right)}{K_2 F\left(\dfrac{\theta_s}{2} + \varphi\right)}\right] \text{ (dB)} \quad (3.3-11)$$

当各通道幅度响应为 K_i 完全相同时，上式可以简化为

$$R = \frac{F\left(\dfrac{\theta_s}{2} - \varphi\right)}{F\left(\dfrac{\theta_s}{2} + \varphi\right)} \quad (3.3-12)$$

式(3.3-12)给出了两个通道输出电压与到达方向的关系，也是相邻比幅法测向的基础。在系统中，方向图函数 $F(\theta)$ 和天线张角是已知的，因此可以利用上式计算到达方向角 φ。

当采用高斯方向图函数时，方向图的表达式为

$$F(\theta) = \text{e}^{-1.3863\frac{\theta^2}{\theta_r^2}} \quad (3.3-13)$$

其中，θ_r 是半功率波束宽度。设 $K_1 = K_2$，将 $F(\theta)$ 代入对数电压比表达式，得到

$$R = \frac{12\theta_s}{\theta_r^2}\varphi \text{ (dB)} \quad (3.3-14)$$

或者

$$\varphi = \frac{\theta_r^2}{12\theta_s}R \quad (3.3-15)$$

可见，波束越窄，天线越多，误差越小。

与最大/最小振幅测向法相比，相邻比幅测向法的优点是测向精度高，具有瞬时测向能力，但是其设备复杂，并且要求多通道的幅度响应具有一致性。

3.3.4　沃森-瓦特比幅法

沃森-瓦特(Watson-watt)测向属于比幅测向法。它利用正交的测向天线接收的信号，

分别经过两个幅度和相位响应完全一致的接收通道进行变频放大,然后求解或者显示(利用阴极射线管显示)反正切值,解出或者显示来波方向。沃森-瓦特测向法具体实现时,可以采用多信道(三信道),也可以采用单信道。

现代沃森-瓦特测向设备增加了自动数字测向、数字信号处理等微电子技术,使设备的功能更强,性能更高,得到广泛的应用,其构成框图如图3.3-4所示。

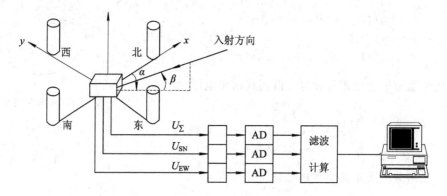

图 3.3-4 沃森-瓦特测向设备组成

下面以四天线阵(爱德柯克,Adcok)为例,说明沃森-瓦特测向的基本原理。如图 3.3-5 所示,当一均匀平面波以方位角 α、仰角 β 照射到正交的天线阵。设天线阵中心点接收电压为

$$U_0(t) = A(t)\cos(\omega t + \varphi_0) \qquad (3.3-16)$$

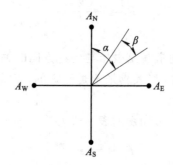

图 3.3-5 沃森-瓦特测向的天线位置关系

以正北方向为基准,在圆阵上均匀分布的四个天线单元获得的电压为

$$
\begin{cases}
U_N(t) = A(t)\cos\left(\omega t + \varphi_0 + \dfrac{\pi d}{\lambda}\cos\alpha\,\cos\beta\right) \\[2mm]
U_S(t) = A(t)\cos\left(\omega t + \varphi_0 - \dfrac{\pi d}{\lambda}\cos\alpha\,\cos\beta\right) \\[2mm]
U_W(t) = A(t)\cos\left(\omega t + \varphi_0 + \dfrac{\pi d}{\lambda}\sin\alpha\,\cos\beta\right) \\[2mm]
U_E(t) = A(t)\cos\left(\omega t + \varphi_0 - \dfrac{\pi d}{\lambda}\sin\alpha\,\cos\beta\right)
\end{cases}
\qquad (3.3-17)
$$

式中,β 为电波入射仰角;α 为电波入射方位角;d 为天线阵直径;λ 为信号波长;ω 为信号角频率;$A(t)$ 为信号包络。天线阵的输出是两组天线的电压差,即

$$\begin{cases} U_{SN}(t) = U_S(t) - U_N(t) = 2A(t)\sin\left(\dfrac{\pi d}{\lambda}\cos\alpha\,\cos\beta\right)\sin(\omega t + \varphi_0) \\ U_{EW}(t) = U_E(t) - U_W(t) = 2A(t)\sin\left(\dfrac{\pi d}{\lambda}\sin\alpha\,\cos\beta\right)\sin(\omega t + \varphi_0) \end{cases} \tag{3.3-18}$$

当 $d \ll \lambda$ 时，上式可化简为

$$\begin{cases} U_{SN}(t) \approx 2A(t)\dfrac{\pi d}{\lambda}\cos\alpha\,\cos\beta \cdot \sin(\omega t + \varphi_0) \\ U_{EW}(t) \approx 2A(t)\dfrac{\pi d}{\lambda}\sin\alpha\,\cos\beta \cdot \sin(\omega t + \varphi_0) \end{cases} \tag{3.3-19}$$

可见，天线阵列输出的差信号的幅度分别是方位角的余弦函数和正弦函数，是仰角的余弦函数。天线阵输出的和信号为

$$\begin{aligned} U_\Sigma(t) &= U_S(t) + U_N(t) + U_W(t) + U_E(t) \\ &= 2A(t)\cos(\omega t + \varphi_0)\left[\cos\left(\dfrac{\pi d}{\lambda}\cos\alpha\,\cos\beta\right) + \cos\left(\dfrac{\pi d}{\lambda}\sin\alpha\,\cos\beta\right)\right] \\ &= 2A(t)\cos(\omega t + \varphi_0)C(\alpha\,\beta) \end{aligned} \tag{3.3-20}$$

注意到，当且仅当满足

$$C(\alpha,\beta) = \cos\left(\dfrac{\pi d}{\lambda}\cos\alpha\,\cos\beta\right) + \cos\left(\dfrac{\pi d}{\lambda}\sin\alpha\,\cos\beta\right) > 0$$

或者

$$2\cos\left[\dfrac{\sqrt{2}}{2}\dfrac{\pi d}{\lambda}\cos\beta\,\cos\left(\alpha - \dfrac{\pi}{4}\right)\right] \cdot \cos\left[\dfrac{\sqrt{2}}{2}\dfrac{\pi d}{\lambda}\cos\beta\,\cos\left(\alpha + \dfrac{\pi}{4}\right)\right] > 0$$

或者 $\dfrac{d}{\lambda} < \dfrac{\sqrt{2}}{2}$ 时，和信号的正交项 $U_{\Sigma\perp}(t) = 2A(t)\sin(\omega t + \varphi_0)C(\alpha,\beta)$ 与两个差信号同相，它们的乘积分别为

$$\begin{cases} V_{SN}(t) \approx [2A(t)]^2 \dfrac{1 - \cos 2(\omega t + \varphi_0)}{2} C(\alpha,\beta)\dfrac{\pi d}{\lambda}\cos\alpha\,\cos\beta \\ V_{EW}(t) \approx [2A(t)]^2 \dfrac{1 - \cos 2(\omega t + \varphi_0)}{2} C(\alpha,\beta)\dfrac{\pi d}{\lambda}\sin\alpha\,\cos\beta \end{cases} \tag{3.3-21}$$

经过低通滤波后，输出信号为

$$\begin{cases} W_{SN}(t) \approx [2A(t)]^2 C(\alpha,\beta)\dfrac{\pi d}{\lambda}\cos\alpha\,\cos\beta \\ W_{EW}(t) \approx [2A(t)]^2 C(\alpha,\beta)\dfrac{\pi d}{\lambda}\sin\alpha\,\cos\beta \end{cases} \tag{3.3-22}$$

可以求得 α 和 β 分别为

$$\alpha = \arctan\left(\dfrac{W_{EW}(t)}{W_{SN}(t)}\right) \tag{3.3-23}$$

$$\beta = \arccos\left(\dfrac{\sqrt{(W_{EW}(t))^2 + (W_{SN}(t))^2}}{\dfrac{\pi d}{\lambda}A(t)\sqrt{(U_\Sigma(t))^2(U_{\Sigma\perp}(t))^2}}\right) \tag{3.3-24}$$

传统的沃森-瓦特测向采用 CRT 显示到达角。将两个差通道输出电压分别送到偏转灵敏度一致的阴极射线管的垂直和水平偏转板上，在理想情况下，在荧光屏上将出现一条直线，它与垂直方向的夹角就是方位角。一般情况下，电波存在干涉，显示的图形就不再是

一条直线而是一个椭圆，它的长轴是指示来波方向。

传统的沃森-瓦特测向采用数字信号处理技术，通过数字滤波器提取信号，计算来波方向。

多信道沃森-瓦特测向的特点是测向时效高、速度快、测向准确、可测跳频信号，并且CRT显示可以分辨同信道干扰。但是其系统复杂，并且要求接收机通道幅度和相位一致，实现的技术难度较高。

单信道沃森-瓦特测向系统简单、体积小、重量轻、机动性能好，但是测向速度受到一定的限制。

3.4　相位法测向

相位干涉仪测向是根据电波从不同的方向到达测向天线阵时，各天线阵元接收的信号的相位不同，通过测量来波的相位和相位差，可以确定来波方向。相位干涉仪的最简单结构是单基线干涉仪，此外还有多基线干涉仪等形式。

3.4.1　单基线干涉仪测向

在原理上相位干涉仪可以实现快速测向。下面利用单基线的相位干涉仪说明其原理，单基线相位干涉仪原理如图 3.4－1 所示。

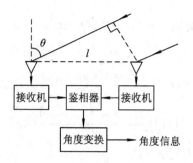

图 3.4－1　单基线相位干涉仪原理

单基线相位干涉仪有两个完全相同的接收通道。设有一个平面电磁波从天线视轴夹角 θ 方向到达测向天线 1 和 2，则天线阵输出信号相位差为

$$\phi = \frac{2\pi l}{\lambda}\sin\theta \qquad (3.4-1)$$

其中，λ 是信号波长；l 是天线间距，也称为基线长度。如果两个接收通道的幅度和相位响应完全一致，那么正交相位检波输出为

$$\begin{cases} U_C = K\cos\phi \\ U_s = K\sin\phi \end{cases} \qquad (3.4-2)$$

K 为系统增益。进行角度变换，得到测向输出为

$$\begin{cases} \hat{\phi} = \arctan\left(\dfrac{U_s}{U_c}\right) \\[3mm] \hat{\theta} = \arcsin\left(\dfrac{\hat{\phi}\lambda}{2\pi l}\right) \end{cases} \qquad (3.4-3)$$

由于鉴相器的无模糊相位检测范围为$[-\pi, \pi]$，因此单基线干涉仪的无模糊测角范围$[-\theta_{max}, \theta_{max}]$为

$$\theta_{max} = \arcsin\left(\frac{\lambda}{2l}\right) \qquad (3.4-4)$$

对式(3.4-3)求微分，可以得到测角误差的关系如下：

$$\begin{cases} \Delta\phi = \dfrac{2\pi l}{\lambda}\cos\theta\Delta\theta - \dfrac{2\pi l}{\lambda^2}\sin\theta\Delta\lambda \\[3mm] \Delta\theta = \dfrac{\Delta\phi}{\dfrac{2\pi l}{\lambda}\cos\theta} - \dfrac{\Delta\lambda}{\lambda}\tan\theta \end{cases} \qquad (3.4-5)$$

由上式可见：测角误差主要来源于相位误差$\Delta\phi$和频率不稳定误差$\Delta\lambda$，误差大小与到达角θ有关。在天线视轴方向($\theta=0$)误差最小，在基线方向($\theta=\pi/2$)误差非常大，是测向的盲区。因此，一般将单基线干涉仪的测向范围限制在$[-\pi/3, \pi/3]$内。

相位误差包括相位测量误差、系统噪声引起的误差等。相位误差$\Delta\phi$与l/λ成反比。l越长，测向精度越高，但无模糊测角范围越小。因此，单基线干涉仪测向难以解决高的测向精度与大的测角范围的矛盾。

3.4.2 一维多基线相位干涉仪测向

在多基线相位干涉仪中，利用长基线保证精度，短基线保证测角范围。多基线相位干涉仪原理如图3.4-2所示。其中，0天线为基准天线，它与其他天线的基线长度分别为l_1、l_2、l_3，且满足

$$\begin{cases} l_2 = 4l_1 \\ l_3 = 4l_2 \end{cases} \qquad (3.4-6)$$

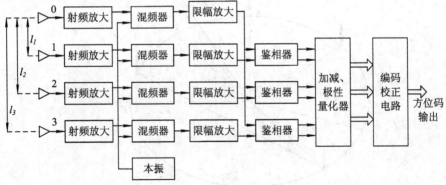

图 3.4-2 多基线相位干涉仪原理

四个天线接收的信号经过混频、限幅放大，送给三路鉴相器，其中0通道为鉴相的基准。经过鉴相得到6个输出信号为$\sin\phi_1$，$\cos\phi_1$，$\sin\phi_2$，$\cos\phi_2$，$\sin\phi_3$，$\cos\phi_3$。其中

$$\begin{cases} \phi_1 = \dfrac{2\pi l_1}{\lambda}\sin\theta \\[2mm] \phi_2 = \dfrac{2\pi l_2}{\lambda}\sin\theta = 4\phi_1 \\[2mm] \phi_3 = \dfrac{2\pi l_3}{\lambda}\sin\theta = 4\phi_2 \end{cases} \tag{3.4-7}$$

这 6 路信号经过加减电路、极性量化器、编码器产生 8 bit 方向码输出，其方法与比相法瞬时测频接收机类似。

设一维多基线干涉仪的基线数为 k，相邻基线长度比为 n，最长基线编码器的量化位数为 m，则其理论测向精度为

$$\Delta\theta \approx \frac{\theta_{\max}}{n^{k-1}2^{m-1}} \tag{3.4-8}$$

一维多基线干涉仪的基线长度可以等间距，也可以不等间距安排。目前已经提出了分数比基线，可以很好地利用最小的基线数解决解模糊的问题。

3.4.3 二维圆阵相位干涉仪测向

上面介绍的是一维相位干涉仪的基本原理，它的原理可以很容易地推广到二维和多维相位干涉仪，这样就可以同时测量方位和俯仰角。二维相位干涉仪的天线的排列方式比较灵活，如 L 形、T 形、均匀圆阵、三角形、多边形等。下面简单介绍一种二维圆阵相位干涉仪测向原理。

设构成基线组的三个阵元分布在半径为 R 的圆周上，以圆心为坐标原点建立坐标系如图 3.4-3 所示。将圆心与阵元 1 的连线称为基线组主轴方向，与其垂直的方向为主轴法线方向；主轴方向与 x 轴正方向的夹角 ω 为主轴指向；天线阵元 2、3 相对基线组主轴对称分布，与圆心的连线和主轴方向的夹角分别为 $\pm\gamma$；窄带信号 $s(t)$ 的到达方向为 (θ,φ)，其中 θ 是方位角，φ 是仰角。

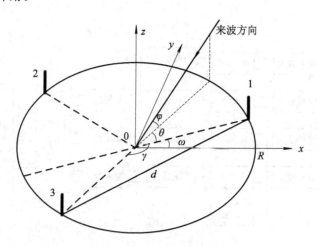

图 3.4-3　三元圆阵结构示意图

各天线阵元的接收信号可以表示为

$$x_i(t) = s(t)\exp(\mathrm{j}\beta\boldsymbol{\xi}^{\mathrm{T}}\boldsymbol{r}_i) = s(t)\exp(\mathrm{j}\psi_i), \qquad i = 1,2,3 \tag{3.4-9}$$

其中，r_i 为天线位置矢量；$\beta = 2\pi/\lambda$；$\boldsymbol{\xi}$ 为波达方向的导向矢量，即

$$\boldsymbol{\xi} = [\xi_x, \xi_y, \xi_z] = [\cos\varphi\cos\theta, \cos\varphi\sin\theta, \sin\varphi]^{\mathrm{T}} \tag{3.4-10}$$

设 ψ_i 为天线阵元 i 接收的信号相对于到达坐标原点处信号的时延相位，则天线阵元 1、2 和天线 1、3 之间接收信号的真实相位差 ψ_{12} 和 ψ_{13} 分别为

$$\begin{cases} \psi_{12} = \psi_1 - \psi_2 = -2\beta R \cos\varphi \sin\left(\dfrac{\gamma}{2}\right)\sin\left(\theta - \omega - \dfrac{\gamma}{2}\right) \\[3mm] \psi_{13} = \psi_1 - \psi_3 = 2\beta R \cos\varphi \sin\left(\dfrac{\gamma}{2}\right)\sin\left(\theta - \omega + \dfrac{\gamma}{2}\right) \end{cases} \tag{3.4-11}$$

对 ψ_{12} 和 ψ_{13} 分别进行和差运算，得到

$$\begin{cases} \psi_S = \psi_{13} + \psi_{12} = 4\beta R \sin\left(\dfrac{\gamma}{2}\right)\cos\varphi \cos(\theta - \omega)\sin\left(\dfrac{\gamma}{2}\right) \\[3mm] \psi_D = \psi_{13} - \psi_{12} = 4\beta R \sin\left(\dfrac{\gamma}{2}\right)\cos\varphi \sin(\theta - \omega)\cos\left(\dfrac{\gamma}{2}\right) \end{cases} \tag{3.4-12}$$

其中，ψ_S 和 ψ_D 是基线组的真实和相位、真实差相位。

设 μ 是 $\boldsymbol{\xi}$ 在阵列平面上的投影，即 $\mu = \xi_x + \mathrm{j}\xi_y$，根据式（3.4-10）有

$$\begin{aligned} \mu &= \cos\varphi(\cos\theta + \mathrm{j}\sin\theta) \\ &= \cos\varphi[\cos(\theta - \omega) + \mathrm{j}\sin(\theta - \omega)](\cos\omega + \mathrm{j}\sin\omega) \end{aligned} \tag{3.4-13}$$

令 $\mu' = \cos(\theta - \omega) + \mathrm{j}\sin(\theta - \omega)$，由式（3.4-12）可得到 μ' 的估计为

$$\hat{\mu}' = \hat{\xi}'_x + \mathrm{j}\hat{\xi}'_y = \frac{\psi_S}{4\beta R \sin\left(\dfrac{\gamma}{2}\right)\sin\left(\dfrac{\gamma}{2}\right)} + \mathrm{j}\frac{\psi_D}{4\beta R \sin\left(\dfrac{\gamma}{2}\right)\cos\left(\dfrac{\gamma}{2}\right)} \tag{3.4-14}$$

综合上面两式，可以得到

$$\hat{\mu} = \hat{\mu}'\exp(\mathrm{j}\omega) \tag{3.4-15}$$

并且真实到达角估计为

$$\hat{\theta} = \arctan\left(\frac{\hat{\xi}'_y}{\hat{\xi}'_x}\right), \quad \hat{\varphi} = \arccos(|\hat{\mu}|) \tag{3.4-16}$$

注意到，在式（3.4-11）中，当天线间距与波长的比值 $\dfrac{d}{\lambda} = \dfrac{2R \sin\left(\dfrac{\gamma}{2}\right)}{\lambda} > \dfrac{1}{2}$ 时，天线间真实相位差 $|\psi_{12}|$ 和 $|\psi_{13}|$ 可能会大于 π，$|\psi_S|$ 和 $|\psi_D|$ 也可能会大于 π。但是在实际应用中，根据接收信号和干涉仪鉴相原理计算出的相位差是小于 $\hat{\psi}_{12}$，$\hat{\psi}_{13} \in (-\pi, \pi]$，其和差 $\hat{\psi}_S$，$\hat{\psi}_D \in (-2\pi, 2\pi]$，实际计算所得到的相位差和真实相位差不一致，即出现相位模糊现象。因此，为了得到正确的到达角估计值，需要解相位模糊。

假设无相位模糊，那么由式（3.4-16），设方位角和仰角的估计误差分别为 $\Delta\theta$ 和 $\Delta\varphi$，根据全微分公式有

$$\begin{cases} \Delta\theta = \dfrac{\cos(\theta - \omega)\sin\left(\dfrac{\gamma}{2}\right)\Delta\psi_D - \sin(\theta - \omega)\cos\left(\dfrac{\gamma}{2}\right)\Delta\psi_S}{4\beta R \sin\left(\dfrac{\gamma}{2}\right)\sin\left(\dfrac{\gamma}{2}\right)\cos\left(\dfrac{\gamma}{2}\right)\cos\varphi} \\[6mm] \Delta\varphi = \dfrac{-\cos(\theta - \omega)\cos\left(\dfrac{\gamma}{2}\right)\Delta\psi_S - \sin(\theta - \omega)\sin\left(\dfrac{\gamma}{2}\right)\Delta\psi_D}{4\beta R \sin\left(\dfrac{\gamma}{2}\right)\sin\left(\dfrac{\gamma}{2}\right)\cos\left(\dfrac{\gamma}{2}\right)\sin\varphi} \end{cases} \tag{3.4-17}$$

其中，$\Delta\psi_S$ 和 $\Delta\psi_D$ 分别为和相位与差相位的测量误差。因此可以得到如下结论：

（1）方位角和仰角的估计误差与基线组和相位、差相位的测量误差 $\Delta\psi_s$ 和 $\Delta\psi_D$ 成正比，与天线间距和信号波长的比 R/λ 成反比。

（2）测量准确度与入射波的方位角和仰角有关。当 $\Delta\psi_S$ 和 $\Delta\psi_D$ 固定时，估计误差随入射方位角的改变以正弦关系变化；$\Delta\theta$ 和 $\Delta\varphi$ 分别与 $\cos\theta$ 和 $\sin\varphi$ 成反比关系，即入射波仰角越低，对方位角的估计精确度越高，对仰角的估计越差。

相位干涉仪测向的特点是具有较高的测向精度，但测向范围有时不能覆盖全方位，其测向灵敏度高，速度快。干涉仪可以方便地与现代数字信号处理技术结合，是一种得到广泛应用的测向技术。其缺点是没有同时信号分辨能力，因此通常必须先对信号进行频率测量，才能进行方向测量；另外，其技术复杂、成本高。

3.5 相关干涉仪测向

相关干涉仪测向本质上属于矢量法测向，它是通过测量天线阵列的各阵元间复数电压分布来计算出电波方向的方法，相关干涉仪和空间谱估计都属这种方法。

相关干涉仪采用多阵元天线，按照它的接收机通道数目，分为单通道、双通道和多通道相关干涉仪，其基本原理是相同的。下面以双通道为例，介绍相关干涉仪的基本组成和工作原理。

3.5.1 双通道相关干涉仪的组成

双通道相关干涉仪采用多阵元天线、双通道接收机，实现对信号的监测和测向，可以分时实现全方位的测向，得到较高测向精度。天线阵接收的无线电电波信号，经天线开关切换后进入两个射频通道，变频为中频信号，再由两路 ADC 进行采样，采样数据做 FFT 处理。经过多次天线切换后，可以计算出不同天线接收的信号的相位和相位差，最后进行相关干涉测向处理得到信号的方位角。其基本原理如图 3.5-1 所示。

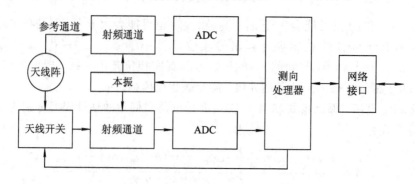

图 3.5-1 双通道相关干涉仪的原理框图

双通道相关干涉仪采用分时工作方式，可以分时实现全方位测向。其测向时间比多通道长，但是设备量小、成本低。

3.5.2　双通道相关干涉仪的测向过程

相关干涉仪实际上是将测量得到的信号电压样本与预先存储的模板数据进行相关运算，按照相关性判断来波方向。其测向过程如下所述：

（1）设置一个天线阵列，天线阵列一般为圆形，阵元一般为 3～9 个。

（2）对给定方向、给定频率的已知（校正信号）到达波，测出阵列中各阵元间的复数电压，即为对应方向、频率的信号的复数电压数组或模板。

（3）在所设计的天线阵列工作频率范围内，按一定规律选择方位、频率，依次建立样本群，作为标准模板存起来，形成相关计算的标准数据库。

（4）对未知信号测向时，先按照采集样本的规则采集未知信号，得到其复数数组，并将该数组与数据库中的模板群进行相关运算和处理，求出被测信号的方向。

模板群是预先标定和存储好的，实际工作时只需要测量和提取未知信号的复数数组。设某给定频率和方向的未知信号的复数数组为

$$\Phi_i = \{\varphi_{i1}, \varphi_{i2}, \varphi_{i3}, \cdots, \varphi_{im}\}, \qquad i = 1, 2, \cdots, n \qquad (3.5-1)$$

数据库中对已知信号测量得到的复数数组为

$$\Phi = \{\varphi_{01}, \varphi_{02}, \varphi_{03}, \cdots, \varphi_{0m}\} \qquad (3.5-2)$$

则其相关系数为

$$\rho_i = \frac{\Phi^T \Phi_i}{(\Phi^T \Phi)^{1/2} (\Phi_i^T \Phi_i)^{1/2}}, \qquad i = 1, 2, 3, \cdots, n \qquad (3.5-3)$$

其相关系数最大值相对应的原始相位样本值所代表的方位值，就是空间实际入射信号的方位角。

在数字化测向系统中，为了提高处理速度，得到采样数据后，信号的复数的电压计算通常利用 FFT 实现。这样数字化测向处理系统的主要任务是两个：一个是提取复数电压，它可以利用 FFT 实现；另一个是进行相关处理。

在双通道相关干涉仪测向系统中，通过天线开关依次接通多单元圆阵列中的一个天线对，每个天线对可以得到一个复数电压，多个天线对得到一组复数电压。双通道与多通道的主要差别是，双通道测向系统分时获取复数电压矢量，而多通道测向系统同时得到复数电压矢量。当被测信号在测量时间内的频率、位置和信号参数不变时，两者的结果是等价的，但是双通道测向系统需要的测向时间会比多通道长。

3.5.3　相关干涉仪的特点

相关干涉仪体制的技术优势主要表现在，它与幅度或相位体制相比，具有高精度、高灵敏度和高抗扰度等突出特点。

相关干涉仪的主要技术特点包括：

（1）允许使用大孔径天线阵，因而有很强的抗多径失真能力。天线孔径是指天线阵最大尺寸 d 与工作波长 λ 之比，即 d/λ，一般 $d<\lambda$ 叫小孔径，$d=(1\sim2)\lambda$ 叫中孔径，$d>2\lambda$ 叫大孔径。相关干涉仪测向时同时使用了天线间的矢量电压（幅度和相位）的分布，在很大程度上避免了所谓天线间隔误差和多值性的制约，因而可以使用大尺寸天线阵。天线孔径大小直接影响在有反射环境中的测向质量，天线孔径越大，抗相干干扰的能力越强。

（2）天线阵的孔径变大并采用相关算法，为实现高精度测向奠定了基础。相关干涉仪的本机测向准确度在很宽的频段内可以达到1°(RMS)，实现高精度的基础有两点：一是在测量天线间电压时，因天线孔径大，天线元制造公差引起的电压测量误差相对测量读数变小；二是这些公差以及安装平台的影响等都可包含在样本中，在相关算法中都可自动消除（注意：这里要求天线阵是稳定不变的）。

（3）天线阵的孔径变大并采用相关算法，也为实现高灵敏度奠定了基础。相关干涉仪在很宽的频带内具有高灵敏度的原因也有两点：一是天线间隔加大降低了白噪声的干扰，比如测两天线间的相位差时，当白噪声的干扰引起相位抖动为5°，测量两天线相位差为50°时，噪声干扰影响为1/10，若天线间隔加大一倍，两天线间相位差为100°时，噪声影响降为1/20；二是相关算法的增益在对数据进行处理时，有类似积分的效果。

（4）天线孔径变大并采用相关算法，还为抗带内干扰奠定了基础。相关干涉仪的另一个特点是只要带内干扰信号比被测信号电平小3～5 dB，测向就基本不受影响。其原因是天线孔径越大，相关曲线越尖锐，这和采用强方向性天线避开同带干扰的效果类似。

基于复数电压测量的相关干涉仪测向体制具有测向准确度高、测向灵敏度高、测向速度快、抗干扰能力强、稳定性好、设备复杂度较低等优点，成为目前无线电监测中主流的测向体制。

3.6　多普勒测向

多普勒效应是奥地利天文学家多普勒于1842年发现的，爱因斯坦于1905年导出了精确的多普勒效应表述式，1947年英国人首先研制出了第一部基于多普勒效应的测向设备。该设备采用顺序测量圆形天线阵列中相邻阵元入射信号上相位差的方法，测定来波方向。但由于技术条件的限制，多普勒测向存在一些问题，如抗干扰能力差、存在牵引效应和信号调制误差等，当时还无法解决，于是英国人就放弃了多普勒测向技术的研究。德国R/S公司从20世纪50年代开始研究多普勒测向，解决了很多多普勒测向技术中存在的问题，提高了测向系统的性能，设计制造出多种多普勒测向设备，并广泛应用于无线电导航、监测、情报侦察与电子战等领域，使多普勒测向成了一种重要的测向手段。

3.6.1　多普勒效应

多普勒测向设备基于多普勒效应。多普勒效应就是当目标（辐射源）与观测者之间作相对运动时，观测者接收到的信号频率不同于目标辐射信号频率的现象。如图3.6-1所示，设某一目标B发出的信号频率为f_0，该目标以速度v运动，信号辐射方向和运动方向之间的夹角为ϕ。令光速为c，若$N=v/c\ll1$，则点A处可检测到由多普勒效应而引起的频移为

图 3.6-1　多普勒效应

$$\Delta f = f_0 N \cos\phi \qquad (3.6-1)$$

3.6.2　多普勒测向原理

在多普勒测向系统中，多普勒效应的产生并不需整个测向系统做相对于目标的运动，

只要测向天线相对于目标作相对运动就行了。当测向天线向着目标移动时，多普勒效应就使接收到的信号频率升高；反之，当天线背离目标移动时，接收到的信号频率降低；当测向天线沿着圆周运动（如天线旋转）时，接收到的来波信号频率及其相位都按正弦调制方式变化。

利用机械方法使测向天线旋转以产生多普勒效应是很难实现的，这是因为测向系统要求测向天线旋转速率很高，而且测向天线的圆周直径要很大，才能达到最佳性能。因此实际应用中常常采用模拟旋转的方法，即在圆周上均匀地安放固定天线阵元，借助于电子开关，以较快的角频率 ω 依次轮流地接通各阵元，以模拟天线的旋转。这种利用模拟天线旋转获得接收信号的相位调制或频率调制进行测向的技术，被称为准多普勒测向技术。

如图 3.6-2 所示，当测向天线沿着一个半径为 R 的圆形轨道，以角频率 ω_r 旋转时，以方位角 θ 和俯仰角 β 入射的信号所产生的瞬时电压为

$$u(t) = A(t)\cos\left[\omega_0 t + \varphi(t) + \frac{2\pi R}{\lambda_0}\cos\beta\,\cos(\omega_r t - \theta)\right] \qquad (3.6-2)$$

其中，$A(t)$ 是接收信号包络；ω_0 是信号角频率；λ_0 是信号波长；$\varphi(t)$ 是信号的瞬时相位。

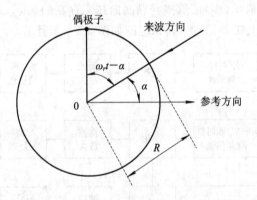

图 3.6-2　多普勒测向原理

为了简单，下面的讨论只考虑一维情况（设 $\beta=0$）。对于窄带信号，设 $A(t)=A$ 和 $\varphi(t)=\varphi_0$。对瞬时电压信号进行鉴相，得到其瞬时相位

$$\Phi(t) = \omega_0 t + \varphi_0 + \frac{2\pi R}{\lambda_0}\cos(\omega_r t - \theta) \qquad (3.6-3)$$

对瞬时相位求导，可以得到瞬时频率

$$\omega(t) = \frac{\mathrm{d}\Phi(t)}{\mathrm{d}t} = \omega_0 - \frac{2\pi R}{\lambda_0}\omega_r\sin(\omega_r t - \theta) \qquad (3.6-4)$$

经过低通滤波器后，得到输出信号

$$s(t) = -\frac{2\pi R}{\lambda_0}\omega_r\sin(\omega_r t - \theta) \qquad (3.6-5)$$

将它与相同频率的参考信号 $s_r(t)=\sin(\omega_r t)$ 进行相位比较，就可以得到方位角的值。

注意，多普勒天线在旋转一周对应的瞬时频率变化范围为

$$\left[\omega_0 + \frac{2\pi R\omega_r}{\lambda_0},\ \omega_0 - \frac{2\pi R\omega_r}{\lambda_0}\right]$$

因此，旋转天线的切向速度 v_r 与多普勒频率 f_d 等参数的关系为

$$\frac{2\pi R}{\lambda_0} = \frac{2\pi v_r}{\frac{c}{f_0}} = 2\pi f_d , \quad v_r = f_d\left(\frac{c}{f_0}\right) \tag{3.6-6}$$

如果多普勒频率为 $f_d = 100$ Hz，信号频率为 $f_0 = 30$ MHz，则按照上式计算要求天线的切向速度为 10 000 m/s，这样的速度是机械装置无法实现的。因此，通常使用高速射频开关，顺序扫描排列成圆阵的全向天线来代替机械装置，实现准多普勒测向。

3.6.3 数字化多普勒测向

由于通信信号本身都是已调制信号，对多普勒测向而言，已调的被测信号的调制分量中很可能带有天线旋转的频率分量，这一分量会干扰多普勒频移，带来较大的测向误差。多普勒测向设备通过射频开关实现天线旋转，其优点是天线阵列直径可以很大、旋转速度很高、精确且稳定，还可灵活地改变多种旋转方式。如采用同向旋转的、双向旋转的双信道多普勒天线技术，可以较好地解决信息调制带来的寄生多普勒频移问题。

利用现代数字处理技术的新型多普勒测向技术，不论是双信道，还是三信道，都可以很好地解决上述那些模拟双（多）信道多普勒测向技术存在的缺陷。这里以三信道补偿型多普勒测向设备为例说明其工作原理，其原理图如图 3.6 - 3 所示。

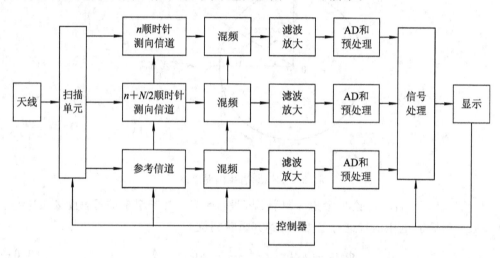

图 3.6 - 3　三信道补偿型多普勒测向设备原理图

图 3.6 - 3 中，在控制单元的作用下，三个信道被统一调到某一被测信号频率上，天线系统中全向天线（参考天线）上感应的信号（参考信号）馈入参考信道。多普勒天线阵列中第 n 和 $n+(N/2)$ 个阵元上感应的信号，通过扫描单元分别馈入两个测向信道。三路信号均经过接收信道的放大、混频、增益控制，变换成适当电平的中频信号输出。对三路中频输出信号同时进行模/数（ADC）变换，然后把在参考信道中采集的信号样本分别送至两个测向信道的数字信号处理器，用软件技术实现数字混频，消除信息调制引起的频率偏移；再对数字混频输出（离散的数字）序列进行离散傅立叶变换（DFT），提取测向阵元上的多普勒相移。将提取的两个多普勒相移相减以消除模/数（ADC）变换引入的量化相移，从而得到测向阵元上的多普勒相移。顺时针旋转至下两个天线阵元，重复上述过程，直至旋转一周为止。

对阵元上的多普勒相移进行一阶或二阶差分处理，消除相位模糊。然后，对 N（多普勒测向天线阵列中的阵元数)个离散的多普勒相移进行数字傅立叶变换,提取方位角。

多普勒测向与某些较老的测向方法相比,主要优点如下:

(1) 多普勒频移的变化规律与来波入射角相关,故其测向误差较小。

(2) 多普勒测向天线阵列可以做得很大,间距误差较小,且天线阵列的电波干涉误差以及由周围反射体引起的环境误差较小。

(3) 多普勒测向的极化误差很小。如当来波含有垂直极化和水平极化分量时,馈线接收水平极化分量所产生的多普勒频移,其方向性与垂直极化相同,不会引起极化误差。

(4) 多普勒测向采用超外差接收机,其灵敏度较高。

(5) 多普勒测向可以测出来波的仰角。由于只要测出多普勒频移的绝对值便可求得来波仰角,因此短波波段的多普勒测向设备可以利用这一特性来实现单站定位。

3.7 到达时差测向

3.7.1 到达时间差测向的基本原理

到达时间差(TDOA)测向(简称"时差测向")技术是利用同一电波到达测向天线阵各阵元之间的时间差来测量来波方向的。时差测向系统采用多个分离的天线阵元,在接收同一个辐射源的来波信号时,由于存在电波传播行程差引起的接收时间的差异,其到达时间差是来波方向角的函数,经过计算可以求出来波方向。

在很长时间内,时差测向系统一般总是应用于几个波长的长基线测向系统,未被应用于短基线测向系统。但是,随着时间测量技术的发展和时间测量精度的提高,它已有可能应用于短基线时差测向系统中。从两副基线间距为 d 的天线上测得的一个信号到达时间的差值中,可获得到达方向的信息。时差测向的原理如图 3.7-1 所示。

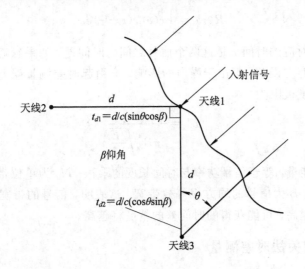

图 3.7-1 到达时间差测向原理

设入射信号以方位角 θ 和俯仰角 β 到达天线阵列，天线阵元 1 与阵元 2、阵元 3 的间距为 d，以天线阵元 1 作为参考，它和阵元 2、3 的时间差 t_d 为

$$t_{dk} = \frac{d}{c} \sin\theta \, \sin\beta, \quad k = 1, 2 \tag{3.7-1}$$

式中，c 为光速。若阵元间距 d 的单位为 m，时间的单位为 ns，则有

$$t_{dk} = 3.33d \, \sin\theta \, \sin\beta, \qquad k = 1, 2 \tag{3.7-2}$$

当测向系统对天线口径的要求 $d/\lambda \leqslant 0.5$ 时，时间差 t_d 与工作频率无关。由上式可得水平和俯仰到达角分别为

$$\begin{cases} \theta = \arcsin\left(\dfrac{t_{d1}}{3.33d \, \sin\beta}\right) \\[3mm] \beta = \arcsin\left(\dfrac{t_{d2}}{3.33d \, \sin\theta}\right) \end{cases} \tag{3.7-3}$$

特别应提出的是，时间间隔测量技术的先进程度决定了时差测量基线可以短到什么程度。20 世纪 60 年代中，到达时间差系统可在 100 m 基线上工作；到 80 年代，基线可短至几十米，已可与机动平台兼容工作；90 年代及以后，随着时间间隔测量准确度和分辨力的不断提高，短基线时差测向系统已得到越来越多的应用。

时差测向技术是雷达侦察中的重要测向技术之一，由于大多数雷达信号都是脉冲信号，因此它的到达时间测量是十分方便的。而大多数通信信号是连续波信号，它没有雷达脉冲的上升沿或下降沿作为时间测量的参考点，因此必须采用相关法获取信号的到达时差。

3.7.2 相关法时差测量

设天线 1 接收的信号是 $x(t)$，天线 2 接收的同一个信号为 $x(t-\tau)$，其中 τ 是由于波程差引起的延时。计算两者的相关函数，即

$$R(\tau) = \int x(t) x(t-\tau) \mathrm{d}t \tag{3.7-4}$$

相关函数的峰值所对应的时间 τ 是这两个信号之间的时间差。如果忽略噪声的影响，理论上求得的时差将不存在误差。但由于噪声的影响，会引起时差测量误差，利用相关法计算信号的时间差的精度极限为

$$\delta_t = \frac{1}{2\pi B \sqrt{\dfrac{2E}{N_0}}} \tag{3.7-5}$$

其中，E 为信号的能量，等于信号功率与时间长度的乘积；N_0 为单位带宽内的噪声，等于噪声功率除以带宽；B 为信号的均方根等效带宽。这表明，信号的带宽越宽，信号的时间长度越长，信噪比越高，可能获得的时间差的精度将越高。

3.7.3 循环自相关法时差测量

1. 循环自相关函数

大多数无线电信号都具有周期性，它们的一阶或者二阶统计特性具有周期性。设 $x(t)$

是一个零均值的非平稳复信号，它的时变自相关函数定义为

$$R_x(t, \tau) = E\{x(t)x^*(t-\tau)\}$$

$$= \frac{1}{2N+1} \sum_{n=-N}^{N} x(t+nT_0)x^*(t+nT_0-\tau) \qquad (3.7-6)$$

若 $R_x(t, \tau)$ 的统计特性具有周期为 T_0 的二阶周期性，则可以用时间平均将它表示为

$$R_x(t, \tau) = \lim_{N \to \infty} \frac{1}{2N+1} \sum_{n=-N}^{N} x(t+nT_0)x^*(t+nT_0-\tau) \qquad (3.7-7)$$

由于 $R_x(t, \tau)$ 是周期为 T_0 的周期函数，我们也可以用傅立叶级数展开它，得到

$$R_x(t, \tau) = \sum_{m=-\infty}^{\infty} R_x^\alpha(\tau) e^{j\frac{2\pi}{T_0}mt} = \sum_{m=-\infty}^{\infty} R_x^\alpha(\tau) e^{j2\pi\alpha t} \qquad (3.7-8)$$

式中 $\alpha = m/T_0$，且傅立叶系数为

$$R_x^\alpha(\tau) = \frac{1}{T_0} \int_{-T_0/2}^{T_0/2} R_x(t, \tau) e^{-j2\pi\alpha t} \, dt \qquad (3.7-9)$$

将以上相关函数的定义代入上式，稍加整理，即有

$$R_x^\alpha(\tau) = \lim_{T \to \infty} \frac{1}{T} \int_{-T/2}^{T/2} x(t)x^*(t-\tau) e^{-j2\pi\alpha t} \, dt$$

$$= \langle x(t)x^*(t-\tau) e^{-j2\pi\alpha t} \rangle_t \qquad (3.7-10)$$

系数 $R_x^\alpha(\tau)$ 表示频率为 α 的循环自相关强度，简称循环（自）相关函数。在实际应用中，常将复信号延迟乘积的二次变换取为对称形式，上式重新写为

$$R_x^\alpha(\tau) = \langle x\left(t+\frac{\tau}{2}\right)x^*\left(t-\frac{\tau}{2}\right) e^{-j2\pi\alpha t} \rangle_t \qquad (3.7-11)$$

上式提供了循环自相关函数的最原始的解释：它表示延迟乘积信号在频率 α 处的傅立叶系数。将 $R_x^\alpha(\tau) \neq 0$ 的频率 α 称为信号 $x(t)$ 的循环频率。应当指出，一个循环平稳信号的循环频率 α 可能有多个（包括零循环频率和非零循环频率），其中零循环频率对应信号的平稳部分，只有非零的循环频率才刻画信号的循环平稳性。

如果 $\alpha=0$，即为平稳信号的自相关函数。我们可以得出以下结论，如果 $R_x^0(\tau)$ 存在，且 $R_x^\alpha(\tau)=0$，$\forall \alpha \neq 0$，则信号为平稳信号；如果存在至少一个非零的 α 使得 $R_x^\alpha(\tau) \neq 0$，则信号为循环平稳信号，所对应的非零 α 为循环频率。循环自相关函数其实为自相关函数在循环平稳域的推广，即在时间平均运算中引入循环权重因子 $e^{-j2\pi\alpha t}$。

循环自相关函数 $R_x^\alpha(\tau)$ 的傅立叶变换

$$S_x^\alpha(f) = \int_{-\infty}^{\infty} R_x^\alpha(\tau) e^{-j2\pi f\tau} \, d\tau \qquad (3.7-12)$$

称为循环谱密度（Cyclic Spectrum Density，CSD），或者循环谱函数，因此循环自相关函数也可以按照下式定义：

$$R_x^\alpha(\tau) = \langle \left[x\left(t+\frac{\tau}{2}\right) e^{-j\pi\alpha(t+\tau/2)} \right] \left[x\left(t-\frac{\tau}{2}\right) e^{j\pi\alpha(t-\tau/2)} \right]^* \rangle_t \qquad (3.7-13)$$

令

$$\begin{cases} u(t) = x(t) e^{-j\pi\alpha t} \\ v(t) = x(t) e^{j\pi\alpha t} \end{cases} \qquad (3.7-14)$$

则循环自相关函数可写为 $u(t)$ 和 $v(t)$ 的互相关函数：

$$R_x^\alpha(\tau) = R_{uv}(\tau) = \left\langle u\left(t+\frac{\tau}{2}\right) v^*\left(t-\frac{\tau}{2}\right) \right\rangle_t$$

$$= \lim_{T\to\infty} \frac{1}{T} \int_{-T/2}^{T/2} u\left(t+\frac{\tau}{2}\right) v^*\left(t-\frac{\tau}{2}\right) \mathrm{d}t \qquad (3.7-15)$$

可以看出，上式的互相关函数是 $u(t)$ 和 $v^*(-t)$ 的卷积，而信号在时域的卷积在频域中表现为乘积。于是 $R_x^\alpha(\tau)$ 的傅立叶变换 $S_x^\alpha(f)$ 可以用 $u(t)$ 和 $v^*(-t)$ 两者的傅立叶谱 $U(f)$ 和 $V^*(f)$ 的乘积表示，并且 $U(f)=X\left(f+\frac{\alpha}{2}\right)$，$V(f)=X\left(f-\frac{\alpha}{2}\right)$，其中 $X(f)$ 为信号 $x(t)$ 的频谱。由此可见，随机过程 $x(t)$ 的循环自相关函数就是 $x(t)$ 两个频移信号之间的时间平均互相关函数。

2. 循环相关法时差测量

设侦察系统用两个天线分别接收信号，通过空间到达天线的信号分别为

$$\begin{cases} x(t) = s(t) + n(t) \\ y(t) = As(t-D) + m(t) \end{cases} \qquad (3.7-16)$$

其中，$s(t)$ 是所感兴趣的信号；$n(t)$ 和 $m(t)$ 分别是其他信号，它们可以是噪声或干扰，也可以是噪声和干扰两者并存；D 是两个天线接收的信号间的时差，即将要估计信号的TDOA；A 是由两个接收通道失配所引起的幅度变化。

假定 $s(t)$、$n(t)$ 和 $m(t)$ 都是零均值的，且 $s(t)$ 与 $n(t)$ 和 $m(t)$ 统计独立，但 $n(t)$ 与 $m(t)$ 之间不一定统计独立，因为它们可能包含同样的干扰信号。其循环自相关函数 $R_x^\alpha(\tau)$ 和互相关函数 $R_{yx}^\alpha(\tau)$ 为

$$\begin{cases} R_{yx}^\alpha(\tau) = AR_s^\alpha(\tau-D)\exp(-\mathrm{j}\pi\alpha D) \\ R_x^\alpha(\tau) = R_s^\alpha(\tau) \end{cases} \qquad (3.7-17)$$

其中，$R_s^\alpha(\tau)$ 为信号 $s(t)$ 循环自相关函数。对上式进行傅氏变换，得到相应的自循环谱密度函数 $S_x^\alpha(f)$ 和互循环谱密度函数 $S_{yx}^\alpha(f)$ 分别为

$$\begin{cases} S_{yx}^\alpha(f) = AS_s^\alpha(f)\exp\left[-\mathrm{j}2\pi\alpha\left(f-\frac{\alpha}{2}\right)D\right] \\ S_x^\alpha(f) = S_s^\alpha(f) \end{cases} \qquad (3.7-18)$$

得到循环谱密度函数后，就可以构造循环谱相关估计器。循环谱相关 TDOA 估计是在传统的广义互相关估计方法基础上改进而来的，其估计器为

$$b_a(\tau) \equiv \left| \int_{||f|-f_a|<B_a/2} \frac{S_{yx}^\alpha(f)}{S_x^\alpha(f)} \exp(-\mathrm{j}2\pi\alpha f\tau)\mathrm{d}f \right| \qquad (3.7-19)$$

其中，f_a 和 B_a 分别是被估计信号的循环谱函数 $S_s^\alpha(f)$ 的支撑域的中心和带宽，这个估计被称为谱相关比方法。在理想情况下，式(3.7-19)所定义的谱相关比可由下式计算：

$$\frac{S_{yx}^\alpha(f)}{S_x^\alpha(f)} = C\exp\left\{-\mathrm{j}\left[2\pi\left(f+\frac{\alpha}{2}\right)D-\phi\right]\right\} \qquad (3.7-20)$$

式中，$C=A$ 和 $\phi=\arg\{A\}$，利用最小均方估计逼近上式右侧，即

$$\min_{C,\phi,\tau}\left\{\int_{||f|-f_a|<B_a/2} \left| \frac{S_{yx}^\alpha(f)}{S_x^\alpha(f)} - C\exp\left[-\mathrm{j}2\pi\left(f+\frac{\alpha}{2}\right)\tau-\phi\right]\right|^2 \mathrm{d}f\right\} \qquad (3.7-21)$$

对上式进行优化，可得到谱相关比估计的最优解，即到达时差的估计值

$$D = \max_{\tau}\{\hat{b}_a(\tau)\} \qquad\qquad (3.7-22)$$

其中，$\hat{b}_a(\tau)$ 是 $b_a(\tau)$ 的估计。需要指出，在式(3.7-19)中，如果 $\alpha=0$，则估计退化为广义自相关估计。图 3.7-2 是存在噪声和同信道干扰情况下，到达时间的分布图。

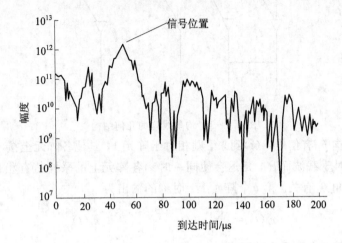

图 3.7-2　到达时间的分布图

图 3.7-2 中，DSSS 扩频信号的信噪比为 -10 dB，共道干扰信号 1 和 2 的信干比为 0 dB。从结果可以看出，在信号到达的位置，峰值十分明显。

在循环谱相关 TDOA 估计方法中，由于引入了循环频率 α，使得估计在循环频率域对信号具有选择性，只要其他信号和干扰的循环频率与被估计信号的循环频率不同，而且其他信号和干扰对估计结果的影响得到抑制，它对噪声和干扰的抑制能力就比传统的互相关 TDOA 估计方法要强得多，即具有很强的对噪声和干扰的抑制能力。这是循环相关时差测量法优于其他方法之处，因此它在对辐射源的测向和定位中具有广阔的应用前景。

3.8　空间谱估计测向

将一组传感器按一定的方式布置在空间的不同位置，形成传感器阵列。这组传感器阵列对空间传播来的信号同时采样，就得到辐射源的观测数据——快拍数据。传感器在不同的位置对空间电磁波采样，因此接收的快拍数据中包含着信号源的空间位置信息，提取和利用这种信号源的空间位置信息是阵列信号处理的核心任务。阵列信号处理技术大致包括两个方面：空间滤波和波达方向角估计。这里主要讨论当多个信号作用于均匀线阵时，结合时频分布和超分辨算法估计信号波达方向角。

3.8.1　均匀线阵

等距线阵如图 3.8-1 所示，m 个阵元等距离排列成一条直线，阵元间的距离为 d（$d \leqslant \lambda/2$，λ 为信号波长），将阵元从 1 到 m 编号，并以阵元 1（也可以选其他阵元）作为基准（参考点）；设空间有 n 个远场信号源 $s_i(t)$（$i=1, 2, \cdots, n$）$(m>n)$。

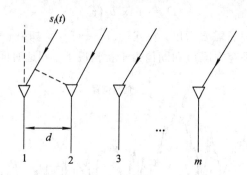

图 3.8-1 均匀线阵的几何结构

若从某一方向 θ_i 有信号 $s_i(t)$ 到来，则相对于阵元 1，其他各阵元上接收的信号都会有延迟（或超前）。对于载波而言，延迟会使同一时刻各阵元上的采样值有相位差，并且相位差的大小与到达角 θ_i 有关。第 l 个阵元上 t 时刻的输出为

$$x_l(t) = \sum_{i=1}^{n} s_i(t) e^{-j\frac{2\pi d}{\lambda}(l-1)\sin\theta_i} + n_l(t) \tag{3.8-1}$$

式中，$n_l(t)$ 表示第 l 个阵元上的噪声。

将各阵元上的输出写成向量形式

$$x(t) = y(t) + n(t) = As(t) + n(t) \tag{3.8-2}$$

其中

$$x(t) = [x_1(t),\ x_2(t),\ \cdots,\ x_m(t)]^T$$
$$s(t) = [s_1(t),\ s_2(t),\ \cdots,\ s_n(t)]^T$$
$$n(t) = [n_1(t),\ n_2(t),\ \cdots,\ n_m(t)]^T$$

对于窄带信号，矩阵 A 是 θ 的函数，有

$$A(\theta) = [a(\theta_1),\ a(\theta_2),\ \cdots,\ a(\theta_n)]$$

式中 $a(\theta_i) = [1,\ e^{-j2\pi\frac{d}{\lambda}\sin\theta_i},\ \cdots,\ e^{-j2\pi(m-1)\frac{d}{\lambda}\sin\theta_i}]^T$。

3.8.2 MUSIC 算法

MUSIC 是多重信号分类（MUltiple SIgnal Classification）的英文缩写，这种方法是由 Schmidt 在 1979 年提出的。它属于特征结构的子空间方法，子空间方法建立在这样一个观察之上：若传感器个数比信源个数多，则阵列数据的信号分量一定位于一个低秩的子空间。在一定条件下，这个子空间将唯一确定信号的波达方向，并且可以使用数值稳定的奇异值分解精确确定波达方向。

对均匀线阵，我们假定以下条件：

A_1：$m > n$，且对应于不同 θ 的值的向量 $a(\theta_i)$ 是线性独立的；

A_2：$E\{n(t)\} = 0$，$E\{n(t)n^H(t)\} = \sigma^2 I$，且 $E\{n(t)n^T(t)\} = 0$；

A_3：矩阵

$$P = E\{s(t)s^H(t)\} \tag{3.8-3}$$

是非奇异的（正定的），且 $N > m$。

先来推导基本的 MUSIC 算法。当满足假定条件 $A_1 \sim A_3$ 时，观测向量 $y(t)$ 的协方差矩

阵，由下式

$$R = E\{y(t)y^H(t)\} = A(\theta)PA^H(\theta) + \sigma^2 I \tag{3.8-4}$$

给定。为方便起见，我们将 $A(\theta)$ 简写为 A。若 $\hat{\theta}$ 是 θ 的一个估计值，那么就将 $A(\hat{\theta})$ 简记为 $\hat{A}$。注意到 R 是一对称阵，其特征值分解具有下列形式：

$$R = U\Sigma^2 U^H \tag{3.8-5}$$

其中，

$$\Sigma^2 = \mathrm{diag}[\sigma_1^2, \cdots, \sigma_m^2] \tag{3.8-6}$$

对角线元素 $\lambda_i = \sigma_i^2$ 叫做 R 的特征值。

在 A_1 的条件下，矩阵 A 显然是非奇异的，即 $\mathrm{rank}(A) = n$。从而，在 A_3 条件下 APA^H 的秩也为 n。因此 R 的特征值必然满足以下关系：

$$\begin{cases} \lambda_i > \sigma^2, & i = 1, \cdots, n \\ \lambda_i = \sigma^2, & i = n+1, \cdots, m \end{cases} \tag{3.8-7}$$

将前 n 个大的特征值对应的特征向量构成的矩阵记为 E_s，而 $(m-n)$ 个小的特征值对应的特征向量构成的矩阵记为 E_n、E_s 和 E_a，分别叫做信号子空间和噪声子空间。于是，特征矩阵 U 分为两个子矩阵，

$$U = [E_s \mid E_n] \tag{3.8-8}$$

现在研究信号子空间 E_s 和噪声子空间 E_n 的关系。一方面，由于 σ^2 和 E_n 分别是 R 的特征值和对应的特征向量，故有特征方程

$$RE_n = \sigma^2 E_n \tag{3.8-9}$$

另一方面，用 E_n 右乘式 $(3.8-4)$，又有

$$RE_n = APA^H E_n + \sigma^2 E_n \tag{3.8-10}$$

综合式 $(3.8-9)$ 和式 $(3.8-10)$ 得出

$$APA^H E_n = 0 \tag{3.8-11}$$

从而有 $E_n^H APA^H E_n = (A^H E_n)^H P(A^H E_n) = 0$。由于 P 是非奇异的，若有 $t^H P t = 0$，当且仅当 $t = 0$，因此

$$A^H E_n = 0 \tag{3.8-12}$$

上式也可写作

$$a^H(\theta)E_n E_n^H a(\theta) = 0, \qquad \theta = \theta_1, \cdots, \theta_n \tag{3.8-13}$$

由于 U 是酉阵，故

$$UU^H = [E_s \mid E_n][E_s \mid E_n]^H = I$$

或

$$E_s E_s^H + E_n E_n^H = I$$

于是，式 $(3.8-12)$ 也可写成

$$a^H(\theta)(I - E_s E_s^H)a(\theta) = 0, \qquad \theta = \theta_1, \cdots, \theta_n \tag{3.8-14}$$

不难看出，真实参数 $\{\theta = \theta_1, \cdots, \theta_n\}$ 是式 $(3.8-13)$ 或式 $(3.8-14)$ 的唯一解，由反证法可证明这一点。假定有另一个解 θ_{n+1}，此时由式 $(3.8-14)$ 知，线性独立的 $n+1$ 个向量 $a(\theta_i)(i = 1, \cdots, n+1)$ 属于 E_s 的列空间。然而，这是不可能的，因为 E_s 是 n 维的。

MUSIC 算法的基本思想是对真实相关阵 R 使用式 $(3.8-13)$ 或式 $(3.8-14)$ 进行计算。在实际应用中，R 是未知的，但它可从观测数据估计，即用下式来计算：

$$\hat{\boldsymbol{R}} = \frac{1}{N} \sum_{t=1}^{N} \boldsymbol{y}(t) \boldsymbol{y}^{H}(t) \qquad (3.8-15)$$

类似于 $\boldsymbol{R}$ 的特征分解，令 $\{\boldsymbol{u}_1, \cdots, \boldsymbol{u}_n, \boldsymbol{v}_1, \cdots, \boldsymbol{v}_{m-n}\}$ 表示 $\boldsymbol{R}$ 的归一化特征向量，且按特征值的降序排列，定义

$$f(\theta) = \boldsymbol{a}^{H}(\theta) \boldsymbol{E}_n \boldsymbol{E}_n^{H} \boldsymbol{a}(\theta) \qquad (3.8-16)$$

或

$$f(\theta) = \boldsymbol{a}^{H}(\theta)(\boldsymbol{I} - \boldsymbol{E}_s \boldsymbol{E}_s^{H}) \boldsymbol{a}(\theta) \qquad (3.8-17)$$

$\{\theta_i\}$ 的 MUSIC 估计通过搜索使 $f(\theta)$ 为最小的 n 个 θ 值来求得。$f(\theta)$ 的最小化通常这样进行：在各个细分网格点估计 $f(\theta)$ 的值。一般来说，若 $n > m-n$，则使用式(3.8-16)；反之，应该使用式(3.8-17)。

3.9 通信辐射源定位

通信测向和通信定位一般又称做"无线电测向和无线电定位"。测向指的是利用无线电测向设备测定从测量点观察目标(辐射源)所处位置的水平方向的过程。它与一般的通信侦察不同的是：在测向的时候我们感兴趣的只是目标信号的来波(入射波)方向，而不是信号的本身。

通过多个不同位置的测向设备测量信号来波方向，可确定目标位置，该过程叫做定位。当然，也可以利用其他方法进行定位，如时差定位、频差定位等。

3.9.1 测向定位技术

对目标进行无源测量最直接的方法就是测向，而测向法定位是研究最多、最经典、也是最成熟的无源定位技术。在测向法定位中，基本的方法有单站定位、双站定位和多站定位等。

1. 单站测向定位

单站测向定位也称做垂直三角定位，主要是在短波波段，通过测量电离层反射波的方位和仰角，再根据电离层高度计算目标位置的定位技术。

如图 3.9-1 所示，已知测向站 D 的坐标为 (x_d, y_d)，电离层高度为 H，如果测得的方位角为 θ、仰角为 β，按照三角函数的关系就可以很方便地计算出目标 T 的地理位置坐标 (x_t, y_t)。设目标辐射源与测向站的距离为 R，并且电波的反射点在中间点，并且简单地将地面近似为平面，则利用关系

$$R = 2H \tan\beta \qquad (3.9-1)$$
$$x_t = R \sin\theta, \quad y_t = R \cos\theta \qquad (3.9-2)$$

可以确定目标辐射源的位置。

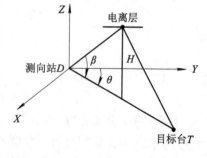

图 3.9-1 单站测向定位示意图

上述推导是在假设电离层和地球是平面的条件下得到的，也可以使用球面来推导，结

果会更精确。其几何关系如图 3.9-2 所示。

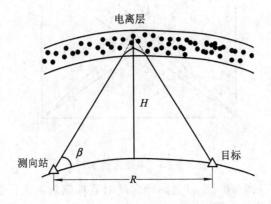

图 3.9-2　单站定位修正后示意图

设测出的仰角为 β，给定的等效电离层高度为 H，地球半径为 R_E（等于 6370 千米），目标定位在方位角 θ 方向的地球大圆上，则它与测向站的地面距离为

$$R = 2R_E \left[\frac{\pi}{2} - \beta - \arcsin\left(\frac{\cos\beta}{1 + \dfrac{H}{R_E}} \right) \right] \tag{3.9-3}$$

短波单站定位技术有很大的局限性。单站定位技术是以电波经过电离层一次反射为基础的。因此，只能对沿一条路径传播的电波的辐射源定位。对于多条路径传播的电波，由单站定位技术计算得出的辐射源的距离比实际距离短。即使是对一条路径传播的电波，由于电离层的高度是变化不定的，电波可能从不同高度反射，单站定位系统也难以给出目标的准确距离。典型情况下，误差椭圆的轴的长度是目标距离的 10%。

虽然单站定位技术有上述局限性，但是如果将三角定位与单站定位相结合来确定辐射源的位置，会使定位的结果更加可靠。

条件允许时，也可以用单个的移动测向站（如把测向设备安装在飞机、舰船上），在不同位置依次分时测向，再进行如双站或多站定位的交会计算，确定目标的位置坐标。

2. 多站测向交叉定位

测向交叉定位利用在不同位置的多个测向工作站，根据所测得的同一辐射源的方向，进行波束交叉，确定辐射源的位置。多站测向定位也称为多站交叉定位，其中双站交叉定位是通信对抗领域中确定目标位置最常用也是最基本的方法。

因为两个测向站的地理位置是已知的，两测向站测得的目标的方位角 θ_1 和 θ_2 也是已知的，两条方位线的交点就是目标辐射源的地理位置，其坐标 (X_T, Y_T) 可通过计算求得。

如果测向站的地理位置是准确无误的，两测向站的示向也是没有误差的，那么定位就是准确的一个点。但事实上测向误差是不可避免的，所以示向线不会是一条线，而是一个区域。交会点变成了四边形 $ABCD$（见图 3.9-3 所示），这个四边形所包围的区域就叫定位模糊区。模糊区越大，定位误差就越大。据分析和实际测量得到的结论是：定位误差的大小与测向误差、定位距离和测向站的部署有关。当测向站的测向误差越小，两测向站与目标距离的平方和越小，定位误差就越小；而若两测向站与目标的夹角为 90° 时，定位误差最小。

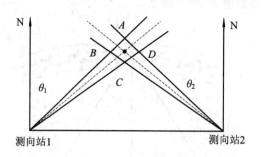

图 3.9 - 3 双站定位示意图

由位于不同位置的三个或三个以上的测向站对目标辐射源进行测向，然后交会定位的方法称为多站定位。以三站定位为例，如果三个测向站的测向结果都没有误差，那么三条示向线肯定会交于一点，这个点就是目标的真实位置。但是，测向误差总是不可避免的，所以三条示向线不能保证只相交于一点，而是如图 3.9 - 4 所示。

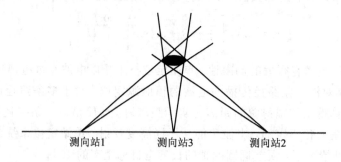

图 3.9 - 4 三站定位示意图

图 3.9 - 4 中，假设方位误差呈高斯分布，那么三个测向点方位的随机分布产生一个椭圆形的不定区域。随机方位误差被定义为标准偏差或均方根误差。区域的大小、位置和椭圆概率由若干个因子确定，如测向方位、方位范围和标准偏差等。为简便起见，通常按目标位于这个椭圆内的特定概率等级，通过换算，用等效误差圆半径来描述椭圆位置估算值，这个描述被称为圆概率误差（CEP）。多站定位的准确程度比双站定位有明显提高。

3.9.2 时差定位技术

时差（TDOA）定位是测量同一目标辐射的信号到达三个或多个已知位置的定位基站的时间差，由这些时间差可以绘制两组或多组可能的目标位置的双曲线，其交点就是目标的位置坐标。

时差定位实际上是反"罗兰"系统的应用，罗兰导航系统根据来自三个已知位置的发射机信号来确定自身的位置，而时间差测量定位系统是利用三个（或多个）已知位置的接收机接收某一个未知位置的辐射源的信号来确定该辐射源的位置。两个侦察站采集到的信号到达时间差确定了一对双曲线，多个双曲线相交就可以得到目标的位置，因此时差定位又被称为双曲线定位。

如图 3.9 - 5 所示，以平面三站时差定位为例，设 (x, y) 为目标 T 的位置，$S_0(x_0, y_0)$、

$S_1(x_1, y_1)$、$S_2(x_2, y_2)$分别为主站、副站 1 和副站 2 的位置，r_0、r_1、r_2分别为目标到主站 S_0、副站 S_1 和副站 S_2 的距离，距离差为 Δr_i，$i=1, 2$，则定位方程为

$$\begin{cases} r_0^2 = (x-x_0)^2 + (y-y_0)^2 \\ r_i^2 = (x-x_i)^2 + (y-y_i)^2 \qquad (i=1, 2) \\ c \cdot \Delta t_i = c \cdot (t_i - t_0) = r_i - r_0 \end{cases} \tag{3.9-4}$$

对上式整理化简得

$$(x_0 - x_i)x + (y_0 - y_i)y = k_i + c \cdot \Delta t_i \cdot r_0 \tag{3.9-5}$$

其中，$k_i = \dfrac{1}{2}\left[(c \cdot \Delta t_i)^2 + (x_0^2 + y_0^2) - (x_i^2 + y_i^2)\right]$（$i=1, 2$），$c=3\times10^8$ m/s，解上述方程组即可得到辐射源位置。

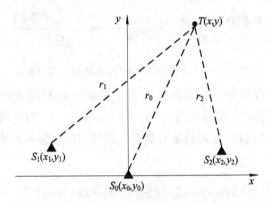

图 3.9-5 时差定位原理示意图

与其他定位体制相比，时差定位对来波信号的幅度、相位没有要求，且与频率无关。但时差定位一般需要长基线定位系统，相对于短基线的测向法定位系统而言，有更高的定位精度和更快的定位速度，能及时处理威胁信号。然而，时差定位存在的缺点是：时差定位是利用信号到达各个定位基站之间的时间差来确定目标位置的，但各基站距目标的距离未知；另外，信号到达时间的相对变化含有目标的状态信息，要获取这些信息，必须对那些信号时间特征进行精确的测量，才能获取目标的速度信息和距离信息，进而获取目标所处位置的信息；再之，时差定位系统组成比较复杂，对接收机、数据传输系统和处理设备等的要求较高。

时差定位至少需要采用三个定位基站以形成两条定位基线。在某些场合，也可以采用更多的定位基站，形成多条基线配置，其定位精度将更高。

时差定位技术主要考虑基线长度、时间间隔测量分辨率和测量误差以及所要求的到达方位精度的关系，其主要任务就是测定信号到达各个基站之间的时间差。当求出值后，就可以得到关于位置信息的两个方程，解此方程即可得到目标的位置坐标。

3.9.3 差分多普勒定位

到达时间差（TDOA）和差分多普勒频率（FDOA）定位都属于双曲定位技术。利用两个或者多个分离较远的且运动的定位基站或者传感器，可以获取同一辐射源的多普勒频移差，从而得到二次型的定位线，这些曲线的交点一般认为就是辐射源的位置。为了获取由

运动引起的多普勒频率差，那么传感器或者目标必须是运动的。因此差分多普勒定位系统的平台一般都安装在机载平台上。

为了简单起见，只考虑有两个接收机的定位系统。定位系统的几何结构如图 3.9 - 6 所示。

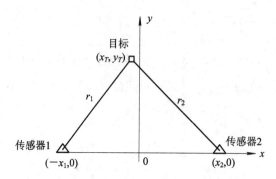

图 3.9 - 6　差分多普勒定位系统的几何结构

设传感器由机载平台携带，传感器平台和辐射源目标的运动速度与光速相比要小得多，辐射源与两个传感器的斜距分别是 r_i，$i = 1, 2$，$v_i (i = 1, 2)$是传感器相对于辐射源目标的径向瞬时速度，f_0 是辐射源发射信号频率，则得到的多普勒频率差或者差分多普勒频率为

$$\Delta f_d = \frac{v_2}{c} f_0 - \frac{v_1}{c} f_0 = \frac{f_0}{c} (v_2 - v_1) \tag{3.9 - 6}$$

上式可以用距离变化率 $\mathrm{d}r_i / \mathrm{d}t$ 表示为

$$\Delta f_d = \frac{f_0}{c} \left(\frac{\mathrm{d}r_2}{\mathrm{d}t} - \frac{\mathrm{d}r_1}{\mathrm{d}t} \right) \tag{3.9 - 7}$$

根据定位系统的几何关系，可以得到

$$\frac{\mathrm{d}r_i}{\mathrm{d}t} = \frac{\mathrm{d}\left[(x_T - x_i)^2 - y_T^2 \right]^{1/2}}{\mathrm{d}t} = \frac{x_T - x_i}{\left[(x_T - x_i)^2 - y_T^2 \right]^{1/2}} \frac{\mathrm{d}x_i}{\mathrm{d}t} \tag{3.9 - 8}$$

为了简单起见，这里实际上假设了飞机沿 x 轴方向匀速飞行，于是 $\mathrm{d}y_i / \mathrm{d}t = 0$。令 $v = v_i = \mathrm{d}x / \mathrm{d}t$，则

$$\Delta f_d = \frac{f_0 v}{c} \left\{ \frac{x_T - x_2}{\left[(x_T - x_2)^2 - y_T^2 \right]^{1/2}} - \frac{x_T - x_1}{\left[(x_T - x_1)^2 - y_T^2 \right]^{1/2}} \right\} \tag{3.9 - 9}$$

上式给出的是一个二次函数，它是一个双曲面方程。因此，利用两个传感器还不能实现对辐射源的定位，要实现定位，至少还需要增加一个传感器，得到另外一个双曲面，而辐射源正好位于两个曲面的交点上。

可见，利用两个以上定位基站所接收到同一信号产生的（多普勒）频率差（即多普勒频移）来确定目标位置的定位技术，与时差定位相似，它也存在定位模糊区。模糊区的面积与多普勒频差的估计精度有关。可以证明，多普勒频差估计的 Cramer-Rao 界为

$$\sigma_f = \frac{1}{T_e} \frac{1}{\sqrt{BT\gamma}} \tag{3.9 - 10}$$

其中，T 表示积分时间；B 是接收机噪声带宽；γ 是两个传感器的有效输入信噪比，且

$$T_e = 2\pi \left[\frac{\int_{-\infty}^{\infty} t^2 \mid u(t) \mid^2 \mathrm{d}t}{\int_{-\infty}^{\infty} \mid u(t) \mid^2 \mathrm{d}t} \right]^{1/2} \qquad (3.9-11)$$

其中，$u(t)$ 是积分时间内的信号概率密度函数。如果积分时间是 T，则 $T_e = 2\pi T/\sqrt{3}$。

多普勒频率是目标位置、定位基站位置和运动状态的函数，当定位基站参数已知时，它确定了一个包含目标在内的曲面。如果得到多个这样的曲面，则可以通过这些曲面的交汇得到目标的位置，实现对目标的定位。

因为多普勒频移是两个定位基站接收同一信号产生的频率差，因此，它不受目标信号形式的限制，可以是连续波、脉冲，也可以是相关信号、非相关信号，甚至是跳频信号等。但是由于受运动速度限制，多普勒频差一般都比较小，大约几至几十赫兹。因此差分多普勒技术的关键是如何精确地获得多普勒频率。

3.9.4　联合定位

1. 测向和频差联合定位

在没有其他信息的情况下，单个定位基站无法用多次测向结果对目标快速定位。如果在对目标测向的同时还测量目标的到达频率(FOA)，则由于多普勒频移使到达频率发生变化，可以用于估计目标的距离和相对速度，因此测向和频差相结合的联合定位可以得到目标的位置。

2. 时差和频差联合定位

时差和频差联合定位法适用于目标与两个定位基站存在相对运动的场合，使用这种方法的定位系统与时差定位系统相比设备量少，与测向法定位系统相比定位精度高。虽然这种定位方法依赖移动站(一般是飞机、卫星)的运动，但与单站定位不同的是其定位速度快，属于即时定位法。该方法一般用于机载(双机定位)或星载(双星定位)平台，有很好的应用前景。

习　题

3-1　通信测向系统由哪几部分组成？各部分的主要功能是什么？

3-2　最大振幅法测向的基本原理是什么？其主要优、缺点是什么？

3-3　沃森-瓦特测向系统的主要特点是什么？

3-4　设一维多基线干涉仪的测角范围为 120°，其基线数为 4，相邻基线长度比为 4，最长基线编码器的量化位数为 8，则其理论测向精度是多少？

3-5　相关干涉仪测向系统的主要特点是什么？

3-6　在多普勒测向系统中，如果多普勒频率为 200 Hz，信号频率为 100 MHz，则天线的切向速度是多少？

3-7　对通信辐射源的定位技术主要有哪几类？各有什么特点？

第4章 通信侦察系统的信号处理

4.1 概 述

通信侦察系统信号处理的任务是，在一个由多种信号构成的复杂和多变的信号环境中，从其中分选和分离多个通信信号，测量和分析各个通信信号的基本参数，识别通信信号的调制类型和网台属性，并进一步对信号进行解调处理，监听或者获取它所传输的信息作为通信情报。

通信信号的分选和分离、参数的测量分析是通信侦察预处理的功能。在通信侦察系统瞬时带宽内，一般存在多个通信信号。预处理的任务之一是将多个重叠在一起的通信信号分离出来，这称为通信信号的分选或者分离。通信信号的分选和分离通常是一种盲分离，因为落在瞬时带宽内的通信信号的参数是未知的，这是通信信号分选的基本特点。通信侦察系统首先对信号进行粗的频率分析，如采用窄带接收机、信道化接收机、DFT/FFT 分析等方法，粗略地分析和估计信号的中心频率和带宽，对多个信号进行分离，然后才能测量信号的各种参数，最后实现调制分类和识别等信号处理任务。这是因为大多数通信信号参数测量分析的方法都是在单个通信信号的条件下才能有效地发挥作用，也就是说，在进行参数测量分析时，分析带宽内最好只有一个通信信号。通信信号分选和分离的任务通常是在接收机中完成，如窄带接收机、信道化接收机，在完成信号载波频率粗分选测量的同时，也完成了信号分离的任务。而对于宽带搜索接收机，通常采用 DFT/FFT 分析或者其他分选方法实现信号分离的任务。

信号参数分选测量是信号调制分类识别的基础，信号参数分选测量的精度会直接影响调制分类识别的可靠性和准确性。例如，载波频率估计不准确，调制分类和识别的准确性就会下降，后续解调器的性能也会受到影响。

4.2 通信信号参数的测量分析

通信信号的调制样式多，不同的调制样式有不同的调制参数。对模拟调幅（AM）信号，它的主要参数有载波频率、信号电平、带宽、调幅度等；对于模拟调频（FM）信号，除了载波频率、信号电平、带宽外，其调制参数还包括最大频偏、调频指数等；对于数字通信信号，除了载波频率、信号电平、带宽等通用参数外，还有码元速率、符号速率等基本参数。

4.2.1　通信信号的载频测量分析

不管是宽带数字接收机，还是数字信道化接收机，其输出还需要后续的测频处理，才能得到信号的精确频率，这就是测频算法需要完成的任务。

1. 一阶差分法测频

模拟信号的瞬时频率 $f(t)$ 与瞬时相位 $\varphi(t)$ 的关系为

$$f(t) = \frac{\mathrm{d}\varphi(t)}{\mathrm{d}t} \tag{4.2-1}$$

则在数字域瞬时频率 $f(n)$ 与瞬时相位 $\varphi(n)$ 序列的关系为

$$f(n) = \frac{\varphi(n) - \varphi(n-1)}{2\pi T} \tag{4.2-2}$$

式中，T 为采样时间间隔；相位差 $\Delta\varphi(n) = \varphi(n) - \varphi(n-1)$。上式表明，在数字域频率和相位的关系是简单的一阶差分关系。这样我们利用瞬时相位进行一阶差分，就可以得到瞬时频率值。但是，由于正弦周期信号的瞬时相位被限定在 $[-\pi, \pi]$ 之间，因此会造成相位差的不连续性，出现相位模糊现象。用下面的两个式子来解模糊：

$$C(n) = \begin{cases} C(n-1) + 2\pi, & \text{若 } \varphi(n) - \varphi(n+1) > \pi \\ C(n-1) - 2\pi, & \text{若 } \varphi(n) - \varphi(n+1) < -\pi \\ C(n), & \text{其他} \end{cases} \tag{4.2-3}$$

$$\begin{cases} \phi(n) = \varphi(n) + C(n) \\ \Delta\phi(n) = \phi(n) - \phi(n-1) \end{cases} \tag{4.2-4}$$

可得信号的瞬时频率为

$$f(n) = \frac{\Delta\phi(n)}{2\pi T} \tag{4.2-5}$$

由于一阶相位差分法测频对于噪声影响比较敏感，需要取多点平均，则输出信号的频率估计为

$$\hat{f} = \frac{1}{N-1} \sum_{n=1}^{N-1} f(n) \tag{4.2-6}$$

其中，N 为输出的采样点数。输入信号的频率 $\hat{f}_k = \hat{f} + f_L$，$f_L$ 为本振频率。

一阶相位差分法的特点是运算量小、速度快、简单，特别适合于实时处理系统。但是它对噪声比较敏感，只适合于信噪比较高的场合。

2. FFT 法测频

信号的频率可以利用 FFT 粗测，也可以精测。设 FFT 长度为 N，采样频率为 f_s，则 FFT 的测频精度为

$$\delta f = \frac{f_s}{N} \tag{4.3-7}$$

采用 FFT 测频时，测频误差与信号频率有关，其最大测频误差为 FFT 的分辨率 $\frac{\delta f}{2}$，最小测频误差为 0。如果测频误差在 $\left[-\frac{\delta f}{2}, \frac{\delta f}{2}\right]$ 内均匀分布，则测频精度（均方误差）为

$$\sigma f_1 = \left[\frac{1}{\delta f} \int_{-\delta f/2}^{\delta f/2} x^2 \, \mathrm{d}x \right]^{1/2} = \frac{\delta f}{2\sqrt{3}} \qquad (4.2-8)$$

利用 FFT 测频时，为了得到较高的测频精度，需要增加 FFT 的长度来保证。因此，精确的测频会延长处理的时间。

对信号的采样序列 $x(n)$ 进行 FFT，得到它的频谱序列为

$$X(k) = \mathrm{FFT}\{x(n)\} \qquad (4.2-9)$$

然后估计其中心频率：

$$\hat{f}_0 = \frac{\displaystyle\sum_{k=1}^{N_s/2} k \mid X(k) \mid^2}{\displaystyle\sum_{k=1}^{N_s/2} \mid X(k) \mid^2} \qquad (4.2-10)$$

频域估计方法适合于对称谱的情况，如 AM/DSB、FM、FSK、ASK、PSK 等大多数通信信号。

3. 互相关法测频

通信信号受到信道噪声、多径衰落和接收机内部噪声的影响，都不同程度地叠加了噪声。因此，通信侦察系统接收到的是有噪声的信号，但是大部分噪声与信号是统计不相关的。设接收的信号为

$$x(t) = s(t) + n(t) \qquad (4.2-11)$$

其中，$s(t)$ 为通信信号；$n(t)$ 为窄带平稳随机噪声。$s(t)$ 与 $n(t)$ 在任意时刻不相关。接收信号的相关函数为

$$R_x(\tau) = E\{x(t)x(t+\tau)\} = R_s(\tau) + R_n(\tau) \qquad (4.2-12)$$

其中，$R_s(\tau)$ 和 $R_n(\tau)$ 分别是信号和噪声的相关函数，并且已经利用了两者不相关的性质。

由于 $n(t)$ 为窄带平稳随机噪声，因此其相关函数具有以下性质

$$\begin{cases} R_n(\tau) = 0, \ \tau > \tau_0 \\ \tau_0 = \dfrac{10}{\Delta f_n} \end{cases} \qquad (4.2-13)$$

其中，Δf_n 是窄带噪声的带宽；τ_0 是窄带噪声的相关时间。因此，接收信号的相关函数可以表示为

$$R_x(\tau) = R_s(\tau), \quad \tau > \tau_0 \qquad (4.2-14)$$

利用信号的相关函数的上述性质，从接收信号 $x(t)$ 截取两段不相重叠的信号 $x_1(t)$ 和 $x_2(t)$：

$$x_1(t) = x(t), \quad 0 \leqslant t \leqslant T_1$$
$$x_2(t) = x(t-T_0), \quad T_0 \leqslant t \leqslant T_1 + T_0, \quad T_1 < T_0 \qquad (4.2-15)$$

其中，T_1 是 $x_1(t)$ 和 $x_2(t)$ 的持续时间，T_0 是信号 $x_2(t)$ 的延迟时间，并且 $T_0 > \tau_0$。

求解 $x_1(t)$ 和 $x_2(t)$ 的互相关函数 $R_{x_1 x_2}(\tau) = E\{x_1(t)x_2(t+\tau)\}$，对互相关函数 $R_{x_1 x_2}(\tau)$ 作傅立叶变换，得到互功率谱 $S_{x_1 x_2}(\omega)$，而按照前面的分析，有 $S_{x_1 x_2}(\omega) = S_s(\omega)$。

利用互相关估计得到的功率谱进行频率估计，可以有效地抑制窄带噪声，比直接用瞬时频率估计频率受噪声的影响小，可以在低信噪比条件下实现频率估计。

4. 平方法测频

对于相位调制类的 MPSK 信号，当信息码元等概分布时，其发送信号中不包含载波频率分量。因此，对于这类信号，在进行载波频率估计前，需要进行平方（或高次方）变换，恢复信号中的载波分量。

下面以 BPSK 信号为例说明恢复载波的过程。设 BPSK 信号为

$$x(t) = \left[\sum_n a_n g(t - nT_b) \right] \cos(\omega_0 t + \varphi_0) = s(t)\cos(\omega_0 t + \varphi_0) \qquad (4.2-16)$$

其中，a_n 是二进制信息码，且满足 $a_n = \begin{cases} +1, \text{以概率 } P \\ -1, \text{以概率 } 1-P \end{cases}$；$g(t)$ 是矩形脉冲。对信号求平方，可得

$$x^2(t) = s^2(t) \frac{1}{2}\left[\cos(2\omega_0 t + 2\varphi_0) + 1\right] = \frac{1}{2}\left[\cos(2\omega_0 t + 2\varphi_0) + 1\right] \quad (4.2-17)$$

对上式进行滤波，去除直流得

$$x_1(t) = \frac{1}{2}\left[\cos(2\omega_0 t + 2\varphi_0)\right] \qquad (4.2-18)$$

可见，平方后得到了一个频率为 $2f_0$ 的单频信号，频率为 BPSK 信号的载频的 2 倍。类似地，对于 MPSK 信号，可以对信号进行 M 次方，获得频率为 Mf_0 的单频信号。对上述单频信号进行 FFT，可以实现载波频率估计。

4.2.2 信号的带宽测量分析

信号带宽是信号的重要参数之一，它的测量分析对于实现匹配和准匹配接收、调制类型识别、解调都是十分重要的。信号带宽可以利用频谱分析仪进行人工观察和测量，也可以通过 FFT 等信号处理方法自动测量分析。这里介绍基于 FFT 的自动测量分析方法。

信号带宽通常定义为 3 dB 带宽，即以中心频率的信号功率作为参考点，当信号功率下降 3 dB 时的带宽为信号带宽。

对信号的采样序列 $x(n)$ 进行 FFT，得到它的频谱序列 $X(k)$，然后计算中心频率 $f_0(k=k_0)$ 对应的功率，即

$$P(k_0) = |X(k)|^2 \big|_{k=k_0} \qquad (4.2-19)$$

计算 -3 dB 功率作为搜索门限 $P_{VT} = P_{-3} = \frac{1}{2}P(k_0)$，对功率谱进行搜索：

$$\begin{cases} k_{max} = \max_{k>k_0}\{|X(k)|^2\} \big|_{|X(k)|^2 \geqslant P_{VT}} \\ k_{min} = \min_{k<k_0}\{|X(k)|^2\} \big|_{|X(k)|^2 \geqslant P_{VT}} \end{cases} \qquad (4.2-20)$$

计算其频差，得到信号带宽 B：

$$B = (k_{max} - k_{min})\Delta f = (k_{max} - k_{min})\frac{f_s}{N} \qquad (4.2-21)$$

带宽估计也可以采用下面的方法实现：

$$B = \frac{\sum_{k=1}^{N_s/2} |k - f_0| |X(k)|^2}{\sum_{k=1}^{N_s/2} |X(k)|^2} \qquad (4.2-22)$$

4.2.3　信号的电平测量分析

计算信号带宽内的功率，作为信号相对功率。相对功率的表示以线性刻度或者对数刻度两种方式表示。信号的相对功率为

$$P = \frac{1}{|k_{\max} - k_{\min}|} \sum_{k=k_{\min}}^{k_{\max}} |X(k)|^2 \qquad (4.2-23)$$

以对数(dB)方式表示，则

$$P_{dB} = 10 \lg(P) \text{ (dBW)} \qquad (4.2-24)$$

信号的接收功率与天线增益 G_A、接收机灵敏度 $P_{r\min}$、系统增益 G_S、系统处理的变换因子 G_{PR} 等因素有关。如果需要将信号相对功率转换为接收机输入功率，则实际功率与相对功率的关系为

$$P_s = P_{dB} - G_A - G_S - G_{PR} - P_{r\min} \qquad \text{(dBW)} \qquad (4.2-25)$$

信号电平有几种表示方式，通常有 dBμV、dBmV、dBW、dBm 等。如果接收机输入阻抗为 50 Ω，则它们之间的转换关系为

$$dB\mu V = 10 \lg(\mu V)$$
$$dBmV = 10 \lg(mV) = dB\mu V - 30$$
$$dBW = 10 \lg(V^2/R) = 20 \lg(V) - 17 = 20 \lg(\mu V) - 137$$
$$dBm = 10 \lg(mW) = 20 \lg(\mu V) - 107 = 10 \lg(mV) - 47$$

值得注意的是，信号电平的测量分析精度与 FFT 的分辨率有关。当 FFT 分辨率较低时，电平的测量值可能不准确。例如，当接收机处于搜索状态时，为了保证频率搜索速度的要求，FFT 的分辨率较低，如几千赫兹到几十千赫兹，窄带的通信信号可能只对应几个谱线，此时对信号电平、中心频率、带宽的分析测量都是粗测。只有在高分辨率情况下，测量结果才是可靠的。为了提高测量精度，还可以采用多次测量计算平均的方法。

4.2.4　AM 信号的调幅度测量分析

调幅度是衡量 AM 信号的调制深度的参数。调幅信号表示为

$$x(t) = A(1 + m_a m(t)) \cos(\omega_0 t + \varphi_0) \qquad (4.2-26)$$

其中，A 是信号振幅；$m(t)$ 是调制信号，且满足 $|m(t)| \leqslant 1$，$0 \leqslant m_a \leqslant 1$。AM 信号的调幅度参数的定义如图 4.2-1 所示。

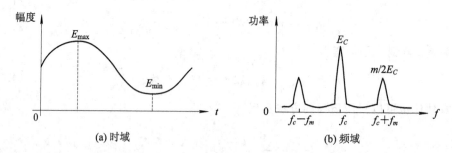

图 4.2-1　AM 信号的调制参数

如图 4.2-1 所示，AM 信号的调幅度 ma 可以通过时域或者频域测量得到。在时域测

量时，调幅度计算方法为

$$m_a = \frac{E_{\max} - E_{\min}}{E_{\max} + E_{\min}} = \frac{1 - \dfrac{E_{\min}}{E_{\max}}}{1 + \dfrac{E_{\min}}{E_{\max}}} \tag{4.2-27}$$

其中，$E_{\max}$ 和 $E_{\min}$ 分别是 AM 信号包络的最大值和最小值。在频域测量时，调幅度计算方法为

$$m_a = \frac{2E}{E_C} \tag{4.2-28}$$

当利用时域方法测量时，需要先计算信号的包络(瞬时幅度)。信号的包络可以利用包络检波器得到，在数字处理时，信号的包络可以对采样值进行平方，再通过低通滤波得到。对 AM 信号进行平方运算，得到

$$\begin{aligned} x^2(t) &= [A(1 + m_a m(t))]^2 (\cos^2(\omega_0 t + \varphi_0)) \\ &= [A(a + m_a m(t))]^2 \frac{1 + \cos 2(\omega_0 t + \varphi_0)}{2} \end{aligned} \tag{4.2-29}$$

经过低通滤波，滤除高频分量，然后开方，得到信号的包络为

$$a(t) = kA(1 + m_a m(t)) \tag{4.2-30}$$

对信号包络计算最大值 $E_{\max}$ 和最小值 $E_{\min}$，就可以得到调幅度。

值得注意的是，如果调制信号 $m(t)$ 是单频正弦信号，上面得到的调幅度是准确的。如果调制信号 $m(t)$ 是窄带信号，如语音信号，则所得到的是瞬时调幅度。通过多次测量得到一组瞬时调幅度的值，其中最大的是调幅度的值。

调幅度可以表示为 dB，其转换关系如表 4.2-1 所示。

表 4.2-1　调幅度的转换关系

调幅度(%)	dBc
100	−6
50	−12
10	−26
5	−32
1	−46

4.2.5　FM 信号的最大频偏测量分析

最大频偏是体现调频(FM)信号调制指数的参数。调频信号表示为

$$x(t) = A \cos\left(\omega_c t + 2\pi\Delta f \int_{-\infty}^{t} m(\tau)\mathrm{d}\tau\right) \tag{4.2-31}$$

其中，A 是信号振幅；$m(t)$ 是调制信号，且满足 $|m(t)| \leqslant 1$。FM 信号的瞬时频率为

$$f(t) = f_c + \Delta f m(t) \tag{4.2-32}$$

调频信号的最大频偏定义为

$$K_f = \frac{f_{\max} - f_{\min}}{f_{\max} + f_{\min}} f_c \tag{4.2-33}$$

其中，$f_{\min} = f_c - \Delta f$，$f_{\max} = f_c + \Delta f$。

最大频偏分析测量的关键是提取瞬时频率，利用瞬时频率估计最大和最小频率，就可以得到最大频偏。瞬时频率的提取方法有两种，一种是模拟鉴频法，利用模拟鉴频器得到瞬时频率；另一种是采用正交变换提取瞬时频率。

4.2.6 通信信号的瞬时参数分析

通信信号的瞬时特征提取在民用领域和军事应用中都具有十分重要的意义。Hilbert 变换可以巧妙地应用解析表达式中的实部与虚部的正弦和余弦关系，定义出任意时刻的瞬时频率、瞬时相位及瞬时幅度，从而解决了复杂信号中的瞬时参数的定义及计算问题，使得对短信号和复杂信号的瞬时参数的提取成为可能。所以 Hilbert 变换在信号处理中有着极其重要的作用，是信号调制识别的基础。对于有些复杂信号不满足 Hilbert 变换的条件，也可以经过 EMD 分解，然后进行 Hilbert 变换，达到提取信号瞬时特征的目的。

实函数 $f(t)$ 的 Hilbert 变换定义为

$$H\{f(t)\} = \frac{1}{\pi} \int_{-\infty}^{\infty} \frac{f(\tau)}{t - \tau} \mathrm{d}\tau \qquad (4.2-34)$$

$H\{ \cdot \}$ 表示 Hilbert 变换。因此 Hilbert 变换相当于使信号通过一个冲激响应为 $1/(\pi t)$ 的线性网络。

对于窄带信号 $u(t) = a(t)\cos\theta(t)$，如果引入 $v(t) = a(t)\sin\theta(t)$，将它们组成一个复信号：

$$z(t) = a(t)\cos\theta(t) + \mathrm{j}\, a(t)\sin\theta(t) = a(t)\exp(\mathrm{j}\theta(t)) \qquad (4.2-35)$$

这样就可以将信号的瞬时包络 $a(t)$、瞬时相位 $\theta(t)$ 和瞬时角频率 $\omega(t)$ 表示如下：

瞬时包络：

$$a(t) = \sqrt{u^2(t) + v^2(t)} \qquad (4.2-36)$$

瞬时相位：

$$\theta(t) = \arctan\left\{\frac{\mathrm{Im}[z(t)]}{\mathrm{Re}[z(t)]}\right\} = \arctan\left\{\frac{v(t)}{u(t)}\right\} \qquad (4.2-37)$$

瞬时角频率：

$$\omega(t) = \frac{\mathrm{d}\theta(t)}{\mathrm{d}t} = \frac{v'(t)u(t) - u'(t)v(t)}{u^2(t) + v^2(t)} \qquad (4.2-38)$$

因而求一个信号 $u(t)$ 的瞬时参数就归结为求 $v(t)$，即求其共轭信号问题。对于窄带信号 $u(t) = a(t)\cos\theta(t)$，因其共轭信号 $v(t)$ 是实部 $u(t)$ 的正交分量，所以

$$v(t) = H\{u(t)\} = \frac{1}{\pi} \int_{-\infty}^{\infty} \frac{u(\tau)}{t - \tau} \mathrm{d}\tau \qquad (4.2-39)$$

实际无线电侦察设备接收到的大多数辐射源信号可以用窄带信号描述：

$$u(t) = a(t)\cos\theta(t) = a(t)\cos(\omega_0 t + \theta_0)$$

其中 $a(t)$ 相对于 $\cos\omega_0 t$ 来说是慢变化部分，ω_0 是载频，$\omega_0 t + \theta_0$ 是信号的相位。由于窄带信号的特点是频谱局限在 $\pm\omega_0$ 附近很窄的频率范围内，其包络变化是缓慢的，此时对 $u(t)$ 作 Hilbert 变换，如果能得到其共轭正交分量 $v(t)$，然后对信号进行解析表示，可以很容易求出该信号的三个特征参数，即瞬时幅度、瞬时相位和瞬时频率，从而实现真正意义上的瞬时参数提取。实际上，对窄带信号进行瞬时特征提取，只需对信号进行 Hilbert 变换，就

可以提取信号包络特征，从时域来提取信号瞬时频率、瞬时相位，甚至信号比特速率等特征，因而 Hilbert 变换在调制识别中具有十分重要的意义。

4.2.7　MFSK 信号频移间隔测量分析

1. MFSK 信号的特点

MFSK 信号有 M 个发送频率，如 2FSK 信号有 2 个发送频率、4FSK 信号有 4 个发送频率，发送频率之间的间隔称为频移间隔。MFSK 信号是 2FSK 信号的直接推广，M 种发送符号可表达为

$$S_i(t) = \sqrt{\frac{2E_b}{T_b}} \cos\omega_i t, \quad 0 \leqslant t \leqslant T_b, i = 0, 1, \cdots, M-1 \qquad (4.2-40)$$

其中，E_b 为单位符号的信号能量；ω_i 为载波角频率，有 M 种取值。通常令载波频率 $\omega_i = 2\pi f_i = \frac{n}{2T_b}$，$n$ 为正整数。此时 M 个发送信号互相正交，即

$$\int_0^{T_b} S_i(t)S_j(t)\mathrm{d}t = 0, \quad i \neq j \qquad (4.2-41)$$

MFSK 信号的带宽一般定义为

$$\begin{aligned} B_{\mathrm{MFSK}} &= \mid f_M - f_1 \mid + 2f_b = (M-1)f_{\mathrm{sep}} + 2f_b \\ &= f_b((M-1)h + 2) \end{aligned} \qquad (4.2-42)$$

式中，f_M 为最高频率；f_1 为最低频率；$f_b = 1/T_b$ 为 MFSK 信号的码元速率；$f_{\mathrm{sep}} = \mid f_{i+1} - f_i \mid$，$i = 1, 2, \cdots, M-1$，称为 MFSK 信号的最小频率间隔或者频移间隔（简称频间）；$h = f_{\mathrm{sep}}/f_b$，称为 MFSK 信号的调制指数。同 2FSK 信号一样，MFSK 信号的功率谱也由连续谱和离散谱组成，其中连续谱的形状也随着调制指数 h 的变化而变化，当 $h > 0.9$ 时，出现 M 个峰；当 $h < 0.9$ 时，出现单峰。

2. 频移间隔分析测量

由于 MFSK 信号频谱形状随调制指数 h 不同而不同，有多峰和单峰两种情况，因此对它的频移间隔的估计也分两种情况处理。

当调频指数 h 较大时，MFSK 信号频谱上将出现明显的多峰。为了方便，以 2FSK 信号为例，讨论频移间隔的估计。2FSK 的频谱有 2 个谱峰，通过计算双峰的频率间隔，可以估计其频移间隔。对 2FSK 信号进行 N 点 FFT，其频谱函数 $X(k)$ 的两个谱峰之间的频率间隔，即频移间隔为

$$\Delta F = \mid k_2 - k_1 \mid \Delta f = \mid k_2 - k_1 \mid \frac{f_s}{N} \qquad (4.2-43)$$

其中：f_s 是采样频率；k_1 和 k_2 分别是两个谱峰对应的 FFT 数字频率序号；Δf 是 FFT 的频率分辨率。对于 MFSK 信号频移间隔为任意两个谱峰之间的频率间隔：

$$\Delta F = \mid k_{i+1} - k_i \mid \Delta f, \quad i = 1, 2, \cdots, M-1 \qquad (4.2-44)$$

当调频指数 h 较小时，MFSK 信号的频谱将是单峰。这时频移间隔估计需要先计算其瞬时频率，然后进行瞬时频率直方图统计来实现。在理想情况下，MFSK 信号的瞬时频率为

$$f(t) = f_i, \quad i = 1, 2, \cdots, M \qquad (4.2-45)$$

也就是 M 个符号对应 M 个频率，并且相邻两个频率的间隔正好是频移间隔。因此当进行

瞬时频率直方图统计时，直方图会出现 M 个峰值。任意两个峰值之间的间隔均为频移间隔。

4.2.8 码元速率测量分析

码元速率是数字通信信号的重要参数之一。信号处理分析系统中通信信号的码元速率通常是未知的。码元速率检测最好是对基带码进行检测，但是得到基带码需要解调通信信号，而解调器需要码元速率的信息才能正常工作。

1. 基带脉冲功率谱和码元速率估计

二进制的基带脉冲流是一种随机脉冲序列，它可以表示为

$$\begin{cases} s(t) = \sum_n a_n g(t - nT_s) \\ g(t - nT_s) = \begin{cases} g_1(t - nT_s)，以概率 P \\ g_2(t - nT_s)，以概率 1-P \end{cases} \end{cases} \qquad (4.2-46)$$

其中，a_n 是信息码；$g_1(t)$ 和 $g_2(t)$ 是发送波形。对基带脉冲序列的理论分析表明，它的功率谱由连续谱和离散谱两部分组成，其双边带功率谱表示为

$$P_s(\omega) = f_b P(1-P) \mid G_1(f) - G_2(f) \mid^2$$

$$+ f_b^2 \sum_{m=-\infty}^{\infty} \mid PG_1(mf_b) + (1-P)G_2(mf_b) \mid^2 \delta(f - mf_b) \qquad (4.2-47)$$

其中，$G_1(f)$ 和 $G_2(f)$ 分别是发送波形 $g_1(t)$ 和 $g_2(t)$ 的频谱；f_b 是码元速率。它的功率谱由连续谱和离散谱两部分组成，其连续谱的形状由基带脉冲波形决定，而离散谱与被传输的信息码的统计特性和基带脉冲波形有关。

对于单极性脉冲，$g_1(t)=0$，$g_2(t)=g(t)$，它的双边带功率谱表示为

$$P_s(\omega) = f_b P(1-P) \mid G(f) \mid^2 + \sum_{m=-\infty}^{\infty} \mid f_b(1-P)G(mf_b) \mid^2 \delta(f - mf_b)$$

$$(4.2-48)$$

对于双极性脉冲，其中 $g_1(t) = -g_2(t) = g(t)$，它的双边带功率谱表示为

$$P_s(\omega) = 4f_b P(1-P) \mid G(f) \mid^2 + \sum_{m=-\infty}^{\infty} \mid f_b(2P-1)G(mf_b) \mid^2 \delta(f - mf_b)$$

$$(4.2-49)$$

如果二进制信息 0 和 1 是等概分布，即 $P=1/2$，那么双极性基带脉冲没有离散谱，即不包含码元速率分量。此时双极性脉冲的双边带功率谱为

$$P_s(\omega) = f_b \mid G(f) \mid^2 \qquad (4.2-50)$$

单极性脉冲的双边带功率谱为

$$P_s(\omega) = \frac{f_b}{4} \mid G(f) \mid^2 + \sum_{m=-\infty}^{\infty} \left| \frac{f_b}{2}G(mf_b) \right|^2 \delta(f - mf_b) \qquad (4.2-51)$$

单极性基带脉冲的离散谱中可能包含码元速率分量，但是还与脉冲采用的波形有关。如当基带脉冲采用矩形脉冲，脉冲宽度等于码元宽度时，其功率谱中只有直流分量，不包含码元速率分量。当基带脉冲采用升余弦脉冲时，其功率谱中包含码元速率分量。

当基带脉冲序列中包含码元速率分量时，可以通过频谱分析方法直接估计码元速率。

反之，需要进行适当的变换，才能估计码元速率。

此外，值得一提的是，PSK 调制类信号总是采用双极性脉冲调制的，因此它的信号中没有码元速率分量，因此不能直接通过频谱分析方法得到码元速率的估计。

下面介绍几种实现码元速率估计的间接方法。

2. 延迟相乘法码元速率估计

延迟相乘法适用于双极性的相位调制类信号，如 BPSK、QPSK、DSSS－BPSK 等信号。其估计模型如图 4.2－2 所示。图中，$s(t)$ 为基带信号，幅度为 $\pm a$，噪声 $n(t)$ 为高斯白噪声，功率谱为 $N_0/2$。当输入信号 $s(t)$ 与其自身的延迟 $s(t-\tau)$ 相乘后，由此产生一个波形为 $w(t)=1-s(t)s(t-\tau)$ 的输出信号，这个输出信号只会在时间间隔等于 τ 的地方才会等于 $2a$，而在其他地方都等于零。

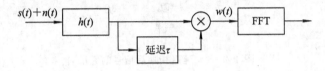

图 4.2－2　延迟相乘法码速率检测原理

图 4.2－3 中，$w(t)$ 等于 $2a$ 的时间间隔起始点是在该码元速率 $R=f_b$ 的整数倍处；除此之外，只要 $s(t)$ 在码元速率的整数倍处改变状态，则在该处 $s(t)$ 的值必等于 $2a$。因此，只有当基带信号 $s(t)$ 改变状态时，$w(t)$ 才等于 $2a$，这时对 $w(t)$ 或直接对 $s(t)s(t-\tau)$ 作 FFT 变换，就可以在频谱中码元速率的整数倍位置产生一根离散的谱线。

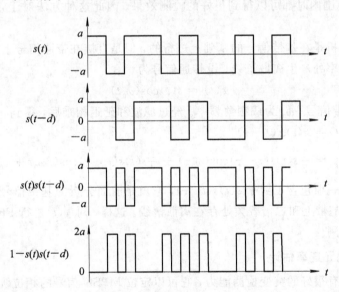

图 4.2－3　延迟相乘的波形

通信信号经过延迟相乘后的输出频谱如图 4.2－4 所示。

在进行估计时，如果输出信号在频谱中出现离散谱线，且这根谱线的幅度明显高于其临域的幅度，则认为这根谱线所在的位置对应的数值就是信号的码元速率值。

在码元速率检测时，信号首先通过滤波器 $h(t)$。最佳的滤波器 $h(t)$ 是匹配滤波器。然

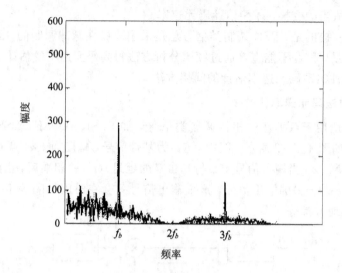

图 4.2 - 4　延迟相乘后信号的频谱

而，在码元速率检测中信号的码元速率是未知的，因此无法使用匹配滤波器。一般的做法是使信号通过频率响应为如下所示的一个矩形滤波器：

$$H(f) = U(f+B) - U(f-B) \tag{4.2-52}$$

延迟相乘法的检测性能会受到延迟量 τ 和滤波器带宽 B 的影响，当延迟量 $\tau = 1/B$ 时，延迟相乘法对码元速率 R 的估计有很好的稳健性，当码元速率 R 对应的频率 f_b 在 $[0.6B, 1.4B]$ 范围内时都可以得到很好的检测效果。因此这种方法对于 f_b 未知的情况有很好的适应性。

虽然上述分析是在基带信号的基础上进行的，但是直接在带通信号上作延迟相乘变换也可以在码元速率处产生离散谱线。设带通信号为

$$x(t) = s(t)\cos(\omega_0 t) \tag{4.2-53}$$

其中，$s(t)$ 为基带信号；ω_0 为载频角频率。经过滤波和延迟相乘后，得到

$$\begin{aligned} y(t) &= x(t)x(t-\tau) \\ &= \frac{1}{2}s(t)s(t-\tau)\cos(\omega_0\tau) + \frac{1}{2}s(t)s(t-\tau)\cos(2\omega_0 t + \omega_0\tau) \end{aligned} \tag{4.2-54}$$

上式中的第一项包含了因子 $s(t)s(t-\tau)$，它就是前面分析的基带信号的情况。由此可见，相乘输出在基带上和二倍载频处存在离散谱线。这样，对 $y(t)$ 进行 FFT 分析，就可以实现码元速率检测。

3. 小波法码元速率估计

由于小波具有很好的突变检测能力，它可以定位 MPSK 信号的相位跳变位置，从而可以通过对小波变换后的系数进行处理来进行码元速率的估计。

平方可积信号 $s(t)$ 的小波变换定义为

$$W_s(a, b) = \frac{1}{\sqrt{|a|}}\int_{-\infty}^{\infty} s(t)\psi^*\left(\frac{t-b}{a}\right)\mathrm{d}t, \quad a \neq 0 \tag{4.2-55}$$

式中，$\psi_{a,b}(t)$ 表示母小波的伸缩与平移。在码元速率估计中，通常使用 Haar 小波函数，其定义为

$$\psi_{a,b}(t) = \begin{cases} \dfrac{1}{\sqrt{a}}, & -\dfrac{a}{2} < t < 0 \\[2mm] -\dfrac{1}{\sqrt{a}}, & 0 \leqslant t < \dfrac{a}{2}, \ a > 0 \\[2mm] 0, & \text{其他} \end{cases} \qquad (4.2-56)$$

Haar 小波具有检测码元跳变点的作用。通过对通信信号的小波分析可知，在同一码元内或者相邻码元相同时，小波变换的幅度为恒定值。如果通信信号存在码元变化，则小波变换后的幅度取决于前后码元的幅度、频率和相位。对于 MASK、MPSK 和 QAM 信号，在码元交界处，小波变换的幅度有较大的变化，信号本身前后码元之间的幅度或者相位差越大，其对应的小波变化的幅度变化就越剧烈。对于 MFSK 信号，如果是连续相位的 FSK 信号，它没有明显幅度或相位的突变，因此其小波变换的幅度变化不大，如果是相位离散的 FSK 信号，则它有相位跳变，小波变换幅度会有较大的变化。

如果考虑到信号经小波变换后的幅度恒定区间要远大于幅度跳变的区间，对于 MASK、MFSK 和 QAM 信号，其小波变换后的幅度可近似为

$$x(t) = \sum_i A_i u(t - iT_s) + \sum_j B_j \delta(t - jT_s) \qquad (4.2-57)$$

其中，$u(t)$ 是单位阶跃函数；$\delta(t)$ 是单位冲激函数；T_s 是码元宽度；A_i 为第 i 个符号的小波变换后的包络；B_j 为码元交界处的幅度，可以为正或负。对于 MPSK 信号，考虑到信号经小波变换后的幅度恒定区间要远大于幅度跳变的区间，也可用一系列冲激函数来表示：

$$x(t) = A + \sum_i A_i \delta(t - iT_s) \qquad (4.2-58)$$

其中，A 为变换区间在码元内的小波变换幅度，在整个信号区间内恒定。

可见，经过小波变换后，其输出为阶跃或者冲激函数构成的脉冲序列。冲激函数 $\delta(t - iT_s)$ 的小波变换为

$$|W_\delta(\lambda, \tau)| = \begin{cases} \dfrac{1}{\sqrt{\lambda}}, & \left(-\dfrac{\lambda}{2} + iT_s - \tau\right) \leqslant t \leqslant \left(\dfrac{\lambda}{2} + iT_s - \tau\right) \\[2mm] 0, & \text{其他} \end{cases} \qquad (4.2-59)$$

如果 $\lambda \ll T_s$，仍可以近似认为上式是冲激函数。对于阶跃脉冲序列 $A_i u(t - iT_s)$，如果小波变换不包含幅度变化区域，则其小波变换为

$$|W_u(\lambda, \tau)| = \frac{1}{\sqrt{\lambda}} \int_{-\lambda/2}^{0} A_i \, dt - \frac{1}{\sqrt{\lambda}} \int_{0}^{\lambda/2} A_i \, dt = 0 \qquad (4.2-60)$$

如果小波变换包含幅度变化区域，设在区间 $\left(-\dfrac{\lambda}{2}, \dfrac{\lambda}{2}\right)$ 幅度从 A_i 变化到 A_{i+1}，则其小波变换为

$$|W_u(\lambda, \tau)| = \begin{cases} \dfrac{1}{\sqrt{\lambda}} |A_i - A_{i+1}| \cdot \left| d + \dfrac{\lambda}{2} \right|, & -\dfrac{\lambda}{2} \leqslant d \leqslant 0 \\[2mm] \dfrac{1}{\sqrt{\lambda}} |A_i - A_{i+1}| \cdot \left| d - \dfrac{\lambda}{2} \right|, & 0 \leqslant d \leqslant \dfrac{\lambda}{2} \end{cases} \qquad (4.2-61)$$

同理，如果 $\lambda \ll T_s$，则可将上式看做冲激函数而不会影响码元速率的提取。

综上所述，如果信号类型是 MASK、MFSK 和 QAM 信号，则需要将经过小波变换的幅度包络再做一次小波变换，得到的输出可以近似表示为

$$y_1(t) = \frac{1}{\sqrt{\lambda}} \sum_i \left(\frac{\lambda}{2} \mid A_i - A_{i+1} \mid + B_i \right) \delta(t - iT_s) \qquad (4.2-62)$$

同理，对于 MPSK 信号，也可得

$$y_2(t) = \frac{1}{\sqrt{\lambda}} \sum_i A_i \delta(t - iT_s) \qquad (4.2-63)$$

可以将上述两个式子统一表示为

$$y(t) = \frac{1}{\sqrt{\lambda}} \sum_i C_i \delta(t - iT_s) \qquad (4.2-64)$$

对上式进行傅立叶变换，得到

$$Y(\omega) = \frac{2\pi}{T_s} \sum_k C_k \delta\left(\omega - \frac{2k\pi}{T_s} \right) \qquad (4.2-65)$$

考虑正频率，则 $Y(\omega)$ 的第一个峰值所在位置即为码元速率。

小波变换法提取码元速率，利用了小波在信号跳变处模最大的性质提取跳变信息。然而，当信号信噪比较低时，就会发现小波对噪声的影响"过分"敏感，也就是说该方法适合于信噪比较高的场合，当信噪比小于 5 dB 时，小波变换提取跳变信息的方法性能下降较大。

另外，小波方法用于检测 MPSK 信号时，MPSK 信号通过窄带系统后其包络会出现凹陷，相位突变点变缓慢，也会影响小波法的检测性能。因此，利用小波法进行码元速率检测时，通常需要一个滤波器，使信号恢复恒定包络，才能得到较好的效果。

4. 直方图法码元速率估计

直方图法是一种统计方法，它对基带信号进行采样和判决。以二进制为例，它对采样数据逐点进行二进制判决，得到"0"和"1"的输出序列，然后对这个序列进行连"0"和连"1"个数的直方图统计。理想情况下，直方图显示的连"0"和连"1"个数最小的周期就是码元周期，并且这种情况出现的概率最大，出现最大峰值。而在连"0"和连"1"个数为码元周期的整数倍附近出现多个次峰值。设直方图最大峰值位置处的连"0"和连"1"个数为 M，采样频率为 f_s，则其码元速率为

$$R_b = \frac{f_s}{M} \qquad (4.2-66)$$

对于多进制情况，也可以按照类似的方法进行直方图统计，但不是统计连"0"和连"1"个数，如四进制时是统计连"00"、连"01"、连"10"、连"11"个数，依此类推。

4.3 通信信号调制类型识别

4.3.1 调制类型识别概述

通信信号中的主要参数为幅度、瞬时频率和相位。实现通信信息传输就是按一定的描述信息的法则，去调变信号的这些参数。话音通信信息既可调变信号的幅度(AM)，也可调变信号的频率或者相位(FM/PM)。而为了实现数据信息传输，可以用数字方式调变信

号的幅度、频率或相角。这就是所谓的 ASK、FSK、PSK 等等。由此可见，信号参数的变化规律，同调制方式有着密切的关系。

利用信号的某些参数自动确定信号的调制方式，称做信号的调制识别或调制分类。信号调制类型的分类识别是通信侦察系统的重要任务之一，通信信号的解调、引导干扰和获取情报信息，都需要了解通信信号调制方式。

图 4.3 - 1 给出了常规通信信号的主要调制方式，在这里尚未考虑扩谱通信信号。

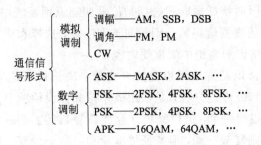

图 4.3 - 1　通信信号常用调制方式

在通信侦察接收机中，调制方式识别问题实际上是一种典型的模式识别问题，其一般过程如图 4.3 - 2 所示。

图 4.3 - 2　一般调制识别方式的结构框图

从图 4.3 - 2 中可以看出，调制方式识别过程包括三部分：信号预处理部分、特征提取部分和分类识别部分。信号预处理部分的主要功能是为后续处理提供合适的数据；特征提取部分是从输入的信号序列中提取对调制识别有用的信息；分类识别部分的主要功能是判断信号调制类型的从属关系。

信号预处理任务一般包括：频率下变频、同相和正交分量分解、载频估计和载频分量的消除等。在多信道多发射源的环境中，信号预处理部分要能有效地分离各个信号，保证只有一个信号进入后续的调制识别环节。

特征提取部分主要是从数据中提取信号的时域特征或变换域特征。时域特征包括信号的瞬时幅度、瞬时相位或瞬时频率的直方图等统计参数。变换域特征包括功率谱、谱相关函数、时频分布及其他统计参数。对于变换域特征，采用 FFT 方法就能很好地获取，而幅度、相位和频率等时域特征主要由 Hilbert 变换法、同相正交(I－Q)分量法、过零检测法等方法获得。

在分类识别部分，需要选择和确定合适的判决规则和分类器结构，目前主要采用决策树结构的分类器或神经网络结构的分类器。决策树分类器采用多级分类结构，每级结构根据一个或多个特征参数，分辨出某类调制模型，而下一级结构又根据一个或多个特征参数，再分辨出某类调制类型，最终能对多种类型进行识别。这种分类器结构相对简单，实时性好，但需要事先确定判决门限，自适应性差，适合对特征参数区分很好的信号进行识别。神经网络分类器具有强大的模式识别能力，能够自动适应环境变化，较好地处理复杂的非线性问题，而且具有较好的稳健性和潜在的容错性，可获得较高的识别率，但识别前对神经网络的训练需要一定的时间。

为了有效地实现分类识别，必须对原始的输入数据进行变换，得到最能反映分类差别的特征。这些特征的提取和选择非常重要，直接影响分类器的设计和性能。在理想情况下，经过提取和选择的特征参数应对不同的调制类型具有明显的差别，然而在实际中却不容易找到那些具有良好分辨性能的特征，或受条件限制不能对它们进行测量，从而使特征提取和选择的任务复杂化，因而特征提取和选择是信号调制识别系统中首要和基本的问题。分类识别是依据信号特征的观测值将其分到不同类别中去，选择和确定合适的判决规则和分类器结构，也是信号调制识别系统中的重要内容。

目前采用的调制类型识别方法可以分为两大类：决策树理论方法和统计模式识别方法。决策树理论方法即判决理论方法，是采用概率论和假设检验理论的方法来解决信号分类问题，这类方法判决规则简单，但检验统计量计算复杂且需要一些先验概率的信息。统计模式识别方法判决规则复杂一点，但特征提取简单、易于计算。利用模式识别方法分类调制类型，所用的分类特征归纳起来主要有以下几种。

1）直方图特征

直方图特征包括幅度、频率和相位的直方图，瞬时频率和相位变化的直方图，过零间隔和相位差的直方图等。

利用直方图特征可以实现对 2FSK、2PSK、MPSK、MFSK 和 CW 等信号的调制分类。利用直方图作为分类特征，存在的问题是特征的维数太大，导致分类算法的计算量增加。而降低直方图的分辨率，可能会影响分类算法对分布函数相似的不同调制类型信号的识别能力。因此还存在直方图分辨率与分类性能之间的折中问题，这要根据所需分类的调制类型集合具体确定。

2）统计矩特征

统计矩特征是指信号瞬时幅度、瞬时相位和瞬时频率函数的各阶矩特征。

基于统计矩的调制识别方法往往都是根据调制信号的时域特征来区分信号的。但其涉及的参数多，受信噪比影响较大。在信噪比高的条件下，识别效果很好，但是当信噪比下降时，识别性能会急剧下降。

在基于统计矩的调制分类算法中，选择统计矩的阶数一般小于等于 4。但是低阶矩一般只适合分类调制阶数较低的数字通信信号，分类调制阶数高的数字通信信号，就要估计相应的高阶统计矩特征，从而增加了分类特征的维数和计算量。

3）变换域特征

除了直接利用信号时变参数的直方图和统计矩作为分类特征外，还可以把信号变换到其他特征空间，利用新特征空间中的特征参数来识别调制类型，如采用循环谱相关特征进行调制类型识别。传统的信号分析模型都是以平稳随机过程为基础的，但通信信号一般是待传输信号对周期性信号的某个参数进行调制，因而通信信号都是具有循环平稳性的信号。循环谱相关识别方法具有分辨率高，抗干扰能力强等特点。循环谱除了能分离和识别信号外，还能通过检测周期谱的幅度、位移等特征来测定载波、脉冲速率及相位信息等。

4.3.2　常用通信信号的瞬时特征

实信号 $x(t)$ 可以表示为解析信号，即

$$z(t) = x(t) + j\hat{x}(t) \qquad (4.3-1)$$

其中，$\hat{x}(t)$ 是实信号 $x(t)$ 的希尔波特变换。解析信号的瞬时幅度 $a(t)$、瞬时相位 $\varphi(t)$ 和瞬时频率 $f(t)$ 分别为

$$a(t) = \sqrt{x^2(t) + \hat{y}^2(t)} \qquad (4.3-2)$$

$$\varphi(t) = \begin{cases} \arctan\left[\dfrac{\hat{y}(t)}{x(t)}\right] & x(t) > 0,\ y(t) > 0 \\[2mm] \pi - \arctan\left[\dfrac{\hat{y}(t)}{x(t)}\right] & x(t) < 0,\ y(t) > 0 \\[2mm] \dfrac{\pi}{2} & x(t) = 0,\ y(t) > 0 \\[2mm] \pi + \arctan\left[\dfrac{\hat{y}(t)}{x(t)}\right] & x(t) < 0,\ y(t) < 0 \\[2mm] \dfrac{3\pi}{2} & x(t) = 0,\ y(t) < 0 \\[2mm] 2\pi - \arctan\left[\dfrac{\hat{y}(t)}{x(t)}\right] & x(t) > 0,\ y(t) < 0 \end{cases} \qquad (4.3-3)$$

$$f(t) = \frac{1}{2\pi}\frac{d\varphi(t)}{dt} \qquad (4.3-4)$$

信号的瞬时参数是调制识别的重要特征。下面让我们来分析几种常见的天线信号的瞬时特征。

1. 模拟通信信号的瞬时特征

1) 幅度调制（AM）信号

AM 信号表示为

$$s(t) = [1 + m_a x(t)]\cos(2\pi f_c t) \qquad (4.3-5)$$

其中，m_a 是调制深度；$x(t)$ 是调制（基带）信号；f_c 是载波频率。其傅立叶变换为

$$S(f) = \frac{1}{2}[\delta(f - f_c) + \delta(f + f_c)] + \frac{m_a}{2}[X(f - f_c) + X(f + f_c)] \qquad (4.3-6)$$

其中，$X(f)$ 是调制信号的傅立叶变换。可见，AM 信号的频谱是基带信号的频谱平移加上载波频率，其带宽为调制信号带宽的 2 倍。

AM 信号的解析信号的表达式为

$$z(t) = [1 + m_a x(t)]\exp(j2\pi f_c t) \qquad (4.3-7)$$

其瞬时幅度 $a(t)$ 和瞬时相位 $\varphi(t)$ 分别为

$$\begin{cases} \theta(t) = |\, 1 + m_a x(t)\, | \\ \varphi(t) = 2\pi f_c t \end{cases} \qquad (4.3-8)$$

从式(4.3-8)可以看出，AM 信号的瞬时幅度是时变函数，瞬时相位不计线性分量 $2\pi f_c t$ 时是常数。

AM 信号的瞬时特征如图 4.3-3 所示。

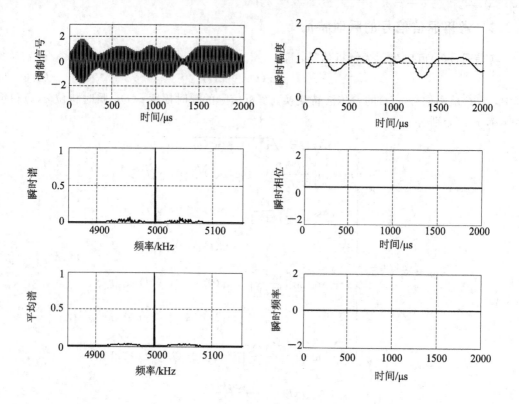

图 4.3 - 3　AM 信号的瞬时特征

2) 双边带调制(DSB)信号

DSB 信号表示为

$$s(t) = x(t)\cos(2\pi f_c t) \qquad (4.3 - 9)$$

其中，$x(t)$ 是调制(基带)信号；f_c 是载波频率。其傅立叶变换为

$$S(f) = \frac{1}{2}(X(f - f_c) + X(f + f_c)) \qquad (4.3 - 10)$$

其中，$X(f)$ 是调制信号的傅立叶变换。可见，DSB 信号的频谱仅仅是基带调制信号的频谱平移，并且不包含载波频率，其带宽为调制信号带宽的 2 倍。

DSB 信号的解析信号的表达式为

$$z(t) = x(t)\exp(\mathrm{j}2\pi f_c t) \qquad (4.3 - 11)$$

其瞬时幅度 $a(t)$、瞬时相位 $\varphi(t)$ 分别为

$$\begin{cases} a(t) = |x(t)| \\ \varphi(t) = \begin{cases} 2\pi f_c t, & x(t) > 0 \\ 2\pi f_c t + \pi, & x(t) < 0 \end{cases} \end{cases} \qquad (4.3 - 12)$$

从式(4.3 - 12)可以看出，DSB 信号的瞬时幅度是时变函数，瞬时相位不计线性分量 $2\pi f_c t$ 时取值为常数 $-\frac{\pi}{2}$ 和 $\frac{\pi}{2}$。

DSB 信号的瞬时特征如图 4.3 - 4 所示。

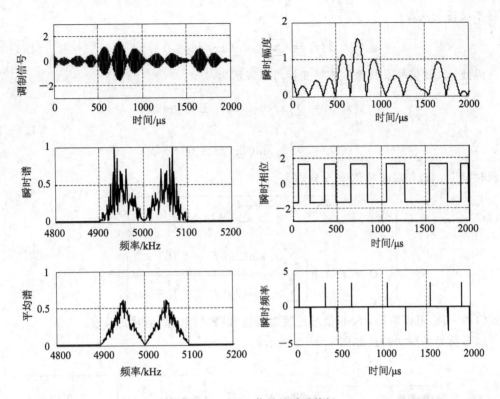

图 4.3 - 4　DSB 信号的瞬时特征

3) 单边带调制(SSB)信号

SSB 信号表示为

$$s(t) = x(t)\cos(2\pi f_c t) \mp \hat{x}(t)\sin(2\pi f_c t) \qquad (4.3-13)$$

其中，$\hat{x}(t)$ 是调制(基带)信号的希尔波特变换；f_c 是载波频率。式中当取"＋"号时，为下边带(LSB)信号，当取"－"号时，为上边带(USB)信号。其傅立叶变换为

$$S(f) = \begin{cases} \frac{1}{2}[X(f-f_c) \pm X(f-f_c)], & \text{如果}(f-f_c) > 0 \\ \frac{1}{2}[X(f-f_c) \mp X(f-f_c)], & \text{如果}(f-f_c) < 0 \end{cases}$$

$$+ \begin{cases} \frac{1}{2}[X(f+f_c) \mp X(f+f_c)], & \text{如果}(f+f_c) > 0 \\ \frac{1}{2}[X(f+f_c) \pm X(f+f_c)], & \text{如果}(f+f_c) < 0 \end{cases} \qquad (4.3-14)$$

例如，上边带(USB)信号的傅立叶变换为

$$S(f) = \begin{cases} X(f-f_c), & \text{如果} f > f_c \\ X(f+f_c), & \text{如果} f < -f_c \end{cases}$$

SSB 信号的频谱仅仅是基带调制信号的频谱平移，并且不包含载波频率，其带宽与调制信号带宽相同。根据傅立叶变换理论，任意信号可以利用傅立叶级数展开表示。于是基带调制信号 $x(t)$ 可以用 N 个谐波的和近似为

$$x(t) = \sum_{i=1}^{N} x_i \cos(2\pi f_i t + \psi_i), \quad f_N < f_m \qquad (4.3-15)$$

其希尔波特变换为

$$\hat{x}(t) = \sum_{i=1}^{N} x_i \sin(2\pi f_i t + \psi_i) \qquad (4.3-16)$$

因此，SSB 信号及其希尔波特变换可以表示为

$$\begin{cases} s(t) = \sum_{i=1}^{N} x_i \cos(2\pi(f_c \pm f_i)t + \psi_i) \\ \hat{s}(t) = \sum_{i=1}^{N} x_i \sin(2\pi(f_c \pm f_i)t + \psi_i) \end{cases} \qquad (4.3-17)$$

其瞬时幅度 $a(t)$ 和瞬时相位 $\varphi(t)$ 分别为

$$\begin{cases} a(t) = \sqrt{\sum_{i=1}^{N} x_i^2 + 2 \sum_{i=1}^{N} \sum_{j=1}^{N} x_i x_j \cos(2\pi(f_i - f_j)t)} \\ \varphi(t) = \arctan\left[\dfrac{\displaystyle\sum_{i=1}^{N} x_i \sin(2\pi(f_c + f_i)t + \psi_i)}{\displaystyle\sum_{i=1}^{N} x_i \cos(2\pi(f_c + f_i)t + \psi_i)} \right] \end{cases} \qquad (4.3-18)$$

从式(4.3-18)可以看出，SSB 信号的瞬时幅度和瞬时相位都是时变函数。

LSB 信号的瞬时特征如图 4.3-5 所示。

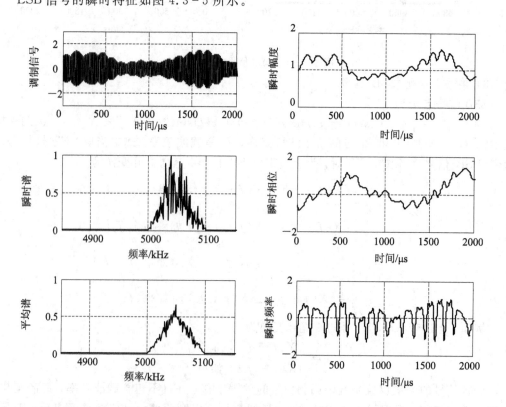

图 4.3-5 LSB 信号的瞬时特征

4) 频率调制(FM)信号

FM 信号表示为

$$s(t) = \cos\left(2\pi f_c t + K_f \int_{-\infty}^{t} x(\tau)\mathrm{d}\tau\right) \qquad (4.3-19)$$

其中，K_f 是频偏系数；f_c 是载波频率。FM 信号的瞬时频率随着调制信号线性变化。其傅立叶变换为

$$S(f) = \frac{1}{2}(G(f-f_c) + G^*(f+f_c)) \qquad (4.3-20)$$

其中，$G(f)$ 是 $\exp\left[\mathrm{j}K_f \int_{-\infty}^{t} x(\tau)\mathrm{d}\tau\right]$ 项的傅立叶变换。当调制信号是单频正弦波时，有

$$G(f) = \sum_{n=-\infty}^{\infty} J_n(\beta)\delta(f-nf_x) \qquad (4.3-21)$$

式中，$J_n(\beta)$ 是第 n 阶贝塞尔函数。调频信号是恒包络信号，其载波分量和边带分量大小与调制指数有关。FM 信号的希尔波特变换为

$$\hat{x}(t) = \sum_{n=-\infty}^{\infty} J_n(\beta)\sin(2\pi f_c t + 2\pi nf_x t) \qquad (4.3-22)$$

其瞬时幅度 $a(t)$ 和瞬时相位 $\varphi(t)$ 分别为

$$\begin{cases} a(t) = 1 \\ \varphi(t) = \arctan\left(\dfrac{\displaystyle\sum_{n=-\infty}^{\infty} J_n(\beta)\sin(2\pi(f_c+nf_x)t)}{\displaystyle\sum_{n=-\infty}^{\infty} J_n(\beta)\cos(2\pi(f_c+nf_x)t)}\right) \end{cases} \qquad (4.3-23)$$

从式(4.3-23)可以看出，FM 信号的瞬时幅度是恒定的，瞬时相位是时变函数。

FM 信号的瞬时特征如图 4.3-6 所示。

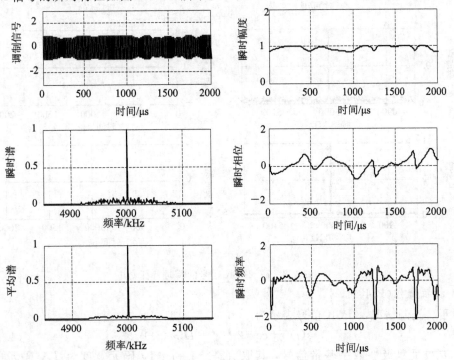

图 4.3-6　FM 信号的瞬时特征

2. 数字通信信号的瞬时特征

1) 幅度键控（ASK）信号

对于二进制情况，2ASK 信号表示为

$$s(t) = m(t)\cos(2\pi f_c t) \qquad (4.3-24)$$

其中，$m(t)$ 是单极性数字基带信号，其取值是 0 和 1，码元宽度为 T_b，码元速率是 $R_b = 1/T_b$；f_c 是载波频率。其功率谱密度为

$$G(f) = \frac{A^2}{16}(\delta(f-f_c)+\delta(f+f_c)) + \frac{A^2}{16}\left[\frac{\sin^2\pi T_b(f-f_c)}{\pi^2 T_b(f-f_c)^2} + \frac{\sin^2\pi T_b(f+f_c)}{\pi^2 T_b(f+f_c)^2}\right]$$

$$(4.3-25)$$

2ASK 信号的谱中包含边带分量和载波分量。其复包络为 $m(t)$，瞬时幅度 $a(t)$ 和瞬时相位 $\varphi(t)$ 分别为

$$\begin{cases} a(t) = |m(t)| \\ \varphi(t) = 0 \end{cases} \qquad (4.3-26)$$

从式(4.3-26)可以看出，2ASK 信号的瞬时幅度是时变函数，瞬时相位是常数 0。

2ASK 信号的瞬时特征如图 4.3-7 所示。

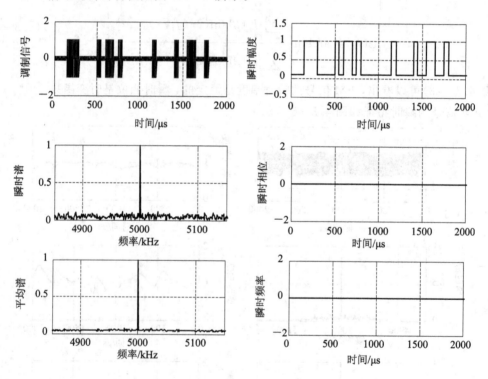

图 4.3-7　2ASK 信号的瞬时特征

2) 相位键控（PSK）信号

对于二进制情况，2PSK 信号表示为

$$s(t) = \cos(2\pi f_c t + D_p m(t)) \qquad (4.3-27)$$

其中，$m(t)$ 是双极性数字基带信号，其取值是 -1 和 $+1$，码元宽度为 T_b，码元速率是 $R_b = 1/T_b$；f_c 是载波频率；D_p 是相位调制因子。其功率谱密度为

$$G(f) = \frac{A^2}{4}\left[\frac{\sin^2 \pi T_b(f-f_c)}{\pi^2 T_b(f-f_c)^2} + \frac{\sin^2 \pi T_b(f+f_c)}{\pi^2 T_b(f+f_c)^2}\right] \quad (4.3-28)$$

2PSK 信号的谱中只包含边带分量，没有载波分量。令 $D_p = \pi/2$，2PSK 信号可以重新写为

$$s(t) = -m(t)\sin(2\pi f_c t) \quad (4.3-29)$$

因此其复包络为

$$a(t) = jm(t) \quad (4.3-30)$$

瞬时幅度 $a(t)$ 和瞬时相位 $\varphi(t)$ 分别为

$$\begin{cases} a(t) = |m(t)| = 1 \\ \varphi(t) = \begin{cases} -\dfrac{\pi}{2}, & m(t) = -1 \\ \dfrac{\pi}{2}, & m(t) = 1 \end{cases} \end{cases} \quad (4.3-31)$$

从式(4.3-31)可以看出，2PSK 信号的瞬时幅度是恒定的，瞬时相位有两个取值 $\pm\dfrac{\pi}{2}$。

虽然从理论看 2PSK 信号的瞬时幅度是恒定的，但是实际系统中其瞬时幅度在码元转换时刻存在凹陷，这是由于实际系统频带有限引起的。

2PSK 信号的瞬时特征如图 4.3-8 所示。

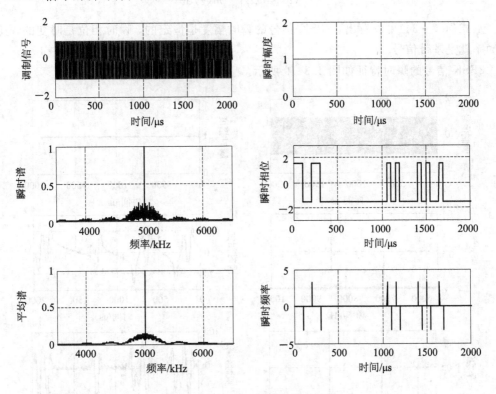

图 4.3-8　2PSK 信号的瞬时特征

3) 频移键控(FSK)信号

对于二进制情况，2FSK 信号表示为

$$s(t) = \cos\left(2\pi f_c t + D_f \int_{-\infty}^{t} m(\tau)\mathrm{d}\tau\right) \qquad (4.3-32)$$

其中，$m(t)$ 是双极性数字基带信号，码元宽度为 T_b，码元速率是 $R_b = 1/T_b$；D_p 是频率调制因子。2FSK 信号可以看成两个中心频率分别为 f_1 和 f_2 的 2ASK 信号的叠加。其功率谱密度为

$$G(f) = \frac{A^2}{16}(\delta(f - f_1) + \delta(f + f_1))$$

$$+ \frac{A^2}{16}\left[\frac{\sin^2 \pi T_b(f - f_1)}{\pi^2 T_b(f - f_1)^2} + \frac{\sin^2 \pi T_b(f + f_1)}{\pi^2 T_b(f + f_1)^2}\right]$$

$$+ \frac{A^2}{16}(\delta(f - f_2) + \delta(f + f_2))$$

$$+ \frac{A^2}{16}\left[\frac{\sin^2 \pi T_b(f - f_2)}{\pi^2 T_b(f - f_2)^2} + \frac{\sin^2 \pi T_b(f + f_2)}{\pi^2 T_b(f + f_2)^2}\right] \qquad (4.3-33)$$

2PSK 信号的谱与两个 2ASK 相同，既包含边带分量，也包含两个载波分量。其瞬时幅度 $a(t)$ 和瞬时相位 $\varphi(t)$ 分别为

$$\begin{cases} a(t) = |m(t)| = 1 \\ \varphi(t) = D_f \displaystyle\int_{-\infty}^{t} m(\tau)\mathrm{d}\tau \end{cases} \qquad (4.3-34)$$

从式(4.3-34)可以看出，2PSK 信号的瞬时幅度是恒定的，瞬时相位是时变的，其瞬时频率就是基带信号。

2FSK 信号的瞬时特征如图 4.3-9 所示。

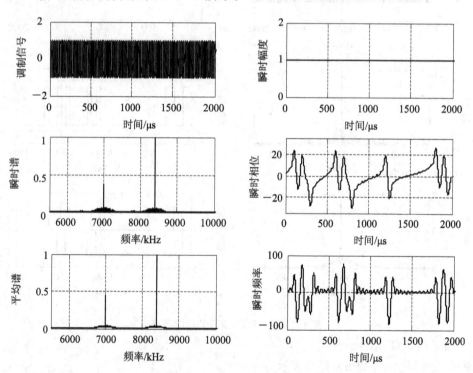

图 4.3-9　2FSK 信号的瞬时特征

4.3.3　基于统计矩的模拟通信信号调制识别

模拟通信信号主要是 AM 和 FM 信号，其中 AM 还包括 DSB、LSB、USB、VSB 等方式。AM 信号和 FM 信号的主要差别在于调制方式。AM 信号的调制信息体现在瞬时幅度中，而其中的 LSB 和 USB 信号与 DSB 的差异体现在瞬时相位与瞬时频率中。FM 信号是载波的瞬时频率随调制信号成线性变化的一种调制方式，因此其调制信息集中体现在瞬时频率中。所以，模拟通信信号的瞬时参数中包含了它们的调制信息及其差异，这就是对它们分类和识别的基础。

1. 调制识别的特征参数

对 AM、DSB、LSB、USB、VSB、FM 六种通信调制信号，选取四个基于通信信号瞬时特征的参数作为特征参数。这四个特征参数是零中心归一化瞬时幅度的谱密度最大值 γ_{max}（以下简称幅度谱峰值）、零中心非弱信号段瞬时相位非线性分量绝对值的标准偏差 σ_{ap}（以下简称绝对相位标准差）、零中心非弱信号段瞬时相位非线性分量的标准偏差 σ_{dp}（以下简称直接相位标准差）和谱对称性 P。下面对每个特征参数进行具体分析。

1) 幅度谱峰值

幅度谱峰值，即 γ_{max} 定义为

$$\gamma_{max} = \max \frac{|\, FFT[a_{cn}(i)]^2\,|}{N_s} \tag{4.3-35}$$

其中，N_s 为取样点数；$a_{cn}(i)$ 为零中心归一化瞬时幅度，由下式计算：

$$a_{cn}(i) = a_n(i) - 1 \tag{4.3-36}$$

其中，$a_n(i) = \dfrac{a(i)}{m_a}$，而 $m_a = \dfrac{1}{N_s} \sum\limits_{i=1}^{N_s} a(i)$ 为瞬时幅度 $a(i)$ 的平均值，用平均值来对瞬时幅度进行归一化的目的是为了消除信道增益的影响。

2) 绝对相位标准差

绝对相位标准差即 σ_{ap} 定义为

$$\sigma_{ap} = \sqrt{\frac{1}{c}\Big(\sum\limits_{a_n(i)>a_t} \phi_{NL}^2(i)\Big) - \frac{1}{c}\Big(\sum\limits_{a_n(i)>a_t} |\,\phi_{NL}(i)\,|\Big)^2} \tag{4.3-37}$$

其中，a_t 是判断弱信号段的一个幅度判决门限电平；c 是在全部取样数据 N_s 中属于非弱信号值的个数；$\phi_{NL}(i)$ 是经零中心化处理后瞬时相位的非线性分量，在载波完全同步时有

$$\phi_{NL}(i) = \varphi(i) - \varphi_0 \tag{4.3-38}$$

其中，$\varphi_0 = \dfrac{1}{N_s} \sum\limits_{i=1}^{N_s} \varphi(i)$，$\varphi(i)$ 是瞬时相位。所谓非弱信号段，是指信号幅度满足一定的门限电平要求的信号段。

3) 直接相位标准差

直接相位标准差 σ_{dp}，即零中心非弱信号段瞬时相位非线性分量的标准偏差定义为

$$\sigma_{dp} = \sqrt{\frac{1}{c}\Big(\sum\limits_{a_n(i)>a_t} \phi_{NL}^2(i)\Big) - \frac{1}{c}\Big(\sum\limits_{a_n(i)>a_t} \phi_{NL}(i)\Big)^2} \tag{4.3-39}$$

其中各符号的意义与绝对相位标准差相同。它与绝对相位标准差的差别是计算时不取绝对值。

σ_{dp} 主要用来区分信号是 AM 信号还是 DSB 或 VSB 信号，从这三个信号的瞬时特征图中可以看出，AM 信号无直接相位信息，即 $\sigma_{dp}=0$，而 DSB 和 VSB 信号含有直接相位信息，故 $\sigma_{dp}\neq0$。这样通过对 σ_{dp} 设置一个合适的判决门限 $t(\sigma_{dp})$，就可以区分这两类调制类型。

4）谱对称性

谱对称性 P 的定义为

$$P = \frac{P_L - P_U}{P_L + P_U} \qquad (4.3-40)$$

其中，P_L 是信号下边带的功率；P_U 是信号上边带的功率。

$$P_L = \sum_{i=1}^{f_{cn}} |S(i)|^2 \qquad (4.3-41)$$

$$P_U = \sum_{i=1}^{f_{cn}} |S(i+f_{cn}+1)|^2 \qquad (4.3-42)$$

其中，$S(i)=\text{FFT}\{s(n)\}$，即信号 $s(t)$ 的傅立叶变换，$f_{cn}=\dfrac{f_c N_s}{f_s-1}$。

参数 P 是对信号频谱对称性的量度，主要用来区分频谱满足对称性的信号和频谱不满足对称性的信号。

2. 调制识别分类器

得到四个特征参数后，可以按照分类识别的要求构造分类器。为了得到合理的分类器，首先对各特征参数的性能作进一步的分析。

1）幅度谱峰值的性能

幅度谱峰值 $\gamma_{\max}$ 是反映信号瞬时幅度变化的参数，它可以用来区分恒包络信号和非恒包络信号。理想情况下，FM 信号的瞬时幅度不变，因此其零中心归一化瞬时幅度为零，对应其谱密度也就为零。而 DSB、AM 信号由于其瞬时幅度不为恒定值，所以它的零中心归一化瞬时幅度也就不为零，对应其谱密度也不为零。所以这个特征可以区分包含幅度信息的信号（DSB 和 AM）和不包含幅度信息的信号（FM）。当然，在实际应用中，不能以 $\gamma_{\max}=0$ 作为判别 FM 和 DSB、AM 信号的分界，而需要设置一个合适的判决门限 $t(\gamma_{\max})$。

2）绝对相位标准差的性能

绝对相位标准差 σ_{ap} 是反映信号的绝对相位变化的参数。DSB 信号在去除载波频率引起的线性相位分量后，直接相位取值是 0 和 π，所以在中心校正后其绝对值是常数 $\pi/2$，不包含绝对相位信息，它的相位绝对标准差较小。而 FM-AM 复合调制信号则包含绝对相位信息，它的相位绝对标准差较大。所以选择合适的门限 $t(\sigma_{ap})$，利用这个特征可以区分包含绝对相位信息的信号（FM-AM）和不包含绝对相位信息的信号（DSB）。

3）直接相位标准差的性能

直接相位标准差 σ_{dp} 是反映信号的直接相位变化的参数。AM 和 VSB 不包含直接相位信息，它们的相位标准差小。而 DSB、LSB、USB、FM、FM-AM 信号则包含直接相位信息，它们的相位标准差大。所以选择合适的门限 $t(\sigma_{dp})$，利用这个特征可以区分包含直接相位信息的信号（DSB、LSB、USB、FM、FM－AM）和不包含直接相位信息的信号（AM 和 VSB）。

4）谱对称性的性能

谱对称性 P 是反映信号谱关于载波频率的分布的参数。从谱的对称性考虑，AM、DSB、FM、FM－AM 信号的谱关于载波频率是对称的，而 SSB 是不对称的，VSB 处于两者之间。当信噪比无限大时，SSB 信号的 $|P|=1$，其中 USB 的 $P=-1$，LSB 的 $P=1$。而 AM、DSB、FM、FM－AM 信号的 $P=0$，VSB 信号的 $0<|P|<1$。因此，利用这个参数可以区分 VSB 和 AM 信号，还可以区分 SSB 与 DSB、FM 信号。谱对称性 P 的门限值应该在 $0\sim1$ 之间选择。

根据决策树理论，利用树形分类器对模拟调制通信信号进行分类，其识别流程如图 4.3－10 所示。

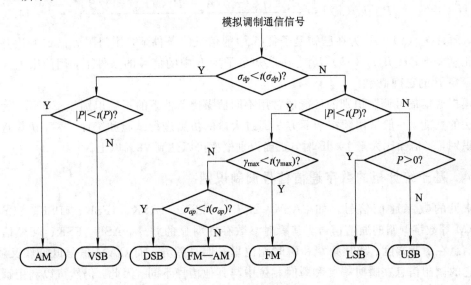

图 4.3－10　基于决策理论的模拟调制信号分类器

采用决策树的识别过程如下：

（1）计算待识别信号的直接相位标准差 σ_{dp}，与门限 $t(\sigma_{dp})$ 比较，以检验其直接相位标准差信息。将待识别的信号分成两类：（AM、VSB）和（DSB、FM－AM、FM、LSB、USB）。

（2）对于判决属于（AM、VSB）的信号，计算待识别信号的谱对称性 P，将其绝对值与门限 $t(P)$ 比较，将其分成两类：VSB 和 AM，即谱对称和非对称的信号。

（3）对于判决属于（DSB、FM－AM、FM、LSB、USB）的信号，也计算其谱对称性 P，将其绝对值与门限 $t(P)$ 比较，并分成两类：（DSB、FM－AM、FM）和（LSB、USB），区分满足谱对称性的信号与不满足谱对称性的信号。

（4）对于判决属于（DSB、FM－AM、FM）的信号，计算幅度谱峰值 $\gamma_{\max}$，与门限 $t(\gamma_{\max})$ 比较，将信号区分为两类：（DSB、FM－AM）和 FM。

（5）对于判决属于（DSB、FM－AM）的信号，计算绝对相位标准差 σ_{ap}，与门限 $t(\sigma_{ap})$

比较，将信号区分为两类：DSB 和 FM-AM。

（6）对于判决属于（LSB、USB）的信号，利用谱对称性 P，将信号分为两类：LSB 和 USB。

基于决策理论进行调制识别时，特征参数的门限值对识别效果的影响很大。对于这种识别算法，每个特征参数都是用来区分两个信号子集 A、B 的，且判决规则如下：

$$x \underset{B}{\overset{A}{\gtrless}} t(x) \tag{4.3-43}$$

即当信号特征值 x 大于门限值 $t(x)$ 时，判为子集 A 中的信号；当 x 小于门限值 $t(x)$ 时，则判为子集 B 中的信号。选择 $t(x)$ 的最佳门限值 $t_{opt}(x)$ 的准则是使下面的平均概率最大（趋近于 1）：

$$P_{av}[t_{opt}(x)] = \frac{P[A(t_{opt}(x))/A] + P[B(t_{opt}(x))/B]}{2} \tag{4.3-44}$$

其中，$P[A(t_{opt}(x))/A]$ 为在已知是子集 A 中的信号的条件下，用门限 $t_{opt}(x)$ 判决是子集 A 的正确概率；$P[B(t_{opt}(x))/B]$ 为在已知是子集 B 中的信号的条件下，用门限 $t_{opt}(x)$ 判决是子集 B 的正确概率。

模拟通信信号调制识别的性能通常用不同信噪比条件下的正确识别概率表示。为了确定算法的性能，一般采用蒙特卡罗方法通过大量的仿真进行试验和统计。基于决策理论的调制识别，当信噪比大于 10 dB 时，正确识别概率可以达到 98% 以上。

4.3.4 基于统计矩的数字通信信号调制识别

常见的数字通信信号，如 2ASK、2FSK、2PSK、4ASK、4FSK、4PSK、8PSK 和 16QAM 等数字调制的通信信号，其瞬时参数存在明显的差异。ASK、FSK、PSK 信号的调制信息在瞬时幅度、瞬时频率和瞬时相位里有明显差异，而 QAM 信号既调幅又调相，所以它的调制信息在瞬时幅度和瞬时相位中与其他信号不同。因此，仍然可以利用瞬时参数构造分类特征参数，对数字调制的通信信号进行分类识别。

1. 调制识别的特征参数

对 2ASK、2FSK、2PSK、4ASK、4FSK、4PSK、8PSK 和 16QAM 等 8 种数字调制信号，利用基于瞬时信息的 5 个特征参数，即幅度均值 A、频率峰值 u_{f42}、频率平方均值 σ_{f2}、零中心非弱信号段瞬时相位非线性分量绝对值的标准偏差 σ_{ap}（以下简称绝对相位标准差）和零中心归一化瞬时相位绝对值的标准偏差 σ_{ap2}（以下简称修正的绝对相位标准差）。

1）幅度均值

幅度均值 A 是基于瞬时幅度的统计参数，其定义为

$$A = \frac{1}{N_s} \sum_{i=1}^{N_s} |a(i) - 1| \tag{4.3-45}$$

其中，N_s 为取样点数；$a(i)$ 为信号的瞬时幅度。

2）频率峰值

频率峰值 μ_{f42} 是基于瞬时频率的统计参数，其定义为

$$\mu_{f42} = \frac{E\left[f^4(i)\right]}{\left(E\left[f^2(i)\right]\right)^2} \qquad (4.3-46)$$

其中，$f(i)$ 是信号的瞬时频率；符号 $E\{\cdot\}$ 是统计平均。

3）频率平方均值

瞬时频率平方均值 μ_{f2} 定义为

$$\mu_{f2} = \frac{1}{N_s}\sum_{i=1}^{N_s} f_n^2(i) \qquad (4.3-47)$$

其中，$f_n(i) = f(i)\left(\dfrac{F_s/f_d}{40}\right)$；$f_n(i)$ 是对瞬时频率 $f(i)$ 的修正。

4）绝对相位标准差

绝对相位标准差 σ_{ap} 定义为

$$\sigma_{ap} = \sqrt{\frac{1}{c}\Big(\sum_{a_n(i)>a_t}\phi_{NL}^2(i)\Big) - \frac{1}{c}\Big(\sum_{a_n(i)>a_t}\mid\phi_{NL}(i)\mid\Big)^2} \qquad (4.3-48)$$

σ_{ap} 与模拟调制信号的特征参数相同，各参数意义参见前节的说明。

5）修正的绝对相位标准差

修正的绝对相位标准差 σ_{ap2} 是反映绝对相位变化的参数。4PSK 信号与 8PSK 信号最大的不同在于，前者的瞬时相位有 4 个值，后者的瞬时相位有 8 个值。根据 σ_{ap} 将 2PSK 与 4PSK 或 8PSK 区分的原理，对 4PSK 信号与 8PSK 信号的瞬时相位 $\varphi(i)$ 作如下处理：

$$\varphi_1(i) = \varphi(i) - E(\varphi(i))$$
$$\varphi_2(i) = \mid\varphi_1(i)\mid - E(\mid\varphi_1(i)\mid)$$
$$\sigma_{ap2} = \sqrt{\frac{1}{N_s}\Big[\sum_{i=1}^{N_s}\varphi_2^2(i)\Big] - \Big[\frac{1}{N_s}\sum_{i=1}^{N_s}\mid\varphi_2(i)\mid\Big]^2} \qquad (4.3-49)$$

2. 调制识别分类器

在构造数字调制信号识别器之前，先讨论上述各个特征参数的基本性能。

1）幅度均值 A 的性能

幅度均值 A 主要用来区分恒包络和非恒包络信号。它可以区分（MASK、16QAM）信号和（MFSK、MPSK）信号。因为 MASK 和 16QAM 信号的包络是非恒定的，即瞬时幅度不为常数，所以瞬时幅度减 1 的绝对值不为零，其均值也就不为零。而对于 MFSK 信号，其包络为常数 1，所以瞬时幅度减 1 的绝对值为零，其均值也就为零；对于 MPSK 信号，虽然受信道带宽的限制，在相位变化时刻会产生幅度突变，但其幅度均值 A 接近零。所以通过选择合适的门限 $t_1(A)$，就可以区分（MASK、16QAM）信号和（MFSK、MPSK）信号。

对于 2ASK、4ASK 和 16QAM 这三种进行幅度调制的信号，由于瞬时幅度存在差异，因此幅度均值 A 也有所不同，通过设置适当的门限 $t_2(A)$ 和 $t_3(A)$，可以将 2ASK、4ASK 和 16QAM 加以区分。

图 4.3-11 为各调制类型的幅度均值 A 随信噪比的变化，利用此参数能将信号很方便地分成四类：2ASK、4ASK、16QAM、（MFSK、MPSK）。

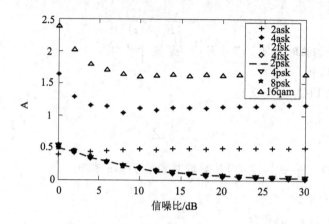

图 4.3 - 11　幅度均值 A 随信噪比的变化情况

2）频率峰值的性能

频率峰值参数 μ_{f42} 可以区分频率调制和相位调制信号。图 4.3 - 12 是各种调制类型的参数 μ_{f42} 随信噪比的变化的情况，当信噪比大于 10 dB 时，通过设置合适的门限 $t(\mu_{f42})$，就可以利用此参数将信号区分为两类：（2FSK、4FSK)和(2PSK、4PSK、8PSK)。

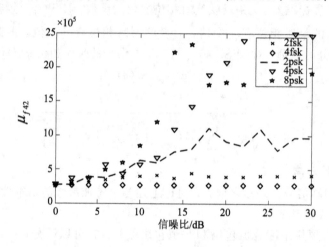

图 4.3 - 12　μ_{f42} 随信噪比的变化情况

3）频率平方均值的性能

频率平方均值 μ_{f2} 主要用来区分 2FSK 信号和 4FSK 信号。因为对于 2FSK 信号，它的瞬时频率只有 2 个值，而对于 4FSK 信号，其瞬时频率有 4 个值，所以 2FSK 信号的频率平方均值小于 4FSK 信号的频率平方均值。通过设置适当的特征门限 $t(\mu_{f2})$ 就可以区分 2FSK 信号和 4FSK 信号。

图 4.3 - 13 为 2FSK 信号和 4FSK 信号的 μ_{f2} 随信噪比的变化情况。

4）绝对相位标准差参数 σ_{ap} 的性能

绝对相位标准差参数 σ_{ap} 主要用来区分是 2PSK 信号还是 4PSK 或 8PSK 信号。因为对于 2PSK 信号只有 2 个相位值，故其零中心归一化相位绝对值为常数，不含相位信息，即 $\sigma_{ap}=0$。而对于 4PSK、8PSK 信号，其瞬时相位有 4 个值或 8 个值，故其零中心归一化相位

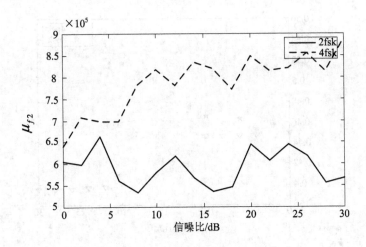

图 4.3 - 13　μ_{f2} 随信噪比的变化情况

绝对值不为常数，即 $\sigma_{ap} \neq 0$。所以通过选取一个合适的门限 $t(\sigma_{ap})$，即可将 4PSK、8PSK 信号和 2PSK 信号区分开。

图 4.3 - 14 是各调制类型的 σ_{ap} 随信噪比的变化情况，利用此参数可以很好地区分两类信号：(4PSK、8PSK)和 2PSK。

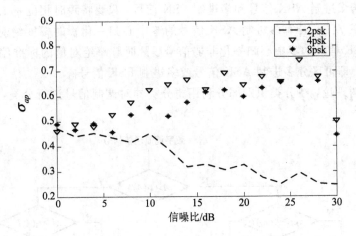

图 4.3 - 14　σ_{ap} 随信噪比的变化情况

5) 修正的绝对相位标准差的性能

4PSK 信号与 8PSK 信号最大的不同在于，前者的瞬时相位有 4 个值，后者的瞬时相位有 8 个值。对于 4PSK 信号，经过处理后，$\varphi_2(i)$ 只取 2 个不同的值，这 2 个值等概且绝对值相等，符号相反，其零中心归一化瞬时相位的绝对值为常数，即 $\sigma_{ap2} = 0$。对于 8PSK 信号，经过处理后，$\varphi_2(i)$ 取 4 个不同的值，这 4 个值等概且两两符号相反，所以零中心归一化瞬时相位的绝对值不是一个常数，即 $\sigma_{ap2} \neq 0$。通过设置适当的门限 $t(\sigma_{ap2})$，即可将 4PSK 和 8PSK 区分。

图 4.3 - 15 是 4PSK 和 8PSK 的 σ_{ap2} 随信噪比的变化情况，当信噪比大于 10 dB 时，利用此参数可以很好地区分两类信号：4PSK 和 8PSK。

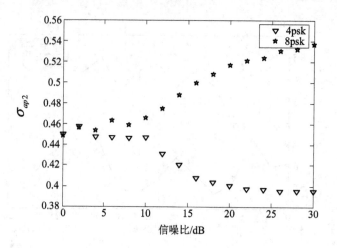

图 4.3-15　σ_{ap2} 随信噪比的变化情况

通过对 4PSK 信号和 8PSK 信号瞬时相位的分析，对于任意一个 2^m 进制的 PSK 信号，只要将其瞬时相位进行一次处理，再进行 $m-1$ 次处理，总能将其 2^m 个瞬时相位变化为两个等概且绝对值相等，符号相反的瞬时相位值，即 $\sigma_{ap2}=0$，选择合适的门限 $t(\sigma_{ap2})$，就可以区分多进制 PSK 信号。

同理，对于多进制 ASK 信号和多进制 FSK 信号，只要将瞬时相位 $\varphi(i)$ 换成瞬时幅度 $a(i)$ 或瞬时频率 $f(i)$，计算多进制 ASK 信号的零中心归一化瞬时幅度绝对值的标准偏差 σ_{aa} 或多进制 FSK 信号的零中心归一化非弱信号段瞬时频率绝对值的标准偏差 σ_{af}，通过选择合适的门限，即可区分多进制 ASK 信号或多进制 FSK 信号。

根据决策树理论，在分类识别部分利用树分类器对调制信号进行分类，识别流程如图 4.3-16 所示。

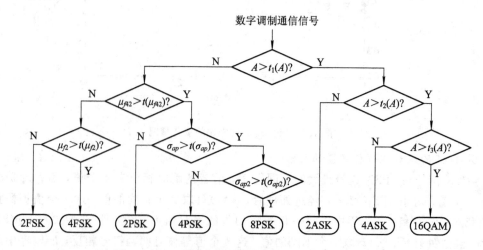

图 4.3-16　基于决策理论的数字调制信号分类器

基于决策理论的数字通信信号调制类型分类器的识别过程如下：

（1）计算待识别信号的幅度均值 A，与门限 $t_1(A)$ 比较，将待识别的信号分成两类：非恒定包络信号和恒定包络信号，即（2ASK、4ASK、16QAM）和（MPSK、MFSK）两类。

（2）对于判决类属于非恒定包络的信号，如 2ASK、4ASK、16QAM 信号，将参数 A

与门限 $t_2(A)$ 比较，将其再细分成两类：2ASK 和（4ASK、16QAM）。

（3）对于判决类属于 4ASK、16QAM 的信号，用其参数 A 与门限 $t_3(A)$ 比较，将其分成两类：4ASK 和 16QAM。

（4）对于判决类属于恒定包络的 MPSK、MFSK 的信号，计算待识别信号的频率峰值参数 μ_{f42}，通过与门限 $t(\mu_{f42})$ 比较，将其分成两类：（2FSK、4FSK）和（2PSK、4PSK、8PSK），即频率调制信号和相位调制信号。

（5）对于判决类属于频率调制信号的 2FSK、4FSK 信号，计算待识别信号的频率平方均值 μ_{f2} 与门限 $t(\mu_{f2})$ 比较，将其分成两类：2FSK 和 4FSK。

（6）对于判决类属于相位调制信号的 2PSK、4PSK、8PSK 的信号，计算待识别信号的绝对相位标准差 σ_{ap} 与门限 $t(\sigma_{ap})$ 比较，将其分成两类：2PSK 和（4PSK、8PSK）。

（7）对于判决类属于 4PSK、8PSK 的信号，计算待识别信号的修正的绝对相位标准差 σ_{ap2} 与门限 $t(\sigma_{ap2})$ 比较，将其分成两类：4PSK 和 8PSK。

利用上述的五个特征参数，在分类识别部分采用决策树识别，可以达到较好的识别效果，当信噪比大于 10 dB 以上时，正确识别概率大于 98%。

4.3.5　基于统计矩的通信信号调制识别

在实际系统中，进入通信侦察接收机的通信信号既有模拟通信信号，也有数字通信信号。因此需要一种同时可以完成模拟和数字通信信号调制识别的方法。

1. 模拟和数字调制的联合识别方法

联合识别方法使用 9 个基本特征参数，它们分别是：

（1）幅度谱峰值 $\gamma_{\max}$。

（2）绝对相位标准差 σ_{ap}。

（3）直接相位标准差 σ_{dp}。

（4）谱对称性 P。

上述特征参数在前两节给出了定义，并且在模拟调制识别中使用过。下面的几个特征参数是新增加的。

（5）绝对幅度标准差 σ_{aa}。σ_{aa} 是归一化零中心瞬时幅度绝对值的标准偏差，简称绝对幅度标准差。其定义与绝对相位标准差类似，即

$$\sigma_{aa} = \sqrt{\frac{1}{c}\left(\sum_{a_n(i)>a_t} a_{NL}^2(i)\right) - \frac{1}{c}\left(\sum_{a_n(i)>a_t} |a_{NL}(i)|\right)^2} \qquad (4.3-50)$$

式中符号的意义与绝对相位标准差类似，差别是用瞬时幅度 $a(i)$ 代替了瞬时相位 $\varphi(i)$。

（6）绝对频率标准差 σ_{af}。σ_{af} 是归一化零中心瞬时频率绝对值的标准偏差，简称绝对幅度标准差。其定义与绝对相位标准差类似，即

$$\sigma_{af} = \sqrt{\frac{1}{c}\left(\sum_{a_n(i)>a_t} f_{NL}^2(i)\right) - \frac{1}{c}\left(\sum_{a_n(i)>a_t} |f_{NL}(i)|\right)^2} \qquad (4.3-51)$$

式中符号的意义与绝对相位标准差类似，差别是用瞬时频率 $f(i)$ 代替了瞬时相位 $\varphi(i)$。

（7）幅度标准差 σ_{da}。σ_{da} 是归一化零中心瞬时幅度的标准偏差，简称幅度标准差。其定义与直接相位标准差类似，即

$$\sigma_{da} = \sqrt{\frac{1}{c}\Big(\sum_{a_n(i)>a_t} a_{NL}^2(i)\Big) - \frac{1}{c}\Big(\sum_{a_n(i)>a_t} a_{NL}(i)\Big)^2} \qquad (4.3-52)$$

式中符号的意义与直接相位标准差类似，差别是用瞬时幅度 $a(i)$ 代替了瞬时相位 $\varphi(i)$。

（8）幅度峰值。幅度峰值 μ_{a42} 是基于瞬时幅度的统计参数，其定义为

$$\mu_{a42} = \frac{E[a^4(i)]}{(E[a^2(i)])^2} \qquad (4.3-53)$$

式中 $a(i)$ 是信号的瞬时幅度；符号 $E\{\cdot\}$ 是统计平均。

（9）频率峰值。频率峰值 μ_{f42} 是基于瞬时频率的统计参数，其定义为

$$\mu_{f42} = \frac{E[f^4(i)]}{(E[f^2(i)])^2} \qquad (4.3-54)$$

式中 $f(i)$ 是信号的瞬时频率；符号 $E\{\cdot\}$ 是统计平均。

利用上述 9 个特征参数构造的决策识别树如图 4.3-17 所示。

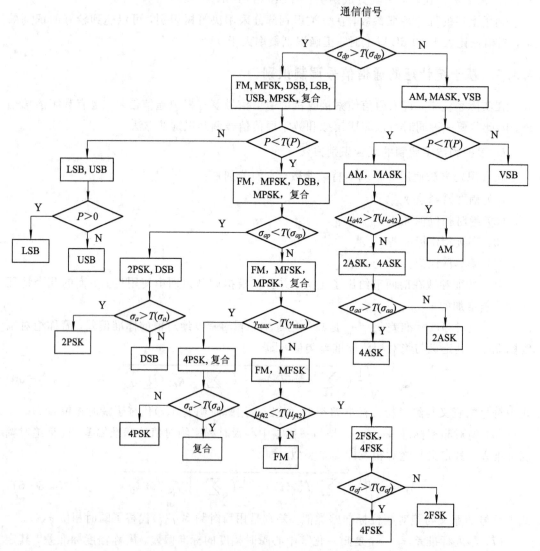

图 4.3-17　联合识别方法流程

2. 模拟和数字调制的分类识别方法

联合识别方法简单，但是其树的构造中模拟调制和数字调制交叉，不是十分清晰。本节介绍的方法首先把数字和模拟通信信号分为两类，然后分别利用前面介绍的方法进行识别。

数字调制信号具有一定的码元速率特征，并且该参数可以估计得到，但模拟调制信号没有码元速率的概念，估计模拟信号的码元速率，其结果是无规律的。因此，只要能判断信号是否存在码元速率，就能够有效地区分数字信号和模拟信号。

数字调制信号的码元速率估计算法有多种：利用信号幅度的变化可以估计 ASK 信号的码元速率，利用过零点检测或快速傅立叶变换可以估计 FSK 信号的码元速率，利用高阶累积量方法可以估计 PSK 信号的码元速率。0 和 1 之间的码元转换使得数字信号中包含幅度、频率或相位的瞬变，小波变换能精确提取瞬变点信息，并利用该信息估计信号的码元速率，但这种算法要求较宽的带宽和较高的采样率。

因此，可以利用小波变换方法区分模拟调制和数字调制。将待分析的调制信号等间隔地分为 M 段，对每段信号的采样点进行小波变换，取其包络并再次进行小波变换，将第二次小波变换的结果进行傅立叶变换。数字信号经过这些处理后在频域产生等间隔分布的尖峰。相邻尖峰之间的距离与码元速率成正比。对模拟信号而言，经过上述处理后并不能得到均匀分布的峰值。在进行调制识别时，并不需要精确地估计符号率，只需判断信号是否存在码元速率即可。因此，只计算相邻尖峰之间的距离，M 段信号可以得到一个关于该距离的数组，再计算该距离的方差，将此方差值与门限值进行比较，大于门限的判断为模拟调制信号；否则为数字调制信号。

对于数字调制信号，重新写出式(4.2 - 65)，即

$$Y(\omega) = \frac{2\pi}{T_s} \sum_k C_k \delta \left(\omega - \frac{2k\pi}{T_s} \right) \tag{4.3 - 55}$$

$Y(\omega)$的第一个峰值所在位置即为码元速率 $1/T_s$。同样可以知道，任意两个相邻尖峰之间的距离都等于 $2\pi/T_s$，即各个尖峰等间隔分布且尖峰之间的距离与码元速率成正比。

取频谱最大峰值与其左右两个峰值之间的平均距离取代原点到第一个尖峰的距离。因为该距离与符号率成正比，对 M 段信号得到一个距离数组 R_i。得到 M 段信号的距离数组后，计算其方差：

$$\sigma_r = \sum_{i=1}^{M} \left(R_i - \frac{1}{M} \sum_{i=1}^{M} R_i \right)^2 \tag{4.3 - 56}$$

对数字信号而言，因为各段信号经过上述变换后所得到的相邻尖峰距离基本相等，故其方差近似为零。对模拟信号而言，各段信号经过上述变换后得到的尖峰不明显，且各段所对应的尖峰距离相差较大、其方差也较大。据此可以区分模拟调制和数字调制信号。

4.3.6　基于统计参数的通信信号调制识别

利用通信信号的瞬时幅度包络熵、相位包络熵和频谱信息，可以有效地识别通信信号。

1. 瞬时幅度包络熵

通信信号的瞬时幅度中包含其调制信息，可以初步地对通信信号调制方式进行识别。几种通信信号的瞬时幅度直方图如图 4.3 - 18 所示。

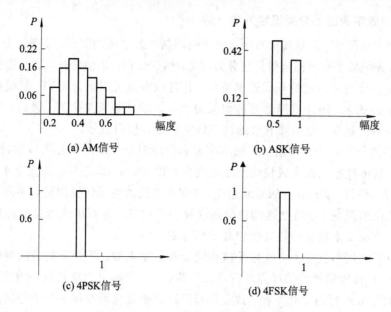

图 4.3-18　几种信号的瞬时幅度直方图

从图中可知，AM 类信号的瞬时包络直方图随调制信号的变化而变化，幅值变化起伏不明显，但变化的范围较大；ASK 信号的瞬时包络直方图分布呈现明显的凹陷，变化幅度比 AM 类信号要大得多；而对于 FSK 信号或 PSK 信号，其瞬时包络直方图相对集中，变化的范围也小，其图形呈现明显的峰值，幅度落在其他位置的几率很小。

在瞬时幅度直方图的基础上，我们就可以提取信号瞬时幅度包络熵和包络峰凹系数。

1) 瞬时幅度包络熵

瞬时幅度包络熵定义为

$$V_c = -\sum_{i=1}^{N} x_i \log x_i \qquad (4.3-57)$$

2) 瞬时幅度包络峰凹系数

瞬时幅度包络峰凹系数定义为

$$V_p = -\sum_{i=1}^{N} x_i \frac{(x_i - \mu)^4}{\sigma^4} - 3 \qquad (4.3-58)$$

式中，x_i 为第 i 种信号包络幅度在直方图中的复现概率：

$$P = \sum_{i=1}^{N} x_i = 1 \qquad (4.3-59)$$

μ 和 σ 则分别为包络样本均值和方差；"-3"是为对零均值高斯分布做精确量化时使 V_p 归一化为零而引入的常数。

图 4.3-19 给出了常用通信信号的瞬时幅度包络熵，由图可知，AM 信号的瞬时幅度包络熵最大，2ASK 信号的瞬时包络熵次之，FSK、PSK 信号的瞬时包络熵最小，所以利用包络熵可以实现通信信号调制方式的自动识别。选取合适的门限值，就可以得到最佳的判决。从图 4.3-19 中可直观看出，模拟调制信号与数字调制信号的门限值相隔较远，对最佳门限值的选取有益。而数字调制信号之间的瞬时幅度包络熵相隔较近，很难对各种信号进行分类。

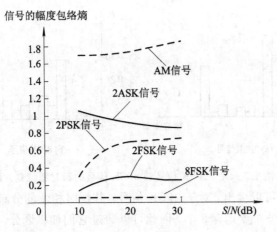

图 4.3-19 常用通信信号的瞬时幅度包络熵

利用瞬时幅度和相位包络熵进行调制分类时，幅度包络熵可以将信号划分为包络非恒定的 AM、ASK 信号和包络恒定的 FSK、PSK 信号。因此，借助大量样本统计确定信号包络熵和信号包络峰凹系数的门限值 V_{ae} 和 V_{pa}，就可以有效地区分它们。

数字调制信号中 FSK、PSK 信号，它们的瞬时包络图形相似，单纯从瞬时包络进行识别，很难有效把它们加以区分，还需借助 FSK 和 PSK 信号的频谱图的不同来加以区别。PSK 信号的频谱图中只有一个峰值，而 FSK 信号，其频谱图上有多个峰值，所以利用此特点正好可以区分 FSK 和 PSK 信号。

2. 瞬时相位包络熵

采用与瞬时幅度包络熵类似的方法，可以得到信号的瞬时相位包络熵。图 4.3-20 给出的是 PSK 信号的瞬时相位包络熵，其中 2PSK 信号与 8PSK 信号的瞬时相位包络熵有明显的差别，通过大量统计分析，找到合适的门限值，可以实现 PSK 信号的识别分类。

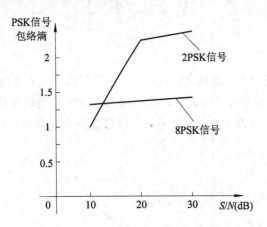

图 4.3-20 PSK 信号的瞬时相位包络熵

PSK 信号的细分，还可以利用其瞬时相位直方图来进行。不同的 PSK 信号，其相位的分布是各不相同的，与对应的相位调制相吻合。图 4.3-21 是 2PSK 信号和 8PSK 信号的瞬时相位直方图。

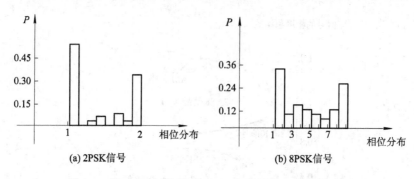

(a) 2PSK信号　　　　(b) 8PSK信号

图 4.3-21　2PSK 信号和 8PSK 信号的瞬时相位直方图

从图 4.3-21 中可以看出，对于 2PSK 信号，其瞬时相位的分布点只有 2 个，而 8PSK 信号的瞬时相位，其分布点则有 8 个。因此可以通过它们加以区分。

3. AM 信号分类

在 AM 信号中，需要区分 DSB、SSB 信号。它们可以通过 AM 信号的频谱分布的直流功率、上边带和下边带功率等几项特性来识别。可利用 FFT 在频域上提取信号频谱分布的几项特性：

$$A_0 = \sum_{i=1}^{20} A_i^2 + \sum_{i=1004}^{1023} A_i^2 \tag{4.3-60}$$

$$A_1 = \sum_{i=21}^{511} A_i^2 \tag{4.3-61}$$

$$A_2 = \sum_{i=512}^{1003} A_i^2 \tag{4.3-62}$$

其中，FFT 样本数 $N=1024$，A_0、A_1、A_2 实际上反映了信号直流功率和上边带、下边带功率的大小。为了在不影响分类效果条件下降低特征维度，最后选用的分类模式特征为

$$Z_1 = \min\left(\frac{A_0}{A_1}, \frac{A_0}{A_2}\right) \tag{4.3-63}$$

和

$$Z_2 = \frac{A_1}{A_2} \tag{4.3-64}$$

采用 Z_1 和 Z_2 进行分类识别的优点还在于，它们可以不受人为因素的影响，而且有较强的抗噪声干扰性能。统计实验已经表明，AM、SSB、DSB 三类调制信号在 Z_1-Z_2 特征平面上分布状况界限分明，如图 4.3-22 所示。可以借助分布规律对这三类信号做精细识别。

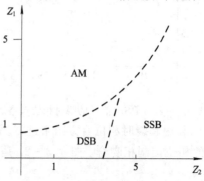

图 4.3-22　AM 的 Z_1 和 Z_2 特征

以大量观测数据样本为基础的统计直方图分析方法技术难度不大，比较容易实现。但它的缺点是分析速度较慢，只适合事后电子情报分析处理，难以在实战环境中实时应用。

4.3.7 基于高阶累积量的通信信号调制识别

使用高阶累积量作为特征参数识别调制信号的基带信号，简单、有效，且运算量小。它特别适合于识别相位调制信号，如 MQAM、MPSK、MASK 等。

1. 高阶累积量基础

令 $\boldsymbol{x}=[x_1, \cdots, x_k]^T$ 是一随机向量，其第一特征函数记为 $\Phi(\omega_1, \cdots, \omega_k)$，并定义如下：

$$\Phi(\omega_1, \cdots, \omega_k) \overset{\text{def}}{=} E\{\exp(j(\omega_1 x_1 + \cdots + \omega_k x_k))\} \tag{4.3-65}$$

对其求 k 阶偏倒数，并且令 $\omega_1 = \cdots = \omega_k = 0$，得到的是随机向量 $\boldsymbol{x}=[x_1, \cdots, x_k]^T$ 的 k 阶矩：

$$\text{mom}(x_1, \cdots, x_k) \overset{\text{def}}{=} E\{x_1 \cdots x_k\} = (-j)^k \frac{\partial^k \Phi(\omega_1, \cdots, \omega_k)}{\partial \omega_1 \cdots \partial \omega_k}\bigg|_{\omega_1 = \cdots = \omega_k = 0} \tag{4.3-66}$$

因此，第一特征函数又称为矩生成函数，它的对数 $\Psi(\omega_1, \cdots, \omega_k) = \ln\Phi(\omega_1, \cdots, \omega_k)$，称为随机向量的第二特征函数或累积量生成函数。类似于上式，累积量可定义为

$$\begin{aligned}
\text{cum}(x_1, \cdots, x_k) &\overset{\text{def}}{=} (-j)^k \frac{\partial^k \Psi(\omega_1, \cdots, \omega_k)}{\partial \omega_1 \cdots \partial \omega_k}\bigg|_{\omega_1 = \cdots = \omega_k = 0} \\
&= (-j)^k \frac{\partial^k [\ln\Phi(\omega_1, \cdots, \omega_k)]}{\partial \omega_1 \cdots \partial \omega_k}\bigg|_{\omega_1 = \cdots = \omega_k = 0}
\end{aligned} \tag{4.3-67}$$

考虑平稳随机过程 $\{x(n)\}$，若令 $x_1 = x(n)$，$x_2 = x(n+\tau_1)$，$\cdots$，$x_k = x(n+\tau_{k-1})$，则随机过程 $\{x(n)\}$ 的 k 阶矩和 k 阶累积量定义为

$$m_{kx}(\tau_1, \cdots, \tau_{k-1}) = \text{mom}[x(n), x(n+\tau_1), \cdots, x(n+\tau_{k-1})] = \text{mom}[x_1, \cdots, x_k] \tag{4.3-68}$$

$$c_{kx}(\tau_1, \cdots, \tau_{k-1}) = \text{cum}[x(n), x(n+\tau_1), \cdots, x(n+\tau_{k-1})] = \text{cum}[x_1, \cdots, x_k] \tag{4.3-69}$$

推导可知，高斯随机过程的奇数阶矩为零，偶数阶矩不为零。其高阶累积量$(k \geqslant 3)$恒等于零。这一点很重要，这就是为什么采用高阶累积量处理信号可以去噪的原因。

下面简述四阶累积量的定义。对于零均值的平稳复随机过程 $X(k)$，定义 $M_{pq} = E[X(k)^{p-q}(X(k)^*)^q]$，并且令 $\tau_1 = \tau_2 = \tau_3 = 0$，二阶和四阶累积量的简化定义如下：

$$\begin{cases}
c_{20} = m_{20} \\
c_{21} = m_{21} \\
c_{40} = m_{40} - 3m_{20}^2 \\
c_{41} = m_{41} - 3m_{21}m_{20} \\
c_{42} = m_{42} - |m_{20}|^2 - 2m_{21}^2 \\
c_{63} = m_{63} - 9c_{42}c_{21} - 6c_{21}^3
\end{cases} \tag{4.3-70}$$

在信号的实际处理中，要从有限的接收数据中估计信号的累积量，此时使用采样点的

平均代替理论的平均。

2. 基于累积量的通信信号调制方式识别

如果接收到的信号中包含有零均值的复高斯白噪声，且信号与噪声相互独立，而零均值高斯白噪声的高阶累积量（大于二阶）为零，则接收信号的高阶累积量等于有用信号的高阶累积量，而不受高斯噪声的影响，也就是说，高阶累积量可以很好地抑制噪声。而信号的各阶累积量取决于信号的调制方式，如果用接收到的被零均值高斯白噪声污染的信号的高阶累积量来建立识别参数，就可以识别被高斯白噪声污染的信号的调制方式。这就是利用接收到信号的高阶累积量识别调制类型的理论依据。

在接收机中，假定已经经过下变频、中频滤波、解调、码元同步后，匹配滤波器输出端得到同步码元的采样复信号序列可以表示为

$$x_k = \sqrt{E}\,\mathrm{e}^{\mathrm{j}\theta}a_k + n_k, \qquad k = 1, 2, \cdots, N \tag{4.3-71}$$

其中，a_k 为接收信号中平均功率归一化的 SOI（感兴趣的未知调制类型的信号）的码元序列；E 为 SOI 的平均功率；θ 是未知的载波相位偏差；n_k 是零均值的复高斯噪声序列。N 为观测数据的长度，载波的频差暂时不考虑。

假设接收的基带信息码元 a_k 取值等概率，则各种数字通信信号的采样序列可以表示为

2PSK 信号：$M=2$，$x_k = \sqrt{E}\,\mathrm{e}^{\mathrm{j}\theta}a_k$，$a_k \in \left[\exp\left(\dfrac{\mathrm{j}2\pi(m-1)}{2}\right),\ m=1,\ 2\right]$;

4PSK 信号：$M=4$，$x_k = \sqrt{E}\,\mathrm{e}^{\mathrm{j}\theta}a_k$，$a_k \in \left[\exp\left(\dfrac{\mathrm{j}2\pi(m-1)}{4}\right),\ m=1,\ 2,\ 3,\ 4\right]$;

8PSK 信号：$M=8$，$x_k = \sqrt{E}\,\mathrm{e}^{\mathrm{j}\theta}a_k$，$a_k \in \left[\exp\left(\dfrac{\mathrm{j}2\pi(m-1)}{8}\right),\ m=1,2,3,4,5,6,7,8\right]$;

MASK 信号：$x_k = \sqrt{E}\,\mathrm{e}^{\mathrm{j}\theta}a_k$，$a_k \in [2m-M+1,\ m=0,\ 1,\ \cdots,\ M-1]$;

MQAM 信号：其信息表现在接收的基带信号的幅度和相位上，$x_k = \sqrt{E}\,\mathrm{e}^{\mathrm{j}\theta}[a_k + \mathrm{j}b_k]$，$a_k$、$b_k \in [(2m-M+1)A,\ m=0,\ 1,\ \cdots,\ M-1]$。

对上述各信号采样序列，将信号按照平均功率归一化后分别计算各阶累积量，设信号的能量为 E，三类数字调制信号 MASK、MPSK、16SQAM 各阶累积量的理论值如表4.3-1 所示。

表 4.3-1　平均功率归一化的高阶累积量的理论值

累积量＼信号	$C_{x,20}$	$C_{x,21}$	$C_{x,40}$	$C_{x,42}$	$C_{x,63}$
2ASK	E	E	$2E^2$	$2E^2$	$13E^2$
4ASK	E	E	$1.36E^2$	$1.36E^2$	$9.16E^2$
8ASK	E	E	$1.2381E^2$	$1.2381E^2$	$8.760E^2$
2PSK	E	E	$2E^2$	$2E^2$	$13E^2$
4PSK	0	E	E^2	E^2	$4E^2$
8PSK	0	E	0	E^2	$4E^2$
16QAM	0	E	$0.68E^2$	$0.68E^2$	$2.08E^2$

为了实现数字调制信号的调制分类，可以利用不同累积量的组合建立识别参数，主要采用四阶、六阶累积量建立识别参数。由表 4.3-1 可看出 2ASK 与 2PSK 信号的各阶累积量都相同，故利用累积量建立的参数无法识别 2ASK 与 2PSK 信号。这里，设

$$f_{x1} = \frac{|C_{x,40}|}{|C_{x,42}|}, \quad f_{x2} = \frac{|C_{x,63}|^2}{|C_{x,42}|^3}, \quad F = [f_{x1}, f_{x2}] \tag{4.3-72}$$

计算得 MPSK、MASK、MQAM 基带信号的 f_{x1}、f_{x2} 参数值如表 4.3-2 所示。

表 4.3-2　MASK、MPSK、16SQAM 的理论参数

参数	2ASK/2PSK	4ASK	8ASK	4PSK	8PSK	16SQAM
f_{x1}	1	1	1	1	0	1
f_{x2}	21.25	34.3560	40.4362	16	16	14.7594

根据参数 $F = [f_{x1}, f_{x2}]$ 可对信号进行分类，识别 2PSK（2ASK）、4ASK、8ASK、4PSK、16SQAM 信号。具体算法步骤如下：

(1) 将接收到的信号进行下变频处理后得到基带信号，计算基带信号的高阶累积量，并计算特征参数 f_{x1}、f_{x2}，利用 f_{x1} 可识别出 8PSK 信号。

(2) 利用 f_{x2} 可将 2ASK、4ASK 与 8ASK 信号与其他信号区分开。

利用高阶累积量识别数字调制信号，由于高斯白噪声大于二阶的累积量为零，因此可以在较低的信噪比下进行通信信号的识别。

4.3.8　基于星座图的数字通信信号识别

数字通信信号中的幅相调制信号都可以用星座图表示，利用幅相调制信号与星座图之间的对应关系，可以识别它们的调制类型。图 4.3-23 是几种典型通信信号的星座图。

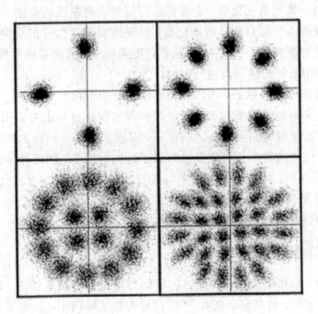

图 4.3-23　典型信号的星座图

图中左上角是 QPSK 信号的星座图，右上角是 8PSK 的星座图，左下角是 16QAM 信号的星座图，右下角是 32QAM 信号的星座图。

星座图实际上是正交平面的幅度相位关系。对中频信号进行正交分解，得到它的正交分量信号 $I(t)$ 和 $Q(t)$，然后在 $I-Q$ 平面上描绘出幅度相位分布，就可以得到星座图。星座图的获取是相对容易的，关键是如何从其中识别相应的调制类型。利用星座图识别调制类型的过程，实际上是一种模式识别、模式匹配或者聚类分析的过程。

4.4　通信信号解调

4.4.1　概述

在通信侦察系统中，信号解调的主要目的是获取通信信号中所传输的信息内容，获取对方的作战情报信息，了解其作战意图。此外，为了分析某些调制参数，或者进行调制识别，也需要对通信信号进行解调。

在通信系统中，通信信号的解调是最基本的技术。但是在通信对抗系统中，解调相对是比较困难的，其原因之一是：作为第三方和非协作方，与通信双方的情况完全不同。通信双方对通信信号的参数如载波频率、调制样式、调制参数、码元速率等都是预先约定和确知的，而通信侦察方对通信信号的参数是未知的。因此，通信侦察系统中的解调器是一种被动式的解调，也称为盲解调。另外，通信侦察系统面对的是多种的调制方式，它需要解调的调制样式比通信设备的解调器多得多。相比之下，通信设备的解调器的调制样式是事先约定好的，因此实现起来也相对简单一些。除了适应调制样式的变化外，通信侦察使用的解调器的调制参数也是变化的，它要能适应信号调制参数的变化。

在通信侦察系统中完成对信号解调之前，首先需要识别信号的调制方式，估计信号的调制参数，包括载波频率、码元速率、进制数，甚至其成形滤波器的参数等，才能够根据信号的调制样式，使用不同的解调器进行解调。

在获取了信号的调制参数后，可以利用通信系统中常用的各种解调方法对通信信号进行解调，通信系统的解调器的载波同步、位同步和帧同步技术也可以用于侦察系统的解调器的同步环路中。这些解调和同步技术的原理，可以参考通信原理的相关书籍和资料。

近年来，通信信号的数字化解调技术得到了迅速的发展，利用数字信号处理器（DSP）、可编程阵列（CPLD/FPGA）可以构造一个具有开放性、标准化、模块化的通用硬件平台，将各种信号的解调用软件来实现，这对于无线电侦察具有重要意义。本节主要介绍几种数字化盲解调器的原理和技术。

4.4.2　MFSK 信号盲解调

在通信系统中，频移键控（FSK）信号的解调方法很多，如鉴频法、过零检测法和差分检测、相干解调等方法。近年来，在对 FSK 信号的数字解调中，出现了利用短时傅立叶变换分析、自适应递归数字滤波器和直接将模拟频率检测器变换为数字形式的方法实现 FSK 信号的数字解调。本节主要讨论利用时频分析技术实现 MFSK 信号的数字解调。

1. 瞬时频率法

在时频分析中，一般把信号分为单分量和多分量信号两大类。单分量信号在任意时刻都只有一个频率，该频率称为信号的瞬时频率。多分量信号则在某些时刻具有各自的瞬时频率。由于 MFSK 信号是单分量信号，即在任意时刻都只有一个频率，因此我们很自然的就可以想到利用瞬时频率解调 MFSK 信号。

设 MFSK 采样得到的实信号序列 $x(i)$ 的频间是 f_{sep}，码元速率是 R_b，码元宽度是 $T_b = 1/R_b$，采样频率为 f_s，计算它的解析信号 $z(i)$，并求其模 2π 的瞬时相位 $\varphi(i)$：

$$\phi(i) = \arctan\left[\frac{\hat{x}(i)}{x(i)}\right] \tag{4.4-1}$$

式中 $\hat{x}(i)$ 是实信号 $x(i)$ 的希尔伯特变换。因为 $\varphi(i)$ 是按模 2π 计算的，存在相位卷叠，所以必须给模 2π 瞬时相位序列 $\{\varphi(i)\}$ 加上如下校正相位序列 $\{C_k(i)\}$：

$$C_k(i) = \begin{cases} C_k(i-1) - 2\pi, & \varphi(i+1) - \varphi(i) > \pi \\ C_k(i-1) + 2\pi, & \varphi(i) - \varphi(i+1) > \pi \\ C_k(i-1), & \text{其他} \end{cases} \tag{4.4-2}$$

$C_k(0) = 0$，因此，去卷叠后的相位序列 $\{\varphi_{uw}(i)\}$ 为

$$\varphi_{uw}(i) = \varphi(i) + C_k(i) \tag{4.4-3}$$

至此可得瞬时频率 $f(i)$ 为

$$f(i) = \frac{f_s}{2\pi}[\varphi_{uw}(i+1) - \varphi_{uw}(i)] \tag{4.4-4}$$

对瞬时频率序列 $\{f(i)\}$ 进行中值滤波，设中值滤波器的窗宽为 n，中值滤波器的输入/输出关系为

$$y = \begin{cases} x(k+1), & n = 2k+1 \\ \frac{1}{2}(x(k) + x(k+1)), & n = 2k \end{cases} \tag{4.4-5}$$

中值滤波器对分析窗里的数据进行从小到大排序，然后选取幅度为中间大小的一个值作为输出值。它对高频毛刺（脉冲噪声）具有优异的抑制能力，可滤除脉冲宽度小于等于 $\text{int}\left(\frac{n-1}{2}\right)$ 的脉冲噪声（int 表示取整）。取中值滤波器的窗口宽度 $n = 2k+1$，且 $n < \frac{f_s}{R_s}$，则

$$\begin{aligned} f_{\text{Med}}(i) &= \text{Med}[f(i) \mid n] \\ &= \text{Median}[f(i-k), \cdots, f(i), \cdots, f(i+k)] \end{aligned} \tag{4.4-6}$$

其中，$\{f_{\text{Med}}(i)\}$ 是滤波后的瞬时频率序列。然后进行归一化，再对输出序列按照下列条件对瞬时频率进行量化处理，如果

$$f_j(i) - \frac{f_{\text{sep}}}{2} \leqslant f_{\text{Med}}(i) < f_j(i) + \frac{f_{\text{sep}}}{2}$$

则

$$v(i) = j$$

得到量化输出序列 $\{v(i)\}$。对量化输出序列进行码元宽度检测，得到解调输出。

图 4.4-1 给出了利用瞬时频率解调某 16FSK 信号的波形，其中图(a)是信号的时域波形，图(b)是瞬时频率序列 $\{f(i)\}$ 的波形，图(c)是序列 $\{f_{\text{Med}}(i)\}$ 的波形，图(d)是归一化序

列$\{u(i)\}$的波形，图(e)是序列$\{u(i)\}$均值滤波后的波形，图(f)是序列$\{v(i)\}$的波形，上面标的数字是解调出的码元符号。

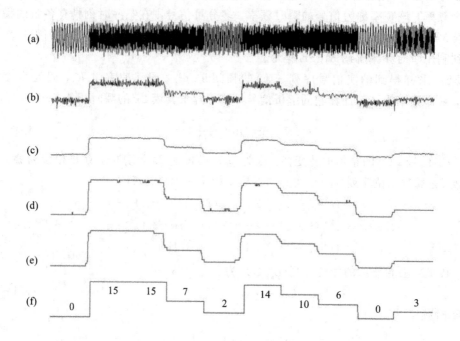

图 4.4 - 1　用瞬时频率解调 16FSK 信号的波形

瞬时频率法简单、运算量小。但是它对噪声比较敏感，因此，仅适合于在高信噪比条件下使用。

2. 短时傅立叶变换法

短时傅立叶变换(STFT)是一种时频分析工具，它表示信号的时间—频率能量分布(即"瞬时功率谱密度")，是一种非平稳信号分析的标准的和有力的工具。

设 MFSK 采样得到的实信号序列 $x(n)$ 的频间是 f_{sep}，码元速率是 R_b，码元宽度是 $T_b = 1/R_b$，采样频率为 f_s。设窗函数为 $w(n)$，窗宽为 N_w。

对信号序列 $x(n)$ 进行加窗的短时傅立叶变换(STFT)，窗宽为 N_w，得

$$X(k, m) = STFT\{x(n)w(n-m)\} \tag{4.4-7}$$

计算谱图，谱图定义为短时傅立叶变换的模值的平方：

$$X_P(k, m) = |X(k, m)|^2 \tag{4.4-8}$$

计算出谱图的最大值对应的频率：

$$f(i) = \frac{k_i f_s}{N_w} \tag{4.4-9}$$

式中，k_i 是谱图中最大值对应的下标。将窗函数 $w(n)$ 沿信号序列 $x(n)$ 滑动，滑动步长为 P，重复进行上述过程，即可得信号的瞬时频率序列 $\{f(i)\}$。

得到瞬时频率序列后，按照与瞬时频率法相同的过程，对瞬时频率序列进行量化、中值滤波、码元检测等，就实现了对 MFSK 信号的解调。

图 4.4 - 2 给出了用 STFT 解调某 16FSK 信号的波形，其中图(a)是信号的时域波形，

图(b)是谱图(图中 t 轴表示时间，f 轴表示频率，颜色的深浅表示信号在各瞬时能量的大小，颜色越浅表示能量越大)，图(c)是解调后的序列的波形，上面标的点是它的样点，标的数字是解调出的码元符号。

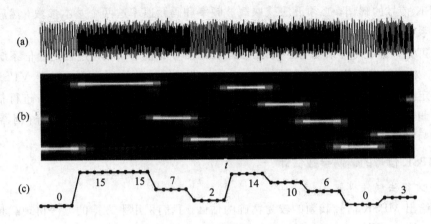

图 4.4-2　用 STFT 解调 16FSK 信号的波形

在使用 STFT 解调 MFSK 信号时，窗函数类型、窗函数宽度、滑动步长和 FFT 点数的变化等都会影响信号的解调性能，因此要想得到好的解调性能，必须合理选择这些参数。

常用的窗函数有矩形窗、三角窗、汉宁窗、海明窗、布莱克曼窗等。矩形窗具有最窄的主瓣，但也有最大的旁瓣峰值和最慢的旁瓣衰减速度；布莱克曼窗具有最小的旁瓣峰值和最快的旁瓣衰减速度，但其主瓣宽度和等效噪声带宽也最宽；汉宁窗和哈明窗的主瓣稍宽，但有较小的旁瓣峰值和较窄的带宽及等效噪声带宽，是较为常用的窗函数。

在选择了合适的窗函数后，合理地选择窗宽和移动步长有利于提高解调性能。窗口宽度过宽易引入码间串扰，窗口宽度过窄就会丢失信号信息。一般地，窗函数的宽度为 1～2 倍的码元宽度。

STFT 的滑动步长会影响估计性能，一般滑动步长 $P=(0.1～0.5)T_s$。滑动步长较大时，频率估计性能好；当滑动步长较小时，码元宽度估计性能好。在解调信号时，需要同时考虑频率估计和码元宽度估计的性能，要兼顾二者进行选择。

STFT 通常利用 FFT 实现，如果信号的频间是 f_{sep}，FFT 的频率分辨率是 Δf，则频间分辨率比定义如下：

$$I = \frac{f_{sep}}{\Delta f} \tag{4.4-10}$$

式中，I 为频间分辨率比，I 与 Δf 成反比。当利用 STFT 解调信号时，选择合理的频间分辨率比也是很重要的。I 太小，频率分辨率 Δf 太大，不能满足要求；I 太大，频率分辨率 Δf 虽小，但运算量又太大，也不是最好的选择。频间分辨率比越大，频率估计性能越好，但运算量也增加。通常 I 在 8～16 之间选择有较好的性能。

4.4.3　MPSK 信号盲解调

MPSK 信号是多进制相位调制信号，它的解调必须采用相干解调器。在通信系统中，相干解调器根据已知的载波频率和码元速率信息，通过载波跟踪环和码元跟踪环跟踪载波频率和码元速率的变化，实现对 MPSK 信号的解调。对于通信侦察系统，由于事先缺乏通信信号的先验知识，既不知道通信信号的载波频率，也不知道它的码元速率，因此为了实现对 MPSK 信号的解调，必须设法获取载波频率和码元速率这两个基本参数，然后就可以利用通信系统的解调器实现对它的解调。

由此可见，通信侦察系统为了实现对 MPSK 信号的盲解调，其过程比通信系统复杂得多。首先，对待解调的信号进行调制类型识别，确定信号的调制类型，对于 MPSK 信号，还必须确定 M。其次，在确定信号是 MPSK 信号后，还需对信号的基本参数进行估计，得到信号的调制参数，包括载波频率、码元速率、进制数等。最后利用相干解调器实现对 MPSK 信号的解调。

1. MPSK 信号的调制参数估计

1) 平方律法载频提取

为了给出 MPSK 信号载频的较为精确的估计，我们采用平方律的方法再现载频。下面以 $M=2$ 为例，说明该方法的有效性。首先，如果在一个码元持续时间内观察，可以将 BPSK 信号表示如下：

$$s(t) = \begin{cases} \cos(\omega_c t + \theta_0), & \text{概率为 } P \\ -\cos(\omega_c t + \theta_0), & \text{概率为 } 1-P \end{cases} \tag{4.4-11}$$

当 $P=\dfrac{1}{2}$ 时，其功率谱为

$$S_s(\omega) = \frac{T_s}{4} \left\{ \left| \text{Sa}\left[\left(\frac{\omega + \omega_c}{2}\right) T_s \right] \right|^2 + \left| \text{Sa}\left[\left(\frac{\omega - \omega_c}{2}\right) T_s \right] \right|^2 \right\} \tag{4.4-12}$$

从上式可以看到，BPSK 信号的功率谱中，不存在离散的信号载频分量。这样，为了实现精确的载频估计，首先必须再现载频。

对 BPSK 信号求平方，可得

$$s^2(t) = \frac{1}{2} [1 + \cos(2\omega_c t + 2\theta_0)] \tag{4.4-13}$$

对上式进行滤波，去除直流得

$$s_1(t) = \frac{1}{2} [\cos(4\pi f_c t + 2\theta_0)] \tag{4.4-14}$$

可见，经过平方处理后，得到一个频率为 $2f_c$ 的单频信号，它的频率为 BPSK 信号的载波频率的 2 倍。于是提取和估计这个信号，可以得到 BPSK 信号的载波频率 f_c。对 QPSK、8PSK 信号，需要进行 4 次方和 8 次方的处理，其过程类似。

2) 自相关法载频提取

自相关法是将信号变化到相关域中，可以在较低的信噪比下实现对 MPSK 信号载波频率的提取和估计。其处理过程是先对信号进行平方处理，然后计算信号的自相关函数，再计算功率谱，并且进行载波频率的估计。

侦察接收机输出的 BPSK 信号为

$$s(t) = a(t)\sin(2\pi f_c t + \theta_0) + n(t) \tag{4.4-15}$$

式中 $a(t)$ 是数字基带信号；$n(t)$ 为接收机输出的带限高斯噪声。对上式平方，得到

$$z(t) = a^2(t)\sin^2(2\pi f_c t + \theta_0) + n^2(t) + 2a(t)n(t)\sin(2\pi f_c t + \theta_0)$$
$$= \sin^2(2\pi f_c t + \theta_0) + n^2(t) + 2a(t)n(t)\sin(2\pi f_c t + \theta_0) \qquad (4.4-16)$$

对上式求自相关，得到

$$R_z(t) = R\{\sin^2(2\pi f_c t + \theta_0)\} + R\{n^2(t)\} + R\{2a(t)n(t)\sin(2\pi f_c t + \theta_0)\}$$
$$(4.4-17)$$

式中 $R\{\cdot\}$ 是自相关计算。由于信号与噪声不相关，当数据足够长时，有 $R\{n^2(t)\} \to 0$，$R\{2a(t)n(t)\sin(2\pi f_c t + \theta_0)\} \to 0$。于是上式近似为

$$R_z(t) \approx R\{\sin^2(2\pi f_c t + \theta_0)\} = R\left\{\frac{1}{2}(1 - \cos 4\pi f_c t + 2\theta_0)\right\} \qquad (4.4-18)$$

对上式求傅立叶变换，其结果可以进行载波频率估计。

上述方法是在平方变换的基础上进行自相关计算，可以在较低的信噪比下进行载波频率提取和估计。除了自相关法外，还可以利用互相关法实现载波频率的估计。其基本思想是对两次独立接收的信号分别进行平方运算，然后进行互相关运算，利用信号的互相关性和信号与噪声的不相关性，可以抑制噪声，改善载波频率的估计性能。

在解调 MPSK 信号时，除了需要载波频率信息外，还需要码元速率信息。码元速率的估计可以参考 4.2.8 节介绍的方法实现。在解调过程中需要识别 MPSK 信号的进制数 M，这个工作可以利用调制识别技术的相关结论，如可以利用高阶累积量方法实现对 MPSK 信号的识别分类，得到 MPSK 信号的进制数 M。具体内容请参考调制识别部分的相关叙述。

2. MPSK 信号的盲解调

通过前面的分析，我们得到了 MPSK 信号的载波频率和码元速率的估计量，从而可以构造数字正交解调器实现截获信号的解调，即可利用载波估计值设置和产生本地 NCO 载波频率，利用码元速率估计值设置低通滤波器(LPF)带宽并且恢复和提取抽样时钟。与通信信号 MPSK 正交解调器类似，盲解调器仍然需要进行载波同步和码元同步等同步环路，因此，需要将载波估计和码元速率估计插入到同步环路中。同时，为了保证一定的误码率要求，需对信号的信噪比进行估计，只有当信噪比满足要求时，对信号的解调结果才具有一定的置信度。基于载波和码元速率估计的 MPSK 信号的盲解调器的原理框图如图 4.4-3 所示。

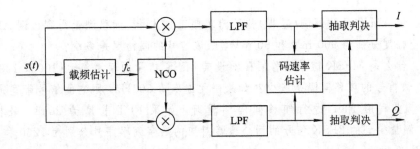

图 4.4-3　MPSK 信号的盲解调器的原理框图

4.4.4　幅度调制信号盲解调

MASK 信号是多进制幅度调制信号，它的解调可以采用相干解调器，也可以采用非相

干解调器。在通信系统中，在高信噪比条件下，MASK 信号经常采用非相干解调器解调。因此，通信侦察系统也可以利用非相干解调器实现对 MASK 信号的盲解调。

但是与通信系统不同的是，通信侦察系统为了实现对 MASK 信号的盲解调，需要增加预处理的过程。它首先对待解调的信号进行调制类型识别，确定信号的调制类型和调制参数，然后对解调器的参数进行设置。需要设置的调制参数包括载波频率、码元速率、进制数等。

采用非相干解调器的 MASK 信号盲解调器的原理框图如图 4.4 - 4 所示。

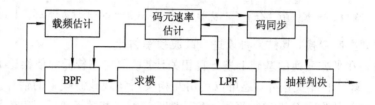

图 4.4 - 4　MASK 信号盲解调器的原理框图

在上述的解调器中，对载波频率估计的精度要求不高，只需要为带通滤波器(BPF)中心频率的设置通过一个初始值。对低通滤波器(LPF)输出进行码元速率估计的目的也是为解调器提供初始值，具体地说，载频估计和码元估计只是为 BPF 和 LPF 的带宽设置提供初始值，为码同步单元提供码元速率的初始值。

习　　题

4-1　简述通信侦察系统信号处理的任务。

4-2　设 FFT 长度为 1024，采样频率为 1 MHz，那么 FFT 的频率分辨率是多少？利用 FFT 法测频的测频精度是多少？

4-3　当利用 FFT 进行信号带宽测量时，如果 FFT 长度为 1024，采样频率为 100 kHz，得到的两个－3 dB 功率点的对应的数字频率序号分别为 249 和 261，试计算该信号的带宽。

4-4　设 AM 信号的调制(基带)信号为单频正弦信号，如果测量得到已调 AM 信号的最大和最小幅度分别为 900 mV 和 50 mV，则该信号的调幅度是多少？

4-5　什么是 MFSK 信号频移间隔？设某 4FSK 信号的频率集为{1000，1200，1400，1600}Hz，该信号的频移间隔是多少？如果码元速率为 500Hz，则它的信号带宽是多少？

4-6　当利用 FFT 进行频移间隔测量时，如果 FFT 长度为 2048，采样频率为 100 kHz，测量得到的 2FSK 信号的两个谱峰对应的数字频率序号分别为 1250 和 1260，其频移间隔是多少？

4-7　调制类型识别的目的和意义是什么？通信侦察系统中进行调制设备的基本思想是什么？

4-8　基于统计矩进行模拟通信信号调制识别的有哪 3 个特征参数？其基本含义是什么？

4-9　基于统计矩进行数字通信信号调制识别的有哪 5 个特征参数？其基本含义是什么？

4-10　基于统计矩进行模拟通信信号调制识别时，利用特征参数零中心归一化瞬时幅度之谱密度的最大值可以区分（DSB、VSB、AM）和（FM、LSB、USB）。在图 4.3-10 中，试选择合适的门限值，以便得到较好的调制分类效果。

4-11　试解释为什么 ASK 信号的瞬时包络直方图分布呈现明显的凹陷？而 AM 信号的瞬时包络直方图分布幅度起伏不明显。

4-12　为什么利用幅度包络熵可以分类 AM、ASK、FSK 和 PSK 信号？

4-13　为什么利用高阶累积量识别数字调制信号的方法，可以适应较低的信噪比条件？

4-14　通信侦察系统的解调器的基本特点是什么？

4-15　利用瞬时频率法解调 MFSK 信号的优缺点是什么？

4-16　利用短时傅立叶变换法解调 MFSK 信号时，如何选择解调器的参数？

4-17　为什么说通信侦察系统的解调是盲解调？实现盲解调的主要步骤有哪几个？

第 5 章 通信侦察系统的灵敏度和作用距离

5.1 通信侦察接收机灵敏度

5.1.1 噪声系数

噪声系数是衡量接收机内部噪声的一个物理量，它定义为接收机输入端信噪比与输出端信噪比之比，即

$$N_F = \frac{\frac{S_{in}}{N_{in}}}{\frac{S_{out}}{N_{out}}} \tag{5.1-1}$$

如果接收机的增益为 G，$G = S_{out}/S_{in}$，则

$$N_F = \frac{N_{out}}{GN_{in}} \tag{5.1-2}$$

上式表明，噪声系数是接收机输出端的总噪声功率 N_{out} 与其输入端的噪声功率经接收机放大后得到的噪声功率 GN_{in} 的比。接收机输出噪声由两部分构成，其一是接收机输入的噪声被放大后的输出，其二是接收机内部产生的噪声。因此，噪声系数总是大于 1 的，它表示了输出信噪比恶化的程度。将上式写成对数形式，噪声系数的意义就更清楚：

$$N_F = 10 \lg\left(\frac{N_{out}}{GN_{in}}\right)$$
$$= 10 \lg(N_{out}) - 10 \lg(G) - 10 \lg(N_{in}) \quad (\text{dB}) \tag{5.1-3}$$

噪声系数表示输出信噪比恶化的程度，它说明，由于接收机内部噪声的存在，其输出噪声功率总是大于其输入噪声功率。

接收机输出噪声是由其内部的放大器、滤波器、混频器等单元电路产生的，这些单元以级联方式完成接收机的功能。下面讨论级联电路的噪声系数的计算问题。设两级级联电路的噪声系数和增益分别为 N_{F1}、N_{F2} 和 G_1、G_2，则级联后其总的噪声系数为

$$N_F = N_{F1} + \frac{N_{F2} - 1}{G_1} \tag{5.1-4}$$

类似地，n 级级联电路的总噪声系数为

$$N_F = N_{F1} + \frac{N_{F2} - 1}{G_1} + \frac{N_{F3} - 1}{G_1 G_2} + \cdots + \frac{N_{Fn} - 1}{G_1 G_2 \cdots G_{n-1}} \tag{5.1-5}$$

　　由上式可以看出，当后级电路增益很高时，总噪声系数主要取决于前级电路的噪声系数。因此，为了降低总噪声系数，需要适当提高第一级电路的增益，同时降低它的噪声系数。接收机的第一级通常是低噪声放大器，它的增益和噪声系数对于整个接收机的噪声系数有极大的影响。此外，后级电路对总噪声系数的影响较小，其位置越接近输出，影响越小。

5.1.2　接收机灵敏度

　　接收机灵敏度是接收机的重要指标之一，也是通信侦察系统的重要指标之一。接收机灵敏度与噪声系数有关，它是指在接收机与天线完全匹配的条件下，接收机输入端的最小信号功率。由噪声系数的定义，接收机输入端的信号功率为

$$S_{in} = N_{in} N_F \frac{S_{out}}{N_{out}} \qquad (5.1-6)$$

当接收机与天线完全匹配时，接收机输入端的噪声功率为

$$N_{in} = KT_0 B_n \qquad (5.1-7)$$

其中，$K = 1.38 \times 10^{-23}$（焦耳/度）是波尔兹曼常数；T_0 是标准温度（290 K）；B_n 是接收机等效噪声带宽（Hz）。接收机灵敏度定义为接收机输入端的最小信号功率，它表示为

$$P_{r\min} = (S_{in})_{\min} = KT_0 B_n N_F \frac{S_{out}}{N_{out}} = KT_0 B_n N_F SNR_o \qquad (5.1-8)$$

可见，接收机灵敏度与接收机等效带宽、噪声系数和输出信噪比等有关。

　　接收机灵敏度经常用分贝形式表示，对上式取对数，并且将 K 和 T_0 的值代入，经过简单的计算，可以得到

$$P_{r\min} = -174 + 10 \lg(B_n) + N_F + SNR_o (dBm) \qquad (5.1-9)$$

式中，噪声系数 N_F、输出信噪比 SNR_o 以 dB 为单位；等效噪声带宽 B_n 以 Hz 为单位。

　　值得指出的是，上式中的噪声带宽、噪声系数、输出信噪比必须在同一个检测点计算。如在中频放大器输出端检测，则三者分别是中放带宽、中放噪声系数和中放输出信噪比。如果是在信号处理器输出检测，则它们分别是信号处理器的分析带宽、中放输出信噪比，而噪声系数包括射频通道噪声、ADC 量化噪声、信号处理器截断噪声等在内的接收机总噪声系数。

　　在式(5.1-9)中，信噪比是检测信噪比，没有考虑信号处理的影响。设某通信侦察接收机的中频放大器输出信噪比为 8 dB，中频带宽 2 MHz，射频前端噪声系数为 12 dB，则它的灵敏度为

$$P_{r\min} = -174 + 10 \lg(2 \times 10^6) + 12 + 8 = -91 \quad (dBm)$$

考虑信号处理对信噪比的改善作用，如信号处理采样 FFT 处理，FFT 的分辨率为 25 kHz，则接收机灵敏度为

$$P_{r\min} = -174 + 10 \lg(25 \times 10^3) + 12 + 8 = -110 \quad (dBm)$$

　　可见，由于信号处理提高了输出信噪比，接收机灵敏度提高了 19 dB。其本质是由于 FFT 分析的作用，等效噪声带宽由 2 MHz 下降到 25 kHz，使接收机灵敏度提高。考虑到信号处理对接收机灵敏度的贡献，将式(5.1-9)修正为

$$P_{r\min} = -174 + 10 \lg B_n + N_F + SNR_o - G_p \quad (dBm)$$

其中，G_p 是信号处理增益，它定义为信号处理输入、输出信噪比改善比，即

$$G_p = \frac{\left(\frac{S}{N}\right)_o}{\left(\frac{S}{N}\right)_i} \tag{5.1-10}$$

对于 FFT 分析和信道化处理，信号处理增益的理论值是其输入信号带宽与输出信号带宽之比。而由于 ADC 量化噪声和信号处理截断噪声的存在，实际处理增益比理论值低 2～5 dB 左右。

在接收机设计时，经常需要将灵敏度转换为噪声系数，射频前端的噪声系数为

$$N_F = 174 + P_{rmin} - 10 \lg(B_n) - SNR_o \quad \text{(dB)} \tag{5.1-11}$$

5.2 通信侦察系统的作用距离

信道是通信信号传播的途径。对于无线通信系统，无线信道的电磁波的主要传播方式有直接波、表面波、反射波、折射波、绕射波和散射波等。在视距范围内的地—空、空—空通信的主要传播方式是直接波，它的传播模型可以用自由空间传播模型描述。而地—地通信则复杂得多，可以采用地面反射传播模型描述。

5.2.1 自由空间电波传播模型

设在自由空间中存在一个全向的点辐射源，其发射功率为 P_T，则在距离发射天线 R 处，信号功率均匀地分布在一个半径为 R 的球面上，该处的功率密度为

$$S_T = \frac{P_T}{4\pi R^2} \tag{5.2-1}$$

如果接收天线距离发射天线的距离为 R，则有效面积为 A_e 的接收天线感应的信号功率为

$$P_R = \frac{P_T A_e}{4\pi R^2} \tag{5.2-2}$$

天线增益与有效面积和波长 λ 的关系为

$$G = \frac{4\pi}{\lambda^2} A_e \tag{5.2-3}$$

因此，接收天线得到的接收功率为

$$P_R = \frac{P_T G_R \lambda^2}{(4\pi R)^2} \tag{5.2-4}$$

式中 G_R 是接收天线的增益。如果发射天线不是全向的，设它具有增益 G_T，则上式修正为

$$P_R = \frac{P_T G_T G_R \lambda^2}{(4\pi R)^2} \tag{5.2-5}$$

式(5.2-4)和式(5.2-5)称为自由空间的电波传播方程，它仅适用于视距通信的情况。视距通信是指发射和接收天线之间的距离满足视距条件：

$$R_{sr} \leqslant k(\sqrt{h_1} + \sqrt{h_2}) \tag{5.2-6}$$

式中的 h_1 和 h_2 分别是发射天线和接收天线的高度，单位为 m；k 为与传播有关的因子，不考虑大气引起的电波折射时 $k=3.57$，考虑大气引起的电波折射时 $k=5.12$。

自由空间的电波传播损耗定义为

$$L = \frac{P_R}{P_T} = G_T G_R \frac{\lambda^2}{(4\pi R)^2} \qquad (5.2-7)$$

当天线增益用分贝表示时，传播损耗表示为

$$L_{dB} = G_T(dB) + G_R(dB) - 20\lg f(MHz) - 20\lg R(km) - 32.26 \qquad (5.2-8)$$

而以 dBm 为单位的接收功率为

$$P_R(dBm) = P_T(dBm) + L(dB)$$
$$= P_T(dBm) + G_T(dB) + G_R(dB) - 20\lg f(MHz) - 20\lg R(km) - 32.26$$
$$\qquad (5.2-9)$$

由上式可见，接收机接收的信号功率与距离平方成反比，与信号频率成反比，与发射天线和接收天线增益成正比。特别是，距离每增加 1 倍，信号功率减小 1/4，或者说功率电平降低 6 dB。

例子：设发射功率为 5 W，$G_T=3$ dB，$G_R=8$ dB，$R=350$ km，$f=400$ MHz，则可以得到接收功率为

$$P_R = 7+3+8-50.88-52.04-32.26 = -117.18 \text{ dBW} = -87.18 \text{ dBm}$$

5.2.2　地面反射传播模型

在超短波工作时，信号会沿地面传播，到达接收天线的信号不仅有直射波，还有地面反射波和地面波，如图 5.2 - 1 所示。

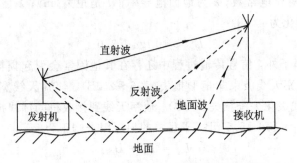

图 5.2 - 1　地面反射传播示意图

在地面传播方式下，由于地面反射波和地面波的影响，接收功率近似为

$$P_R = P_T G_T G_R \left(\frac{h_T h_R}{R^2}\right)^2 \qquad (5.2-10)$$

式中 h_T、h_R 分别是发射和接收天线的高度。通过上式可以发现，地面反射传播情况下，接收功率与距离的 4 次方成反比，因此，如果发射功率、天线增益不变，接收功率会比自由空间传播时小得多，或者说此时传播损耗大得多。为了降低传播损耗，需要增加天线高度。从表面上看，接收功率似乎与频率无关。但是由于天线增益与频率有关，因此，接收机功率与频率是有关的。

地面反射传播在地—地通信时可能会出现。当天线的高度与波长之比小于 1 时，需要

考虑地面反射波的影响；反之，如果天线有一定的高度，比如大于几个波长时，就可以采用自由空间传播模型。

5.2.3 侦察作用距离

式(5.2-5)和式(5.2-10)分别是电波直视和地面传播的传播方程。在两式中，当接收机功率为接收机灵敏度时，可以计算通信侦察系统的最大作用距离。

满足直视条件的自由空间的侦察系统的最大作用距离为

$$R_{max} = \left(\frac{P_T G_T G_R \lambda^2}{(4\pi)^2 P_{rmin}} \right)^{1/2} \tag{5.2-11}$$

上述分析中仅考虑了随着电波传播距离增加引起的自由空间的路径损耗，是一种比较理想的条件。在实际工作中，除了路径损耗外，还存在能量损耗、极化损耗以及侦察系统自身的损耗。能量损耗和极化损耗等通常用衰减因子表示，此时传播损耗有关修正为

$$L = L_r + L_a \tag{5.2-12}$$

其中，L_r 是能量扩散损耗；L_a 是除了能量扩散损耗外的其他损耗因子。对于直视条件自由空间传播情况，如空一空传播，近距离地一空传播等，损耗因子 $L_a = 2 \sim 10$ dB。对于短波地面传播情况，损耗因子为

$$L_a = 10 \lg \left(\frac{2 + \rho + 0.6\rho^2}{2 + 0.3\rho} \right) \tag{5.2-13}$$

其中，ρ 是一个无量纲的参数，由下式给出

$$\rho = \frac{\pi d}{\lambda} \frac{\sqrt{(\varepsilon-1)^2 + (60\lambda\sigma)^2}}{\varepsilon^2 + (60\lambda\sigma)^2} \tag{5.2-14}$$

式中，ε 是地面的相对介电常数；σ 为地面电导率；d 是距离(m)；λ 是波长(m)。当 $\rho > 25$ 时，损耗因子可以简化为

$$L_a \approx 10 \lg \rho + 3.0 \tag{5.2-15}$$

除了考虑损耗因子外，信号传输过程中还存在其他因素会引起损耗，如通信发射机馈线损耗(3.5 dB)、侦察天线波束非矩形损失(1.6~2 dB)、侦察天线宽频带增益变化损失(2~3 dB)、侦察天线极化失配损失(3 dB)、侦察天线到接收机的馈线损耗(3 dB)，这些损耗加起来，大约是 $L_s = 13 \sim 15.5$ dB。于是总的损耗因子修正为

$$L_p = L_a + L_s \tag{5.2-16}$$

在自由空间中，侦察系统的最大作用距离修正为

$$R_{max} = \left(\frac{P_T G_T G_R \lambda^2}{(4\pi)^2 P_{rmin} 10^{0.1 L_p}} \right)^{1/2} \tag{5.2-17}$$

在直视条件下，对通信信号的侦察必须同时满足能量条件式(5.2-17)和直视条件式(5.2-6)，实际侦察距离是两者的最小值，即

$$R_r = \min\{R_{max}, R_{sr}\} \tag{5.2-18}$$

对于超短波工作时，一般采用地面反射传播模型，对应的侦察系统的最大作用距离为

$$R_{max} = \left(\frac{P_T G_T G_R (h_T h_R)^2}{P_{rmin}} \right)^{1/4} \tag{5.2-19}$$

本节讨论了不同传播条件下的侦察系统的作用距离(或者称为侦察方程)，这两种情况是最常见的传播条件。

此外，在雷达侦察中，由于雷达接收机接收的回波信号是双程传播，而侦察系统接收的是雷达发射的直达波，因此雷达侦察系统具有距离优势。而对于通信侦察系统而言，由于通信接收机和通信侦察接收机都是接收通信发射机的直达波，因此不存在距离优势，甚至于在某些情况下，通信侦察系统还处于距离弱势。

5.3　通信侦察系统的截获概率

通信侦察的首要任务就是截获所处地域的感兴趣的无线电通信信号。通信信号出现的方向、频率、时间、强度等，对于通信侦察设备而言是完全或者部分未知和随机的。通信侦察设备实际上是使用一个空域、频域、时域、能量域窗口构成的多维搜索窗，按照一定的截获概率截获感兴趣的通信信号。所以，为了截获感兴趣的通信信号，需要满足空域重合、频域重合、时域重合和能量足够四个截获条件。

截获条件是一个多维窗口共同重合的问题，单独一个条件比较容易满足，但是，共同满足就需要仔细的考虑和分析。比如，在综合考虑空域、频域和时域重合要求的时候，因为目标信号可能是间断工作的，并且其工作频率是某个频率，在进行多维窗口搜索过程中，重合的概率就会下降。因此空域搜索速度、时域停留时间和频域搜索速度之间需要综合考虑，才能满足一定的截获概率的要求。

通信侦察系统的频域截获概率主要由三个因素决定：接收机的搜索速度、信号持续时间和搜索带宽。而通信侦察系统的频域截获概率 P_{fi} 定义为

$$P_{fi} = \frac{T_d}{T_{sf}} \qquad (5.3-1)$$

其中，T_d 是通信信号的持续时间；T_{sf} 是通信侦察接收机搜索完指定带宽所需的时间。设搜索带宽为 $W(\text{MHz})$，接收机搜索速度为 $R_{sf}(\text{MHz/s})$，则搜索时间为 $T_{sf} = W/R_{sf}$，频域截获概率可以重新写成

$$P_{fi} = \frac{T_d}{W} R_{sf} \qquad (5.3-2)$$

与频域截获的情况类似，当在空域也进行搜索时，空域截获概率与天线的扫描速度、信号持续时间和波束宽度等有关，而通信侦察系统的空域截获概率 P_{ai} 定义为

$$P_{ai} = \frac{T_d}{T_{sa}} \qquad (5.3-3)$$

其中，T_d 是通信信号的持续时间；T_{sa} 是通信侦察天线扫描完指定空域所需的时间。设扫描空域为 $\Omega(\text{弧度})$，天线扫描度为 $R_{sa}(\text{弧度/s})$，则搜索时间为 $T_{sa} = \Omega/R_{sa}$，空域截获概率可以写为

$$P_{ai} = \frac{T_d}{\Omega} R_{sa} \qquad (5.3-4)$$

能量域重合主要是靠接收机灵敏度来保证的，当到达通信侦察接收机输入端的目标通信信号的功率大于侦察系统接收机的灵敏度时，就基本上满足了能量重合条件，我们称为目标通信信号被截获。实际上，到达通信侦察接收机的目标通信信号是否被检测和截获，与到达侦察接收机输入端的目标通信信号的能量有关，还与侦察接收机灵敏度、检测门限

和检测方法等因素有关。能量域截获概率是这几个主要因素的复杂函数，表示为

$$P_{ei} = f(P_{r\min}, V_T, S_i) \tag{5.3-5}$$

综合以上分析，通信侦察系统的截获概率是频域、空域、时域和能量域截获概率的复合函数，即

$$P_i = f_p(P_{fi}, P_{ai}, P_{ti}, P_{ei}) \tag{5.3-6}$$

由于频域和空域截获都是以能量重合为条件的，上述复合函数是一个复杂的关系，很难利用一个简单的数学表达式明确表示出来。在最简单的情况下，假定能量满足重合条件，即信号功率高于检测门限，并且频域和空域搜索独立，目标通信信号持续时间很长，那么系统截获概率为

$$P_i = P_{fi} \cdot P_{ai} \tag{5.3-7}$$

下面通过一个例子来了解频域截获概率与搜索速度等因素的关系。

设 $T_d = 1$ s，如果要求 $P_{fi} = 0.9$，$W = 60$ MHz，则接收机搜索速度应该不小于 54 MHz/s。设 $T_d = 0.1$ s，如果要求 $P_{fi} = 0.9$，$W = 180$ MHz，则接收机搜索速度应该不小于 1.62 GHz/s，这样的搜索速度是非常高的。

频域搜索速度实际上受到本振置频速度、接收机中频带宽和信号处理时间的限制。而信号处理时间又与接收机所处的信号环境、信号处理器的处理能力等因素有关。信号环境越复杂，所在区域的信号数量越多，进入接收机的信号就越多，当信号处理器能力一定时，需要的信号处理时间就越长，这样就会降低搜索速度，导致截获概率的降低。

类似地，空域的天线扫描速度实际上也受到天线伺服设备、天线波束宽度和信号处理时间的限制。能量域截获概率受到接收机灵敏度、天线增益、信号处理增益的限制。

由此可见，系统截获概率是系统的综合性能的体现，它与多种因素有关，在具体分析时，需要根据具体条件，综合考虑。

习　　题

5-1　设某通信侦察接收机的中频放大器输出信噪比为 10 dB，中频带宽 1 MHz，射频前端噪声系数为 12 dB，计算它的接收机灵敏度。如果信号处理的增益为 18 dB，那么接收机灵敏度应该修正为多少？

5-2　设某通信发射机发射功率为 5 W，$G_T = 3$ dB，$G_R = 8$ dB，$f = 400$ MHz，侦察接收机灵敏度为 90 dBm。试计算该系统在自由空间的最大作用距离。

5-3　设某通信发射机发射功率为 25 W，$G_T = 3$ dB，$G_R = 8$ dB，$f = 10$ MHz，天线高度为 10 m。侦察天线高度 5 m，侦察接收机灵敏度为 −90 dBm。试计算该系统在地面传播条件下的最大作用距离。

5-4　通信侦察的四个截获条件是什么？

5-5　通信侦察系统的频域截获概率主要由哪三个因素决定？

第 6 章 通信干扰原理

6.1 通信干扰系统的组成和分类

6.1.1 通信干扰的基本概念

通信干扰是以破坏或者扰乱敌方通信系统的信息（语音或者数据）传输过程为目的而采取的电子攻击行动的总称。通信干扰系统通过发射与敌方通信信号相关联的某种特定形式的电磁信号，破坏或者扰乱敌方无线电通信过程，导致敌方的信息网络体系中"神经"和"血管"——如指挥通信、协同通信、情报通信、勤务通信等——的信息传输能力被削弱甚至瘫痪。

通信干扰技术是通信对抗技术的一个重要方面，是通信对抗领域中最积极、最主动和最富有进攻性的一个方面。在信息时代的今天，由于军事信息在现代战争中的作用越来越大，所以，以破坏和攻击敌方信息传输为目的的通信干扰的作用和地位也日益重要。

下面我们介绍几个通信干扰技术常见的基本概念。

1. 信号和信息

通信干扰装备是以无线电通信系统为攻击对象的人为有源干扰设施。众所周知，通信系统的基本用途就是把有用的信息通过电磁波从一个地方传送到另一个地方。在通信过程中，信息发送方使用的设备称为通信发射机，信息接收方使用的设备称为通信接收机，通信的过程就是信息传送的过程。但是严格来讲，通信系统所传送的客体并不是信息，而是信号，信号可以是连续的（模拟信号），也可以是离散的（数字信号）。电报通信中的报文，电话通信中的语音以及电视中的图像、文字等都是信息的集合，信息的传输是依附于信号的传输来实现的。信息是信号的一种属性，是信号内容不确定性的统计的量度，信号内容的不确定性越大则其所包容的信息就越多，即该信号的信息量就越大。

信号在通信系统中被传送的过程是：信息源产生信息之后首先被变成为某种电信号（如音频信号、视频信号、数字信号等），这些信号在通信发射机中对载频进行调制，形成射频信号。被调制的携带了信息的射频信号（即通信信号）经处理、变换和功率放大之后由天线发射出去，经传播路径的衰耗之后，被接收天线感知并由通信接收机截获，经处理变换之后送到解调器，解调得到的信息送至通信接收终端，为终端所利用，完成通信过程。

2. 干扰目标

通信干扰的对象是通信接收系统，目的是削弱和破坏通信接收系统对信号的感知、截获及其信息的传输和交换能力，它并不削弱和破坏发射信号的设备。

3. 有效干扰

到目前为止，人们还没有研究出一种办法能用电子技术阻止无线电波从发射机传送到接收机。为了实现干扰，唯一可行的办法就是在通信信号到达通信接收机的同时把干扰信号也送至通信接收机。干扰信号与通信信号经通信接收机线性部分变换、叠加之后进入解调器。解调器从通信信号中还原出被传送的信息，而干扰信号经解调之后形成的只能是干扰。由于解调器的非线性，在其输出端得到的除有用信号和干扰信号以外，还有干扰信号与通信信号相互作用所产生的杂散分量。这些杂散相对于信息来讲也是干扰。通信干扰的有效性的表现形式有四种。

1）通信压制

由于干扰的存在，实际的通信接收机可能完全被压制，在给定时间内收不到任何有用信号或者只能收到零星的极少量有用信号，在通信接收终端所得到的有用信息量近似等于零。这样的干扰我们称之为有效干扰，我们说这时的通信被（完全）压制了。

2）通信破坏

由于干扰的存在，实际的通信接收机虽然没有被完全压制，或者通信网没有完全被阻断，但其在恢复信息的过程中产生了大量的错误，差错的存在使得信号内含的信息量减少，接收终端可获取的信息量不足，通信效能降低，决策战争行动困难。这样的干扰我们称之为有效干扰，我们说这时的通信被破坏或被扰乱了。

3）通信阻滞

由于干扰的存在，通信信道容量减小，信号的传输速率降低，单位时间内通信终端所获得的信息量减少，传送一定的信息量所花费的时间延长，干扰所造成的这种信息传输的延误使得通信接收终端不可能及时获取信息，（人或机）专家系统决策迟误，因而造成了战机的贻误。在战场上时间就是生命，战机就是胜利。能够夺取时间、争取主动的干扰也是有效干扰，我们说这时的通信被阻滞了。

4）通信欺骗

巧妙地利用敌方通信信道工作的间隙，发射与敌方通信信号特征和技术参数相同、但携带虚伪信息的假信号，用以迷惑、误导和欺骗敌方，使其产生错误的行动或作出错误的决策。达到欺骗目的的欺骗干扰也是有效干扰，我们说这时的通信被欺骗了。

4. 压制系数

为了定量地描述通信干扰对通信接收机影响的程度，引进"压制系数"（用 K_j 表示）的概念。压制系数 K_j 等于在确保通信干扰对通信接收机被完全压制（即上述第一种有效干扰形式）的情况下，在通信接收机输入端所必需的干扰功率与信号功率之比，即

$$K_j = \frac{P_j}{P_s} \tag{6.1-1}$$

其中，P_j 是为保证被完全压制的情况下，在通信接收机输入端所必需的干扰功率；P_s 为通信接收机输入端接收到的信号功率。

这里所说的"完全压制"是一个边界比较模糊的概念。一般来讲，若想在完全压制与非完全压制之间划一条界线的话，这条分界线与下面一些因素有关：

（1）通信接收机终端信息的差错率（误码率）。譬如，多数研究人员认为，当无线电报或无线电话通信系统工作在传送报文的时候，完全压制的条件应该是传输差错率不小于50％。这个结论是一个统计的结果，分析与实践证明，在这样的差错率情况下，所收到的信息中所包含的有用信息实际上已趋近于零。

（2）干扰目标的重要程度。干扰目标的重要程度即威胁优先等级。对那些威胁大、特别重要的目标，掌握的尺度就要严格些，而对那些不太重要，威胁等级不高的，譬如小型战术通信系统就可以放松些。

由压制系数的定义可知，K_j 的量值与干扰的形式、接收的方法、信号的结构以及信号的特征（如信号在频率轴上的位置、信号内涵的先验水平等）有关。所以在谈及压制系数的时候必须指明是在什么样的传输形式、接收方法和信号特征情况下，对什么样的干扰而言，否则 K_j 的量值将是不确定的。

5．最佳干扰（最佳干扰样式）

由于军用无线电通信系统是多种多样的，其通信体制、信号形式、通信接收机的工作方式等各不相同，一种通用的、万能的、放之四海而皆准的最佳干扰样式实际上是不存在的。所谓的最佳干扰就是"对于给定的信号形式和通信接收方式所需压制系数最小的那种干扰样式"。也就是说，为获得有效干扰，对于给定的信号形式和通信接收方式所需干扰信号电平（功率）最小的那种干扰样式就是最佳干扰。

6.1.2　通信干扰的特点

对通信过程的干扰是在通信技术诞生之前就已经客观存在的，如天电干扰、工业干扰等，但是人为有意的干扰却是在通信技术成功应用于战争之后才研究发展起来的。所以通信干扰从其诞生之日起就具有十分鲜明的特点，这些特点可归纳如下。

通信干扰具有下列特点：

（1）对抗性。通信干扰的目的不在于传送某种信息，而在于用干扰信号中携带的干扰信息去破坏或者扰乱敌方的通信信息。通信干扰是以敌人的通信接收系统为直接目标，这一点十分明确。

（2）进攻性。通信干扰是有源的、积极的、主动的，它千方百计地"杀入"到敌方通信系统内部去，所以通信干扰是进攻性的。即使是在电子防御中使用的通信干扰，也是进攻性的。

（3）先进性。通信干扰以通信为对象，因此它必须跟踪通信技术的最新发展，并且要设法超过它，只有这样才能开发出克敌制胜的通信干扰设备来。但是世界各国通信技术的发展，特别是抗干扰军事通信技术的发展，都是在高度机密的情况下进行的，对敌情的探知比较困难。所以通信干扰是一项技术含量非常高的工作。

（4）灵活性和预见性。作为对抗性武器，通信干扰系统必须具备敌变我变的能力，现代战场情况瞬息万变，为了立于不败之地，通信干扰系统的开发和研究必须注重功能的灵活性和发展的预见性。

（5）技术和战术综合性。同其他硬武器一样，通信干扰系统的作用不仅仅取决于其技术性能的优良，在很大程度上还取决于战术使用方法，如使用时机、使用程序以及在作战体系中与其他作战力量的协同等。

（6）系统性。军事通信已经从过去单独的、分散的、局部的电台发展成为联合的、一体的、全局的数字网络化通信指挥系统。因此通信对抗也不能再是局部的、个别的、点对点的对抗行动了，它已是合同作战的一员，是现代战争中进行系统对抗和体系对抗不可或缺的力量。

通信干扰系统具有下列技术特点：

（1）工作频带宽。通信干扰设备随着现代军用通信技术的发展，需要覆盖的频率范围已经相当宽，已从几兆赫、几十兆赫发展到几十千兆赫。在这样宽的工作频率范围内，不同频段上电子技术和电磁波的辐射与接收都有不同的特点和要求。

（2）反应速度快。在跳频通信、猝发通信飞速发展的今天，目标信号在每一个频率点上的驻留时间已经非常短促。通信干扰必须在这样短的时间和整个工作频率范围内完成对目标信号的搜索、截获、识别、分选、处理、干扰引导和干扰发射，可见，通信干扰系统的反应速度必须十分迅速。

（3）干扰难度大。为实现有效干扰，在通信干扰技术领域中需要解决的技术难题相当多。譬如，与雷达对抗比较，雷达是以接收目标回波进行工作的，回波很微弱，干扰起来相对比较容易；而通信是以直达波方式工作的，信号较强，所以对通信信号的干扰和压制比雷达干扰需要更大的功率。另外，雷达是宽带的，一般雷达干扰机所需频率瞄准精度为几兆赫数量级，而通信是窄带的，通信干扰所需频率瞄准精度为几赫到几百赫，即频率瞄准精度要求更高。再之，雷达系统的输出终端是显示器，而通信系统在多数情况下其终端判断者是智能的人，所以达到有效干扰更难。

通信系统的发射机和接收机通常是在异地配置，通信干扰设备通常只能确定通信发射机的位置，而难以确切地知道通信接收机的位置。因此要实现对通信系统的定向干扰十分困难，为了实现对通信系统的有效干扰，需要的干扰功率更大。

（4）对通信网干扰。随着通信系统的网络化，对通信干扰系统面临着更大的挑战。现代通信网是多节点、多路由的，破坏或者扰乱其中一个或者几个节点或者链路，只能使其通信效率下降，不能使其完全瘫痪或者失效。因此，对通信网的干扰与对单个通信设备的干扰有着显著的差别。对通信网的干扰目前还处于起步阶段，有大量的工作需要研究。

（5）通信干扰的内涵。对通信信号的干扰的目的可以包含两种不同层面的含义，传统的通信干扰只关心信号层面的干扰，干扰的目的主要是破坏通信系统的信息传输过程，阻止其获取信息，它的重点是破坏通信信号传输的过程。而随着信息对抗技术的发展，人们越来越关心信息层面的干扰，即通信信号携带的信息。这时，人们更关心的是如何破坏其信息处理的过程。

6.1.3 通信干扰系统的组成和工作流程

1. 通信干扰系统的组成

通信干扰系统由通信侦察引导设备、干扰控制和管理设备、干扰信号产生设备、功率放大器、天线等组成，其原理如图 6.1-1 所示。

通信侦察引导设备主要用于对目标信号进行侦察截获，分析其信号参数，为干扰产生设备提供被干扰对象的信号参数、干扰样式和干扰参数，必要时还将进行方位引导和干扰功率管理支持。通信侦察引导设备在干扰过程中的另一个作用是对被干扰的目标信号进行

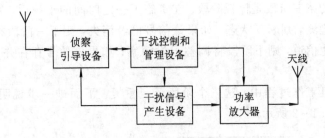

图 6.1-1　通信干扰系统组成原理

监视，检测其信号参数和工作状态的变化，即时调整干扰策略和参数。通信侦察引导设备通常有独立的接收天线，也可以与干扰发射共用天线。

干扰信号产生设备根据干扰引导参数产生干扰激励信号，形成有效的干扰样式。各种干扰样式和干扰方式的形成都基于干扰信号产生设备，它能够产生多种形式的干扰样式。干扰产生设备形成的信号称为干扰激励信号，它可以在基带（中频）产生干扰波形，然后经过适当的变换（如变频、放大、倍频等），形成射频干扰激励信号；也可以直接在射频产生干扰激励信号。干扰激励信号的电平通常为 0 dBm 左右，它送给功率放大器，形成具有一定功率的干扰信号。

功率放大器是干扰系统中的大功率设备，它的作用是把小功率的干扰激励信号放大到足够的功率电平。功率放大器输出功率一般为几百至数千瓦，在短波可以到达数十千瓦。干扰设备输出的干扰功率与干扰距离成正比，干扰距离越远，需要的干扰功率越大。受大功率器件性能的限制，在宽频段干扰时，功率放大器是分频段实现的，如将干扰频段划分为 30～100 MHz、100～500 MHz、500～1000 MHz 等。

发射天线是干扰设备的能量转换器，它把功率放大器输出的电信号转换为电磁波能量，并且向指定空域辐射。对干扰发射天线的基本要求是具有宽的工作频段、大的功率容量、小的驻波比、高的辐射效率和高的天线增益。提高天线增益和辐射效率、降低驻波比可以提高发射天线的能量转换效率，使实际辐射功率增加，增强干扰效果。

干扰管理和控制设备是侦察引导和干扰产生之间的桥梁。它管理和控制整个干扰系统的工作，并且根据侦察引导设备提供的被干扰目标的参数，进行分析并形成干扰决策，对干扰资源进行优化和配置，选择最佳干扰样式和干扰方式、控制干扰功率和方向，以最大限度地发挥干扰机的性能。

2. 通信干扰系统的工作流程

为了实现对通信信号的有效干扰，必须满足干扰的重合条件。重合条件是指干扰信号与被干扰的通信信号在频域、时域、空域重合，如果其中某个域不重合，将难以发挥其效能。所谓重合是指两者的频率对准、时间一致和方向一致。因此，通信干扰机一般需要通信侦察设备引导，这是其工作的第一阶段，即引导阶段。此时侦察引导设备需要获取通信信号的技术参数，包括目标信号的频率、调制样式、持续时间、通联参数、到达方向等特征参数。

干扰机工作的第二阶段是干扰阶段，干扰阶段开始之前，干扰管理和控制设备根据引导设备提供的引导参数，形成干扰决策，然后按照既定的干扰方式启动干扰。此时干扰设备发射在频率、时间、方位上满足重合条件的干扰信号，开始实施干扰。

干扰机工作的第三阶段是监视阶段。在实施了一定时间的干扰后，暂时停止干扰，对被干扰信号进行检测，判断其状态。如果该信号已经消失，则下一阶段将停止干扰；如果该信号转移到其他信道，则下阶段将调整干扰频率；如果该信号存在并且参数没有变化，就继续干扰。

在整个干扰机工作过程中，这三个阶段反复重复。下面进一步说明干扰机的工作流程，其过程如图 6.1-2 所示。

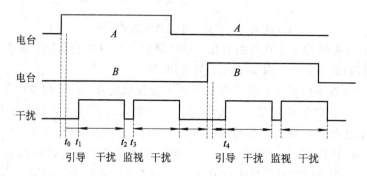

图 6.1-2 通信干扰的工作流程

设通信电台 A 向电台 B 发出呼叫，B 台做出应答。设电台 A 的呼叫在时刻 t_0 到达干扰机，侦察引导设备对其进行分析处理，得到它的频率、调制样式、带宽、到达方向等相关信息。侦察引导设备根据信号参数判断其网台关系，确定它的接收机的方位，并以此调整干扰波束指向，引导干扰机在时刻 t_1 发射干扰信号。经过一定时间（$T = t_2 - t_1$）的持续干扰，在 t_2 时刻暂停干扰，对目标进行监视，监视时间 $T_{lock} = t_3 - t_2$，查看被干扰信号的状态。如果信号消失，则停止干扰；如果信号没有消失，则在时刻 t_3 重新开始干扰；如果出现新的信号（如 B 台的应答信号），则重新进入引导状态，使干扰波束指向 B 台，开始新一轮干扰。如此不断重复，直到干扰任务结束。

6.1.4 通信干扰的分类

通信干扰可以按照不同的方法进行分类，由于分类依据的不同，通信干扰可以有许多种分类方法。

1. 按工作频段分类

按照通信干扰的工作频段，通信干扰设备可划分为针对超短波通信信号的超短波通信干扰、针对短波通信信号的短波通信干扰、针对微波通信信号的微波通信干扰、针对毫米波通信信号的毫米波通信干扰等。

2. 按通信体制分类

按通信电台的通信体制分类，通信干扰分为针对长时间工作的固定工作频率的对常规通信信号的干扰、针对跳频通信的跳频通信干扰、针对扩频通信信号的扩频通信干扰、针对通信网信号的通信网干扰等。

3. 按照运载平台分类

按照干扰设备的运载平台，可以将通信干扰划分为地面、车载、机载、舰载、星载通信干扰等。

4. 按照干扰频谱分类

按照干扰信号的频谱宽度，可以将通信干扰划分为瞄准式通信干扰、半瞄准式通信干扰、拦阻式通信干扰等。

5. 按干扰样式分类

干扰样式即干扰信号的形成方式，或用于调制干扰载频的调制信号样式。按干扰样式通信干扰可分为欺骗式干扰和压制式干扰两类。

1）欺骗式干扰

在敌方使用的通信信道上，模仿敌方的通信方式、语音等信号特征，冒充其通信网内的电台，发送伪造的虚假消息，从而造成敌接收方判断失误或产生错误行动。

2）压制式干扰

压制式干扰是使敌方通信设备收到的有用信息模糊不清或被完全掩盖，以致通信中断。根据对目标信号的破坏程度分为全压制干扰、部分压制干扰和扫频干扰。

（1）全压制干扰。利用强大的干扰功率实施对目标信号完全压制，使敌接收终端的人、机对信息无法判决和无法通信的干扰，即通信完全中断。

（2）部分压制干扰。部分压制干扰又称破坏性干扰或搅扰式干扰，即利用噪声、语音、音乐、脉冲等干扰样式使敌接收终端的人、机对信息判决制造困难或引起混乱，通信虽未完全中断，但造成通信时间迟滞，接收信息的差错率或误码率提高等。以定频语音通信为例：噪声对语音有极强的遮蔽效应，使语音无法判听；语音和音乐可以使听者发生错误的联想、精力被牵引从而削弱了对语言的判听能力；脉冲可以使听者心情烦乱，精力疲备，工作能力降低从而通信效果降低。

（3）扫频干扰。扫频干扰是干扰机的频率在一定频率范围内按照某种规则变化的干扰形式。它是自动化程度较高的干扰方式，它可以在预设的多个信道中反复检测信号，一旦出现预设的通信信号，马上进行扫频干扰。

6.1.5　通信干扰系统的主要技术指标

通信干扰系统的主要技术指标如下：

（1）干扰频率范围。干扰频率范围是通信干扰系统的重要指标。干扰频率范围一般小于或等于通信侦察系统传统的侦察频率范围。其覆盖范围一般是 0.1 MHz～3 GHz，现代通信干扰系统的频率范围已经向微波和毫米波扩展，高端需要覆盖到 40 GHz。

（2）空域覆盖范围。空域覆盖范围反映了通信干扰系统方位和俯仰角覆盖能力。通信干扰系统的俯仰覆盖通常是全向的，方位覆盖范围是全向或者定向的。

空域覆盖范围可以分解为方位覆盖范围和俯仰覆盖范围两个指标。

（3）干扰信号带宽。干扰信号带宽是指干扰系统的瞬时覆盖带宽。干扰信号带宽与干扰体制和干扰样式有关。拦阻式干扰的干扰信号带宽最大，可以达到几十到几百兆赫兹，瞄准式干扰带宽最小，一般为 25～200 kHz。

（4）干扰样式。干扰样式反映了通信干扰系统的适应能力。干扰样式越多，干扰系统的干扰能力越强。干扰样式包括噪声类干扰的窄带和宽带噪声干扰样式，欺骗类干扰样式等。干扰样式应依据被干扰目标的信号种类、调制方式、使用特点以及通信干扰装备的战术使命和操作使用方法等多方面因素来选取。为了能适应对多种体制的通信系统进行干扰，除常用的带限低音频高斯白噪声调频样式外，通信干扰装备一般还有多种干扰样式备用，如单音、多音、蛙鸣等干扰样式。

（5）可同时干扰的信道数。可同时干扰的通信信道数是指在实施干扰过程中，干扰信号带宽可以瞬时覆盖的通信信道数目 N，它与干扰信号带宽 B_j 和信道间隔 Δf_{ch} 有关，两者之间满足关系：

$$N = \frac{B_j}{\Delta f_{ch}} \qquad (6.1-2)$$

（6）干扰输出功率。干扰输出功率是干扰装备体现干扰能力的重要指标。但干扰能力是一个多变量函数，譬如，通信干扰装备总的干扰能力的数学表达式可以写成下面形式：

$$N_j = \frac{AP}{B_j \Delta f} \qquad (6.1-3)$$

其中，N_j 为干扰能力的数学表征量；A 为某一个系数，P_j 为干扰发射机的输出功率；B_j 为干扰带宽；Δf 为干扰载频相对于信号载频的瞄准偏差。

由式(6.1-3)可知，干扰发射机的输出功率只是干扰能力的一个方面。为保证一定的干扰能力，增大干扰发射机输出功率与减小干扰带宽（在一定限度内）和降低频率瞄准误差是一样可取的。因此在设计通信干扰装备的时候应该在这些技术参数之间权衡利弊，折中选取。一般情况下，干扰发射机的输出功率根据任务的不同可以有几瓦、几十瓦、几百瓦、几千瓦或更大。

6.2 通信干扰体制和基本原理

6.2.1 通信干扰体制

1. 瞄准式干扰

瞄准式干扰是一种窄带干扰。当干扰频谱与信号频谱的带宽相等或近似相等，在频率轴上的位置以及出现的时间完全重合或近似于完全重合时，该种干扰称做准确瞄准式通信干扰，简称瞄准式干扰。瞄准式干扰的频率关系示意图如图 6.2-1 所示。

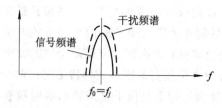

图 6.2-1 瞄准式干扰的频率关系示意图

瞄准式干扰的功率集中，干扰频带较窄，干扰能量几乎全部用于压制被干扰的通信信号，干扰功率利用率高，干扰效果好。其缺点是一部干扰机只能干扰一个信号，并且需要精确的干扰频率引导，对干扰发射机的频率稳定度要求高。

2. 半瞄准式干扰

半瞄准式干扰也是窄带干扰。干扰频谱的宽度稍大于信号带宽度，干扰频谱在频率轴上的位置完全覆盖信号，其出现的时间与信号近似于重合的干扰叫做半瞄准式干扰。其干扰信号的中心频率与通信信号频率不一定重合，并且干扰带宽与通信信号可能会部分重合。其干扰的频率关系示意图如图 6.2-2 所示。

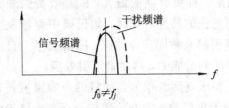

图 6.2-2　半瞄准式干扰的频率关系示意图

半瞄准式干扰的特点与瞄准式干扰基本相同，但是其干扰功率利用率比瞄准式低。它通常作为一种备用形式，当不能即时得到引导时可以发挥作用。

3. 拦阻式干扰

拦阻式干扰属于宽带干扰。干扰频谱宽度远大于信号带宽，甚至一个干扰信号可覆盖多个通信信道，且干扰存在时间大于信号存在时间，也就是说在频谱上和时间上都可以同时干扰多个通信信号的干扰叫拦阻式干扰。

拦阻式干扰依其频谱形式可分为连续频谱拦阻式干扰、部分频带拦阻式干扰和梳妆谱拦阻干扰。连续频谱控组式干扰的频率关系示意图如图 6.2-3 所示。

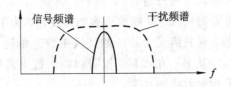

图 6.2-3　拦阻式干扰的频率关系示意图

拦阻式干扰不需要精确的频率引导，设备相对简单，可以同时对付多个通信电台。其缺点是干扰功率分散且效率不高。

在很多情况下，通信干扰机同时具有瞄准干扰和拦阻干扰能力，以适应各种干扰任务的要求。

6.2.2　通信干扰的基本原理

1．通信干扰作用于模拟通信系统

1）干扰对话音的影响分析

话音通信设备是最常见的模拟通信系统（连续信息传输系统），话音通信传送的信息是语言和其他声音，话音通信接收系统终端的判决与处理机构是人，人的听力是耳与脑共同感知的结果，包括感受和判断两个过程。因此，当人从干扰的背景下判听话音信号时就必然会受干扰的影响，这些干扰对话音的影响表现在如下几个方面：

（1）压制效应。当干扰声响足够强大时，人们无法集中精力于对话音信号的判听；当干扰声响足够大而接近或达到人耳的痛阈时，听者由于本能的保护行动而失去对话音信号的判听能力。

（2）掩蔽效应。当干扰声响与话音信号的统计结构相似时，话音信号被搅扰，并淹没于干扰之中，使听者难于从这种混合声响中判听信号。

（3）牵引效应。当干扰是一种更有趣的语言，或是节奏强烈的音乐，或是旋律优美的乐曲，或是能强烈唤起人们想往的某种声响时，如田园中静谧夜空下的蛙鸣，狂欢节的喧闹声等，都能使听者的感情引起某种同步与共鸣，听者会不由自主地将注意力趋向于这些声响，从而失去对有用信号的判听能力，这就是牵引效应。

在通信接收系统终端，要压制话音信号，所需的声响强度是很大的。实践证明，为了有效地压制话音信号所需的干扰声响强度必须数倍乃至数十倍于信号才行。为了产生这种数倍乃至数十倍于信号的干扰声响，当然并不一定要在通信接收系统输入端产生数倍乃至数十倍于信号的干扰功率，若选择恰当的干扰样式，可以用较小的干扰功率取得较好的干扰效果。

2）干扰作用于调幅通信设备

（1）话音调幅信号的频谱。一个话音调幅信号的频谱包含着一个载频和两个边带，其载频并不携带信息，所有信息都存在于边带之中。一个总功率为 P_s 的调幅信号，如果其调制深度为 $m(m \leqslant 1)$，则其载频与边带之间的功率分配是：

$$\frac{\text{边带功率}}{\text{载频功率}} = \frac{m^2}{2}$$

可见，至少有一半功率被无用载波所占有。

（2）对话音信号干扰有效的机理。从施放干扰的角度讲，为了对通信造成有效的干扰，并不需要压制其无用的载频，而只需覆盖并压制其携带信息的边带，因此，没有必要发射不携带干扰信息的干扰载波。从另一角度讲，发射调幅干扰则需要发射机工作在有载波状态，这也不利于充分利用干扰发射机的功率。

现在假定干扰信号的频谱只有两个与信号频谱相重叠的边带，且没有载波，这样的干扰与有用的通信信号同时作用于通信接收系统，在接收设备解调器的输出端便可得到四种信号，即

① 通信信号的边带与其载频差拍得到的话音信号（有用信号）；

② 干扰边带与通信信号载频差拍得到的干扰声响（干扰信号）；

③ 干扰分量之间差拍得到的干扰声响（干扰信号）；

④ 干扰边带频谱各分量与通信信号边带频谱各分量相互作用得到的低频干扰声响（干扰信号）。

由此可见，在通信接收系统解调输出端所得到的干扰功率为后三部分之和。分析表明，通信接收系统解调输出的干扰功率与信号功率之比是输入端干信比和信号调幅度的函数。只要通信接收系统输入端的干信比不等于零，解调输出端的干扰功率与信号功率之比就总是能够大大高于接收系统输入端的干信比，这就是对话音信号产生有效干扰的关键机理所在。

（3）对调幅设备的最佳干扰是准确瞄准式干扰，当然，在上述简单分析中，我们并没有考虑到载频重合误差的问题。事实上，干扰的中心频率与信号的载频不可能总是对准的，其间存在的偏差值就是载频重合误差，我们用 Δf 来表示。当 $\Delta f = 0$ 时，干扰频谱可以与信号频谱较好地重合；当 $\Delta f \neq 0$ 时，随着 Δf 的增加，解调输出的干扰分量将趋于离散，与信号频谱相重叠的部分减少了，对信号频谱结构的搅扰和压制作用就将减弱，所以，对调幅通信设备的干扰以准确瞄准式干扰最好。

3）干扰作用于调频通信设备

（1）调频通信与调幅通信的差别。调频通信与调幅通信的不同之处在于，调频通信在解调之前，为了抑制寄生调幅的影响增加了一个限幅器；另外，调频通信的解调器是鉴频器。

（2）调频设备的门限效应。一个话音调频的通信信号和一个噪声调频的干扰信号同时通过调频解调器，情况是比较复杂的，精确计算比较困难，只能作定性的说明。

由于调频通信设备使用了限幅器，产生了人们熟知的门限效应，也就是说当通信信号强于干扰信号时，干扰受到抑制，通信几乎不受影响。但随着干扰强度的增大，当干扰超过"门限"时，通信接收设备便被"俘获"，这时强的干扰信号抑制了弱的通信信号。当干扰足够强时，通信接收设备只响应干扰信号而不响应通信信号，在这种情况下，通信完全被压制了。因此，在调频通信中，"搅扰"并不多见，"压制"倒是经常发生的。

2. 通信干扰作用于数字通信系统

1）数字通信系统的基本特点

数字通信系统传输的是数字信息，这些数字信息可能来源于模拟信号或者离散信号。模拟信号经过量化与编码转换为数字信号。不管数字信息的来源如何，当它们在数字通信系统这传输时，其本质上都是一种二进制比特流。原始的二进制比特流进入通信系统后，一般需要经过信源编码与纠错编码处理，转换为一种可满足特定传输要求的二进制比特流（数字基带信号）。数字基带信号实际上是一种按照某种规则进行了编码的二进制序列。在这个序列中，除了包含原始的信息外，还包含有各种同步信息，如位同步信息、帧同步信息、群同步信息等。同步信息对于接收方恢复原始信息是十分重要的。

将数字基带信号在数字调制器中进行调制后得到数字调制信号，数字调制信号的基本调制方式包括幅度调制（MASK）、频率调制（MFSK）和相位调制（MPSK）等，此外还有幅度相位联合调制（MQAM）、正交多载波调制（OFDM）等先进的调制方式。在无线通信信道中传输的通信信号通常都是数字调制信号。

在通信接收机中，数字调制信号经过解调器解调后，恢复为数字基带信号。数字基带信号经过与发送方相反的译码过程转换为原始数字信息。尽管通信接收机的解调器的形式很多，但是按照其基本原理可以分为两类，一类是非相干解调器，如包络检波器；另一类是相干解调器。两者的主要差别是，非相干解调器不需要本地相干载波就可以实现解调，而相干解调器必须利用本地相干载波才能实现解调，也就是说后者的解调过程需要载波同步。在对数字调制信号解调后，为了正确和可靠地恢复数字基带序列，解调器必须在正确的时间进行抽样与判决，而正确的抽样时间是由位同步单元保证的。在恢复数字基带信号后，还需要对它进行相应的译码变换处理，才能还原出通信信号携带的原始数字信息。在译码变换过程中，译码器需要利用帧同步或群同步信息等，才能得到正确的结果。

2）干扰数字通信系统的可行途径

从上面的数字通信系统的工作特点可以看出，干扰信号进入通信系统的有效途径是通信信道。通信接收机从信道中选择己方的发射信号，该信号的参数（如频率、调制方式和参数等）是收发双方预先约定好的。如果信道中存在干扰信号，只要干扰信号的频率落入通信接收机带宽内，通信接收机就允许干扰信号进入接收机。因此，进入通信接收机的干扰信号和通信信号之间的关系是叠加关系。在通信接收机的解调和译码过程中，两者间的这种叠加关系使得干扰信号与通信信号始终处于一种竞争过程。如果干扰获得了优势，那么干扰就有效。否则，干扰就无效或者不能发挥作用。

根据数字通信系统的特点，干扰数字通信的可行途径如下：

（1）对信道的干扰。它是针对通信系统的解调器的特点施加的干扰。当解调器输入端的干扰信号与通信信号叠加后，包含干扰信号的合成信号会扰乱解调器的门限判决过程，造成判决错误，使其传输误码率增加。

各种压制干扰可以用于实施信道干扰，随着解调器输出干信比的增加，解调器输出误码率增加。误码率的增加意味着正确传输的信息量减少和通信线路的效能降低，当误码率达到某一值（如对某一通信系统为 0.5 时），我们就认为通信传输过程已被破坏，干扰有效。

（2）对同步系统的干扰。它是针对通信系统的同步系统的特点施加的干扰，其目的是破坏或者扰乱数字通信系统中接收设备与发信设备之间的同步，使其难以正确的恢复原始信息。被破坏或者扰乱的同步环节包括：破坏或者扰乱解调过程中的载波同步或者位同步环节，引起解调输出误码率的增加；破坏或者扰乱译码器的译码过程中的帧同步或者群同步，使译码器输出误码率的增加；破坏或者扰乱某些通信系统的同步码，如帧同步信息、网同步信息等，造成其同步失步，不能恢复信息。虽然多数通信系统在失步之后，可以在短时间内恢复，但有效干扰造成的持续或反复失步仍可使数字通信系统瘫痪。

对同步系统的干扰即可以采用压制干扰，也可以采用欺骗干扰。压制干扰主要用于干扰解调过程中的同步环节，欺骗干扰主要用于干扰通信系统的同步码。

（3）对传输信息的干扰。它是针对通信系统的传输的信息施加的干扰，它利用与通信信号具有相同的调制方式和调制参数，但是携带虚假信息内容的欺骗干扰，在通信系统恢复的信息中掺入虚假信息，引起信息混乱和判读错误。

前两种干扰途径是针对信号传输实施的干扰，相对比较容易实现，因此也是目前通信干扰的主要方式。而对传输信息的干扰的难度比前两种干扰难度大的多，原因是军事通信系统通常对信息进行了加密，而要获得其加密方法和密钥是十分困难的。

干扰信号的参数通常与被干扰的通信信号的参数是有关的。分析和实践证明，任何一种与通信信号的时域、频域、调制域特性相近，功率相当的干扰信号进入数字通信接收机都可能搅乱解调器或者编码器的正常工作，从而有效地增加其误码率。一个与通信信号的时域、频域特性相似，功率相当的带限高斯白噪声也可以有效地破坏数字通信系统的工作。

6.2.3 有效干扰准则和干扰能力

1. 有效干扰的基本准则

通信系统作为一种信息传输载体，有一个传输能力问题，它通常用信道容量描述。在通信系统中，信道容量有三个基本要素，即信道的作用时间 T、信道频带宽带 B 和信道功率裕量 P。因此，通常用 $V = T \times B \times P$ 表示通信信道空间中的一个体积。这个体积表明了信道能够包容的最大容量，它就是信道容量。任何在这个信道中无失真传输的信号都应该包容在这个体积中。信道中传输信号的时间、带宽和功率构成的信号体积 $V_s = T_s \times B_s \times P_s$ 不能大于信道体积 V，才能实现信号的有效传输。

类似地，一个有效的通信干扰信号也可以用干扰三要素表示，即干扰的作用时间 T_j、干扰带宽 B_j 和干扰功率 P_j。有效干扰的空间体积 $V_j = T_j \times B_j \times P_j$ 不能小于信号体积 V_s，同时又不能大于信道体积 V。下面分别对有效干扰的几个基本准则进行说明。

1) 时域准则

(1) 时域重合性。对于通信侦察系统而言，它对所截获的通信信号缺乏先验知识。也就是说，对信号的出现时间和所携带的信息都缺乏先验知识。所以，为了获得有效干扰，就必须采取尽可能有效的措施保证干扰与通信信号在时间上重合。如果时域跟踪不上，重合不了，就会导致在敌方通信时没有发出干扰，通信方受不到干扰；而在通信停止时又发出干扰，既浪费干扰能量也暴露了自己。

(2) 时域特征的一致性。时域准则的另一方面是指干扰信号和通信信号在时域特征上的一致性。通信信号和干扰信号都是时间的函数，两者的时域特征不一致时，有利于通信接收机从干扰背景中提取有用信号。所以为了保证干扰有效，就需要尽可能减小两者在时域特征上的差异。一般而言，最佳干扰样式是时域特征最类似的干扰样式。

2) 频域准则

通信系统传输的信息都是对通信载频信号进行某种调制形成的。调制之后，已调波的带宽展宽了，信息便存在于信号的带宽之中。通信接收系统为了保证通信的可靠性，必须保证信号频谱无失真地通过通信接收系统天线和前端选择电路。通信干扰若想有效，也必须保证干扰与信号有相近似的频域特性，这样才可进入通信接收系统天线和前端选择电路。

频域特性的一致性包含两方面的含义：一是干扰信号与通信信号的载频要重合；二是干扰信号与通信信号的带宽要一致。当然，频域特性的载频重合和带宽一致实际上是难以做到的，只能做到"近似"重合和一致。至于近似到什么程度才可以，对不同的信号类型要求也不一样。如对于手工电报，载频重合误差一般不能大于 $5 \sim 10$ Hz；对于调幅话音通信，载频重合误差一般不能大于 350 Hz；而对于调频话音通信，载频重合误差可以取 $1 \sim 2$ kHz。

通信接收系统的带宽通常总比信号的频谱宽度要大些。所以，最佳干扰的干扰带宽也可以稍大于通信信号频谱宽度，但必须保证不大于通信接收系统的带宽，否则将无法保证干扰信号的全部能量进入通信接收系统的输入端。

3) 空域准则

空域准则是不言而喻的，即干扰功率的辐射空域应覆盖被干扰的通信接收方。当然，辐射干扰功率的天线主瓣方向对准通信接收系统的天线主瓣方向是最理想的。

4) 功率准则

由于通信接收系统的非线性和有限的动态范围，随着干扰功率的增加，通信信道的传输速率降低，信息损失或误码率增加。无论何种干扰样式的干扰，只要有足够大的干扰功率，即使其时、频、空域的重合度差一些，最终也将导致通信接收系统无法正常工作而使干扰奏效。因此,干扰功率对干扰的有效性是一个关键因素。

当信息损失或误码率增加到规定的量值(这个量值通常是根据战术运用准则预先确定的)时,我们就认为这时通信已经被压制了。在这种情况下,通信接收系统输入端的干扰功率与信号功率之比就是压制系数 K_j。对于给定的信号形式、通信接收系统设备的特性和干扰样式,所得到的压制系数也只是一个近似值,近似的程度与所采用的"有效干扰"决策准则有关。这些准则在实践中有其客观的真理性,但是运用这些准则在具体事件的判决中也有其主观的随意性。虽然如此,我们仍然可以把压制系数 K_j 作为有效干扰功率准则的重要特征参数。只有在通信接收系统输入端的干信比达到 K_j,信道传输能力降低所造成的信息损失才能增加到"干扰有效"的地步。

5)样式准则

通信信号除了作用时间、信号频谱宽度和信号功率电平三项主要表征参数之外,还必须考虑的一个表征参数是干扰样式。

干扰样式是干扰的时域和频域的统计特性,常见的干扰样式有白噪声、噪声调频、单频连续波、蛙鸣、脉冲和随机键控等调制方法。由于干扰对接收不同的信号形式的作用原理和特性不同,即使具有同样的功率和时、频、空域重合度,不同干扰样式的压制系数或者说干扰效果也是截然不同的。对干扰方来说,取得最好干扰效果的原则就是选择需要压制系数最小的干扰样式(即最佳干扰),这就是干扰样式准则。

2. 通信干扰能力

通信干扰能力包括以下几个方面。

1)支援侦察能力

通信干扰系统进入工作状态之后,其所属的侦察设备就必须在所覆盖的频率范围内进行不间断地搜索,发现并记录通信信号的活动情况。对干扰的支援侦察能力包括:

(1)对常规信号的侦察:在工作频率范围内的任意给定的频段上对目标的常规定频信号进行搜索、截获、分析和记录。

(2)对特殊信号的侦察:对各种低截获概率的通信信号,如跳频、直扩和猝发等非常规通信信号提供相应的搜索、截获、网(台)分选和频率集入库。

(3)显示:对电磁环境和目标活动等战场态势提供实时或综合显示。

(4)数据融合处理:对所截获的信号进行变换、识别、分选与测量的功能,并将所得结果与输入数据(如目标方位等)进行融合处理,给出干扰决策的建议方案。

(5)存储与记忆:将侦察结果写入数据库或记录设备,并送往指定数据输出口。

2)干扰引导能力

支援侦察的目的是为了引导干扰。干扰引导能力包括:实时截获目标信号,利用定频守候、重点搜索、连续搜索、跳频跟踪瞄准等方式引导干扰。

3)干扰控制能力

通信干扰系统具有各种不同情况下的干扰控制方式,如:间断观察式自动干扰、人工随机干扰、人工定时干扰、有优先级排序的多目标干扰及信道与频段保护等。

4)系统管理能力

通信干扰系统的控制设备对整个通信干扰系统的各组成部分提供必要的管理能力,如:自检与故障诊断、交连接口管理、功率等级设置和干扰样式选择等。

3. 干信比和干扰压制系数

无线电通信系统主要有两种形式，模拟通信系统和数字通信系统。模拟通信系统的通信质量以接收端解调输出的语音的可懂度和清晰度来度量，可懂度与解调输出信噪比有关，而清晰度与通信系统的各种失真有关。数字通信质量通常以解调器输出的误码率度量。在评价通信干扰有效性时，也可以采用解调器输出的信噪比或者误码率作为度量指标。所以，对于模拟语音通信，当通信接收机解调输出信噪比降低到规定的门限值(干扰有效阀值)以下时，认为干扰有效。对于数字通信系统，当通信接收机解调输出误码率超过规定的门限值时，认为干扰有效。

不管是模拟通信还是数字通信，干扰是否有效，不但与干扰信号电平有关，还与通信信号电平有关。因此有必要引入干信比的概念，以衡量干扰功率和目标通信信号功率的关系。

(1) 干信比。设到达通信接收机输入端的目标信号的功率为 P_s，干扰信号功率为 P_j，则干信比定义为通信接收机输入端的干扰功率与目标信号功率之比：

$$JSR = \frac{P_j}{P_s} \qquad\qquad (6.2-1)$$

显然，干信比与目标通信系统收发设备之间的距离和发射功率、天线增益等因素有关，也与干扰机的功率、干扰天线及其与目标接收机的相对距离等因素有关。对于特定的目标通信接收机，干信比的大小与干扰机的特性有关。一般而言，为了提高干扰有效性，应尽可能提高干信比。提高干信比既可以提高干扰机辐射功率，还可以通过改善干扰信号的传播途径(如提升干扰平台的高度)，降低传播损耗来实现。

(2) 干扰压制系数。干信比是否满足有效干扰的要求，还与通信系统的体制、纠错能力、抗干扰措施、采用的干扰样式、干扰方式等因素有关。通常把针对某种通信信号接收方式能够达到有效干扰所需的干信比称为干扰压制系数。

干扰压制系数与通信系统的体制关系密切，即不同的通信体制需要的干信比是不同的，也就是它的干扰压制系数是不同的。比如，对于 FM 信号，所需的干扰压制系数只要 0 dB 左右，而对于 SSB 信号，可能需要 10 dB 左右。干扰压制系数还与干扰样式有关，不同的干扰样式要求的干扰压制系数也不同，到达相同的干扰效果所需的干信比最小的干扰样式，被称为最佳干扰样式。

4. 干通比

通信干扰系统具有的干扰能力应体现在有效干扰距离上。有效干扰距离是一个多变量函数，它不但与干扰设备有关，而且与通信系统的体制与性能、收发信机相互之间的空间配置及其使用者的水平有关，设计时必须全面考虑。如果除去人的主观因素，有效干扰距离可用"干通比"表示。

(1) 干通比的定义。如图 6.2-4 所示，O 为通信发射设备(发信机)、A 为通信接收设备(收信机)，B 为通信干扰机，则干通比定义为

$$C = \frac{R_j}{R_s} \qquad\qquad (6.2-2)$$

式中，R_s 表示通信设备之间的距离；R_j 表示干扰机与干扰目标(通信接收设备)之间的距离。

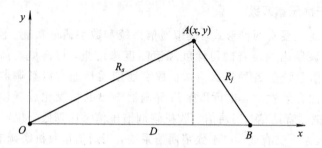

图 6.2-4　通信收发信机与干扰机位置图

（2）干通比的选择。干通比的选择与压制系数、干扰信号和通信信号的功率、干扰天线和通信的发射天线增益与方向图、通信接收天线方向图、通信接收系统信道带宽和干扰带宽，以及干扰信号与通信信号极化和传输路径不一致的系数等有关，不是简单地认为 C 大于 1 或大于 2 或更大就肯定干扰有效了。

在实施跳频跟踪干扰时，除干扰反应速度外，还必须考虑有效干扰区域等方面的要求。欲获得有效干扰，干扰系统必须配置在以跳频通信发信机和收信机位置为焦点的椭圆内。若干扰系统位于椭圆之内，则干扰可能有效；若干扰机位于椭圆之外，则干扰不可能有效。

（3）干扰功率。干扰系统输出功率是干扰能力的重要体现，但不是唯一的。为保证一定的干扰能力，增大干扰功率、减小干扰带宽（在一定限度内）和降低频率瞄准误差都是可取的。因此，在设计通信干扰系统时应该在这些技术参数之间权衡利弊，折中选取。一般情况下，干扰输出功率根据任务的不同可以是几瓦、几十瓦、几百瓦、几千瓦、几十千瓦、几百千瓦，甚至更大。

干信比、干扰压制系数和干通比是通信干扰的三个重要概念，它们对于掌握和理解通信干扰的原理，建立通信干扰的基本概念是十分重要的。

6.3　通信干扰样式

6.3.1　压制式通信干扰样式

压制式通信干扰从干扰信号的谱宽考虑，它包括了窄带瞄准干扰、半瞄准干扰、拦阻干扰等干扰方式；从干扰信号的产生方法考虑，有噪声调制干扰、单音和多音干扰、随机脉冲干扰、数字调制干扰、扫频干扰、梳状谱干扰等。本节首先从频谱宽度角度讨论各种压制式干扰样式的技术特点。

1. 噪声调幅干扰

噪声调幅干扰是一种常用的干扰样式，它利用基带噪声作为调制信号，对正弦载波信号进行调制，使载波信号的振幅随基带噪声作随机变化。其定义如下：

$$J(t) = (U_0 + U_n(t))\cos(\omega_j t + \varphi) \tag{6.3-1}$$

式中，U_0 是载波振幅；ω_j 是干扰中心频率；$U_n(t)$ 是基带噪声，假定它是均值为 0、方差为 σ_n^2，在区间 $[-U_0, \infty]$ 分布的平稳随机过程；φ 在 $[0, 2\pi]$ 内均匀分布，且与 $U_n(t)$ 独立的随机变量。噪声调幅信号的时域波形如图 6.3 - 1 所示。

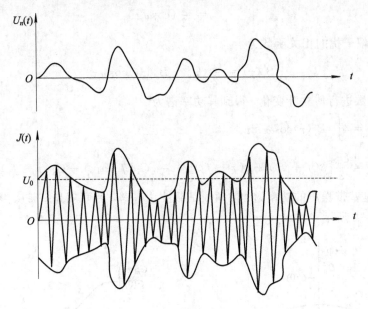

图 6.3 - 1　噪声调幅信号的时域波形

1) 噪声调幅干扰的统计特性

由于 $U_n(t)$ 与 φ 统计独立，因此其联合概率分布 $p(U_n, \varphi) = p(U_n) p(\varphi)$，于是干扰信号的均值为

$$
\begin{aligned}
E\{J(t)\} &= E\{(U_0 + U_n(t))\cos(\omega_j t + \varphi)\} \\
&= E\{(U_0 + U_n(t))\} E\{\cos(\omega_j t + \varphi)\}
\end{aligned} \tag{6.3 - 2}
$$

上式中

$$
E\{\cos(\omega_j t + \varphi)\} = \frac{1}{2\pi} \int_0^{2\pi} \cos(\omega_j t + \varphi) \, \mathrm{d}\varphi = 0
$$

因此

$$
E\{J(t)\} = 0 \tag{6.3 - 3}
$$

噪声调幅干扰的相关函数为

$$
\begin{aligned}
B_j(\tau) &= E\{J(t)J(t+\tau)\} \\
&= E\{(U_0 + U_n(t))\cos(\omega_j t + \varphi)(U_0 + U_n(t+\tau))\cos(\omega_j(t+\tau) + \varphi)\} \\
&= E\{(U_0 + U_n(t))(U_0 + U_n(t+\tau))\} E\{\cos(\omega_j t + \varphi)\cos(\omega_j(t+\tau) + \varphi)\}
\end{aligned}
$$
$$\tag{6.3 - 4}$$

由于 $U_n(t)$ 是均值为 0 的随机过程，因此 $E\{U_n(t)\} = E\{U_n(t+\tau)\} = 0$，上式中的第一项为

$$
\begin{aligned}
B_j(\tau) &= E\{(U_0 + U_n(t))(U_0 + U_n(t+\tau))\} \\
&= E\{U_0^2 + U_0 U_n(t) + U_0 U_n(t+\tau) + U_n(t) U_n(t+\tau)\} \\
&= E\{U_0^2 + U_n(t) U_n(t+\tau)\} = U_0^2 + B_n(\tau)
\end{aligned} \tag{6.3 - 5}
$$

其中，$B_n(\tau)$ 是基带噪声的相关函数。上式的第二项为

$$E\{\cos(\omega_j t + \varphi)\cos(\omega_j(t+\tau) + \varphi)\} = E\left\{\frac{1}{2}(\cos(2\omega_j t + \omega_j \tau + 2\varphi) + \cos(\omega_j \tau))\right\}$$

$$= \frac{1}{2}(\cos\omega_j \tau) \qquad (6.3-6)$$

于是，噪声调幅干扰的相关函数为

$$B_j(\tau) = \frac{1}{2}(U_0^2 + B_n(\tau))\cos\omega_j \tau \qquad (6.3-7)$$

对相关函数进行傅立叶变化，得到其功率谱为

$$G_j(f) = 4\int_0^\infty B_j(\tau)\cos\omega\tau \, d\tau$$

$$= \frac{U_0^2}{2}[\delta(f+f_j) + \delta(f-f_j)] + \frac{1}{4}[G_n(f+f_j) + G_n(f-f_j)] \qquad (6.3-8)$$

其中，$G_n(f)$ 是基带噪声的功率谱。前两项是载波功率谱，后两项是基带噪声功率谱。其功率谱如图 6.3 - 2 所示。

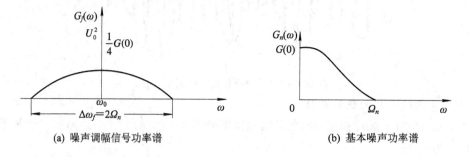

(a) 噪声调幅信号功率谱   (b) 基本噪声功率谱

图 6.3 - 2 噪声调幅信号的功率谱

2）噪声调幅干扰信号的特点

从上面的分析可以得到噪声调幅信号及其功率谱具有以下特点：

（1）已调波的功率谱由载波谱和对称旁瓣谱构成，旁瓣谱的形状与基带功率谱相似，但是强度减小为它的 1/4。

（2）已调波的带宽为基带噪声带宽的 2 倍。

（3）噪声调幅干扰信号的总功率为

$$P_j = B_j(0) = \frac{1}{2}(U_0^2 + B_n(0))$$

$$= \frac{1}{2}(U_0^2 + \sigma_n^2) = P_0(1 + m_{ae}^2) \qquad (6.3-9)$$

即已调波的总功率等于载波功率 $P_0 = \dfrac{U_0^2}{2}$ 与基带噪声功率 $\dfrac{\sigma_n^2}{2}$ 之和。其中 $m_{ae} = \dfrac{\sigma_n}{U_0}$ 称为有效调制系数。设 m_a 为最大调幅系数，两者之间满足：

$$m_a = \frac{U_{n\max}}{U_0} = \frac{U_{n\max}}{\sigma_n}\frac{\sigma_n}{U_0} = K_c m_{ae} \qquad (6.3-10)$$

其中，K_c 为噪声的峰值系数，对于高斯噪声 $K_c = 2.5 \sim 3$。当不产生过调制时，$m_a \leqslant 1$。当

$m_a = 1$ 时，对于高斯噪声，其旁瓣功率为

$$P_m = \frac{\sigma_n^2}{2} = m_{ae}^2 P_0 = \left(\frac{m_a}{K_c}\right)^2 P_0 = (0.11 \sim 0.16) P_0 \qquad (6.3-11)$$

在实施压制干扰时，起主要作用的是旁瓣功率，因此，提高干扰有效功率即旁瓣功率有两个途径：其一是提高载波功率 P_0，其二是加大有效调制系数 m_{ae}。第一种方法需要提高发射机功率，但是没有提高旁瓣功率产生的效率，同时还受发射机功率的限制。第二种方法是通过对基带噪声进行适当限幅来实现，以适当减小基带噪声的峰值系数。但是限幅不能太大，限幅过大会引起噪声出现平顶，影响干扰效果。通常为了兼顾功率和噪声质量两方面的要求，限幅后的噪声的峰值系数取值为 $1.4 \sim 2$。

2. 噪声调频干扰

噪声调频干扰表示如下：

$$\begin{aligned}
J(t) &= U_j \cos\left(\omega_j t + 2\pi K_{FM} \int_0^t u_n(t') \mathrm{d}t' + \varphi\right) \\
&= U_j \cos(\theta(t) + \varphi)
\end{aligned} \qquad (6.3-12)$$

其中，U_j 是调频信号的幅度；ω_j 是干扰信号的中心频率；$u_n(t)$ 是基带噪声，假定它是均值为 0、方差为 σ_n^2 的平稳随机过程；φ 是在 $[0, 2\pi]$ 内均匀分布，且 $u_n(t)$ 独立的随机变量；K_{FM} 是调频斜率。噪声调频信号的时域波形如图 6.3-3 所示。

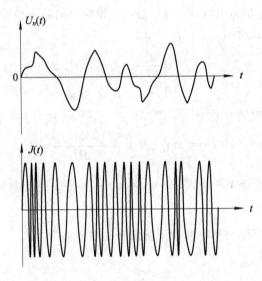

图 6.3-3　噪声调频信号的时域波形

1) 噪声调频干扰的统计特性

噪声调频信号是一个随机过程，其均值为

$$\begin{aligned}
E\{J(t)\} &= E\{U_j \cos(\theta(t) + \varphi)\} \\
&= E\{U_j \cos\theta(t)\} E\{\cos\varphi\} - E\{U_j \sin\theta(t)\} E\{\sin\varphi\} \\
&= 0
\end{aligned} \qquad (6.3-13)$$

其相关函数为

$$B_j(\tau) = E\{J(t)J(t+\tau)\}$$

$$= E\{U_j^2 \cos(\theta(t)+\varphi)\cos(\theta(t+\tau)+\varphi)\}$$

$$= \frac{U_j^2}{2}E\{\cos(\theta(t+\tau)-\theta(t)) + \cos(\theta(t)+\theta(t+\tau)+2\varphi)\}$$

$$= \frac{U_j^2}{2}E\{\cos(\theta(t+\tau)-\theta(t))\} \tag{6.3-14}$$

将 $\theta(t) = \omega_j t + 2\pi K_{FM}\eta(t)$，$\eta(t) = \int_0^t u_n(t')\mathrm{d}t'$ 代入上式，整理后可以得到

$$B_j(\tau) = \frac{U_j^2}{2}E\{\cos 2\pi K_{FM}(\eta(t+\tau)-\eta(t))\}\cos\omega_j\tau$$

$$- \frac{U_j^2}{2}E\{\sin 2\pi K_{FM}(\eta(t+\tau)-\eta(t))\}\sin\omega_j\tau \tag{6.3-15}$$

当基带噪声 $u_n(t)$ 为高斯过程时，$\eta(t)$ 也是高斯过程，且 $\eta(t+\tau)-\eta(t)$ 也是高斯过程，因此上式中第二项为 0，于是相关函数为

$$B_j(\tau) = \frac{U_j^2}{2}\exp\left(-\frac{\sigma^2(\tau)}{2}\right)\cos\omega_j\tau \tag{6.3-16}$$

其中，$\sigma^2(\tau)$ 是调频函数 $2\pi K_{FM}(\eta(t+\tau)-\eta(t))$ 的方差：

$$\sigma^2(\tau) = 4\pi^2 2K_{FM}^2(B_\eta(0)-B_\eta(\tau)) \tag{6.3-17}$$

式中，$B_\eta(\tau)$ 是 $\eta(t)$ 的自相关函数，它可以通过基带噪声的功率谱得到。设基带噪声的功率谱是均匀带限谱，如下式所示：

$$G_n(f) = \begin{cases} \dfrac{\sigma_n^2}{\Delta F_n}, & 0 \leqslant f \leqslant \Delta F_n \\[2mm] 0, & \text{其他} \end{cases} \tag{6.3-18}$$

那么可以证明，调频函数的方差为

$$\sigma^2(\tau) = 2m_{fe}^2\Delta\Omega_n\int_0^{\Delta\Omega_n}\frac{1-\cos\Omega t}{\Omega^2}\mathrm{d}\Omega$$

其中，$\Delta\Omega_n = 2\pi\Delta F_n$ 是基带噪声的谱宽；$m_{fe} = \dfrac{K_{FM}\sigma_n}{\Delta F_n} = \dfrac{f_{de}}{\Delta F_n}$ 是有效调频指数，f_{de} 称为有效调频带宽。

利用相关函数，可以得到噪声调频干扰信号的功率谱为

$$G_j(\omega) = 4\int_0^\infty B_j(\tau)\cos\omega\tau\,\mathrm{d}\tau$$

$$= U_j^2\int_0^\infty\exp\left(-\frac{1}{2\pi}\int_0^{\Delta\Omega_n}m_{fe}^2\Delta\Omega_n\frac{1-\cos\Omega\tau}{\Omega^2}\mathrm{d}\Omega\right)(\cos(\omega-\omega_j)\tau + \cos(\omega+\omega_j)\tau)\mathrm{d}\tau$$

$$\tag{6.3-20}$$

上式中的第二项中，指数项与 $\cos(\omega+\omega_j)\tau$ 相比，变化很慢，可以忽略。因此功率谱可以近似为

$$G_j(\omega) \approx U_j^2\int_0^\infty\exp\left(-\frac{1}{2\pi}\int_0^{\Delta\Omega_n}m_{fe}^2\Delta\Omega_n\frac{1-\cos\Omega\tau}{\Omega^2}\mathrm{d}\Omega\right)\cos(\omega-\omega_j)\tau\,\mathrm{d}\tau \tag{6.3-21}$$

上式的积分比较复杂，下面分别讨论两种特殊情况下积分的解。

(1) 有效调频指数 $m_{fe} \gg 1$。由于积分中的指数项随着 τ 的增加快速衰减，因此只需考

虑 τ 较小的积分区间。此时 $\cos\Omega\tau$ 可以按照级数展开，取其前两项近似，得到

$$\cos\Omega\tau = 1 - \left(\frac{\Omega\tau}{2}\right)^2 \tag{6.3-22}$$

将结果代入到式(6.3-21)，得到

$$G_j(f) = \frac{U_j^2}{2}\frac{1}{\sqrt{2\pi}f_{de}}\exp\left(-\frac{(f-f_j)^2}{2f_{de}^2}\right) \tag{6.3-23}$$

根据上述分析结果，可以得到如下结论：

① 噪声调频信号的功率谱与调制噪声概率密度函数有线性关系，若调制噪声电压是高斯分布，则噪声调频信号的功率谱也是高斯分布。

② 噪声调频信号的总功率为

$$P_j = \int_0^\infty G_j(f)\mathrm{d}f = \frac{U_j^2}{2} \tag{6.3-24}$$

即总功率等于载波功率，它与调制噪声功率无关，这一点与调幅信号不同。

③ 噪声调频波的频谱宽度为

$$\Delta f_j = 2\sqrt{2\ln2}\,f_{de} = 2\sqrt{2\ln2}\,K_{FM}\sigma_n \tag{6.3-25}$$

它与基带噪声带宽 ΔF_n 无关，而取决于基带调制噪声的功率 σ_n^2 和调频斜率 K_{FM}。

当有效调频指数 $m_{fe} \gg 1$ 时，噪声调频波具有很大的干扰带宽，因此称为宽带噪声调频信号，可用于施放宽带拦阻式干扰。

（2）有效调频指数 $m_{fe} \ll 1$。这时，基带调制噪声的相对带宽较宽。功率谱表达式中的积分项 $\dfrac{1-\cos\Omega\tau}{\Omega^2}$ 可以近似表示为 $\left(\dfrac{\sin y}{y}\right)^2$，并且

$$\int_0^\infty \left(\frac{\sin y}{y}\right)^2 \mathrm{d}y \approx \frac{\pi}{2} \tag{6.3-26}$$

于是，干扰信号的功率谱近似为

$$G_j(f) = \frac{U_j^2}{2}\frac{\dfrac{f_{de}^2}{2\Delta F_n}}{\left(\dfrac{\pi f_{de}^2}{2\Delta F_n}\right)^2 + (f-f_j)^2} \tag{6.3-27}$$

根据上述分析结果，可以得到如下结论：

① 噪声调频信号的功率谱按指数下降，且与调制噪声的带宽有关。

② 噪声调频信号的总功率等于载波功率，即

$$P_j = \frac{U_j^2}{2} \tag{6.3-28}$$

③ 噪声调频信号的谱宽为

$$\Delta f_j = \frac{\pi f_{de}^2}{2\Delta F_n} = \pi m_{fe}^2 \Delta F_n \tag{6.3-29}$$

当有效调频指数 $m_{fe} \ll 1$ 时，噪声调频波的带宽较窄，称为窄带噪声调频信号，可用于施放瞄准式干扰。

（3）有效调频指数 $1 \leqslant m_{fe} \leqslant 2$。此时功率谱形状与有效调频系数有关，当调频指数较大时，它的功率谱是连续的；当调频指数较小时，它的功率谱是不连续的。

噪声跳频信号功率谱形状及其随着效调频系数变化情况如图 6.3 - 4 所示。

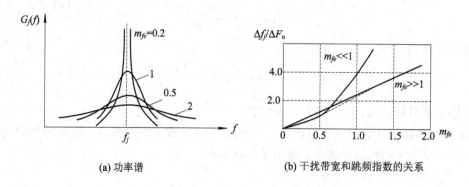

(a) 功率谱　　　　　　　(b) 干扰带宽和跳频指数的关系

图 6.3 - 4　功率谱随有效调频系数变化情况

3. 音频干扰

音频干扰是指使用单个正弦波或者多个正弦波的干扰信号。当只使用单个正弦波时，称为单音干扰，当使用多个正弦信号时，称为多音干扰。

1) 单音干扰

单音干扰就是干扰信号只发射一个正弦波，因此，它是一个单频连续波。单音干扰也叫点频干扰。单音干扰时域表达式为

$$J(t) = U_j \sin(\omega_j t + \varphi) \tag{6.3-30}$$

式中，ω_j 是干扰角频率，通常它与被干扰信号的载波角频率相同。单音信号的功率谱是在干扰频率处的单根谱线。其时域波形和频谱如图 6.3 - 5 所示。

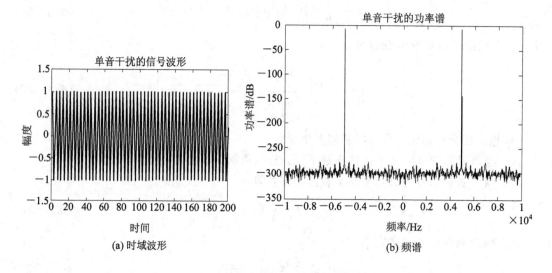

(a) 时域波形　　　　　　　(b) 频谱

图 6.3 - 5　单音干扰的时域波形和频谱

单音干扰主要用于对二进制数字调制信号的干扰，干扰空号或者传号中的一个。

2) 多音干扰

干扰机可以发射 $L > 1$ 个正弦信号，这些音频可以随机分布，或者位于特定的频率上。

多音干扰是由 L 个独立的正弦波信号叠加而产生的，其时域表达式为

$$J(t) = \sum_{n=1}^{L} U_{jn} \sin(\omega_n t + \varphi_n)$$

$$= \sum_{n=1}^{L} U_{jn} \sin(2\pi(f_j + n\Delta f)t + \varphi_n) \qquad (6.3-31)$$

式中，f_j 是干扰的频率；Δf 是干扰频率间隔；φ_n 是初始相位。在多音信号中，第 n 个正弦信号的频率为 $f_j + n\Delta f$。多音干扰信号的带宽为 $\Delta f_j = L\Delta f$。L 个正弦信号的频率间隔 Δf 可以很小，如果其带宽在一个信道带宽 B_{ch} 之内，即 $\Delta f_j \leqslant B_{ch}$，此时称为单信道多音干扰。当这些正弦信号的频率等间隔排列，并且每个信道中一个分配一个频率时，就成为独立多音干扰。

多音干扰的功率谱为多根等间隔的谱线。独立多音干扰的时域和频域波形如图 6.3 - 6 所示。

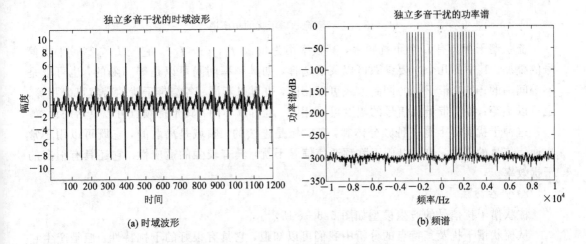

(a) 时域波形　　　　　　　　　　　　　　　(b) 频谱

图 6.3 - 6　多音干扰的时域波形和频谱

独立多音干扰是一种拦阻式干扰，它可以同时干扰多个通信信道。独立多音干扰实际上是梳状谱干扰的一种，它的每个谱峰只是一个谱线，而梳状谱干扰的每个谱峰有一定带宽。

4. 梳状谱干扰

梳状谱干扰是一种离散的拦阻式干扰。在噪声调频干扰中，宽带噪声调频干扰的功率谱是在某个频带内连续分布的。如果在某个频带内有多个离散的窄带干扰，形成多个窄带谱峰，则它们被称为梳状谱干扰。

1) 基本原理

梳状谱干扰信号的表达式为

$$J(t) = \sum_{n=1}^{L} J_n(t) = \sum_{n=1}^{L} A_n(t) \cos(\omega_n t + \varphi_n(t)) \qquad (6.3-32)$$

式中，$J_n(t)$ 是第 n 个窄带调幅干扰信号；$A_n(t)$ 是窄带干扰信号的包络；$\varphi_n(t)$ 是干扰信号的相位；ω_n 是干扰角频率；$\Delta f_n = f_{n+1} - f_n$ 是干扰频率间隔。

基于窄带噪声调幅信号的梳状谱干扰的功率谱如图 6.3 - 7 所示。

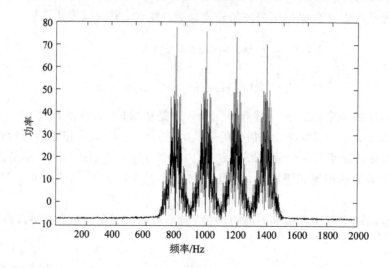

图 6.3 - 7　梳状谱干扰的功率谱

　　梳状谱干扰具有 L 个干扰频率,其频率集为$\{f_1, f_2, \cdots, f_L\}$,它是 L 个窄带干扰信号的叠加。其中的几个主要参数可以灵活选择,如其频率间隔可以是等间隔的,也可以是不等间隔的;各窄带干扰的调制方式可以相同,也可以不同;各窄带干扰的带宽可以相等,也可以不等;各窄带干扰信号的幅度可以相同,也可以不同;其干扰频点可以灵活的设置。

　　这种干扰实际上是一种频分体制,其时域是连续的,频域是离散的,它既可以用于常规通信信号的干扰,也可以用于跳频通信信号干扰,具有较强的适应性。它还具有很高的干扰效率。

　　2) 产生方法

　　梳状谱干扰信号的产生模型如图 6.3 - 8 所示。

　　从梳状谱干扰及其特点的分析中我们可以知道,它具有很好的干扰特性。但是产生它却是非常复杂的,特别是当 L 很大时。因为它需要 L 个不同的窄带干扰源,即使不实现参数调整,设备量也是十分可观的。随着微电子技术的进步,用数字化方法实现梳状谱干扰的产生成为可能。

　　数字化梳状谱干扰产生的原理如图 6.3 - 9 所示。

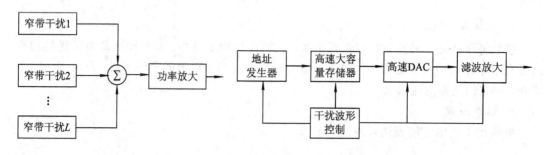

图 6.3 - 8　梳状谱干扰信号产生模型　　　　图 6.3 - 9　数字化梳状谱干扰信号产生原理

　　数字化梳状谱干扰产生利用高速存储器和 DAC 实现,在高速大容量存储器中预存或者加载合成后的 L 个窄带干扰数据,经过高速 ADC 转换成模拟信号,然后上变频到射频频率,经过功率放大后送给天线发射。

3) 波峰系数的降低

梳状谱干扰信号的波峰系数较大，如果不进行限制，将会对 DAC 和功率放大器的动态范围提出极高的要求。波峰系数 γ 又称为峰平比或者波峰因子，它是指信号的峰值功率 P_{peak} 与平均功率 P_{av} 之比，即

$$\gamma = \frac{P_{\text{peak}}}{P_{\text{av}}} \tag{6.3-33}$$

为了说明这个问题，我们以最简单的独立多音的情况作为例子。单个幅度为 A 的正弦信号的峰值功率为 A^2，平均功率为 $A^2/2$，波峰系数为 2；两个相同振幅的正弦信号之和的信号的峰值功率为 $(2A)^2$，平均功率为 $2(A^2/2)$，波峰系数为 4；依次类推，N 个相同振幅的正弦信号之和的信号的波峰系数为 $2N$。图 6.3-10 是 10 个相同振幅等间隔正弦信号合成后的波形，可见其波峰系数是很大的。

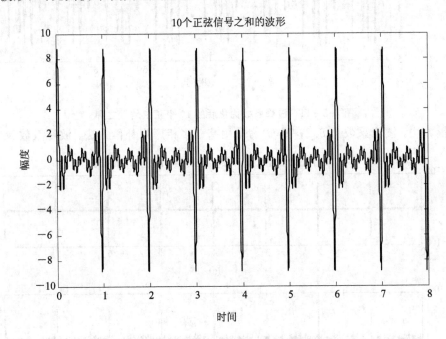

图 6.3-10　10 个正弦信号之和的波形

降低波峰系数的一个有效方法是进行正弦信号初始相位优化，即通过寻求一组初始相位 $\{\varphi_1, \varphi_2, \cdots, \varphi_N\}$，使波峰系数达到最小。

图 6.3-11 是 10 个等间隔正弦信号初始相位为 $\{\pi, 0, 0, \pi, 0, \pi, 0, 0, 0, \pi\}$ 的波峰系数。

对于频率等间隔的情况，可以采用随机初始相位补偿或者基于多相序列编码的波峰系数优化方法。按照多相序列编码方法时，N 个离散谱线的相位由下式决定：

$$\varphi_n = \begin{cases} \dfrac{\pi}{N}n^2, & N \text{ 为偶数} \\[2mm] \dfrac{\pi}{N}n(n+1), & N \text{ 为奇数} \end{cases} \tag{6.3-34}$$

图 6.3-12 是 100 个幅度为 1 的等间隔正弦信号采用三种不同的相位补偿方法的合成信号波形，其中图(a)为全 0 初始相位补偿方法，波峰系数为 136.9；图(b)为采用随机初始

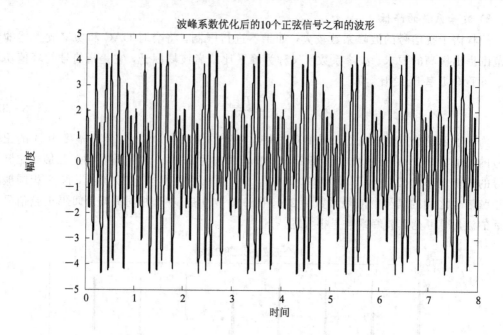

图 6.3-11　波峰系数优化后的 10 个正弦信号之和

相位补偿方法，波峰系数为 8.2；图(c)为采用基于多相序列补偿方法，波峰系数为 3.4。

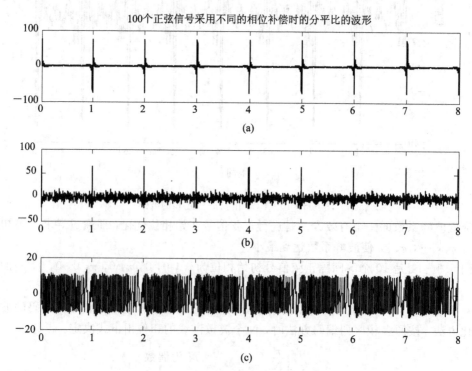

图 6.3-12　100 个正弦信号采用不同的相位补偿时的分平比

对于频率非等间隔的情况，还需要研究新的补偿方法。但是也可以采用全局搜索优化方法，它按照设定的相位搜索步长，对 N 个信号的初始相位进行遍历搜索，找到最好的一组初始相位序列。这种方法在 N 较小时，仍然是有用的。

5. 部分频带噪声干扰

部分频带干扰(Partial Band Noise Jamming，PBN)是把噪声干扰施加在目标所用的多个但非全部的信道内。部分频带干扰有两种基本形式，一种是相邻信道部分频带干扰，另一种是不相邻信道部分频带干扰。

部分频带干扰是一种频分方式的干扰样式。设干扰机工作频段为 $f_2 - f_1$，则相邻信道部分频带干扰的干扰信号带宽连续覆盖其中的一部分信道，其频率关系如下：

$$P_j(f) = \begin{cases} P_0(f), & \left(f_j - \dfrac{\Delta f_j}{2}\right) \leqslant f \leqslant \left(f_j + \dfrac{\Delta f_j}{2}\right) \\ 0, & \text{其他} \end{cases} \quad (6.3-35)$$

其中，f_j 是干扰中心频率；Δf_j 是干扰带宽，且干扰带宽大于若干个信道带宽。不相邻信道部分频带干扰的干扰信号带宽覆盖其中的一部分信道，这些信道之间不相邻或者是间隔的。

$$P_j(f) = \begin{cases} P_n(f), & \left(f_{jn} - \dfrac{\Delta f_j}{2}\right) \leqslant f \leqslant \left(f_{jn} + \dfrac{\Delta f_j}{2}\right), \ n = 1, 2, \cdots, N \\ 0, & \text{其他} \end{cases}$$

$$(6.3-36)$$

其中，f_{jn} 是第 n 段干扰信号的中心频率；Δf_j 是干扰带宽，且干扰带宽大于若干个信道带宽，并且满足 $|f_{j(n+1)} - f_{jn}| > \Delta f_j$。

部分频带干扰的干扰带宽示意图如图 6.3-13 所示。

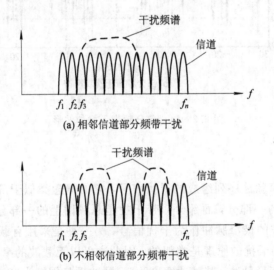

图 6.3-13 部分频带干扰的干扰带宽

某不相邻部分频带干扰的时域波形和频谱波形如图 6.3-14 所示。

部分频带干扰是介于宽带噪声干扰和梳状谱干扰之间的一种干扰样式，它把干扰频带划分为一个或者多个子频带，每个子频带覆盖若干个信道，可以充分利用干扰能量。部分频带干扰的实现方法是对宽带噪声干扰输出进行滤波，保留其一个或者多个频带的输出。因为它能够把干扰能量集中到存在通信信号的若干个信道上，其干扰效率比宽带噪声干扰

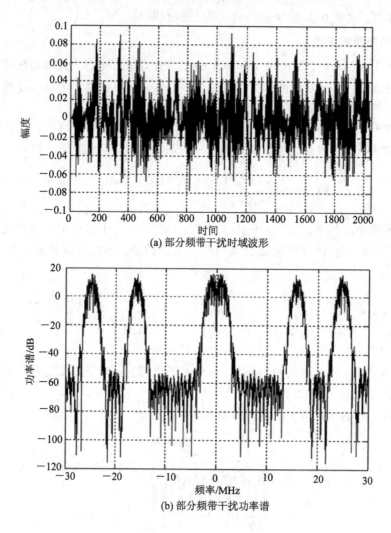

(a) 部分频带干扰时域波形

(b) 部分频带干扰功率谱

图 6.3 - 14　部分频带干扰的波形

高，但是比梳状谱干扰低。

6. 窄脉冲干扰

脉冲干扰是利用窄脉冲序列组成的干扰信号，它的概念类似于部分频段噪声干扰。脉冲干扰只是总时间上的一部分，而部分频带干扰是总频谱上的一部分。脉冲干扰有两种形式，一种是采用无载波的极窄脉冲作为干扰信号，另一种是采用有载波的窄脉冲作为干扰信号。两种形式的脉冲干扰的原理是类似的，因此这里以无载波的窄脉冲序列为例讨论。

设窄脉冲序列为矩形脉冲，其脉冲宽度为 τ，脉冲重复周期为 T_r，幅度为 A，则它可以表示为

$$J(t) = \sum_{n=-\infty}^{\infty} Ag(t - nT_r) \qquad (6.3 - 37)$$

式中，$g(t)$ 是宽度为 τ 的矩形脉冲。该脉冲序列的频谱为

$$P_j(f) = \frac{A}{2T_r} \sum_{n=-\infty}^{\infty} G(f)\delta\left(f - \frac{n}{T_r}\right) \qquad (6.3 - 38)$$

其中，$G(f)$ 是单个矩形脉冲的傅立叶变换：

$$G(f) = \frac{\sin(\pi f \tau)}{\pi f} = \tau \cdot \mathrm{Sa}\left(\frac{\omega \tau}{2}\right) \tag{6.3-39}$$

即重复周期为 T_r 的脉冲干扰信号的频谱是离散谱，其包络是 Sa() 函数，离散谱的幅度为

$$a_n = \frac{A}{2T_r} G(n\omega_r) = \frac{A\tau}{2T_r} \mathrm{Sa}\left(\frac{\tau}{2} n\omega_r\right) \tag{6.3-40}$$

窄脉冲干扰的频谱结构如图 6.3-15 所示。

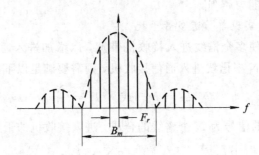

图 6.3-15　窄脉冲干扰的频谱

窄脉冲干扰的两个重要的参数是占空比和重频，占空比定义为脉冲重复周期与脉冲宽度之比，即

$$\gamma = \frac{T_r}{\tau} \tag{6.3-41}$$

其频谱的主瓣（Sa 函数的第一零点）宽度为

$$B_m = \frac{2}{\tau} = \frac{2\gamma}{T_r} \tag{6.3-42}$$

谱线间隔与脉冲重复频率相同，即

$$F_r = \frac{1}{T_r} \tag{6.3-43}$$

主瓣内的谱线个数为

$$k = \frac{2T_r}{\tau} - 1 = 2\gamma - 1 \tag{6.3-44}$$

设占空比 $\gamma=4$，重频为 300 Hz 的脉冲干扰的谱线间隔为 300 Hz，主瓣内谱线个数为 7 个，主瓣宽度为 1200 Hz。

脉冲干扰信号的能量主要集中在主瓣内，为了使其主要能量进入通信接收机，设接收机带宽为 B，则脉冲宽度需满足：

$$\tau \geqslant \frac{2}{B} \tag{6.3-45}$$

此时，主瓣内的所有谱线进入接收机带宽。但是通信接收机带宽很窄，如 $B=25$ kHz，要求 $\tau \geqslant 80$ μs，这样的脉冲已经不是窄脉冲了。

在应用脉冲干扰时，可以按照以下三种情况进行设计应用。

1) 利用周期窄脉冲实现单音干扰

这种情况，只考虑使 $n=0$ 的中心谱线进入接收机，可以证明，用周期窄脉冲序列对窄带通信接收机进行有效干扰的条件为

$$\begin{cases} T_r B \leqslant 1 \\ P\tau^2 \geqslant P_0 T_r^2 \end{cases} \qquad (6.3-46)$$

式中，τ 为干扰脉冲宽度；T_r 为干扰脉冲重复周期；B 为被干扰接收机带宽或者信道间隔；P_0 是连续波干扰时所需要的干扰功率；P 为脉冲干扰的干扰功率。

式(6.3-46)说明，当干扰功率足够大时，用周期窄脉冲对窄带干扰进行有效干扰的唯一条件是干扰脉冲的重复周期要足够短，而与脉冲宽度无关；脉冲重复周期越小，干扰信号对接收机带宽的适应能力越强。

2）利用周期窄脉冲实现单信道多音干扰

这种情况可以设计使多个谱线进入接收机带宽，以增加进入通信接收机的干扰能量，提高干扰效率。如果让 N 根谱线进入通信接收机，则需要满足以下条件：

$$N\frac{1}{T_r} = B \quad \text{或} \quad T_r = \frac{N}{B} \qquad (6.3-47)$$

此时，进入通信接收机的信号为 N 个谱线的合成，进入接收机的干扰功率为

$$P = \frac{A^2}{2}\left(\frac{\tau}{T_r}\right)^2\left(1 + 2\sum_{n=1}^{N/2}\mathrm{Sa}\left(n\pi\frac{\tau}{T_r}\right)\right) \qquad (6.3-48)$$

进入接收机的干扰信号相当于单信道多音干扰的效果。值得注意的是，N 值不能太大，N 值过大时，合成信号会变成脉冲信号，其峰值功率大但是平均功率低，干扰效果降低。

3）利用周期窄脉冲实现独立多音干扰

这种情况可以设计使每个谱线正好进入一个信道，即使谱线间隔等于信道间隔，也可以实现独立多音干扰。如果让 N 根谱线进入 N 个信道，则需要满足以下条件：

$$F_r = \frac{1}{T_r} = B_{ch} \qquad (6.3-49)$$

满足上述条件时，谱线间隔正好等于信道间隔 B_{ch}，每个信道中正好落入一根谱线。当然，为了覆盖较宽的频带，脉冲宽度必须很窄。

总之，合理的选择脉冲干扰参数，可以实现多音和多音干扰效果。脉冲干扰是一种新型干扰样式，尽管通信干扰中以连续波干扰信号为主，但是脉冲干扰应该可以发挥其作用。

7. 扫频干扰

扫频干扰是一种时域和频域都分时的宽带干扰样式。它利用一个相对较窄的窄带信号在一定的周期内，重复扫描某个较宽的干扰频带。对于某个通信信道而言，干扰信号落在该信道中的时间和频率都是不连续的。

设窄带干扰信号为 $x_j(t)$，则扫频干扰可以表示为

$$\begin{aligned} J(t) &= U_j x_j(t)\cos(2\pi f_j t + \theta(t) + \varphi_0) \\ &= U_j x_j(t)\cos(\psi(t)) \end{aligned} \qquad (6.3-50)$$

式中，U_j 是干扰信号幅度；ω_j 是干扰信号的载波中心频率；φ_0 是初始相位。干扰信号载波的瞬时频率为

$$f(t) = \frac{\mathrm{d}\psi(t)}{\mathrm{d}t} = 2\pi f_j + \frac{\mathrm{d}\theta(t)}{\mathrm{d}t} = 2\pi f_j + F(t) \qquad (6.3-51)$$

式中 $F(t)$ 是扫频函数。

扫频干扰信号一般是利用宽带混频器将中频的窄带干扰信号变频，得到射频干扰信号。改变混频器的本振频率，就可以实现扫频。本振频率可以通过压控振荡器(VCO)改变，也可以通过频率合成器改变。当使用 VCO 本振时，扫频函数为连续信号，本振频率连续变化，因此干扰信号的中心频率也连续变化，它可以采用锯齿波作为 VCO 的控制电压。当使用数字频率合成本振时，本振频率步进变化，因此干扰信号的中心频率也步进变化。

当扫频函数为锯齿波时，满足

$$F(t) = 2\pi kt, \quad nT_f \leqslant t \leqslant (n+1)T_f, n = 0, 1, 2, \cdots \qquad (6.3-52)$$

式中，k 是扫频斜率；T_f 是扫频周期。当扫频函数采用步进方式时：

$$F(t) = 2\pi n\Delta F, \quad n\frac{T_f}{N} \leqslant t \leqslant (n+1)\frac{T_f}{N}, n = 0, 1, 2, \cdots, N-1 \quad (6.3-53)$$

式中，ΔF 是在频率扫描间隔；T_f/N 是驻留时间；T_f 是扫频周期。设干扰频段为 f_2-f_1，则扫频速度为

$$v_f = \frac{|f_2 - f_1|}{T_f} \qquad (6.3-54)$$

扫频干扰的扫频速度与本振置频速度(调谐速度)有关，同时也与被干扰的通信接收机的特性有关。当本振置频速度一定时，扫频速度需要考虑通信接收机的特性。由于扫频干扰对通信接收机而言，形成的是间断的干扰信号，当扫频速度太快时，接收机不能响应干扰，干扰效果下降或者无效。设通信接收机带宽为 B_c，则扫频干扰扫过一个接收机带宽的时间为

$$t_{fb} = \frac{B_c}{|f_2 - f_1|}T_f \qquad (6.3-55)$$

接收机的建立时间是带宽的倒数。如果通信接收机带宽为 25 kHz，则其建立时间为 40 μs，这就意味着扫过一个 25 kHz 带宽的时间需要 40 μs 以上，一般需要停留 2~3 倍的建立时间。

扫频干扰是一种时间和频率间断的拦阻式干扰，它可以用于常规通信信号的干扰，还可以用于对跳频通信信号的干扰。只要扫频速度足够快，它可以实现在某个频段的拦阻干扰。同时为了保证干扰效果，扫频速度受到接收机建立时间的限制，因此在干扰时需要综合考虑，选择合适的扫频速度。

6.3.2　欺骗式通信干扰样式

欺骗型干扰是指发射或者转发幅度、频率或者相位做了某种调制的脉冲波或连续波信号，以扰乱或欺骗敌方的接收机或操作员，使其得到虚假的信息，做出错误的判断或者决定。其特点是干扰信号和目标信号具有某些相似的特征，但同时又包含难以识别的欺骗信息；目的是以假乱真，最终是要增大误比特率或者降低可懂度。

欺骗型干扰可分为仿真欺骗和模拟欺骗。仿真欺骗包括：类似设备故障的噪声、磁带录下的音频噪声、随机步进纯音、女人的声音、背诵声、流行音乐等。其主要目的是干扰目标操作员的判断能力。模拟欺骗包括：各种话音调制(AM、FM、SSB)、数字调制(如 2ASK、2FSK、MSK、2PSK 等)及扩频调制(如 BPSK-DS、MSK-FH 等)。

欺骗型干扰在频域上是瞄准的，它的中心频率与通信信号是重合的，在时域上为应答

式或者转发式。

1. 随机步进纯音干扰

随机步进纯音干扰属于仿真欺骗干扰，它听起来就像是断章取义的话音，使目标操作很难将这种周期性的干扰与实际发送的话音相区别。一般一个音节的平均长度为 0.125 s，由此可估算出话音的音节速率约为 8 Hz。为了使它听起来真正像人的讲话声音，音节速率可以不断变化，但在整个干扰长度中，平均音节持续时间为 0.125 s。

随机步进纯音干扰是一种仿真音频，利用高斯噪声模拟音频信号，并且调制频率在 300～3000 Hz 间随机跳变，每个频率的停留时间为 0.125 s。该干扰信号的表达式为

$$J(t) = U_j \cos(2\pi f_i t + \theta(t) + \varphi_0) \tag{6.3-56}$$

式中，U_j 是干扰信号的幅度；$f_i \in \{f_1, f_2, \cdots, f_N\}$；$iT_a \leqslant t \leqslant (i+1)T_a$ 是音阶频率，T_a 是音阶持续时间。利用伪随机序列选择，使音阶频率在 N 个音阶频率中随机跳变。

$$\theta(t) = 2\pi K_{FM} \int_0^t u_n(t') dt' \tag{6.3-57}$$

式中，$u_n(t)$ 是均值为 0，方差为 σ_n^2 的基带高斯噪声；K_{FM} 是调频斜率。随机步进纯音干扰信号的时域波形和功率谱如图 6.3-16 所示。

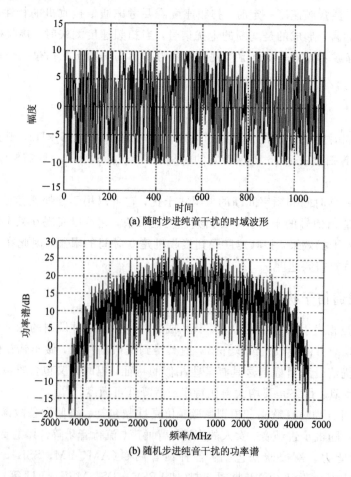

(a) 随时步进纯音干扰的时域波形

(b) 随机步进纯音干扰的功率谱

图 6.3-16　随机步进纯音干扰波形

从图中可以看出，其功率谱不再是均匀谱，而是由若干个噪声跳频信号的功率谱随机叠加产生的。

注意，上面给出的仅是基带信号的描述，在实际应用中，还需要将它利用调制器变换到适当的调制形式，进行功率放大后通过干扰天线辐射出去。

2. 锥形音频干扰

锥形音频干扰属于仿真欺骗干扰，它是由高斯噪声与锥形脉冲串相乘产生的，该干扰信号的表达式为

$$J(t) = U_j d(t) u_n(t) \tag{6.3-58}$$

式中，U_j 是干扰信号的幅度；$u_n(t)$ 是均值为 0，方差为 σ_n^2 的窄带高斯噪声，其谱宽为 300～3000 Hz；$d(t)$ 是锥形脉冲序列：

$$d(t) = 2\pi kt, \quad nT_a \leqslant t \leqslant (n+1)T_a, \quad n = 0, 1, 2, \cdots \tag{6.3-59}$$

T_a 是锥形脉冲重复周期，锥形脉冲串的重复周期与音阶平均持续时间相同，为 0.125 s。

锥形音频干扰信号的时域波形和功率谱如图 6.3-17 所示。

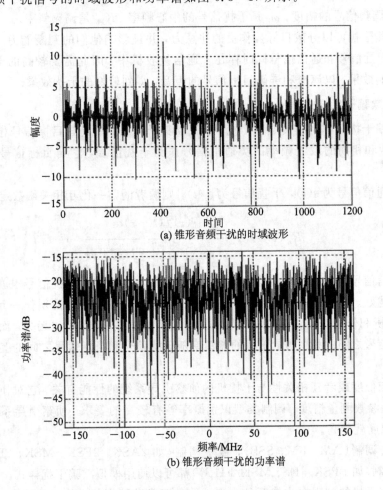

(a) 锥形音频干扰的时域波形

(b) 锥形音频干扰的功率谱

图 6.3-17　随机步进纯音干扰波形

从图 6.3-17 中可以看出，锥形音频干扰的功率谱为均匀谱。注意，上面是给出的仅

是基带信号的描述。与随机步进纯音干扰相同，在实际应用中，还需要将它利用上变频器变换到适当的射频频率，再进行功率放大，才能通过干扰天线辐射出去。

3. 其他音频仿真欺骗干扰样式

除了上面的两种特殊的仿真欺骗外，诸如女人的声音、朗诵声、蛙鸣声、小鸟叫声、流行音乐、广播节目、电视伴音等各种日常生活中的声音，都可以作为音频仿真欺骗干扰的基带信号，进行适当的调制（AM/FM）后，作为干扰信号使用。

音频仿真欺骗干扰的主要调制形式是 AM 或者 FM，主要用于干扰模拟通信信号。设基带信号为 $x_j(t)$，则 AM 调制的音频仿真欺骗干扰表示为

$$J(t) = (U_0 + x_j(t))\cos(\omega_j t + \varphi) \tag{6.3-60}$$

式中，U_0 是载波振幅；ω_j 是干扰中心频率。FM 调制的音频仿真欺骗干扰可以表示为

$$J(t) = U_j \cos\left(\omega_j t + 2\pi K_{FM}\int_0^t x_j(t')\mathrm{d}t' + \varphi\right)$$
$$= U_j \cos(\theta(t) + \varphi) \tag{6.3-61}$$

式中，U_j 是调频信号的幅度；ω_j 是干扰信号的中心频率；K_{FM} 是调频斜率。

仿真欺骗干扰可以分散目标操作员的注意力，并且影响他们的判断能力。实施仿真欺骗时，由于干扰信号和通信信号同时存在于通信接收机中，因此需要较高的干信比，才能达到强的声响效果，以遮掩和屏蔽目标信号的声音，得到较好的干扰效果。

4. 模拟欺骗干扰样式

模拟欺骗干扰又称为相关欺骗干扰。模拟欺骗干扰采用的是与目标信号相同的调制方式、调制参数和相同的载波频率的类通信信号作为干扰信号，它与目标信号具有强互相关性。

设目标通信信号为 $s(t)$，干扰信号为 $J(t)$，则两者的归一化互相关函数定义为

$$R_{sj}(\tau) = \frac{\int_{-\infty}^{\infty} s(\tau)J(t-\tau)\mathrm{d}\tau}{\int_{-\infty}^{\infty}[s(\tau)]^2\mathrm{d}\tau \int_{-\infty}^{\infty}[J(\tau)]^2\mathrm{d}\tau} \tag{6.3-62}$$

目标通信信号与干扰信号的互相关性强，其相似程度就高，干扰信号也就越逼真，干扰效果也就越好。模拟欺骗干扰既是对目标信号的模拟，但同时又须作一定的"波形切割"。理论分析和仿真表明，干扰效果在干信比大于 1 时，就与干信比无关，而取决于干扰信号和目标信号之间的相似度，干扰的差错率随干扰信号和目标信号之间的互相关性增强而增大。

信号的相似度或者互相关性与干扰机的侦察引导系统的性能有关。它对侦察引导的测频精度、调制参数测量精度、调制类型识别概率等有较高的要求。侦察引导系统的引导精度越高，相似度就越高。

各种话音调制（AM、FM、SSB）、数字调制（如 2ASK、2FSK、MSK、2PSK、QPSK等）及扩频调制（如 BPSK-DS、MSK/FH 等）都可以使用模拟欺骗干扰样式。

模拟欺骗干扰的实现方式有两种，其一是应答式欺骗干扰，其二是转发式欺骗干扰。应答式欺骗根据侦察引导系统的引导参数，产生相应的欺骗干扰样式，因此对称为产生式干扰；转发式欺骗干扰是将收到的目标信号进行适当的加工后，发射出去。

6.4　对模拟通信信号的干扰技术

模拟通信信号主要有两种基本调制方式，即幅度调制（AM）和频率调制（FM）。本节介绍几种常用的对 AM/FM 信号的干扰技术。

6.4.1　对 AM 通信信号的干扰

AM 通信信号的解调器主要有两种，一种是相干解调器，另一种是非相干解调器。相干解调器需要提取相干载波，实现相对比较复杂，在对 AM 信号解调时，通常使用非相干解调器。

AM 信号的包络解调器模型如图 6.4-1 所示。

图 6.4-1　AM 信号的包络解调器模型

下面以非相干解调器为例，分析对 AM 信号的干扰。

设 AM 信号为

$$s(t) = (A + m(t))\cos(\omega_0 t + \varphi_0) \tag{6.4-1}$$

式中，A 是信号幅度；ω_0 是信号的载波频率；φ_0 是初始相位；$m(t)$ 是基带调制信号。

干扰信号为

$$j(t) = J(t)\cos[\omega_j t + \varphi_j(t)] \tag{6.4-2}$$

式中，$J(t)$ 是干扰信号的包络；ω_j 是中心频率；$\varphi_j(t)$ 是相位函数。

为了分析方便，设 $\varphi_0 = 0$，并且假设干扰信号可以通过接收机通带而不被抑制。不考虑噪声的影响，则进入接收机的合成信号为

$$
\begin{aligned}
x(t) &= s(t) + j(t) \\
&= [A + m(t)]\cos(\omega_0 t) + J(t)\cos[\omega_j t + \varphi_j(t)]
\end{aligned} \tag{6.4-3}
$$

利用三角恒等式，可以将上式重新写为

$$x(t) = R(t)\cos[\omega_0 t + \theta(t)] \tag{6.4-4}$$

其中，$R(t)$ 是合成信号的瞬时包络；$\theta(t)$ 是瞬时相位。$R(t)$ 和 $\theta(t)$ 分别为

$$R(t) = \{[A + m(t)]^2 + J^2(t) + 2[A + m(t)]J(t)\cos[(\omega_j - \omega_0)t + \varphi_j(t)]\}^{1/2} \tag{6.4-5}$$

$$\theta(t) = \arctan \frac{J(t)\sin[(\omega_j - \omega_0)t + \varphi_j(t)]}{A + m(t) + J(t)\cos[(\omega_j - \omega_0)t + \varphi_j(t)]} \tag{6.4-6}$$

非相干解调使用的包络检波器是非线性器件，它的特性与信号幅度有关，因此其输出与干扰和信号的相对幅度比有关，下面分别进行讨论。

1. 干扰大于信号的情况

干扰大于信号是指满足条件 $J(t) \geqslant 2[A + m(t)]$，理想包络检波器输出为

$$x_o(t) = J(t)\left\{1 + \frac{[A+m(t)]^2}{J^2(t)} + 2\frac{A+m(t)}{J(t)}\cos[(\omega_j - \omega_0)t + \varphi_j(t)]\right\}^{1/2}$$

$$(6.4-7)$$

以 $\dfrac{A+m(t)}{J(t)}$ 为参数，将平方根展开成在原点的泰勒级数，并且只保留前三项，得到

$$x_o(t) \approx J(t) + [A+m(t)]\cos[(\omega_j - \omega_0)t + \varphi_j(t)] + \frac{[A+m(t)]^2}{4J(t)}$$

$$- \frac{[A+m(t)]^2}{4J(t)}\cos[2(\omega_j - \omega_0)t + 2\varphi_j(t)] \qquad (6.4-8)$$

在上式中，没有独立的信号项，只有受到 $\cos[(\omega_j - \omega_0)t + \varphi_j(t)]$ 调制的信号项。因此在干扰大于信号条件下，包络检波器性能急剧下降，这就是它的非线性作用引起的"门限效应"。当出现"门限效应"的情况下，不管使用哪种干扰样式，都会得到良好的干扰效果。

2. 干扰小于信号的情况

干扰小于信号是指满足条件 $[A+m(t)] \geqslant 2J(t)$，理想包络检波器的输出为

$$x_o(t) = [A+m(t)]\left\{1 + 2\frac{J(t)}{A+m(t)}\cos[(\omega_j - \omega_0)t + \varphi_j(t)] + \frac{J^2(t)}{[A+m(t)]^2}\right\}^{1/2}$$

$$(6.4-7)$$

以 $\dfrac{J(t)}{A+m(t)}$ 为参数，将平方根展开成在原点的泰勒级数，并且只保留前三项，得到

$$x_o(t) \approx A+m(t) + J(t)\cos[(\omega_j - \omega_0)t + \varphi_j(t)] + \frac{J^2(t)}{4[A+m(t)]}$$

$$- \frac{J^2(t)}{4[A+m(t)]}\cos[2(\omega_j - \omega_0)t + 2\varphi_j(t)] \qquad (6.4-8)$$

从上式可以看到，瞬时包络中的第一项是信号分量，后两项是干扰分量。

下面分几种干扰样式对干扰小于信号的情况讨论。

1) 单音干扰

单音干扰是单频一个正弦波，即

$$j(t) = A_j\cos(\omega_j t + \varphi_0) \qquad (6.4-9)$$

此时包络检波器的输出为

$$x_o(t) \approx A+m(t) + A_j\cos[(\omega_j - \omega_0)t + \varphi_0] + \frac{A_j^2}{4[A+m(t)]}$$

$$- \frac{A_j^2}{4[A+m(t)]}\cos[2(\omega_j - \omega_0)t + 2\varphi_0] \qquad (6.4-10)$$

由于假设干扰小于信号，即满足 $4[A+m(t)] \gg A_j^2$，上式中的后两项可以忽略。包络检波器的输出近似为

$$x_o(t) \approx [A+m(t)] + A_j\cos[(\omega_j - \omega_0)t + \varphi_0] \qquad (6.4-11)$$

上式中最后一项是干扰分量，它是单音干扰。对于人耳收听的 AM 信号，不易产生好的干扰效果。

此外，如果单音干扰的中心频率与目标信号的载波频率完全重合，即 $\omega_j = \omega_0$，包络检波器输出的干扰分量为直流分量，它可能会被隔直流电容抑制掉，无法发挥干扰作用。

由此可见，单音干扰在干扰小于信号的情况下，干扰效果不好。

2) 调幅干扰

调幅（AM）干扰信号为

$$j(t) = A_j + J(t)\cos(\omega_j t + \varphi_0) \qquad (6.4-12)$$

其中，$J(t)$ 是基带干扰信号，大多数情况下为高斯噪声。此时包络检波器的输出为

$$x_o(t) = A + m(t) + [A_j + J(t)]\cos[(\omega_j - \omega_0)t + \varphi_0]$$
$$+ \frac{[A_j + J(t)]^2}{4[A + m(t)]} - \frac{[A_j + J(t)]^2}{4[A + m(t)]}\cos[2(\omega_j - \omega_0)t + 2\varphi_0] \qquad (6.4-13)$$

根据干扰小于信号的假设，忽略最后两项，包络检波器的输出近似为

$$x_o(t) \approx A + m(t) + [A_j + J(t)]\cos[(\omega_j - \omega_0)t + \varphi_0] \qquad (6.4-14)$$

上式中，后两项是干扰分量。如果干扰中心频率与目标信号的载波频率完全重合，即 $\omega_j = \omega_0$，包络检波器输出的干扰分量 $A_j\cos[(\omega_j - \omega_0)t + \varphi_0]$ 为直流分量，它可能会被隔直流电容抑制掉。因此，只需考虑最后一项，相应的输出干扰功率为

$$P_{jo} = \overline{\{J(t)\cos[(\omega_j - \omega_0)t + \varphi_0]\}^2} = \frac{1}{2}\overline{J^2(t)} \qquad (6.4-15)$$

其中，符号"—"表示统计平均（对随机信号）或者时间平均（对确知信号）。包络检波器输出的信号功率为

$$P_{so} = \overline{m^2(t)} \qquad (6.4-16)$$

输出干扰信号功率比（简称干信比）为

$$JSR_o = \frac{P_{jo}}{P_{so}} = \frac{1}{2}\frac{\overline{J^2(t)}}{\overline{m^2(t)}} \qquad (6.4-17)$$

而包络检波器输入的干信比为

$$JSR_i = \frac{P_{ji}}{P_{si}} = \frac{\frac{1}{2}[A_j^2 + \overline{J^2(t)}]}{\frac{1}{2}[A^2 + \overline{m^2(t)}]} = \frac{A_j^2 + \overline{J^2(t)}}{A^2 + \overline{m^2(t)}} \qquad (6.4-18)$$

其输入、输出干信比之间的关系为

$$JSR_o = \frac{1}{2}\frac{\left[1 + \dfrac{A^2}{\overline{m^2(t)}}\right]}{\left[1 + \dfrac{A_j^2}{\overline{J^2(t)}}\right]}JSR_i \qquad (6.4-19)$$

由上式可见，AM 信号的调制深度越深，其抗干扰能力越强；同样 AM 干扰信号的调制深度越深，其干扰能力也越强。如果双方的调幅度都是 100%，就有 $\dfrac{A^2}{\overline{m^2(t)}} \approx \dfrac{A_j^2}{\overline{J^2(t)}} \approx 2$，于是输入、输出干信比之间的关系简化为

$$JSR_o = \frac{1}{2}JSR_i \qquad (6.4-20)$$

即包络检波器输出的干信比只有输入干信比的一半。一般情况下，为了有效抑制语音信号，要求输出音频干扰功率大于语音信号功率的 5～25 倍，如果输出干信比取 10 倍，则所需的输入干信比为 20，即 13 dB。

3）双边带调制干扰

双边带（DSB）干扰信号采用抑制载波的幅度调制信号，其表达式为

$$j(t) = J(t)\cos(\omega_j t + \varphi_0) \quad (6.4-21)$$

其中，$J(t)$ 是基带干扰信号，大多数情况下为高斯噪声。经过与 AM 干扰信号类似的推导过程，可以得到包络检波器的输出近似为

$$x_o(t) \approx A + m(t) + J(t)\cos[(\omega_j - \omega_0)t + \varphi_0] \quad (6.4-22)$$

上式中，最后一项是干扰分量，相应的输出干扰功率为

$$P_{jo} = \overline{[J(t)\cos((\omega_j - \omega_0)t + \varphi_0)]^2} = \frac{1}{2}J^2(t) \quad (6.4-23)$$

包络检波器输出的干信比为

$$JSR_o = \frac{P_{jo}}{P_{so}} = \frac{1}{2}\frac{\overline{J^2(t)}}{m^2(t)} \quad (6.4-24)$$

而包络检波器输入的干信比为

$$JSR_i = \frac{P_{ji}}{P_{si}} = \frac{\frac{1}{2}\overline{J^2(t)}}{\frac{1}{2}[A^2 + \overline{m^2(t)}]} = \frac{\overline{J^2(t)}}{A^2 + \overline{m^2(t)}} \quad (6.4-25)$$

其输入、输出干信比之间的关系为

$$JSR_o = \frac{1}{2}\left(1 + \frac{A^2}{m^2(t)}\right)JSR_i \quad (6.4-26)$$

由上式可见，与 AM 信号相比，双边带干扰信号输出干信比少了一个大于 1 的分母项，因此其干扰效果更好。如果 AM 信号的调幅度是 100%，则输入、输出干信比之间的关系简化为

$$JSR_o = \frac{3}{2}JSR_i \quad (6.4-27)$$

如果要求音频干扰功率大于语音信号功率的 10 倍，则所需的输入干信比为 20/3，即 8.24 dB。可见，达到同样的输出干信比时，其输入干信比与调幅干扰相比减小了将近 5 dB。因此，对 AM 信号干扰时，双边带干扰样式是一种相对较好的干扰样式。

4）调频干扰

调频（FM）干扰信号为

$$j(t) = A_j \cos[\omega_j t + \varphi_j(t)] \quad (6.4-28)$$

此时可以得到包络检波器的输出近似为

$$x_o(t) \approx A + m(t) + A_j \cos[(\omega_j - \omega_0)t + \varphi_j(t)] \quad (6.4-29)$$

上式中，最后一项是干扰分量，相应的输出干扰功率为

$$P_{jo} = \frac{1}{2}A_j^2 \quad (6.4-30)$$

包络检波器输出的干信比为

$$JSR_o = \frac{P_{jo}}{P_{so}} = \frac{1}{2}\frac{A_j^2}{m^2(t)} \quad (6.4-31)$$

而包络检波器输入的干信比为

$$JSR_i = \frac{P_{ji}}{P_{si}} = \frac{\frac{1}{2}A_j^2}{\frac{1}{2}[A^2 + \overline{m^2(t)}]} = \frac{A_j^2}{A^2 + \overline{m^2(t)}} \qquad (6.4-32)$$

其输入、输出干信比之间的关系为

$$JSR_o = \frac{1}{2}\left(1 + \frac{A^2}{\overline{m^2(t)}}\right)JSR_i \qquad (6.4-33)$$

由上式可见，从平均功率看，FM 干扰的输出干信比与 DSB 干扰信号相同。但是 DSB 干扰要求较高的峰值功率，所以实际中使用最多的是 FM 干扰。

综合上述分析可以得出结论：对 AM 信号干扰的最佳干扰样式是窄带噪声调频干扰，即采用调频指数小于等于 1 的调频信号，并且其带宽与 AM 信号带宽一致。但是考虑到干扰中心频率与信号载波频率不完全重合，为了使干扰能量全部进入接收机的解调器，调频干扰信号的带宽应略大于 AM 信号的带宽。

6.4.2　对 FM 通信信号的干扰

设 FM 信号表示为

$$s(t) = A\cos[\omega_0 t + \varphi_s(t)]$$

$$\varphi_s(t) = k_{fs}\int_{-\infty}^{t} m(\tau)\mathrm{d}\tau \qquad (6.4-34)$$

式中，A 是信号幅度；ω_0 是信号的载波频率；k_{fs} 是最大角频偏；$m(t)$ 是基带调制信号。

干扰信号为

$$j(t) = J(t)\cos[\omega_j t + \varphi_j(t)]$$

$$\varphi_j(t) = k_{fj}\int_{-\infty}^{t} m_j(\tau)\mathrm{d}\tau \qquad (6.4-35)$$

式中，$J(t)$ 是干扰信号的包络；ω_j 是中心频率；$\varphi_j(t)$ 是相位函数。

为分析方便，假设干扰信号可以通过接收机通带而不被抑制。不考虑噪声的影响，则进入接收机的合成信号为

$$x(t) = s(t) + j(t) = A\cos[\omega_0 t + \varphi_s(t)] + J(t)\cos[\omega_j t + \varphi_j(t)] \qquad (6.4-36)$$

利用三角恒等式，可以将上式重新写为

$$x(t) = R(t)\cos[\omega_0 t + \theta(t)] \qquad (6.4-37)$$

其中，$R(t)$ 是合成信号的瞬时包络；$\theta(t)$ 是瞬时相位。$R(t)$ 和 $\theta(t)$ 分别为

$$R(t) = A\left\{1 + 2\frac{J(t)}{A}\cos[(\omega_j - \omega_0)t + \varphi_j(t) - \varphi_s(t)] + \frac{J^2(t)}{A^2}\right\}^{1/2} \qquad (6.4-38)$$

$$\theta(t) = \varphi_s(t) + \arctan\left\{\frac{J(t)\sin[(\omega_j - \omega_0)t + \varphi_j(t) - \varphi_s(t)]}{A + J(t)\cos[(\omega_j - \omega_0)t + \varphi_j(t) + \varphi_s(t)]}\right\} \qquad (6.4-39)$$

FM 信号的解调通常使用鉴频器进行解调。FM 信号的解调器模型如图 6.4-2 所示。

图 6.4-2　FM 信号的解调器模型

鉴频解调器输出正比于合成信号的瞬时频率，其输出与干扰和信号的相对幅度比有关，下面分别进行讨论。

1. 大干扰情况

大干扰是指满足条件 $J(t) \gg A$，此时合成信号的瞬时相位简化为

$$\theta(t) \approx \varphi_j(t) + \frac{A}{J(t)} \sin[(\omega_j - \omega_0)t + \varphi_j(t) - \varphi_s(t)] \qquad (6.4-40)$$

鉴频器输出为

$$f(t) = \frac{d\theta(t)}{dt}$$

$$= k_{fj} m_j(t) - A \frac{J'(t)}{J^2(t)} \sin[(\omega_j - \omega_0)t + \varphi_j(t) - \varphi_s(t)]$$

$$+ [\omega_j - \omega_0 + \varphi_j'(t) - \varphi_s'(t)] \frac{A}{J(t)} \cos[(\omega_j - \omega_0)t + \varphi_j(t) - \varphi_s(t)] \quad (6.4-41)$$

在上式中，没有独立的信号项，而只有干扰项。因此在大干扰条件下，鉴频器进入非线性区引起"门限效应"。当出现"门限效应"的情况下，不管使用哪种干扰样式，都会得到良好的干扰效果。

2. 小干扰情况

小干扰是指满足条件 $A \gg J(t)$，此时合成信号的瞬时相位简化为

$$\theta(t) \approx \varphi_s(t) + \frac{J(t)}{A} \sin[(\omega_j - \omega_0)t + \varphi_j(t) - \varphi_s(t)] \qquad (6.4-42)$$

鉴频器输出为

$$f(t) = \frac{d\theta(t)}{dt}$$

$$= k_{fs} m(t) + \frac{J'(t)}{A} \sin[(\omega_j - \omega_0)t + \varphi_j(t) - \varphi_s(t)]$$

$$+ [\omega_j - \omega_0 + \varphi_j'(t) - \varphi_s'(t)] \frac{J(t)}{A} \cos[(\omega_j - \omega_0)t + \varphi_j(t) - \varphi_s(t)] \quad (6.4-43)$$

从上式可以看到，它的第一项是信号分量，后两项是干扰分量。下面分几种干扰样式对小干扰情况进行讨论。

1) 单音干扰

单音干扰是单频一个正弦波，即

$$j(t) = A_j \cos(\omega_j t + \varphi_0) \qquad (6.4-44)$$

此时鉴频器输出为

$$f(t) = k_{fs} m(t) + [\omega_j - \omega_0 - k_{fs} m(t)] \frac{A_j}{A} \cos[(\omega_j - \omega_0)t + \varphi_j - \varphi_s] \qquad (6.4-45)$$

从上式可以看出，干扰项（第二项）是一个调幅调频信号，其带宽与目标调频信号相同。一般情况下，该调幅调频信号的带宽大于音频带宽，其超出部分将被鉴频器的音频滤波器抑制。如果用 F_k 表示带宽不匹配引起的干扰能量损失，则鉴频器输出的音频干扰信号的功率为

$$P_{jo} = \frac{1}{2}\left((\omega_j - \omega_0)^2 - k_{fs}^2 \overline{m^2(t)}\right) \frac{A_j^2}{A^2} F_k \qquad (6.4-46)$$

鉴频器输出的音频信号功率为

$$P_{so} = k_{fs}^2 \overline{m(t)} \qquad (6.4-47)$$

鉴频器输出的音频干信比为

$$JSR_o = \frac{P_{jo}}{P_{so}} = \frac{1}{2}\left[1 + \frac{(\omega_j - \omega_0)^2}{k_{fs}^2 \overline{m^2(t)}}\right] \frac{A_j^2}{A^2} F_k \qquad (6.4-48)$$

鉴频器输入的干信比为

$$JSR_i = \frac{A_j^2}{A^2} \qquad (6.4-49)$$

鉴频器输出和输入的干信比的关系为

$$JSR_o = \frac{1}{2}\left[1 + \frac{(\omega_j - \omega_0)^2}{k_{fs}^2 \overline{m^2(t)}}\right] F_k JSR_i \qquad (6.4-50)$$

从上式可以看出,适当增加干扰信号与目标信号的载频差,有利于提高干扰效果。但是载频差也不能过大,过大会被鉴频器的音频滤波器抑制掉。

2) 调频干扰

调频干扰信号为

$$j(t) = A_j \cos[\omega_j t + \varphi_j(t)] \qquad (6.4-51)$$

此时可以得到合成信号的瞬时频率为

$$f(t) = k_{fs}m(t) + [\omega_j - \omega_0 + k_{fj}m_j(t) - k_{fs}m(t)]\frac{A_j}{A}\cos[(\omega_j - \omega_0)t + \varphi_j(t) - \varphi_s(t)] \qquad (6.4-52)$$

类似地,可以得到鉴频器输出和输入的干信比的关系为

$$JSR_o = \frac{1}{2}\left[1 + \frac{(\omega_j - \omega_0)^2}{k_{fs}^2 \overline{m^2(t)}} + \frac{k_{fj}^2 \overline{m_j^2(t)}}{k_{fs}^2 \overline{m^2(t)}}\right] F_k JSR_i \qquad (6.4-53)$$

从上式可以看出,与单音干扰类似。适当增加干扰信号与目标信号的载频差,或者适当提高最大角频偏,有利于提高干扰效果。但是载频差也不能过大,过大会被鉴频器的音频滤波器抑制掉。同时最大角频偏过大,干扰带宽增加,干扰能量不能全部进入目标接收机。因此需要综合考虑载频差和最大角频偏的影响。

6.4.3 对 SSB 通信信号的干扰

AM 信号经常使用单边带(SSB)形式,SSB 信号为

$$s(t) = m(t)\cos\omega_0 t \mp \hat{m}(t)\sin\omega_0 t \qquad (6.4-54)$$

式中,ω_0 是信号的载波频率;$m(t)$ 是基带调制信号;$\hat{m}(t)$ 是它的 Hilbert 变换。式中取"—"号对应上边带,取"+"号对应下边带。

干扰信号为

$$j(t) = J(t)\cos[\omega_j t + \varphi_j(t)] \qquad (6.4-55)$$

式中,$J(t)$ 是干扰信号的包络;ω_j 是中心频率;$\varphi_j(t)$ 是相位函数。通信接收机输入端的合

成信号为

$$x(t) = s(t) + j(t) = m(t)\cos\omega_0 t \mp \hat{m}(t)\sin\omega_0 t + J(t)\cos[\omega_j t + \varphi_j(t)] \quad (6.4-56)$$

SSB 信号通常采用相干解调器解调，用本地载波与上式相乘并滤除高频分量后，得到相干解调器的输出为

$$x_o(t) = x(t)\cos\omega_0 t = \frac{1}{2}m(t) + \frac{1}{2}J(t)\cos[(\omega_j - \omega_0)t + \varphi_j(t)] \quad (6.4-57)$$

上式中的第一项为信号分量，第二项为干扰分量。因此，解调器输出的音频干信比为

$$JSR_o = \frac{P_{jo}}{P_{so}} = \frac{\overline{\left\{\frac{1}{2}J(t)\cos((\omega_j - \omega_0)t + \varphi_j(t))\right\}^2}}{\overline{\left\{\frac{1}{2}m(t)\right\}^2}} = \frac{1}{2}\frac{\overline{J^2(t)}}{\overline{m^2(t)}} \quad (6.4-58)$$

解调器输入的音频干信比为

$$JSR_i = \frac{1}{2}\frac{\overline{j^2(t)}}{\overline{s^2(t)}} = \frac{\frac{1}{2}\overline{J^2(t)}}{\frac{1}{2}\overline{m^2(t)} + \frac{1}{2}\overline{\hat{m}^2(t)}} = \frac{1}{2}\frac{\overline{J^2(t)}}{\overline{m^2(t)}} \quad (6.4-59)$$

可见，解调器输入干信比和输出干信比相同。

注意到，在上述分析过程中，假设了音频干扰信号可以全部通过解调器之前的滤波器。SSB 解调器解调之前可能还设有上边带或者下边带滤波器，干扰信号通过这样的边带滤波器后，其干扰能量会发生变化。

下面以 AM 干扰样式为例，讨论解调后输出干信比的变化情况。

AM 干扰信号为

$$j(t) = [A_j + m_j(t)]\cos(\omega_j t + \varphi_j) \quad (6.4-60)$$

干扰功率由载波功率 P_{jc} 和边带调制功率 P_{jm} 两部分组成，分别为

$$P_{jc} = \frac{1}{2}A_j^2, \quad P_{jm} = \frac{1}{2}\overline{m_j^2(t)} \quad (6.4-61)$$

其中某个边带的功率为

$$P_{jms} = \frac{1}{2}P_{jm} = \frac{1}{4}\overline{m_j^2(t)} \quad (6.4-62)$$

当 SSB 解调器解调之前设有上边带或者下边带滤波器时，干扰信号经过边带滤波器后变成单边带信号，即

$$j(t) = \frac{1}{2}m_j(t)\cos(\omega_j t + \varphi_j) \mp \frac{1}{2}\hat{m}_j(t)\sin(\omega_j t + \varphi_j) \quad (6.4-63)$$

进入解调器的合成信号为

$$x(t) = s(t) + j(t)$$

$$= m(t)\cos\omega_0 t \mp \hat{m}(t)\sin\omega_0 t + \frac{1}{2}m_j(t)\cos(\omega_j t + \varphi_j) \mp \frac{1}{2}\hat{m}_j(t)\sin(\omega_j t + \varphi_j)$$

$$(6.4-64)$$

相干解调器的输出为

$$x_o(t) = \frac{1}{2}m(t) + \frac{1}{4}m_j(t)\cos[(\omega_j - \omega_0)t + \varphi_j] \mp \frac{1}{4}\hat{m}_j(t)\sin[(\omega_j - \omega_0)t + \varphi_j]$$

$$(6.4-65)$$

输出音频干信比为

$$JSR_o = \frac{P_{jo}}{P_{so}} = \frac{\frac{1}{32}\overline{m_j^2(t)} + \frac{1}{32}\overline{\hat{m}_j^2(t)}}{\frac{1}{32}\overline{m^2(t)}} = \frac{1}{4}\frac{\overline{m_j^2(t)}}{\overline{m^2(t)}} \tag{6.4-66}$$

输入音频干信比为

$$JSR_i = \frac{\overline{j^2(t)}}{\overline{s^2(t)}} = \frac{\frac{1}{2}[A_j^2 + \overline{m_j^2(t)}]}{\frac{1}{2}[\overline{m^2(t)} + \overline{\hat{m}^2(t)}]} = \frac{1}{2}\frac{A_j^2 + \overline{m_j^2(t)}}{\overline{m^2(t)}} \tag{6.4-67}$$

因此，输出和输入干信比的关系为

$$JSR_o = \frac{1}{2}\left(\frac{1}{1 + \frac{A_j^2}{\overline{m_j^2(t)}}}\right)JSR_i \tag{6.4-68}$$

由上式可见，干扰信号的调制度越深，干信比越大，干扰效果越好。当采用100%调幅度时，$\dfrac{A_j^2}{\overline{m_j^2(t)}} = 2$，此时输出和输入干信比的关系简化为

$$JSR_o = \frac{1}{6}JSR_i \tag{6.4-69}$$

上式说明，当使用 AM 干扰样式对 SSB 信号进行瞄准干扰时，解调器输出干信比只有其输入干信比的 $1/6$(下降 8 dB)，干扰效率很低。

为了提高干扰效率，在对 SSB 信号进行瞄准式干扰时，应该采用谱中心重合方式。干扰信号不必瞄准 SSB 信号的载波频率，而是瞄准其边带谱的中心。此外，干扰信号带宽最好与 SSB 信号带宽一致。

对 SSB 干扰的干扰样式可以采用双边带调制干扰信号，如 AM 干扰、窄带调频干扰等，此时最好采用谱中心重合方式。还可以采用 SSB 干扰信号，此时最好采用载波频率重合方式，但是需要使用与目标信号相同的边带方式，以保证干扰信号频谱与目标信号频谱的良好重合。

6.5 对数字通信信号的干扰技术

数字通信信号的调制方式比较多，包括二进制数字调制、多进制数字调制和复合调制等多种调制方式。其中，二进制调制是最基本的，因此本节介绍几种常用的对二进制数字调制信号的干扰技术。

6.5.1 对 2ASK 通信信号的干扰

2ASK 信号可以表示为

$$s(t) = \begin{cases} A\cos\omega_c t, & \text{发送"1"时} \\ 0, & \text{发送"0"时} \end{cases} \tag{6.5-1}$$

设干扰信号为

$$j(t) = J(t)\cos[\omega_j t + \varphi_j(t)] \tag{6.5-2}$$

到达目标通信接收机输入端的信号、干扰和噪声的合成信号为

$$x(t) = \begin{cases} A\cos\omega_c t + J(t)\cos[\omega_j t + \varphi_j(t)] + n(t), & \text{发送"1"时} \\ J(t)\cos[\omega_j t + \varphi_j(t)] + n(t), & \text{发送"0"时} \end{cases} \tag{6.5-3}$$

其中，$n(t)$ 为信道的窄带高斯噪声，假定它的均值为 0，方差为 σ_n^2。窄带高斯噪声可以表示为

$$n(t) = n_c(t)\cos\omega_c t - n_s(t)\sin\omega_c t \tag{6.5-4}$$

1. 单音干扰

单音干扰是单频一个正弦波，即

$$j(t) = A_j\cos(\omega_j t + \varphi_0) \tag{6.5-5}$$

为简单起见，设 $\omega_j = \omega_c$，$\varphi_0 = 0$。于是，到达通信接收机输入端的合成信号为

$$x(t) = \begin{cases} (A + A_j)\cos\omega_c t + n(t), & \text{发送"1"时} \\ A_j\cos\omega_c t + n(t), & \text{发送"0"时} \end{cases} \tag{6.5-6}$$

在通信系统中，2ASK 信号的解调器有两种，一种是相干解调器，一种是非相干解调器。而经常用非相干的包络解调器。

2ASK 信号的包络解调器模型如图 6.5-1 所示。

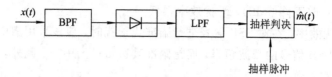

图 6.5-1 2ASK 信号的包络解调器模型

包络解调器输出的包络为

$$v(t) = \begin{cases} \sqrt{(A + A_j + n_c(t))^2 + n_s^2(t)}, & \text{发送"1"时} \\ \sqrt{(A_j + n_c(t))^2 + n_s^2(t)}, & \text{发送"0"时} \end{cases} \tag{6.5-7}$$

输出包络为随机过程，它服从广义瑞利分布。设解调器判决门限为 b，发"1"时包络检波器输出的信号加干扰的幅度为 $a_1 = A + A_j$，发"0"时包络检波器输出的干扰的幅度为 $a_0 = A_j$，则按照通信信号检测理论，当信息码等概分布时，可以得到 2ASK 系统的错误概率为

$$P_e = \frac{1}{2}(P_{e1} + P_{e0}) = \frac{1}{2}\left[1 - Q\left(\frac{a_1}{\sigma_n}, \frac{b}{\sigma_n}\right) + Q\left[\frac{a_0}{\sigma_n}, \frac{b}{\sigma_n}\right]\right] \tag{6.5-8}$$

式中，P_{e1} 是发"1"时的错误概率；P_{e0} 是发"0"时的错误概率；$Q(\alpha, \beta)$ 是 Q 函数，其定义为

$$Q(\alpha, \beta) = \int_\beta^\infty t I_0(\alpha t)\exp\left(-\frac{t^2 + \alpha^2}{2}\right)\mathrm{d}t \tag{6.5-9}$$

在式(6.5-8)中，令 $r_s = \dfrac{A}{\sigma_n}$，$r_j = \dfrac{A_j}{\sigma_n}$，$b_0^* = \dfrac{b^*}{\sigma_n}$ 表示归一化门限，则误码率可以表示为

$$P_e = \frac{1}{2}[1 - Q(r_s + r_j,\ b_0) + Q(r_j,\ b_0)]$$

$$= \frac{1}{2}[1 - Q(r_s(1 + \sqrt{JSR}),\ b_0) + Q(r_s\sqrt{JSR},\ b_0)] \qquad (6.5-10)$$

式中，$JSR = \dfrac{A_j^2}{A^2}$ 为接收机输入端的干信比。当检测器取归一化最优门限 $b_0^* = \dfrac{A}{2\sigma_n} = \dfrac{1}{2r_s}$，同时在大信噪比条件下，$Q$ 函数可以用误差函数近似为

$$Q(\alpha,\ \beta) \approx 1 - \frac{1}{2}\mathrm{erfc}\left(\frac{\alpha - \beta}{\sqrt{2}}\right) \qquad (6.5-11)$$

此时，误码率表示为

$$P_e = \frac{1}{2}\left\{1 + \frac{1}{2}\mathrm{erfc}\left[r_s\frac{1 + 2\sqrt{JSR}}{2\sqrt{2}}\right] - \frac{1}{2}\mathrm{erfc}\left[r_s\frac{2\sqrt{JSR} - 1}{2\sqrt{2}}\right]\right\}$$

$$= \frac{1}{4}\left\{\mathrm{erfc}\left[r_s\frac{1 + 2\sqrt{JSR}}{2\sqrt{2}}\right] + \frac{1}{2}\mathrm{erfc}\left[r_s\frac{1 - 2\sqrt{JSR}}{2\sqrt{2}}\right]\right\} \qquad (6.5-12)$$

由上式可见，2ASK 系统的误码率与信噪比、干信比有关。其关系曲线如图 6.5-2 所示。

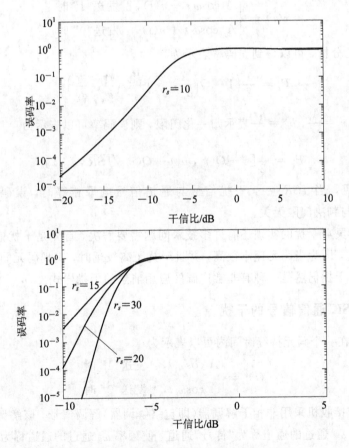

图 6.5-2　2ASK 系统的误码率与干信比的关系

在上面的分析中，检测器的最优门限是在无干扰存在的条件下确定的。当存在干扰时，如果通信系统具有根据干扰电平自适应调节门限的能力，则可以使干扰无效。如无干

扰的最优门限是 $b=A/2$，则存在干扰时的归一化门限修正为

$$b_0^* = \frac{b}{\sigma_n} = \frac{r_s}{2}(1 + 2\sqrt{JSR})\qquad(6.5-13)$$

其误码率修正为

$$P_e = \frac{1}{2}(1 - Q(r_s(1 + \sqrt{JSR}), b_0^*) + Q(r_s\sqrt{JSR}, b_0^*))$$

$$\approx \frac{1}{2}\left(\frac{1}{2}\mathrm{erfc}\left(\frac{r_s}{2\sqrt{2}}\right) + \frac{1}{2}\mathrm{erfc}\left(\frac{r_s}{2\sqrt{2}}\right)\right) = \mathrm{erfc}\left(\frac{r_s}{2\sqrt{2}}\right)\qquad(6.5-14)$$

由上式可见，当通信系统采用自适应门限后，误码率与干信比无关。这种情况下单频干扰对 2ASK 信号无效。

2. 灵巧干扰

应对自适应门限的有效方法是采用灵巧干扰样式。灵巧干扰采用"乒乓"式随机开关实现同步干扰，即干扰方在发"1"时不干扰，发"0"时干扰。

灵巧干扰的合成信号表示为

$$x(t) = \begin{cases} A\cos\omega_c t + n(t), & \text{发送"1"时} \\ A_j\cos\omega_c t + n(t), & \text{发送"0"时} \end{cases}\qquad(6.5-15)$$

通过类似的分析，可以得到误码率表示为

$$P_e = \frac{1}{2}\left(1 - Q\left(\frac{A}{\sigma_n}, \frac{b}{\sigma_n}\right) + Q\left(\frac{A_j}{\sigma_n}, \frac{b}{\sigma_n}\right)\right)\qquad(6.5-16)$$

令 $r_s = \frac{A}{\sigma_n}$，$r_j = \frac{A_j}{\sigma_n}$，$b_0^* = \frac{b^*}{\sigma_n}$ 表示归一化门限，则误码率可以表示为

$$P_e = \frac{1}{2}[1 - Q(r_s, b_0) + Q(r_s\sqrt{JSR}, b_0^*)]\qquad(6.5-17)$$

由上式可见，当 $JSR=1$，干扰信号与通信信号电平相等时，误码率达到最大值 $P_e = 0.5$，并且与判决门限无关。

当然，这种灵巧干扰的实现还有许多技术问题需要解决，首先是干扰信号和通信信号的时间同步问题，因为当码元速率很高，并且干扰距离较远时，实现码元同步是很困难的。尽管如此，灵巧干扰仍然是一种有非常广阔的应用前景的干扰样式。

6.5.2　对 2FSK 通信信号的干扰

2FSK 信号在一个码元持续时间内可以表示为

$$s(t) = \begin{cases} A\cos\omega_1 t, & \text{发送"1"时} \\ A\cos\omega_2 t, & \text{发送"0"时} \end{cases}\qquad(6.5-18)$$

设目标通信接收机采用非相干解调器（即包络解调器）解调信号。该解调器有两个独立的通道，使频率 ω_1 通过的通道称为"传号"通道，使频率 ω_2 通过的通道称为"空号"通道。

2FSK 信号的包络解调器模型如图 6.5-3 所示。

设单音干扰信号与目标信号的频率完全重合，则它可以表示为

$$j(t) = A_{j1}\cos(\omega_1 t + \varphi_{j1}) + A_{j2}\cos(\omega_2 t + \varphi_{j2})\qquad(6.5-19)$$

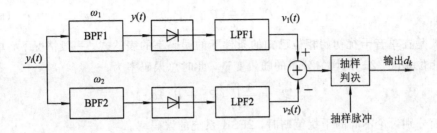

图 6.5 - 3　2FSK 信号的包络解调器模型

发"1"时, 传号通道和空号通道输出的合成信号分别为

$$x_{11}(t) = A\cos\omega_1 t + A_{j1}\cos(\omega_1 t + \varphi_{j1}) + n_1(t)$$
$$= B_1\cos(\omega_1 t + \varphi_1) + n_1(t) \qquad (6.5-20)$$
$$x_{12}(t) = A_{j2}\cos(\omega_2 t + \varphi_{j2}) + n_2(t) \qquad (6.5-21)$$

式中:

$$\begin{cases} B_1^2 = A^2 + 2AA_{j1}\cos\varphi_{j1} + A_{j1}^2 \\ \varphi_1 = \arctan\left(\dfrac{A_{j1}\sin\varphi_{j1}}{A + A_{j1}\cos\varphi_{j1}}\right) \end{cases} \qquad (6.5-22)$$

分别为合成信号的包络和相位。$n_1(t)$ 和 $n_2(t)$ 分别是传号通道和空号通道输出的窄带高斯噪声, 它包括两个部分, 一部分是接收机内部噪声, 另一部分是有意干扰噪声, 设其平均功率(方差)为

$$\begin{cases} N_1 = N_t + N_{j1} \\ N_2 = N_t + N_{j2} \end{cases} \qquad (6.5-23)$$

同理, 发"0"时, 传号通道和空号通道输出的合成信号分别为

$$x_{01}(t) = A_{j1}\cos(\omega_1 t + \varphi_{j1}) + n_1(t) \qquad (6.5-24)$$
$$x_{02}(t) = A\cos\omega_2 t + A_{j2}\cos(\omega_2 t + \varphi_{j2}) + n_2(t)$$
$$= B_2\cos(\omega_2 t + \varphi_2) + n_2(t) \qquad (6.5-25)$$

式中:

$$B_2^2 = A^2 + 2AA_{j2}\cos\varphi_{j2} + A_{j2}^2$$
$$\varphi_2 = \arctan\left(\dfrac{A_{j2}\sin\varphi_{j2}}{A + A_{j2}\cos\varphi_{j2}}\right) \qquad (6.5-26)$$

发"1"或发"0"时, 传号通道和空号通道输出的合成信号是个随机过程, 当采用包络检波器检测时, 输出包络均服从广义瑞利分布。检测器对传号通道和空号通道进行判决, 当传号通道输出大于空号通道输出时, 判决为"1"; 否则, 判决为"0"。可以证明, 发"1"或发"0"时的错误概率分别为

$$P_{e1} = Q\left(\frac{A_{j2}}{\sqrt{N_0}}, \frac{B_1}{\sqrt{N_0}}\right) - \frac{N_1}{N_0}\exp\left(-\frac{B_1^2 + A_{j2}^2}{2N_0}\right)I_0\left(\frac{B_1 A_{j2}}{N_0}\right) \qquad (6.5-27)$$

$$P_{e0} = Q\left(\frac{A_{j1}}{\sqrt{N_0}}, \frac{B_2}{\sqrt{N_0}}\right) - \frac{N_2}{N_0}\exp\left(-\frac{B_2^2 + A_{j1}^2}{2N_0}\right)I_0\left(\frac{B_2 A_{j1}}{N_0}\right) \qquad (6.5-28)$$

其中, $I_0(\cdot)$ 是零阶贝赛尔函数; $N_0 = N_1 + N_2$。当发"1"和发"0"等概率时, 总的误码率为

$$P_e = \frac{1}{2}(P_{e1} + P_{e0}) \tag{6.5-29}$$

上式是在单音干扰初始相位已知的条件下的误码率的表达式。一般情况下，单音干扰的初始相位是 $[0, 2\pi]$ 内均匀分布的随机变量，此时总误码率为

$$P_e = \frac{1}{4\pi}\int_0^{2\pi}(P_{e1} + P_{e0})\mathrm{d}\varphi \tag{6.5-30}$$

下面分别讨论不同的干扰策略时，2FSK 系统的误码率。

1. 对传号通道的单音干扰

当只对传号通道进行单音干扰时，在式(6.5-19)中，令 $A_{j2}=0$，则 $B_2=A$，$N_0 = N_1 = N_2 = N_t$，分别代入式(6.5-27)、式(6.5-28)，可以得到

$$P_{e1} = Q\left(0, \frac{B_1}{\sqrt{2N_t}}\right) - \frac{1}{2}\exp\left(-\frac{B_1^2}{4N_t}\right)I_0(0) = \frac{1}{2}\exp\left(-\frac{B_1^2}{4N_t}\right)$$

$$P_{e0} = Q\left(\frac{A_{j1}}{\sqrt{2N_t}}, \frac{A}{\sqrt{2N_t}}\right) - \frac{1}{2}\exp\left(-\frac{A^2 + A_{j1}^2}{4N_t}\right)I_0\left(\frac{AA_{j1}}{2N_t}\right) \tag{6.5-31}$$

根据 $Q(0, \beta) = \exp\left[-\frac{\beta^2}{2}\right]$，$I(0)=1$，可以得到总误码率为

$$P_e = \frac{1}{4\pi}\int_0^{2\pi}(P_{e1} + P_{e0})\mathrm{d}\varphi = \frac{1}{4\pi}\int_0^{2\pi}P_{e1}\mathrm{d}\varphi + \frac{1}{2}P_{e0} \tag{6.5-32}$$

根据贝赛尔函数定义，有

$$I_0(x) = \frac{1}{2\pi}\int_0^{2\pi}\exp(x\cos(v+u))\mathrm{d}v \tag{6.5-33}$$

式(6.5-32)中的第一项表示为

$$P'_{e1} = \frac{1}{2}\exp\left(-\frac{A^2 + A_{j1}^2}{4N_t}\right)\frac{1}{2\pi}\int_0^{2\pi}\exp\left(\frac{AA_{j1}}{2N_t}\cos\varphi\right)\mathrm{d}\varphi$$

$$= \frac{1}{4}\exp\left(-\frac{A^2 + A_{j1}^2}{4N_t}\right)I_0\left(\frac{AA_{j1}}{2N_t}\right) \tag{6.5-34}$$

因此，总误码率为

$$P_e = P'_{e1} + \frac{1}{2}P_{e0} = \frac{1}{2}Q\left(\frac{A_{j1}}{\sqrt{2N_t}}, \frac{A}{\sqrt{2N_t}}\right) \tag{6.5-35}$$

2. 对空号通道的单音干扰

当只对空号通道进行单音干扰时，在式(6.5-19)中，令 $A_{j1}=0$，则 $B_1=A$，$N_0 = N_1 = N_2 = N_t$，分别代入式(6.5-27)、式(6.5-28)，可以得到

$$P_{e1} = Q\left(\frac{A_{j2}}{\sqrt{2N_t}}, \frac{A}{\sqrt{2N_t}}\right) - \frac{1}{2}\exp\left(-\frac{A^2 + A_{j2}^2}{4N_t}\right)I_0\left(\frac{AA_{j2}}{2N_t}\right)$$

$$P_{e0} = Q\left(0, \frac{B_2}{\sqrt{2N_t}}\right) - \frac{1}{2}\exp\left(-\frac{B_2^2}{4N_t}\right)I_0(0) = \frac{1}{2}\exp\left(-\frac{B_2^2}{4N_t}\right) \tag{6.5-36}$$

与传号通道单音干扰的推导过程类似，可以得到总误码率为

$$P_e = \frac{1}{2}Q\left(\frac{A_{j2}}{\sqrt{2N_t}}, \frac{A}{\sqrt{2N_t}}\right) \tag{6.5-37}$$

由此可见，如果 $A_{j1} = A_{j2}$，那么空号通道和传号通道的误码率相等。因为它们是完全对称的。

3. 对空闲通道的单音干扰

所谓空闲通道干扰是指发送"1"时干扰空号通道，发送"0"时干扰传号通道，这实际上是一种同步单音干扰。根据前两节的分析，可以得到发送"1"和"0"的错误概率分别为

$$P_{e1} = Q\left(\frac{A_{j2}}{\sqrt{2N_t}}, \frac{A}{\sqrt{2N_t}}\right) - \frac{1}{2}\exp\left(-\frac{A^2 + A_{j2}^2}{4N_t}\right)I_0\left(\frac{AA_{j2}}{2N_t}\right)$$

$$P_{e0} = Q\left(\frac{A_{j1}}{\sqrt{2N_t}}, \frac{A}{\sqrt{2N_t}}\right) - \frac{1}{2}\exp\left(-\frac{A^2 + A_{j1}^2}{4N_t}\right)I_0\left(\frac{AA_{j1}}{2N_t}\right) \qquad (6.5-38)$$

当 $A_{j1} = A_{j2} = A_j$ 时，$P_{e1} = P_{e0}$，可以得到总误码率为

$$P_e = Q\left(\frac{A_j}{\sqrt{2N_t}}, \frac{A}{\sqrt{2N_t}}\right) - \frac{1}{2}\exp\left(-\frac{A^2 + A_j^2}{4N_t}\right)I_0\left(\frac{AA_j}{2N_t}\right) \qquad (6.5-39)$$

由此可见，干扰空闲通道时，其误码率与干扰信号的初始相位无关。

4. 对双通道的双音干扰

所谓双通道双音干扰是指利用两个频率为 ω_1 和 ω_2 的单音同时干扰传号通道和空号通道。此时，令 $A_{j1} = A_{j2} = A_j$，$N_0 = N_1 = N_2 = N_t$，分别代入式(6.5-27)、式(6.5-28)，可以得到发送"1"和"0"的错误概率分别为

$$P_{e1} = P_{e0} = Q\left(\frac{A_j}{\sqrt{2N_t}}, \frac{B}{\sqrt{2N_t}}\right) - \frac{1}{2}\exp\left(-\frac{B^2 + A_j^2}{4N_t}\right)I_0\left(\frac{BA_j}{2N_i}\right) \qquad (6.5-40)$$

式中

$$B = \sqrt{A^2 + 2AA_j\cos\varphi + A_j^2} \qquad (6.5-41)$$

总的误码率为

$$P_e = \frac{1}{2\pi}\int_0^{2\pi} P_{e1}\,\mathrm{d}\varphi = \frac{1}{2\pi}\int_0^{2\pi} P_{e0}\,\mathrm{d}\varphi$$

$$= \frac{1}{2\pi}\int_0^{2\pi}\left\{Q\left(\frac{A_j}{\sqrt{2N_t}}, \frac{B}{\sqrt{2N_t}}\right) - \frac{1}{2}\exp\left(-\frac{B^2 + A_j^2}{4N_t}\right)I_0\left(\frac{BA_j}{2N_t}\right)\right\}\mathrm{d}\varphi \qquad (6.5-42)$$

为了与单通道单音干扰性能进行比较，双音干扰的总功率应该等于单音干扰的功率，这样双音干扰时每个单音的功率只有单音干扰时的一半。所以上式中的 N_j 应该用 $N_j\sqrt{2}$ 代替，则总误码率为

$$P_e = \frac{1}{2\pi}\int_0^{2\pi}\left\{Q\left(\frac{A_j}{2\sqrt{N_t}}, \frac{B}{\sqrt{2N_t}}\right) - \frac{1}{2}\exp\left(-\frac{2B^2 + A_j^2}{8N_t}\right)I_0\left(\frac{BA_j}{2\sqrt{2}\,N_t}\right)\right\}\mathrm{d}\varphi \qquad (6.5-43)$$

式中

$$B = \sqrt{A^2 + \sqrt{2}AA_j\cos\varphi + \frac{A_j^2}{2}} \qquad (6.5-44)$$

5. 对单通道的噪声干扰

所谓单通道噪声干扰是指利用中心频率为 ω_1 或 ω_2 的窄带高斯噪声只对传号通道或者

空号通道进行的干扰。如对传号通道进行单通道噪声干扰时，令 $A_{j1}=A_{j2}=0$，$B_1=B_2=A$，$N_1=N_t+N_j$，$N_2=N_t$，分别代入式(6.5-27)、式(6.5-28)，可以得到发送"1"和"0"的错误概率分别为

$$P_{e1}=Q\left(0,\frac{A}{\sqrt{2N_t+N_j}}\right)-\frac{N_t+N_j}{2N_t+N_j}\exp\left(-\frac{A^2}{2(2N_t+N_j)}\right)I_0(0)$$

$$=\frac{N_t}{2N_t+N_j}\exp\left(-\frac{A^2}{2(2N_t+N_j)}\right) \qquad (6.5-45)$$

$$P_{e0}=Q\left(0,\frac{A}{\sqrt{2N_t+N_j}}\right)-\frac{N_t}{2N_t+N_j}\exp\left(-\frac{A^2}{2(2N_t+N_j)}\right)I_0(0)$$

$$=\frac{N_t+N_j}{2N_t+N_j}\exp\left(-\frac{A^2}{2(2N_t+N_j)}\right) \qquad (6.5-46)$$

总的误码率为

$$P_e=\frac{1}{2}(P_{e1}+P_{e0})=\frac{1}{2}\exp\left(-\frac{A^2}{2(2N_t+N_j)}\right) \qquad (6.5-47)$$

同理可以得到，对空号通道进行单通道噪声干扰时，其误码率与上式相同。

6. 对空闲通道的噪声干扰

所谓空闲通道噪声干扰是指发送"1"时干扰空号通道，发送"0"时干扰传号通道。所以，发送"1"时，令 $A_{j1}=A_{j2}=0$，$B_1=B_2=A$，$N_1=N_t$，$N_2=N_t+N_j$；发送"0"时，令 $A_{j1}=A_{j2}=0$，$B_1=B_2=A$，$N_1=N_t+N_j$，$N_2=N_t$。可以得到发送"1"和"0"的错误概率分别为

$$P_{e1}=Q\left(0,\frac{A}{\sqrt{2N_t+N_j}}\right)-\frac{N_t}{2N_t+N_j}\exp\left(-\frac{A^2}{2(2N_t+N_j)}\right)I_0(0)$$

$$=\frac{N_t+N_j}{2N_t+N_j}\exp\left(-\frac{A^2}{2(2N_t+N_j)}\right) \qquad (6.5-48)$$

$$P_{e0}=Q\left(0,\frac{A}{\sqrt{2N_t+N_j}}\right)-\frac{N_t}{2N_t+N_j}\exp\left(-\frac{A^2}{2(2N_t+N_j)}\right)I_0(0)$$

$$=\frac{N_t+N_j}{2N_t+N_j}\exp\left(-\frac{A^2}{2(2N_t+N_j)}\right)=P_{e1} \qquad (6.5-49)$$

总的误码率为

$$P_e=\frac{1}{2}(P_{e1}+P_{e0})=\frac{N_t+N_j}{2N_t+N_j}\exp\left(-\frac{A^2}{2(2N_t+N_j)}\right) \qquad (6.5-50)$$

7. 对双通道的噪声干扰

所谓双通道噪声干扰是指利用两个频率为 ω_1 和 ω_2 的窄带高斯噪声同时干扰传号通道和空号通道。此时令 $A_{j1}=A_{j2}=0$，$B_1=B_2=A$，$N_1=N_2=N_t+N_j$，可以得到发送"1"和"0"的错误概率分别为

$$P_{e1}=P_{e0}=Q\left(0,\frac{A}{\sqrt{2N_t+N_j}}\right)-\frac{1}{2}\exp\left(-\frac{A^2}{4(N_t+N_j)}\right)I_0(0)$$

$$=\frac{1}{2}\exp\left(-\frac{A^2}{4(N_t+N_j)}\right) \qquad (6.5-51)$$

总的误码率为

$$P_e = \frac{1}{2}(P_{e1} + P_{e0}) = \frac{1}{2}\exp\left(-\frac{A^2}{4(N_t + N_j)}\right) \qquad (6.5-52)$$

同样，为了与单通道噪声干扰性能进行比较，上式中的 N_j 应该用 $N_j\sqrt{2}$ 代替，则总误码率为

$$P_e = \frac{1}{2}\exp\left(-\frac{A^2}{2(2N_t + N_j)}\right) \qquad (6.5-53)$$

8. 干扰效果比较

前面分析了几种针对 2FSK 系统的干扰样式，给出了相应的误码率的表达式。为了对这几种干扰样式的误码率性能进行比较，下面采用统一的信噪比 r_s、单音干扰的干信比 r_j 和噪声干扰的干信比 r_n 来表示，其定义为

$$r_s = \frac{A^2}{2N_t}, \; r_j = \frac{A_j^2}{2A^2}, \; r_n = \frac{2N_j}{A^2} \qquad (6.5-54)$$

单通道单音干扰的误码率为

$$P_e = \frac{1}{2}Q(\sqrt{r_s}\,\sqrt{r_j},\; \sqrt{r_s}) \qquad (6.5-55)$$

空闲通道单音干扰的误码率为

$$P_e = Q(\sqrt{r_s}\,\sqrt{r_j},\; \sqrt{r_s}) - \frac{1}{2}\exp\left(-\frac{r_s}{2}(1+r_j)\right)I_0(r_s\sqrt{r_j}) \qquad (6.5-56)$$

双通道双音干扰的误码率为

$$P_e = \frac{1}{2\pi}\int_0^{2\pi}\left\{Q\left(\sqrt{r_s}\sqrt{\frac{r_j}{2}},\; \sqrt{r_s}\,d_1(\varphi)\right) - \frac{1}{2}\exp(-r_s d_2(\varphi))I_0\left(r_s\sqrt{\frac{r_j}{2}}\,d_1(\varphi)\right)\right\}\mathrm{d}\varphi$$
$$(6.5-57)$$

式中：

$$d_1(\varphi) = \sqrt{1 + 2\sqrt{\frac{r_j}{2}}\,\cos\varphi + \frac{r_j}{2}}$$

$$d_2(\varphi) = \frac{1}{2} + \sqrt{\frac{r_j}{2}}\,\cos\varphi + \frac{r_j}{2} \qquad (6.5-58)$$

单/双通道噪声干扰的误码率为

$$P_e = \frac{1}{2}\exp\left(-\left(\frac{2}{r_s} + r_n\right)^{-1}\right) \qquad (6.5-59)$$

空闲通道噪声干扰的误码率为

$$P_e = \frac{\frac{1}{r_s} + r_n}{\frac{2}{r_s} + r_n}\exp\left(-\left(\frac{2}{r_s} + r_n\right)^{-1}\right) \qquad (6.5-60)$$

以信噪比 r_s 为参量，单音干扰的干信比 r_j 和噪声干扰的干信比 r_n 为自变量（设 $r_j = r_n$），计算得到的误码率曲线如图 6.5-4 所示。

由图可见，对于 2FSK 数字调制信号，只要干信比大于 -1 dB，其误码率就将高于 10%，得到很好的干扰效果。

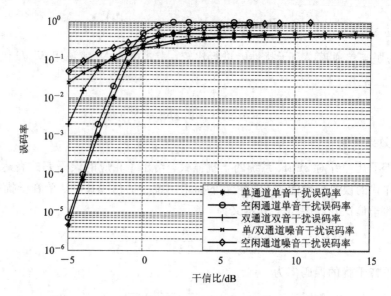

图 6.5 - 4　对 2FSK 信号的几种干扰样式的误码率曲线

6.5.3　对 2PSK 通信信号的干扰

2PSK 信号在一个码元持续时间内可以表示为

$$s(t) = \begin{cases} A\cos\omega_0 t, & \text{发送"1"时} \\ -A\cos\omega_0 t, & \text{发送"0"时} \end{cases} \tag{6.5-61}$$

设干扰为单音信号和噪声，则单音干扰可以表示为

$$j_k(t) = A_{jk}\cos(\omega_j t + \varphi_{jk}), \quad k = 0, 1 \tag{6.5-62}$$

当单音干扰载波相位 φ_{jk} 是 $[0, 2\pi]$ 内均匀分布的随机变量，合成信号为

$$\begin{cases} x(t) = s(t) + j(t) + n(t) \\ x_1(t) = A\cos\omega_0 t + A_{j1}\cos(\omega_j t + \varphi_{j1}) + n_1(t), \text{发送"1"时} \\ x_0(t) = -A\cos\omega_0 t + A_{j0}\cos(\omega_j t + \varphi_{j0}) + n_0(t), \text{发送"0"时} \end{cases} \tag{6.5-63}$$

其中，$n_1(t)$ 和 $n_0(t)$ 是窄带高斯噪声，其均值为 0，方差（平均功率）分别为 N_1 和 N_0。即

$$n_{1k}(t) = n_{ck}(t)\cos\omega_0 t - n_{sk}(t)\sin\omega_0 t, \quad k = 0, 1 \tag{6.5-64}$$

它包括信道噪声和人为干扰噪声两部分，两者是统计独立的，并且满足 $N_1 = N_t + N_{j1}$，$N_0 = N_t + N_{j0}$。

设目标通信接收机采用相干解调器解调 2PSK 信号。该解调器有一个通道，它将本地载波与信号相乘后，经过低通滤波，然后进行判决，恢复信息码元。2PSK 信号的相干解调器模型如图 6.5 - 5 所示。

当单音干扰频率与目标信号的频率完全重合时，低通滤波器实际上是在一个码元持续时间 T 内对输入信号的积分，其输出在发"1"和发"0"时分别为

$$\begin{cases} v_1(t) = \dfrac{A^2}{2}T + \dfrac{AA_{j1}\cos\varphi_{j1}}{2}T + \dfrac{A}{2}\displaystyle\int_{nT}^{(n+1)T} n_{c1}(t)\,\mathrm{d}t \\[4mm] v_0(t) = -\dfrac{A^2}{2}T + \dfrac{AA_{j0}\cos\varphi_{j0}}{2}T + \dfrac{A}{2}\displaystyle\int_{nT}^{(n+1)T} n_{c0}(t)\,\mathrm{d}t \end{cases} \tag{6.5-65}$$

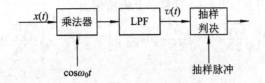

图 6.5-5　2PSK 信号的相干解调器模型

式中 $n_{c1}(t)$ 和 $n_{c0}(t)$ 是噪声的同相分量，它仍然是窄带高斯噪声，其均值分别为

$$\begin{cases} \mu_1 = E\{v_1(t)\} = \dfrac{A^2}{2}T + \dfrac{AA_{j1}\cos\varphi_{j1}}{2}T \\[3mm] \mu_0 = E\{v_0(t)\} = -\dfrac{A^2}{2}T + \dfrac{AA_{j0}\cos\varphi_{j0}}{2}T \end{cases} \tag{6.5-66}$$

方差为

$$\begin{aligned} \sigma_1^2 &= E\{(v_1(t)-\mu_1)^2\} = E\left\{\left(\frac{A}{2}\int_{nT}^{(n+1)T} n_{c1}(t)\,\mathrm{d}t\right)^2\right\} \\ &= \frac{A^2}{4}\int_{nT}^{(n+1)T}\int_{nT}^{(n+1)T} E\{n_{c1}(\tau)n_{c1}(t)\}\,\mathrm{d}\tau\,\mathrm{d}t \\ &= \frac{A^2}{4}n_{10}T \end{aligned} \tag{6.5-67(a)}$$

$$\sigma_0^2 = E\{(v_0(t)-\mu_0)^2\} = \frac{A^2}{4}n_{00}T \tag{6.5-67(b)}$$

式中，n_{10} 和 n_{00} 分别为噪声 $n_{c1}(t)$ 和 $n_{c0}(t)$ 的单边带功率谱密度。

因此，在发"1"和发"0"时，低通滤波器输出的抽样值 $v_1 = v_1(t_0)$ 和 $v_0 = v_0(t_0)$ 分别是 $N(\mu_1, \sigma_1^2)$ 和 $N(\mu_0, \sigma_0^2)$ 的高斯变量，其概率密度函数为

$$p_{vk}(x) = \frac{1}{\sqrt{2\pi}\sigma_k}\exp\left(-\frac{(x-\mu_k)^2}{2\sigma_k^2}\right), \quad k = 0, 1 \tag{6.5-68}$$

发"1"的错误概率为

$$\begin{aligned} P_{e1} &= \int_{-\infty}^{0} p_{v1}(x)\,\mathrm{d}x = 1 - \int_0^\infty p_{v1}(x)\,\mathrm{d}x \\ &= 1 - Q\left(-\frac{\mu_1}{\sigma_1}\right) = Q\left(\frac{\mu_1}{\sigma_1}\right) \end{aligned} \tag{6.5-69}$$

发"0"的错误概率为

$$P_{e0} = \int_0^\infty p_{v0}(x)\,\mathrm{d}x = Q\left(-\frac{\mu_0}{\sigma_0}\right) = 1 - Q\left(\frac{\mu_0}{\sigma_0}\right) \tag{6.5-70}$$

当发"1"和发"0"等概率时，总的误码率为

$$P_e' = \frac{1}{2}(P_{e1} + P_{e0}) = \frac{1}{2}\left(1 + Q\left(\frac{\mu_1}{\sigma_1}\right) - Q\left(\frac{\mu_0}{\sigma_0}\right)\right) \tag{6.5-71}$$

把均值和方差及 $n_{10} = \dfrac{N_1}{B/2}$，$n_{00} = \dfrac{N_0}{B/2}$ 代入上式，得到

$$P_e' = \frac{1}{2}\left[1 + Q\left(\sqrt{\frac{A^2 TB}{2N_1}} + \sqrt{\frac{A_{j1}^2 TB}{2N_1}}\cos\varphi_{j1}\right)\right] - \frac{1}{2}Q\left(-\sqrt{\frac{A^2 TB}{2N_0}} + \sqrt{\frac{A_{j0}^2 TB}{2N_0}}\cos\varphi_{j0}\right) \tag{6.5-72}$$

式中，B 为积分带宽，并且 $TB \approx 1$，这样，上式简化为

$$P'_e = \frac{1}{2}\left[1 + Q\left(\sqrt{\frac{A^2}{2N_1}} + \sqrt{\frac{A_{j1}^2}{2N_1}}\cos\varphi_{j1}\right)\right] - \frac{1}{2}Q\left(-\sqrt{\frac{A^2}{2N_0}} + \sqrt{\frac{A_{j0}^2}{2N_0}}\cos\varphi_{j0}\right)$$

$$(6.5-73(a))$$

或者

$$P'_e = \frac{1}{2}Q\left(\sqrt{\frac{A^2}{2N_1}} + \sqrt{\frac{A_{j1}^2}{2N_1}}\cos\varphi_{j1}\right) + \frac{1}{2}Q\left(\sqrt{\frac{A^2}{2N_0}} - \sqrt{\frac{A_{j0}^2}{2N_0}}\cos\varphi_{j0}\right)$$

$$(6.5-73(b))$$

考虑到单音干扰的初始相位是随机变量，总误码率应该修正为

$$P_e = \frac{1}{4\pi}\int_0^{2\pi}\left(Q\left(\sqrt{\frac{A^2}{2N_1}} + \sqrt{\frac{A_{j1}^2}{2N_1}}\cos\varphi_{j1}\right)\right)\mathrm{d}\varphi_{j1} + \frac{1}{4\pi}\int_0^{2\pi}Q\left(\sqrt{\frac{A^2}{2N_0}} - \sqrt{\frac{A_{j0}^2}{2N_0}}\cos\varphi_{j0}\right)\mathrm{d}\varphi_{j0}$$

$$(6.5-74)$$

下面分别讨论不同的干扰样式（策略）时，2PSK 系统的误码率。在 2PSK 检测器中，只有一个通道，因此引入"码元干扰"概念进行讨论，即分别讨论对于传号码元"1"和空号码元"0"干扰的情况。

1. 对传号码元的单音干扰

传号码元单音干扰是指用载波频率为 ω_0 的单音只对"1"码元比特进行的干扰。这种干扰是一种脉冲干扰，干扰信号只在出现"1"比特符号区间存在，而在"0"比特符号区间无干扰信号存在。这时有：$A_{j0}=0$，$N_1=N_0=N_t$，并且设 $A_{j1}=A_j$，$\varphi_{j1}=\varphi_j$，代入式(6.5-74)可以得到

$$P_e = \frac{1}{4\pi}\int_0^{2\pi}Q\left(\sqrt{\frac{A^2}{2N_t}} + \sqrt{\frac{A_j^2}{2N_t}}\cos\varphi_j\right)\mathrm{d}\varphi_j + \frac{1}{2}Q\left(\sqrt{\frac{A^2}{2N_t}}\right) \quad (6.5-75)$$

2. 对空号码元的单音干扰

空号码元单音干扰是指用载波频率为 ω_0 的单音只对"0"码元比特进行的干扰。这种干扰也是一种脉冲干扰，干扰信号只在出现"0"比特符号区间存在，而在"1"比特符号区间无干扰信号存在。这时有：$A_{j1}=0$，$N_1=N_0=N_t$，并且设 $A_{j0}=A_j$，$\varphi_{j0}=\varphi_j$，代入式(6.5-74)可以得到

$$P_e = \frac{1}{4\pi}\int_0^{2\pi}Q\left(\sqrt{\frac{A^2}{2N_t}} - \sqrt{\frac{A_j^2}{2N_t}}\cos\varphi_j\right)\mathrm{d}\varphi_j + \frac{1}{2}Q\left(\sqrt{\frac{A^2}{2N_t}}\right) \quad (6.5-76)$$

可见，对传号和空号码元的单音干扰的误码率是相同的。因此，有时又将它们统称为单码元单音干扰，两者都是间断的（脉冲式）单音干扰。

3. 双码元单音干扰

双码元单音干扰是指用载波频率为 ω_0 的单音对"1"和"0"码元比特同时进行干扰，与单码元单音干扰不同，双码元单音干扰是一种连续单音干扰。这时有 $A_{j1}=A_{j0}=A_j$，$\varphi_{j1}=\varphi_{j0}=\varphi_j$，$N_1=N_0=N_t$，代入式(6.5-74)可以得到

$$P_e = \frac{1}{4\pi}\int_0^{2\pi}\left[Q\left(\sqrt{\frac{A^2}{2N_t}} + \sqrt{\frac{A_j^2}{2N_t}}\cos\varphi_j\right) + Q\left(\sqrt{\frac{A^2}{2N_t}} - \sqrt{\frac{A_j^2}{2N_t}}\cos\varphi_j\right)\right]\mathrm{d}\varphi_j$$

$$(6.5-77)$$

4. 对传号码元的噪声干扰

传号码元噪声干扰是指用中心频率为 ω_0 的窄带高斯噪声只对"1"码元比特进行的干扰。这种干扰是一种脉冲干扰，干扰信号只在出现"1"比特符号的区间存在，而在"0"比特符号的区间无干扰信号存在。这时有 $A_{j1}=A_{j0}=0$，$N_1=N_t+N_j$，$N_0=N_t$，代入式 (6.5-74) 可以得到：

$$P_e = \frac{1}{2}\left[Q\left(\sqrt{\frac{A^2}{2(N_t+N_j)}}\right) + Q\left(\sqrt{\frac{A^2}{2N_t}}\right)\right] \tag{6.5-78}$$

5. 对空号码元的噪声干扰

空号码元噪声干扰是指用中心频率为 ω_0 的窄带高斯噪声只对"0"码元比特进行的干扰。这种干扰是一种脉冲干扰，干扰信号只在出现"0"比特符号区间存在，而在"1"比特符号区间无干扰信号存在。这时有 $A_{j1}=A_{j0}=0$，$N_0=N_t+N_j$，$N_1=N_t$，代入式 (6.5-74) 可以得到：

$$P_e = \frac{1}{2}\left[Q\left(\sqrt{\frac{A^2}{2N_t}}\right) + Q\left(\sqrt{\frac{A^2}{2(N_t+N_j)}}\right)\right] \tag{6.5-79}$$

可见，对传号和空号码元的噪声干扰的误码率是相同的。因此，把它们统称为单码元噪声干扰，单码元噪声干扰是一种脉冲式的噪声干扰。

6. 双码元噪声干扰

双码元噪声干扰是指用中心频率为 ω_0 的窄带高斯噪声对"1"和"0"码元比特同时进行干扰，这种干扰是连续的噪声干扰。这时有 $A_{j1}=A_{j0}=0$，$N_1=N_0=N_t+N_j$，代入式 (6.5-74) 可以得到

$$P_e = \frac{1}{2}\left[Q\left(\sqrt{\frac{A^2}{2(N_t+N_j)}}\right) + Q\left(\sqrt{\frac{A^2}{2(N_i+N_j)}}\right)\right] = Q\left(\sqrt{\frac{A^2}{2(N_t+N_j)}}\right) \tag{6.5-80}$$

7. 干扰效果比较

前面分析了几种针对 2PSK 系统的干扰样式，给出了相应的误码率的表达式。为了对这几种干扰样式的误码率性能进行比较，下面采用统一的信噪比 r_s、单音干扰的干信比 r_j 和噪声干扰的干信比 r_n 来表示，其定义为

$$r_s = \frac{A^2}{2N_t}, \quad r_j = \frac{A_j^2}{2A^2}, \quad r_n = \frac{2N_j}{A^2} \tag{6.5-81}$$

传号单音干扰：

$$P_e = \frac{1}{4\pi}\int_0^{2\pi} Q\left[\sqrt{r_s}(1+\sqrt{r_j}\cos\varphi_j)\right]\mathrm{d}\varphi_j + \frac{1}{2}Q(\sqrt{r_s}) \tag{6.5-82}$$

空号单音干扰：

$$P_e = \frac{1}{4\pi}\int_0^{2\pi} Q\left[\sqrt{r_s}(1-\sqrt{r_j}\cos\varphi_j)\right]\mathrm{d}\varphi_j + \frac{1}{2}Q(\sqrt{r_s}) \tag{6.5-83}$$

双码元单音干扰：

$$P_e = \frac{1}{4\pi}\int_0^{2\pi} \left\{Q\left[\sqrt{r_s}(1+\sqrt{r_j}\cos\varphi_j)\right] + Q\left[\sqrt{r_s}(1-\sqrt{r_j}\cos\varphi_j)\right]\right\}\mathrm{d}\varphi_j \tag{6.5-84}$$

单码元噪声干扰：

$$P_e = \frac{1}{2}\left[Q\left(\sqrt{\frac{r_s}{1+r_s r_n}}\right) + Q(\sqrt{r_s})\right] \qquad (6.5-85)$$

双码元噪声干扰：

$$P_e = Q\left(\sqrt{\frac{r_s}{1+r_s r_n}}\right) \qquad (6.5-86)$$

以信噪比 r_s 为参量、单音干信比 r_j 和干扰噪声比 r_n 为自变量（设 $r_j = r_n$），计算得到的误码率曲线如图 6.5-6 所示。

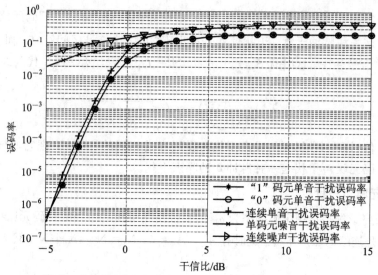

说明：∗和○重合为一根曲线了。

图 6.5-6 对 2PSK 信号的几种干扰样式的误码率曲线

由图 6.5-6 可见，对于 2PSK 数字调制信号，只要干信比大于 2 dB，其误码率就将大于 10%，得到很好的干扰效果。

习　题

6-1　通信干扰的有效性具体表现在哪 4 个方面？简述其具体含义。

6-2　通信干扰的压制系数的含义是什么？

6-3　什么是最佳干扰样式？

6-4　什么是欺骗式干扰？什么是压制式干扰？简述它们的特点。

6-5　瞄准式干扰和拦阻式干扰有哪些主要差别？

6-6　设某通信信道的传输时间为 1 s，带宽为 1 MHz，功率为 2 W，则该信道的体积是多少？在该信道使用的干扰信号的体积的上限是多少？

6-7　干扰压制系数的含义是什么？设干扰某 SSB 通信系统的干扰压制系数是

12 dB，如果到达接收机输入端的通信信号功率是 -80 dBm，那么能够压制该系统的干扰信号的最小功率是多少？

6-8　干通比、干信比的含义是什么？它们的差别和联系是什么？

6-9　设某噪声调幅干扰信号采用高斯噪声，其峰值系数为 2.5，调制器的调幅系数为 1，载波功率为 0.5 W，则该干扰信号的旁瓣功率是多少？如果采用限幅等措施使噪声的峰值系数下降到 1.5，则该干扰信号的旁瓣功率又是多少？

6-10　设某通信系统的信道间隔为 25 kHz，工作频率范围为 30～30.5 MHz。现欲采用独立多音干扰对该通信系统实施拦阻干扰覆盖其全部信道，试选择独立多音干扰的谱线间隔和谱线数目。

6-11　设某通信系统的信道间隔为 25 kHz，工作频率范围为 30～30.5 MHz。现欲采用部分频带干扰对该通信系统实施拦阻干扰覆盖其全部信道，试选择干扰带宽和中心频率。如果只干扰独立其中的 10 个信道，则干扰带宽至少是多少？

6-12　对某 AM 通信系统采用 AM 干扰样式进行干扰，且干扰功率小于信号功率。设 AM 通信信号的基带信号功率为 1 mW，载波幅度为 1 V，干扰信号的基带功率为 0.5 mW，干扰载波幅度为 0.5 V，试计算包络解调器输入和输出干信比。

6-13　习题 6-12 的其他条件不变，干扰信号采用 FM 干扰，重新计算包络解调器输入和输出干信比。

6-14　对某 2ASK 系统采用单音干扰样式，在大信噪比条件下，如果解调器采用固定门限检测，设解调器输入信噪比为 10 dB，干信比为 5 dB，试分别计算无干扰和存在干扰时该系统的误码率。

6-15　对某 2FSK 系统采用传号通道噪声干扰样式，设通信信号幅度为 1 V，接收机内部噪声平均功率为 0.01 mW，干扰功率为 0.02 mW，试分别计算无干扰和存在干扰时该系统的误码率。

6-16　习题 6-15 的其他条件不变，干扰样式改变为双通道噪声干扰，重新计算存在干扰时该系统的误码率。

第 7 章　通信干扰方程和干扰效果评价

7.1　通信干扰方程

7.1.1　理想条件下的通信干扰方程

通信接收机输入端的干信比大小基本上能够反映干扰的有效性。下面分自由空间传播和地面反射传播两种情况讨论通信干扰基本方程，它用通信接收机输入端的干信比描述。

1）自由空间传播的通信干扰方程

在自由空间中，通信主要传播方式是直接波，根据自由空间电波传播方程，到达通信接收机输入端的通信信号功率为

$$P_{sr} = \frac{P_{st} G_{st} G_{sr} \lambda^2}{(4\pi R_c)^2} \qquad (7.1-1)$$

式中，P_{st} 是通信发射机功率；G_{st} 是发射天线在接收天线方向的增益；G_{sr} 是通信接收天线在发射天线方向的增益；R_c 是通信距离；λ 是通信信号波长。同样，在通信接收机输入端的干扰功率为

$$P_{jr} = \frac{P_{jt} G_{jt} G_{jr} \lambda^2}{(4\pi R_j)^2} \qquad (7.1-2)$$

式中，P_{jt} 是干扰发射机功率；G_{jt} 是干扰发射天线在通信接收天线方向的增益；G_{jr} 是通信接收天线在干扰发射方向的增益；R_j 是干扰距离；λ 是通信信号波长。

因此，通信接收机输入端的干信比为

$$JSR_1 = \frac{P_{jr}}{P_{sr}} = \frac{P_{jt} G_{jt} G_{jr}}{P_{st} G_{st} G_{sr}} \left(\frac{R_c}{R_j}\right)^2 \qquad (7.1-3)$$

根据上式可以得出，当通信系统和干扰系统都是在自由空间中传播时，通信接收机输入端的干信比与干通比（$r = R_j / R_c$）的平方成反比。

2）地面反射传播的通信干扰方程

在地面传播方式下，由于地面反射波和地面波的影响，到达通信接收机输入端的功率近似为

$$P_{sr} = P_{st} G_{st} G_{sr} \left(\frac{h_{st} h_{sr}}{R_c^2}\right)^2 \qquad (7.1-4)$$

式中，P_{st}、G_{st}、G_{sr}、R_c 意义与前面相同；h_{st}、h_{sr} 分别是通信发射和接收天线的高度。类似地，到达通信接收机输入端的干扰功率为

$$P_{jr} = P_{jt}G_{jt}G_{jr}\left(\frac{h_{jt}h_{sr}}{R_j^2}\right)^2 \qquad (7.1-5)$$

式中，P_{jt}、G_{jt}、G_{jr}、R_j 意义与前面相同；h_{jt} 是干扰发射天线的高度。

因此，通信接收机输入端的干信比为

$$JSR_2 = \frac{P_{jt}G_{jt}G_{jr}}{P_sG_sG_{sr}}\left(\frac{R_c}{R_j}\right)^4\left(\frac{h_{jt}}{h_{st}}\right)^2 \qquad (7.1-6)$$

根据上式可以得出，当通信系统和干扰系统都是在地面传播方式时，通信接收机输入端的干信比与干通比（$r = R_j/R_c$）的 4 次方成反比，与干扰天线和通信天线的高度比的平方成正比。干扰天线高度每升高 1 倍，干信比提高 6 dB。因此，对于地面反射传播方式工作的干扰系统，升高天线高度可以明显的改善干信比，提高干扰效果。

以上两种情况都是假设通信系统和干扰系统工作在相同的电磁传播模式下。但是在实际应用中，有时情况并非如此。比如，当采用升空平台对地面目标通信系统干扰时，通信信号是地面反射传播模式，而干扰信号是自由空间传播模式，这时的干信比为

$$JSR_3 = \frac{P_{jt}G_{jt}G_{jr}}{P_sG_sG_{sr}}\left(\frac{R_c^2}{R_j}\right)^2\left(\frac{1}{h_sh_{sr}}\right)^2\left(\frac{\lambda}{4\pi}\right)^2 \qquad (7.1-7)$$

同理，如果通信信号是自由空间传播模式（如地—空通信），而干扰信号是地面反射传播模式，这时的干信比为

$$JSR_4 = \frac{P_{jt}G_{jt}G_{jr}}{P_sG_sG_{sr}}\left(\frac{R_c}{R_j^2}\right)^2(h_{jt}h_{jr})^2\left(\frac{4\pi}{\lambda}\right)^2 \qquad (7.1-8)$$

7.1.2 修正的通信干扰方程

在上面的讨论中，假设干扰信号的所有能量都能够进入目标通信接收机。但是实际情况并非如此，也就是说干扰能量并不能全部进入目标通信接收机，即干扰信号与通信信号之间存在匹配损耗。匹配损耗主要由两方面因素引起：其一是干扰天线与通信接收天线由于极化不同引起的极化损耗；其二是干扰信号带宽与通信接收机带宽不一致（一般干扰带宽大于通信接收机带宽）引起的带宽失配损耗。所以在计算干信比时，还需要考虑天线极化损耗 L_a 和带宽失配损耗 L_b。设目标通信接收机中频带宽为 B_r，干扰信号带宽为 B_j，则带宽失配损耗为

$$L_b = \frac{B_r}{B_j} \qquad (7.1-9)$$

带宽失配损耗是小于 1 的数。

在通信频率范围的低端，极化损耗并不突出，所以可以不考虑它，此时假设 $L_a = 1$。在通信频率高端（UHF 以上），就必须考虑极化损耗的影响。

考虑匹配损耗后，干信比关系需要乘以因子 L_aL_b，因此，自由空间传播模式的干信比修正为

$$JSR_1 = \frac{P_{jt}G_{jt}G_{jr}}{P_sG_sG_{sr}}\left(\frac{R_c}{R_j}\right)^2 L_aL_b \qquad (7.1-10)$$

在其他传播模式下，考虑匹配损耗后的修正的干信比关系与上式类似，这里不再一一列出。

此外，如果通信接收机接收天线是水平全向的（大部分战术通信电台都是如此），则有

$G_{jr}=G_{sr}$，那么上式简化为

$$JSR_1 = \frac{P_j G_{jt}}{P_s G_{st}}\left(\frac{R_c}{R_j}\right)^2 L_a L_b \tag{7.1-11}$$

通常把发射机输出功率 P 与发射天线增益 G 的乘积称为有效辐射功率，并且表示为

$$ERP = PG \tag{7.1-12}$$

则上式可以用有效辐射功率表示为

$$JSR_1 = \frac{ERP_j}{ERP_s}\left(\frac{R_c}{R_j}\right)^2 L_a L_b \tag{7.1-13}$$

式中，ERP_j 表示干扰发射机的有效辐射功率；ERP_s 表示通信发射机的有效辐射功率。其他传播条件的干信比也可以利用有效辐射功率表示，这里不再一一给出。

上面讨论的各种不同的传播模式下的干信比关系就是通信干扰方程。当按照上面的关系计算得到的干信比超过干扰压制系数时，对应的干扰就是有效的。通信干扰方程是一个重要的方程式，它是干扰功率计算和干扰压制区计算的基础。

7.1.3　通信干扰有效辐射功率计算

干扰有效辐射功率计算是通信干扰系统设计的最重要的参数，它根据干扰系统的战术使用要求，如系统作用距离、干扰对象等，通过分析计算和计算机仿真后确定。根据前节得出的干信比公式，可以得到自由空间传播模式下所需的干扰有效辐射功率为

$$ERP_{j1} = P_j G_{jr} = JSR_1 \cdot ERP_s \left(\frac{R_j}{R_c}\right)^2 \frac{1}{L_a L_b} \tag{7.1-14}$$

对于给定的干扰对象，当干扰设备与目标设备的配置关系确定时，干扰有效辐射功率将由实现有效干扰的干信比决定。当干扰目标给定和干扰样式确定后，所需的干信比就是干扰压制系数 K_j。将上式中的干信比用干扰压制系数代替，距离比用干通比代替，可以将自由空间传播模式的干扰有效辐射功率重新表示为

$$ERP_{j1} = K_j \cdot ERP_s \cdot r^2 \frac{1}{L_a L_b} \tag{7.1-15}$$

地面反射传播模式的干扰有效辐射功率为

$$ERP_{j2} = K_j \cdot ERP_s \cdot r^4 \left(\frac{h_{st}}{h_{jt}}\right)^2 \frac{L}{L_a L_b} \tag{7.1-16}$$

同理可以得到其他两种传播模式的干扰有效辐射功率为

$$ERP_{j3} = K_j \cdot ERP_s \cdot r^4 \left(\frac{4\pi h_s h_{sr}}{\lambda R_j}\right)^2 \frac{1}{L_a L_b} \tag{7.1-17}$$

$$ERP_{j4} = K_j \cdot ERP_s \cdot r^4 \left(\frac{\lambda R_c}{4\pi h_{jt} h_{jr}}\right)^2 \frac{1}{L_a L_b} \tag{7.1-18}$$

在以上各种传播模式下的干扰有效辐射功率的表达式中，通信发射机的有效辐射功率 ERP_s、通信收发天线高度 h_{sr} 和 h_{st}、工作波长 λ 取决于干扰对象；通信距离 R_c、干扰距离 R_j、干通比 r 则由战术使用要求决定；干扰天线 h_{jt} 的高度可以通过设计选取；最后只剩下干扰压制系数的选取。干扰压制系数的选取涉及到最佳干扰技术，理论上，压制系数最小的干扰样式是最佳干扰样式，它需要的干扰功率最小。对于不同的通信体制，最佳干扰样式不同，所需要的干扰压制系数也不同。

下面举例说明通信干扰功率的计算方法和步骤。

设计一个车载 VHF(30～100 MHz)战术干扰系统,用于干扰空一地、地一空和地一地通信链路。最大干扰距离为 30 km,实施干扰后允许的最大通信距离为 3 km(即干通比 $r=10$),通信发射机最大有效辐射功率为 100 W。试计算该干扰系统所需的干扰有效辐射功率。

(1) 空一地通信链路干扰功率。空一地链路是指通信方的发送设备在空中,接收设备在地面,所以通信方是自由空间传播模式。而干扰方是车载干扰系统,它位于地面对地面通信接收机实施干扰,因此是地面反射传播模式。如果匹配条件良好,并且干扰天线可以升空,则根据视距传播条件,可以得到

$$30(\text{km}) \leqslant 4.12\left(\sqrt{h_{jt}(\text{m})} + \sqrt{h_{sr}(\text{m})}\right)$$

其中,h_{jt}、h_{sr} 分别是干扰发射天线和通信接收天线的高度。当 $h_{jt} \gg h_{sr}$ 时,可以得到干扰发射天线高度为

$$h_{jt} \geqslant \left(\frac{30}{4.12}\right)^2 = 53 \text{ m}$$

即当干扰天线高度大于 53 m 时,干扰信号可以按照自由空间传播模型考虑。将 $r=30/3=10$,因为假设匹配良好,可以取 $L_a=1$,$L_b=1$,并设 $K_j=2$,代入自由空间传播模式下的干扰有效辐射功率计算公式,可以得到

$$ERP_{j1} = K_j \cdot ERP_s \cdot r^2 \frac{1}{L_a L_b} = 2 \times 100 \times 10^2 \times \frac{1}{1 \times 1} = 20 \text{ kW}$$

实际上,在车载条件下,要将天线升高到 53 m 几乎是不可能的。如果干扰天线只能升高到 20 m,那么干扰信号就不满足自由空间传播模式的条件,而只能按照地面反射传播模式考虑。此时干扰空一地链路需要的干扰功率将极大提高:

$$ERP_{j4} = K_j \cdot ERP_s \cdot r^4 \left(\frac{\lambda R_c}{4\pi h_{jt} h_{jr}}\right)^2 \frac{1}{L_a L_b}$$
$$= 2 \times 100 \times 10^4 \times \left(\frac{10 \times 3000}{4\pi \times 20 \times 2}\right)^2 \times \frac{1}{1 \times 1} = 7131374.5 \text{ kW}$$

其中,计算时使用的 $\lambda = 10$ m($f=30$ MHz),$h_{jr}=2$ m。可见,利用地面车载干扰平台干扰空一地链路需要的干扰功率极大,几乎无法实现。因此,必须使用升空平台才能实现对空一地链路的有效干扰。

(2) 地一空通信链路干扰功率。地一空链路是指通信方的发送设备在地面,接收设备在空中,所以通信方是自由空间传播模式。而干扰方是车载干扰系统,它位于地面对空中通信接收机实施干扰,因此也是自由空间传播模式。

我们已经计算得到了干扰和通信双方都在自由空间传播模式下,需要的干扰有效辐射功率为 20 kW,因此,可以实现有效干扰。

问题在于,由于通信发射机在地面,侦察引导设备也在地面,那么侦察设备是否能够对通信信号可靠的侦收和识别呢?下面就对此进行必要的分析。根据地面反射传播模型,到达侦察接收机的通信信号功率为

$$P_s \approx P_{st} G_{jt} G_{jr} \left(\frac{h_s h_j}{R_j^2}\right)^2 = 100 \times 4 \times \left(\frac{2 \times 20}{30000^2}\right)^2 = 7.9 \times 10^{-13} \text{ W} = -91 \text{ dBm}$$

其中,计算时通信发射机天线高度 $h_s=2$ m,侦察接收机天线在天线发射机方向的增益

$G_{jr}=4$，侦察（干扰）天线高度 $h_j=20$ m，通信发射机有效辐射功率 $P_sG_{jt}=100$ W。

一般，通信侦察系统的灵敏度都优于 -100 dBm，所以使用 20 m 高度的天线是可以侦收和识别地—空通信链路的通信信号，实现对干扰机的引导。

（3）地—地通信链路的干扰功率。地—地通信链路是指通信方的发送和接收设备都在地面，所以通信方是地面反射传播模式。干扰方是车载干扰系统，它位于地面对地面通信接收机实施干扰，因此也是地面反射传播模式，它所需要的干扰有效辐射功率为

$$ERP_{j2}=K_j\cdot ERP_s\cdot r^4\left(\frac{h_{st}}{h_{jt}}\right)^2\frac{1}{L_aL_b}$$

$$=2\times100\times\left(\frac{30}{3}\right)^4\times\left(\frac{2}{20}\right)^2\times\frac{1}{1\times1}=20\text{ kW}$$

根据以上分析，该干扰系统的有效辐射功率最终为 20 kW。但是需要注意的是，用有效辐射功率 20 kW 的干扰系统无法对空—地通信链路进行有效干扰，只能通过其反向链路即地—空链路干扰，来达到干扰空—地链路的目的。

在干扰功率计算中，干通比的确定是关键，干通比是干扰距离与通信距离之比。干扰距离可以根据战术使用要求确定，但是通信距离的确定就比较困难一些。如果只考虑战术使用要求，则希望有效通信距离尽可能小。但是这是要付出代价的，有效通信距离减小，则干扰功率就需要增加，干扰设备就复杂，成本就高，所以在系统设计时，就需要在有效通信距离和成本之间综合考虑。

7.1.4　干扰压制区分析

前面几节讨论了干信比，给出了在给定干通比条件下的干扰有效辐射功率的计算公式。利用这些关系，基本上可以确定干扰系统的干扰能力。到目前为止，衡量干扰系统的干扰能力的最重要指标是干扰设备能够达到的干通比，但是干通比不是很直观的，而且与敌我双方的对抗态势无关。干扰是否有效，与对抗双方的布局有关的。干扰压制区能够很好的说明这个问题。

根据前几节的讨论，在自由空间传播模式下，一旦干扰功率确定，则该干扰机所能够达到的干通比为

$$\left(\frac{R_j}{R_c}\right)^2=r^2=\frac{ERP_j}{ERP_s}\frac{1}{K_j}L_aL_b \qquad (7.1-19)$$

同理，在地面反射传播模式下，干扰机所能够达到的干通比为

$$\left(\frac{R_j}{R_c}\right)^4=r^4=\frac{ERP_j}{ERP_s}\frac{1}{K_j}\left(\frac{h_{jt}}{h_{st}}\right)^2L_aL_b \qquad (7.1-20)$$

一旦干扰对象确定，则它的有效辐射功率 ERP_s 和发射天线高度 h_{st} 就是确定的。并且如果干扰机性能确定，它的干扰有效辐射功率 ERP_j 和干扰机发射天线高度 h_{jt} 也是确定的。在这种条件下，上式的右侧实际上是一个常数。设该常数分别为 c_1 和 c_2，则上述关系可以表示为

$$\left(\frac{R_j}{R_c}\right)^2=c_1 \quad 或 \quad \left(\frac{R_j}{R_c}\right)^2=c_2$$

不失一般性，将 c_1 和 c_2 统一用 c 表示，则有

$$\left(\frac{R_j}{R_c}\right)^2 = c \tag{7.1-21}$$

注意到，常数 c 取决于干扰机和干扰对象的参数及其传播模式。显然，该干扰机能够达到的干通比为 $\sqrt{c}$，当干扰距离与通信距离之比小于 $\sqrt{c}$ 时干扰有效，当干扰距离与通信距离之比大于 $\sqrt{c}$ 时干扰无效。

设干扰机和通信系统的布局关系如图 7.1-1 所示。

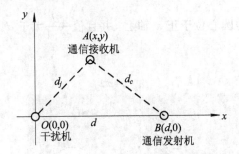

图 7.1-1　干扰机和通信系统的布局

其中，干扰机位于坐标原点(O)，干扰机与通信发射机(B)的连线为 x 轴，通信接收机位于 A 点，其坐标为(x，y)。按照上述布局，可以得到干扰机与通信接收机、通信发射机与通信接收机之间的距离分别为

$$d_j = \sqrt{x^2 + y^2} \tag{7.1-22}$$
$$d_c = \sqrt{(x-d)^2 + y^2}$$

式中，d 是干扰机与通信发射机之间的距离。利用干通比关系($d_j/d_c)^2 = c$，可以得到

$$x^2 + y^2 = c[(d-x)^2 + y^2] \tag{7.1-23}$$

当 $c=1$ 时，可以得到

$$x = \frac{1}{2}d \tag{7.1-24}$$

即当 $c=1$ 时，干扰压制区的边界为一条直线，它位于干扰机与通信发射机的连线的中点位置，如图 7.1-2 所示。

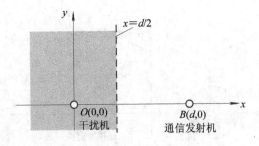

图 7.1-2　$c=1$ 时的干扰压制区

于是，在该直线的左侧（干扰机的一侧）为干扰压制区，在该区域中，干扰距离与通信距离之比小于 1。

类似地，当 $c\neq1$ 时，经过简单的数学运算可以得到：

$$\left(x - \frac{cd}{c-1}\right)^2 + y^2 = \left(d\,\frac{\sqrt{c}}{c-1}\right)^2 \qquad (7.1-25)$$

上式说明，干扰压制区的边界为一个圆，圆心位于 x 轴上，离坐标原点的距离为 $\frac{cd}{c-1}$，圆的半径为 $d\,\frac{\sqrt{c}}{c-1}$。下面按照 $c>1$ 和 $c<1$ 的情况分别讨论。

1）$c>1$ 的情况

当 $c>1$ 时，边界圆的圆心位于正 x 轴上，并且值 $\frac{cd}{c-1}$ 大于 d。因此圆心在通信发射机右侧，如图 7.1-3 所示。

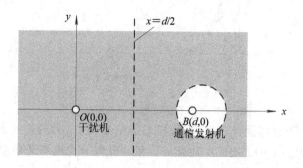

图 7.1-3　$c>1$ 时的干扰压制区

注意到，边界圆始终覆盖通信发射机，因为该圆的圆心离原点的距离与圆半径的差始终小于 d，即小于通信发射机离原点的距离。但是边界圆始终不可能超过图中虚线所示的中线。由于在圆内，干扰距离与通信距离之比大于 $\sqrt{c}$，因此圆内为干扰无效区；在圆外，干扰距离与通信距离之比小于 $\sqrt{c}$，所以圆外为干扰压制区。并且 c 越大，边界圆的圆心越接近通信发射机，圆的半径也越小。当 $c \to \infty$ 时，圆心与通信发射机重合，圆半径 $\to 0$，此时整个区域均为干扰压制区。

2）$c<1$ 的情况

当 $c<1$ 时，由于值 $\frac{cd}{c-1}<0$，所以边界圆的圆心位于负 x 轴上，如图 7.1-4 所示。

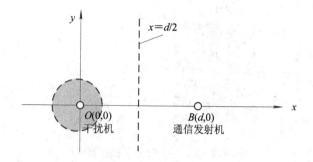

图 7.1-4　$c<1$ 时的干扰压制区

注意到，边界圆始终覆盖干扰发射机，因为该圆的圆心离原点的距离与圆半径的差始终大于 0，即小于通信发射机离原点的距离。由于在圆内，干扰距离与通信距离之比小于

$\sqrt{c}$，因此圆内为干扰有效区；在圆外，干扰距离与通信距离之比大于$\sqrt{c}$，所以圆外为干扰无效区。并且 c 越小，边界圆的圆心越接近干扰发射机，圆的半径也越小。当 $c \to 0$ 时，圆心与干扰发射机重合，圆半径 $\to 0$，此时整个区域均为干扰无效区。$c \to 0$ 表示干扰功率 $\to 0$，或者由于干扰对象采取了极强的抗干扰措施，使所需的干扰压制系数 $K_j \to \infty$，再大的干扰功率也难以奏效。

从以上对干扰有效区的分析可以看出，不同的 c 值对应的干扰压制区的形状是不同的。$c = 1$ 时的干扰压制区是一个半平面，$c > 1$ 时的干扰压制区为扣除了边界圆后的整个区域，而 $c < 1$ 时的干扰压制区是边界圆内部区域。显然，$c > 1$ 时的干扰压制区最大，而 $c < 1$ 时的干扰压制区最小。所以，再干扰机设计时，应该尽可能提高 c 值，以获得尽可能大的干扰压制区。

特别需要指出的是，$c \leqslant 1$ 时干扰机只适合于防御作战情况，因为此时干扰机只能干扰周围区域的通信接收机，而无法干扰靠近敌方区域的通信接收机。这一点从 $c = 1$ 和 $c < 1$ 时的干扰压制区上就能够明确的看出。不过，随着干扰机的微型化、网络化，一种所谓分布式干扰技术将可以工作在 $c < 1$ 方式下，利用大量的微型干扰机在某个区域通过自组织网协调工作，形成合力来共同对付给定目标。这种分布式干扰技术在未来战场上将是十分有用的一种干扰形式。

另外，从 $c > 1$ 方式的有效干扰压制区可以看出，干扰距离不能完全反映干扰机的干扰能力，或者说，单纯的讲干扰距离是没有意义的。如图 7.1-4 中边界圆右侧，虽然离干扰距离较远，但是该区域的干通比小于设计值 $\sqrt{c}$，仍然是有效干扰压制区，并且干扰压制区并不是以通信发射机为中心的圆，而是中心偏离通信发射机位置并且偏向其右侧的圆。只有当 c 很大时，其圆心才会接近通信发射机的位置。干扰压制区的上述特点，如果不进行详细的分析是很难想象的。

以上仅给出了干扰信号和通信信号在相同的传播模式下的干扰压制区的情况。如果两者的传播模式不同，其干扰压制区要复杂得多，这里不再讨论。

7.2 通信干扰效果评价准则

7.2.1 概述

通信干扰是通信对抗的进攻手段，以破坏敌方指挥控制和通信系统的正常工作，使敌武装部队失去或部分失去作战能力为目的。因此，敌方作战能力到底损失了没有，实施通信干扰之后到底起了多少作用，也就是说通信干扰的效能如何，这对于实施电子进攻的一方是极希望知道的。另外，获取通信干扰效能的数据对于通信对抗装备技术的发展也十分必要。为此，就产生并迅速发展了通信干扰效能检测与评估这一门技术。

1）通信干扰效能的检测与评估定义

效能是指一个武器系统在战场环境中能够成功履行其作战使命和完成任务的程度。通信干扰效能就是通信对抗装备在战场环境中能够成功地对敌通信过程进行破坏和压制的程度。

(1) 通信干扰效能检测的定义。通信干扰效能检测是指在给定条件下，针对人为设定的环境（如电子靶场、仿真环境等），对通信对抗装备干扰特性和干扰效能进行测试和数据统计工作。

(2) 通信干扰效能评估的定义。通信干扰效能评估是指在通信对抗装备实施干扰后，对被干扰的目标对象受到破坏或削弱程度进行全面而综合的评价和估计。

2) 通信干扰效能检测与评估的方法

由于通信干扰自身所具有的前瞻性、科学性、破坏性，被干扰的对象往往是敌方最敏感的部分，开展实战环境下通信干扰效能检测与评估是非常困难的。因此，通信干扰效能的检测与评估，除在设定的实际环境进行试验和测试外，通常还使用仿真的原理和方法。仿真是进行通信干扰效能检测与评估比较可行的办法。

所谓仿真，就是应用相似定理和类比关系来研究事物，也就是用实物或模型代替实际系统进行实验和研究。在通信对抗干扰效能检测和评估的仿真中，根据所介入的实物或模型的程度不同，分为物理仿真和数学仿真两类。

(1) 物理仿真。由全部或部分物理设备（包括模拟设备）参与仿真试验的方式称物理仿真。根据参与仿真的物理设备数量的多少可分为全物理仿真（习惯上称为"全实物仿真"）和半物理仿真（习惯上称为"半实物仿真"）。

(2) 数学仿真。数学仿真是用计算机构成系统以实现并求解给定数学模型的仿真，习惯上称为"计算机仿真"。计算机仿真是由计算机和数学模型模拟实际的物理设备，通过运行仿真软件演示被仿真装备的实际工作，检测和评估被仿真装备的功能和性能。

7.2.2 干扰效果评价准则

1. 信息准则

一般情况下，干扰信号是某种随机信号，换句话说，干扰信号含有不确定性成分。当给定限制条件时，干扰信号的不确定性越大，对方消除这种干扰的潜在可能性就越小，而且对方采取决策时的不确定性也越大，那么干扰效果就越好。

1) 信息熵准则

熵是随机变量或随机过程不确定性的度量方法。设离散随机变量 J 的概率分布为

$$J = \begin{bmatrix} J_1, & \cdots, & J_i, & \cdots, & J_n \\ P_1, & \cdots, & P_i, & \cdots, & P_n \end{bmatrix} \qquad (7.2-1)$$

式中，$J_i(i=1, 2, \cdots, n)$ 是随机变量的值；$P_i(i=1, 2, \cdots, n)$ 是随机变量值的出现概率，并且满足：

$$\sum_{i=1}^{n} P_i = 1 \qquad (7.2-2)$$

则随机变量 J 的熵由下式定义：

$$H(J) = -\sum_{i=1}^{n} P_i \lg P_i \qquad (7.2-3)$$

如果随机变量 x 用连续分布密度 $p(x)$ 表示，则它的熵表示为

$$H(x) = -\int_{-\infty}^{\infty} p(x) \lg p(x) \mathrm{d}x \qquad (7.2-4)$$

当其他条件相同时，干扰信号中熵最大的那个信号是最好的。引用熵作为遮盖性干扰信号的品质特性，在评估干扰的潜在能力时，可以不管被压制设备对它们的具体处理方法。应用干扰信号的熵，在某种程度上可以评估它们的潜在干扰能力。但是为了应用这些准则评价干扰信号时，必须知道它们的先验统计特性。

2）信息流量准则

信息准则的另一种方式按照信息流量（信道容量）进行评价。设一个通信系统在没有受到人为干扰时，其信道通过能力为

$$C = B_s \, \mathrm{lb}\left(1 + \frac{P_s}{N_t}\right) \tag{7.2-5}$$

式中，C 是单位时间内信道中的信息流量；B_s 是信道带宽；P_s 是信号功率；N_t 是信道高斯噪声功率。

当有通信干扰时，干扰功率进入通信信道，则信道的通过能力下降为

$$C_j = B_s \, \mathrm{lb}\left(1 + \frac{P_s}{N_t + P_j}\right) \tag{7.2-6}$$

式中，P_j 为通信干扰功率。由上式可知，随着干扰功率的增加信息流量 C_j 将减小。当 P_j 增加到一定程度，即 C_j 减小到使信息的损失达到不能容忍的程度时，可以说干扰有效了。这种根据信息流通量来衡量干扰效能的准则就是信息流量准则。

2. 功率准则

功率准则又称为信息损失准则。干扰信号功率的一个重要特性是压制系数。压制系数称为干扰信号品质的功率准则。但是，所研究的压制系数不是作为一个独立的准则，而是作为给定干扰信号与被压制设备的一个功率特性。

所谓压制系数可以理解为，当被压制的通信系统出现指定的信息损失时，在被压制通信系统接收机输入端的最小干扰信号与有用信号的能量比，即

$$K_j = \frac{P_j}{P_s} \tag{7.2-7}$$

式中，P_j 是干扰信号功率；P_s 是目标通信信号的功率。由于干扰信号的作用，造成的信息损失表现在对目标通信信号的遮盖、扰乱、产生判决错误，甚至中断信息传输等。信息损失的情况与干扰样式和被干扰目标通信信号的体制等因素有关。

如果 P_s 和 P_j 理解为信号平均持续时间内功率的平均值，那么，以所需的最小干扰功率和目标信号功率比表示的压制系数的定义，适用于任意形式的信号。但是压制系数的数值，只有当干扰信号和被压制设备给定时才能求出。因此，功率准则与信息准则不同，它需要知道被压制系统的具体特性。

如果系统是已知的，那么采用适当的干扰信号，以较低的功率消耗，系统就可以被压制，但按照信息准则不一定是最佳的。当干扰信号和有用信号的概率特性已知，而且干扰信号与有用信号在无线电通信设备中的变换特性也已知时，利用统计决策理论就可以确定所需的最小功率比。其中对于遮盖性干扰来说，压制系数可以分两步求得：首先，根据信息准则，提供质量最好的干扰信号；然后根据信息准则提供的最佳信号，求出对于给定无线电通信设备的压制系数，求得压制系数的数值是近似的，而且近似的程度与所采用的不同决策准则有关。

对于两种必择其一的假设(干扰或信号＋干扰)的选择,可以利用如贝叶斯(Bayes)准则、极小极大(minmax)准则、诺伊曼-皮尔逊(Neumnn-Pearson)准则、柯捷里尼可夫-齐格特(Kotellnikov-zlgert)准则和瓦尔德(wald)准则等进行判决。这两种必择其一的假设的选择,是以在观察区间(0,T)所得到的随机电压(电流),即有用信号与干扰信号之和作为这种选择的考察基础的。

3. 其他准则

1) 概率准则

概率准则是从通信对抗装备在电磁环境中完成给定任务的概率出发评价通信干扰的效能。概率准则建立在大量统计数据的基础上,运用统计实验分析方法,得到完成给定任务的概率。通常用干扰有效概率、压制概率、误差概率、虚警概率等具体形式来表现。

2) 时间准则

当干扰作用于通信系统之后,由于信息传输速率的降低或信道中通过的信息流量减少,完成给定信息量传输任务所花费的时间必然增加。因此,通过检测通信系统完成给定传输任务所需时间的变化量来进行干扰效能检测的准则称为时间准则。

3) 战术运用准则

根据通信对抗装备在战术使用过程中对战斗进程和作战结果产生的影响来评价通信干扰效能的准则称为战术运用准则。

4) 广义关联准则

通信干扰效能是一个多元函数。它与各种各样的因素有关,有设备的、技术的、操作方面的以及战术使用的方式与时机,敌我双方人员的心理素质与技术水平等。同时干扰效能的表现也是多方面的,有直接的,有间接的,有速效的,也有经较长时间才能显现的。通信干扰效能的影响有些在干扰消除后立即消除,有些在干扰消失后仍持续相当长时间。故对通信干扰效能的评估,从一定意义上讲,需要遵循这些广义关联准则。

7.3 通信干扰效能检测和评估方法

7.3.1 对语音通信系统干扰效能的检测和评估

一般说来,语音质量至少包括三个方面内容:清晰度、可懂度和自然度。清晰度是指语音中语言单元为意义不连贯的(如音素、声母、韵母等)单元的清晰程度;可懂度是指语音中有意义的语言单元(如单词、单句等)内容的可识别程度;自然度则与语音的保真性密切相关。目前对语音可懂度、清晰度的主观评测已有国际和国内标准,对语音自然度还缺乏公认的评价准则。

当需要对一个通信干扰系统的干扰能力作出评价的时候,或在给定条件下对一个通信干扰系统的干扰效能给出数值估值的时候,可以用实验或仿真模拟方法对干扰的作用结果进行检测。

对语音通信系统的干扰效能的评估可以采用主观评价和客观评价两种方式,主观评价通过专家进行人工试听,评价干扰效能,而客观评价是利用计算机进行自动评价。

1. 通信干扰效能的主观检测方法

主观评价方法种类很多，其中又可分为可懂度评价和音质评价两类。音质直接反映评听人对输出语音质量好坏的综合意见，包括自然度和可辨识说话人能力等方面。而可懂度评价反映了评听人对输出语音内容的识别程度，音质高一般意味着可懂度也高，但反过来却不一定。可懂度评价的方法包括判断韵字测试、改进的韵字测试、拼写字母测试、语音平衡字表法等。在音质评价方法中，典型的如平均意见得分（MOS）法，用于对语音整体满意度或语音通信质量评价。

MOS 法通常邀请若干个专家，对经过通信系统传输后失真的标准测试语音段进行试听，然后对该语音做出 1～5 分的评价，并且进行平均，得到语音质量评价。

语音主观评价当然是最准确的，也是最容易理解的一种方法，但也是十分耗费时间、人力和财力的，并且经常要受到人为因素的内在不可重复性的影响。一般来说，一个编码器的评价结果不能够可靠地与另一个编码器的结果直接比较，除非测试环境完全一致。因此许多主观测试一般用于成对的对比评价过程，另外，为评听者能够建立有意义的统计结果，失真语音的样本数应该足够大。

下面以话音通信为例说明通信干扰效能主观检测方法的一般过程。通信系统受干扰作用之后最为直观的表现是通信接收端语音可懂度下降。但是作为检测对象，语言可懂度的概念不确定性较大，语言试样的内容对检测结果影响很大，在同样强度的干扰作用下，传送无意义的数码报文和传送有意义的语音消息，可能测得完全不同的可懂度结果。这是因为在这两种情况下，监听者从干扰背景下提取有用信息的先验知识是不一样的。语音的语句各音节之间是部分关联的，后续语句的可预知性较大，所以用语句可懂度来检测干扰效能，结果的可信度不高。

语音信号受干扰作用之后，可懂度降低的本质在于音节清晰度下降。研究表明，影响音节清晰度的因素有四种：音频频谱范围、混响、信号失真和信噪比。在这四种因素中，对于给定的通信系统，干扰的作用主要体现在信噪比的降低和信号失真度的增加。

语音音节清晰度定义为

$$A = \frac{E_e}{E_t} \tag{7.3-1}$$

式中，A 是语音音节清晰度；E_e 是判听差错音节数的平均值；E_t 是传送的总音节数。假定在没有干扰作用时，$A = A_s$，施加人为干扰后，$A = A_{s+j}$。人为干扰作用前后音节清晰度的相对变化量，即干扰效能为

$$E_j = \frac{A_{s+j} - A_s}{A_s} = \frac{\Delta A}{A_s} \tag{7.3-2}$$

主观检测方法如下：

(1) 在没有干扰作用时，通信系统发信方发送标准测试语音 100 个单音节，通信接收端接收并记录相应的判听结果，找出错误判听的音节数，并将此试验重复多次，将多人次所得的结果取平均值。然后，计算没有干扰作用时的音节清晰度 A_s。

(2) 按照规定强度施加人为干扰。在有干扰作用的情况下，重复上述实验，并计算错误判听音节数的平均值和有干扰作用时的音节清晰度 A_{s+j}。

(3) 计算通信干扰效能 E_j。

2. 通信干扰效能的客观测度方法

音节清晰度的主观检测，所得结果的准确度和可信度随着试验次数和实验人员的增加而提高。不过这种检测方法费时费力，经济性不佳。为此人们希望找到一种理想的音节清晰度的客观测度方法。对于这种方法多年来国内国外很多人研究过，但遗憾的是迄今为止还没有得到一种理想的方法。

一种较为可行的相对客观的测量音节清晰度的方法是加权倒谱距离的语言频谱测量方法。之所以称为"相对客观"，是因为这种方法并不独立完成被测试样的音节清晰度测量，而是用加权倒谱距离，即利用倒谱系数方差的倒数作为权值的一种统计加权距离方法求得被测试样与参考样板的符合程度，从而对被测试样做出以参考样板为标准的评价。参考样板作为测度的基准，仍然是通过主观检测方法得到的。这种客观测度方法的实际操作程序如下：

（1）用主观检测办法制作出具有不同清晰度等级的参考样板，这些参考样板可以保存在各种不同的媒体中。

（2）参考样板输入计算机系统，为"算法"定标。

（3）将被测接收机的输出接入计算机系统，进行分析、计算与比较。

（4）得出被测试样与参考样板的符合程度，给出关于音节清晰度的数值结论。

（5）计算通信干扰效能 E_j。

3. 对模拟通信干扰效能的干信比检测方法

对于模拟通信系统，多数情况下传输的是语音信号，如 AM、FM 语音通信系统。语音通信系统受到一定的干扰后，会引起语音信号的可懂度和清晰度的下降，而语音清晰度的下降程度与 AM/FM 解调器输入的干信比有关。分析表明，当采用调频噪声干扰，并且忽略通信接收机内部噪声时，清晰度指数和干信比之间满足指数关系，其关系曲线如图 7.3-1 所示。

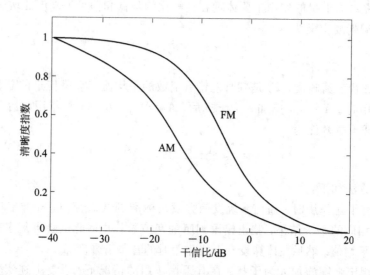

图 7.3-1　清晰度指数和干信比的关系

通常，当清晰度指数小于 0.3 时，认为语音质量极差，不能够接受；当清晰度指数处于 0.3~0.7 之间时，认为语音质量较差，但基本可以接受；当清晰度指数大于 0.7 时，认为语音质量较好，可以接受。

由图 7.3-1 可知，对于 FM 系统，干信比只要大于 -6 dB，清晰度指数小于 0.5，此时通信系统就被阻断。而对于 AM 系统，干信比需要大于 -15 dB，才能到达同样的干扰效果。

对于其他的干扰样式，语音清晰度和干信比之间也存在类似的关系，其影响程度需要具体分析。这里不再说明。

7.3.2　对数字通信系统干扰效能的检测和评估

数字通信干扰效果评估是在电磁威胁环境中，定量评价和估计通信干扰信号、通信干扰设备或者通信干扰环境对数字通信系统工作性能的影响程度。可信、定量的数字通信干扰效果评定是指挥员在实战中决策的依据，同时也是科研部门和军工企业进行通信对抗新技术开发和新装备研制的依据。

数字通信可靠性被破坏程度有一定的统计规律，但在实施干扰的过程中，数字通信系统采用的通信方式、通信体制、背景环境、接收方式等因素及数字通信对抗方采用的干扰方式、干扰样式、干扰功率等因素都对干扰效果有着重要的影响，而且各因素与干扰效果之间有着重要联系，各个因素与干扰效果之间的关系具有不确定性，必须对通信与干扰过程中的诸多因素进行分析，全面综合考虑影响评定结果的各种因素，寻求客观、可行的评定方法。

1. 数字通信系统干扰效果评价准则

如何在通信干扰与抗干扰的对抗中，对干扰和抗干扰效果进行卓有成效的定量评定是通信对抗领域一个长期以来没有解决但是必须解决的问题。近几十年来，通信对抗专家们对通信对抗和抗干扰效果的评定进行了许多开创性的研究，取得了许多理论上的研究成果。

对数字通信干扰的最终目的是使目标通信系统接收机解调输出的差错率增大，通信的可靠性下降，同时也使其通信的有效性降低，故衡量数字通信系统的干扰效果一般用通信系统的差错率——误码率 P_e(Probability of error)来做度量。为了评价通信系统受干扰的程度，可以定义数字通信系统的干扰等级：

当 $P_e \geqslant 0.2$ 时，通信系统受到强干扰，干扰等级为三级；

当 $0.12 \leqslant P_e < 0.2$ 时，通信系统受到中度干扰，干扰等级为二级；

当 $0.05 \leqslant P_e < 0.12$ 时，通信系统受到轻度干扰，干扰等级为一级；

当 $P_e < 0.05$ 时，通信系统未受干扰。

以上的干扰效果的划分方法，是从长期实践中得出的结论，评定方法简单，具有很强的实用性和可操作性，且得到了很多专家的公认。在对现有数字通信系统的干扰效果的研究分析中发现，其评定方法也有一定的问题，主要的问题是：如果对于一个数字通信系统，或在电磁环境比较恶劣的环境下，即使在无人为干扰的情况下，其系统的差错率是 10%，在受到人为干扰之后其差错率还是 10%，这不能说人为干扰有效。

2. 数字通信系统干扰效果的评估方法

可靠性是通信系统传输信息质量上的表征，是指接收信息的准确程度。衡量数字通信系统可靠性的主要指标是差错率(习惯上称为误码率)。差错率是衡量数据传输正确性的重要指标,反映了各种干扰、信道质量对通信可靠性的影响,具体划分为比特差错率、码元差错率和码组差错率等。由于比特差错率、码元差错率和码组差错率之间的关系可以相互导出,因此可以用比特差错率来衡量数字通信系统的可靠性,也可以通过比特差错率指标来评定衡量数字通信系统的干扰等级。

可以采用下面的两种定义评定数字通信系统的干扰等级:

人为干扰等级定义为

$$G_J(r) = \lg\left(\frac{BER_J(r)}{BER_N(r)}\right) \tag{7.3-3}$$

其中,$BER_J(r)$表示在受到人为干扰条件下的比特差错率;$BER_N(r)$表示实际自然条件下的比特差错率。数字通信系统的受干扰等级定义为

$$G_T(r) = \lg\left(\frac{BER_J(r)}{BER_T(r)}\right) \tag{7.3-4}$$

其中,$BER_T(r)$表示高斯信道模型的数字通信系统的比特差错率。

这里采用比较通信系统在未受干扰和受到干扰之后比特差错率之间的关系,而比较的比特差错率应该为系统纠错后的比特差错率,对于一个数字通信系统,纠错前后的比特差错率的关系也是可以确定的。因此,在实际运用中,只需要测量干扰前后的比特差错率的变化情况,就可以确定该数字通信系统的干扰等级。

7.4　对语音信号质量的客观评价方法

7.4.1　概述

语音质量包括两方面内容:清晰度和自然度。前者是衡量语音中字、单词和句的清晰程度,而后者则是对讲话人的辨识水平。语音质量评价不但与语音学、语言学、信号处理等学科有关,而且还与心理学、生理学等学科有着密切的联系,因此语音质量评价是一个极其复杂的问题。语音质量评价从评价主体上讲可分为两大类:主观评价和客观评价。

主观评价是以人为主体来评价语音的质量。该方式虽较为繁杂,但由于人是语音的最终接受者,因此这种评价应是语音质量的真实反映。目前,国内外使用较多的主观评价方法有:平均意见分(MOS)法、音韵字可懂度测量(DRT)法和满意度测量(DAM)等方法。其中,MOS评分法是一种广为使用的主观评价方法,它以平均意见分来衡量语音质量,用五个等级来表示语音的质量等级:优(5分)、良(4分)、一般(3分)、差(2分)、坏(1分)。显然,主观评价的优点是符合人对语音质量的感觉,缺点是费时费力费钱,且灵活性不够,重复性和稳定性较差,受人的主观影响较大等。

为了克服主观评价缺点,人们不得不寻求一种能够以方便、快捷方式给出语音质量评价值的客观评价方法,即用机器来自动判别语音质量。不过值得注意的是,研究语音质量客观评价的目的不是要用客观评价来完全替代主观评价,而是使客观评价成为一种既方便快捷又能够准确预测出主观评价值的语音质量评价手段。尽管客观评价具有省时省力等优

点。但它还不能反映人对语音质量的全部感受。当前的客观评价方法都是以语音信号的时域、频域及变换域等的特征参量作为评价依据，没有涉及到语义、语法、语调等这些影响语音质量主观评价的重要因素。

语音质量客观评价从评价结构上可分为基于输入－输出的评价和基于输出的评价。基于输入－输出的评价是以语音系统的输入信号和输出信号之间的误差大小来判别语音质量的好坏，是一种误差度量；基于输出的评价是仅根据语音系统的输出信号来进行质量评价。近 30 年来，语音质量客观评价方法研究主要集中在基于输入－输出方式的评价上，即通过提取两端语音信号的特征参量来建立评价模型。随着信息、通信技术的飞速发展，这种基于输入－输出的评价方法已满足不了许多领域的实际应用需要，如在无线移动通信、航天、航海以及现代军事等领域，往往要求客观评价方法具有较高的灵活性、实时性和通用性，而且在得不到原始输入语音信号情况下也要能对语音质量进行评价，所以，在 20 世纪 90 年代基于输出方式的客观评价方法已开始受到国内外学者的重视。

语音质量客观评价研究自 20 世纪 70 年代以来迅速发展，国内外学者提出了数以千计的客观评价方法，从它们各自使用的主要技术（如谱分析、LPC 分析、听觉模型分析、判断模型分析等）和主要特征参数（时域参数、频域参数、变换域参数等）又可以分为以下六类：

（1）基于信噪比评价方法。信噪比（SNR）是一种广为应用的简单客观评价方法，高信噪比是高质量语音的必要条件，但不是高质量语音的充分条件。大量的实验表明，单一的 SNR 预测主观评价的能力极差。经过改进的分段信噪比、变频分段信噪比等方法与主观评价得出的评价结果间的相关度有所提高，但这些都只是针对高速率的波形编码语音而言。

（2）基于 LPC 技术评价方法。这类方法是以 LPC 分析技术为基础的，把 LPC 系数及其导出参数作为评价的依据参量。由 LPC 导出的方法有：LRC（Linear Reflection Coefficient）、LLR（Log Likelihood Ratio）、LSP（Line Specturm Pairs）、LAR（Log Area Ratio）、Itakura、CD（Cepstral Distance）等方法以及它们的一些改进方法。

（3）基于谱距离评价方法。基于谱距离的评价方法是以语音信号平滑谱之间的比较为基础的。谱距离评价有很多种，主要有：SD（Spectral Distance）、LSD（Log SD）、FVLISD（Frequency Variant Linear SD）、FVLSD（Frequency Variant Log SD）、WSD（Weightedslope SD），ILSD（Inverse Log SD）等方法。

（4）基于听觉模型评价方法。该类评价方法是以人感知语音信号的心理听觉特性为基础。具有代表性的听觉模型方法有巴克谱失真（BSD）、修正的巴克谱失真（MBSD）、感知语音质量测度（PSQM）、PLP（Perceptual Linear Predictive）、MSD（Mel Spectral Distortion）等。

（5）基于判断模型的评价方法。这类评价方法是在选择表达语音质量的特征参量基础上，更主要侧重于模拟人对语音质量的判断过程，如 AD/MNB 方法、模糊决策树方法等。

（6）其他评价方法。其他单价方法主要有一致函数 CHF 法、信息指数 II 法、专家模式识别 EPR 法等。

客观评价和主观评价之间的联系常用一种函数映射关系来表示，通过这个映射关系可以将客观评价值转换成主观评价值。该函数可以是线性或非线性回归关系也可以是多项式拟合关系。由于客观评价实质上是对主观评价值的一种预测，因此客观评价方法的性能好坏可以利用其与实际主观评价值的相关性来衡量，两者之间的相关系数越接近 1 越好。

表 7.4－1 给出了目前具有代表性的客观评价方法的相关系数数值表。由于受测试数据、测试方式等因素的影响，因而在不同文献中使用同样方法却会得到不同结果。

表 7.4－1　客观评价方法的相关系数

方法类别	评价方法	相关系数
基于信噪比评价方法	SNR	0.24*
	Segment SNR	0.77*
	Frequency variant seg. SNR	0.93*
基于 LPC 分析评价方法	Log LPC	0.34
	Linear Reflection Coefficient	0.46
	Log Likelihood Ratio	0.48
	Line Spectrum Pairs	0.35
	Log Area Ratio	0.62
	Itakura	0.59
	倒谱距离 CD	0.90
基于谱距离评价方法	Spectral Distance (SD)	0.80
	Log SD	0.60
	Frequency Variant Linear SD	0.68
	Frequency Variant Log SD	0.70
	Weighted-slope SD	0.74
	Weighted2slope SD	0.78
	Inverse log SD	0.75
基于听觉模型评价方法	MSD	0.86
	BSD	0.89
	MBSD	0.95
	PSQM	0.94
	PLP	0.82
	PLP-Cepstral	0.84
	PLP-Delta Cepstral	0.67
基于判断模型评价方法	L(AD)/MNB21	0.95
	L(AD)/MNB22	0.96
其他评价方法	信息指数 II	0.69
	CHF	0.82
	EPR	0.88

注：＊只是对波形编码语音的测试结果。

7.4.2　语音信号的失真测度

语音质量客观评价的核心是性能良好的失真测度，语音质量的客观评价对语音质量的评价是建立在语音信号特征矢量（参数）之间的失真距离上的，因此研究和选取特征矢量之间的度量方法对客观音质评价来说是非常重要的，它常决定了整个系统的性能。目前从语音特征参数的提取上看，失真测度大体可分为时域测度、频域测度和感知域测度。

1. 频域失真测度

频域失真测度也叫谱失真测度，如对数似然比测度 LLR(Log Likelihood Ratio)、参数距离测度 LPC(Linear Predictive Coding)、线性预测编码倒谱距离测度 LPC—CD(Linear Predictive Code-Cepstral Distance)等方法以及它们的一些改进方法。这些测度比时域测度的性能更可靠，对信号时间同步要求也不高。若测度计算的结果值越小，则说明失真语音和原始语音越接近，即语音质量越好。

1) 线性预测倒谱系数及其谱失真测度

由线性预测系数（LPC Cepstral Coefficient，LPCC）$\{a_i\}$ 可以直接递推出倒谱系数 $\{c_n\}$。理论上这种倒谱系数是一个无穷长序列，但是倒谱的一个重要特点是它所反映的谱包络信息主要集中在低时间区域，因此常常只取 10 个左右的倒谱系数就够了。时间原点的倒谱系数通常不用，因为它是反映频谱能量的。线性预测倒谱特征矢量（设为 L 维）的谱失真测度通常用平方和测度，即

$$d_{\mathrm{cep}}(C;\ C') = \sum_{n=1}^{l} (c_n - c'_n)^2 \tag{7.4-1}$$

其中，$C = \{c_1,\ c_2,\ \cdots,\ c_L\}$ 和 $C' = \{c'_1,\ c'_2,\ \cdots,\ c'_L\}$ 分别为两组倒谱系数。

这种倒谱失真测度是一种与谱能量无关的测度，它只与谱形有关。这种测度反映的是两种谱形之间的误差能量，不仅是一种良好的失真测度，而且它还与欧几里德距离有直接关系。由于倒谱系数的傅立叶变换就是信号谱的对数模函数，根据 Parseval 定理可知，倒谱域的平方和测度等价于频域的对数模函数的平方和测度，即

$$d_{\mathrm{cep}}(C;\ C') = \sum_{n=1}^{l} (c_n - c'_n)^2 = \sum_{k=1}^{N} (X_L(k) - X'_L(k))^2 \tag{7.4-2}$$

这里 $X_L(k)$ 和 $X'_L(k)$ 分别为 $\{c_n\}$ 和 $\{c'_n\}$ 的 N 点离散傅立叶变换，它们是信号频谱经倒谱窗函数平滑以后的对数模函数的估值。因此，这种测度与人耳的听觉特性是大致相符的。大量实践证明：倒谱特征矢量及其谱失真测度优于增益归一化似然比失真测度，因此，在语音识别、语音质量客观评价方法等研究中得到了广泛的应用。然而，虽然它是直接由线性预测系数递推得到的，但它在倒谱域做了截短，相当于在频域进行了倒谱窗平滑，使共振峰展宽了，因此它不再是线性预测系数的等价参数，在语音合成与编码中也很少采用。

对倒谱系数进行某种加权，就得到加权倒谱失真测度，即

$$d_{\mathrm{wcep}}(C;\ C') = \sum_{n=1}^{N} (w_n c_n - w_n c'_n)^2 \tag{7.4-3}$$

其中，加权函数 w_n 可以有多种形式，总的变化趋势是由小到大，然后再由大到小。典型的加权系数有升正弦函数，即

$$w_n = \begin{cases} 1 + h\,\sin\left(\dfrac{n\pi}{L}\right) & ,\ n = 1,\ 2,\ \cdots,\ L \\ 0 & ,\ \text{其他} \end{cases} \tag{7.4-4}$$

2) 线谱对参数及其失真测度

线谱对参数(Line Spectrum Pairs, LSP)具有很好的量化性能和内插性能,在语音编码与合成中得到了广泛的应用。对于线谱对参数表示的特征矢量的失真测度,通常采用加权平方和失真测度,即

$$d_{\text{LSP}}(x;\ y) = \sum_{i=1}^{p} \left[w_i c_i (x_i - y_i) \right]^2 \tag{7.4-5}$$

其中,p 为预测器阶数;w_i 为第 i 个分量的加权因子;c_i 为第 i 个分量的辅助加权因子,它的值是与第 i 个线谱频率有关的。加权因子 w_i 可以由下式得到

$$w_i = \left[P(\omega_i) \right]^\gamma \tag{7.4-6}$$

其中,γ 是一个经验常数,一般取为 0.15;$P(\omega_i)$ 是 LPC 分析得到的能量密度谱。辅助加权因子通常取 $c_1 \sim c_8 = 1.0$, $c_9 = 0.8$, $c_{10} = 0.4$。

3) 板仓—斋田谱失真测度

板仓—斋田谱失真测度又称为匹配误差测度,它是日本学者板仓(Irakura)和斋田(Saito)提出的。他们是在由高斯自递归信源的最大似然估计推导线性预测频谱中得到的,其定义为

$$d_{\text{IS}}(X,\ Y) = \int_{-\pi}^{\pi} \frac{X(\omega)}{Y(\omega)}\,\frac{\text{d}\omega}{2\pi} - \ln\frac{\sigma_X^2}{\sigma_Y^2} - 1 \tag{7.4-7}$$

其中,$X(\omega)$、$Y(\omega)$ 分别为两个被比较信号 $x(n)$ 和 $y(n)$ 的能量密度谱;σ_X^2 和 σ_Y^2 分别是 $X(\omega)$、$Y(\omega)$ 的能量,σ_X^2 和 σ_Y^2 为

$$\begin{cases} \sigma_X^2 = \lim_{n \to \infty}\sigma_X^2(n) = \dfrac{\det R_n}{\det R_{n-1}} = \exp\left[\int_{-\pi}^{\pi} X\left(\omega\,\dfrac{\text{d}\omega}{2\pi} \right) \right] \\ \sigma_Y^2 = \lim_{n \to \infty}\sigma_Y(n) = \exp\left[\int_{-\pi}^{\pi} Y\left(\omega\,\dfrac{\text{d}\omega}{2\pi} \right) \right] \end{cases} \tag{7.4-8}$$

其中,R_n 是信号 $x(n)$ 的 n 阶自相关矩阵,它的第 k 行第 j 列元素为 $r_x(|k-j|)$。假设 $Y(\omega)$ 是一个全极点模型的频谱函数,即

$$Y(\omega) = \frac{\sigma^2}{|A(\omega)|^2} \tag{7.4-9}$$

则板仓—斋田谱失真测度为

$$\begin{aligned} d_{\text{IS}}(X,\ Y) &= d_{\text{IS}}\left(X,\ \frac{\sigma^2}{|A(\omega)^2|} \right) \\ &= \frac{1}{\sigma^2}\int_{-\pi}^{\pi} X(\omega)\,|A(\omega)|^2\,\frac{\text{d}\omega}{2\pi} - \ln\sigma_X^2 + \ln\sigma^2 - 1 \\ &= \frac{a^T R_p a}{\sigma^2} - n\sigma_X^2 + \ln\sigma^2 - 1 \end{aligned} \tag{7.4-10}$$

其中,$a = \{a_1,\ a_2,\ \cdots,\ a_p\}$ 为信号 Y 的 p 阶线形预测系数。实际上,式(7.4-10)的值就是用全极点模型 $Y(\omega)$ 对信号 X 进行线性预测所产生的预测残差能量。

板仓—斋田谱失真测度与被比较的两种谱的能量大小有关。在许多实际应用中,常常希望只比较两种谱的形状(因为谱形状反映声道形状),而把能量(增益)分离出来另外考

虑。因此，由上述谱失真测度出发，而将两个被比较的谱增益都归一化，这就导出了著名的 Itakura 失真测度，或称为增益归一化似然比失真测度，即

$$d_{LR}(X, Y) = d_{IS}\left(\frac{1}{|A_x|^2}, \frac{1}{|A|^2}\right) = \int_{-\pi}^{\pi} \frac{|A(e^{j\omega})|^2}{|A_x(e^{j\omega})|^2} \frac{d\omega}{2\pi} - 1 = \frac{a^t R_p a}{\sigma_x^2} - 1 \qquad (7.4-11)$$

其中，R_p/σ_X^2 表示信号 X 的增益归一化自相关矩阵。上述两种失真测度能在一定程度上反映人的主观感觉，其值的大小对应于听觉上的差异大小。但它既不具有有对称性，也不满足三角不等式，因此，它不是谱距离测度。对它做一点修改就可以得到一种对称的失真测度，其定义为

$$d_{cosh}(\overline{x}, \overline{y}) = \frac{1}{2}[d_{IS}(\overline{x}, \overline{y}) + d_{IS}(\overline{y}, \overline{x})] \qquad (7.4-12)$$

2. 感知域失真测度

频域失真测度往往作为判定语音编码器的设计模型性能的重要依据。与此相比，感知域失真测度的计算则更多地基于人耳的听觉感知模型。在计算中，语音信号从线性频域变换到巴克域，由于符合人耳主观听觉感受，这类失真测度对语音质量主观评价的预测达到了高的水平。从最近几年国内外语音质量客观评价失真测度研究得到的结果看，只有较好地利用或体现人的感知特性的客观评价失真测度，才能在同样失真条件下得到主客观测试结果的更好相关。因此，以心理声学为基础，针对人的感知特性的客观失真测度的研究成为目前主要的研究方向，主要包括美尔频率倒谱系数 MFCC(Mel Frequency Cepstral Coefficient)距离测度，巴克谱失真测度 BSD，ITU – T P.861 建议的感知语音质量测度 PSQM，度量标准化段 MNB。

1) 基于美尔(Mel)频率倒谱系数(MFCC)及其失真测度

语音信号是由声门激励信号激励声道产生的输出与声道单位冲激响应的卷积得到的。倒谱分析是一种同态解卷算法。在同态解卷的过程中将频率轴进行 Mel 频率尺度非线性映射，得到的倒谱系数就是 MFCC。人耳所听到的声音的高低与声音的频率并非线性正比关系，用 Mel 频率尺度更符合人耳听觉特性。Mel 频率和 Hz 频率之间大致呈对数映射关系，可用下式表示

$$Mel(f) = 2595\lg\left(1 + \frac{f}{700}\right) \qquad (7.4-13)$$

实际频率 f 的单位为 Hz，根据 Zwicker 的工作，临界频率带宽随着频率的变化而变化，并与 Mel 频率的增长一致。其失真测度可用平方和失真测度来定义，即

$$d_{mfcc}(C; C') = \sum_{i=1}^{L}(c_i - c_i')^2 \qquad (7.4-14)$$

其中，$C = \{c_1, c_2, \cdots, c_L\}$ 和 $C' = \{c_1', c_2', \cdots, c_L'\}$ 分别是两组 Mel 倒谱系数。

2) 巴克(Bark)谱失真测度

巴克谱失真测度是基于短时傅立叶变换的，它考虑了人耳的多种听觉生理特性。信号加窗变换到频域，取其模平方形成能量谱。然后经过一组临界带滤波器，将线性频率变换到巴克刻度，模拟人类听觉系统的特点，即噪音对纯音的掩蔽效应、人耳对低频比高频有更好分辨率的特点，因而它是一种更接近于人类主观评价的客观测度。线性频率与巴克频

率的转换关系由下式近似给出：

$$f = Y(b) = 600 \sinh\left(\frac{b}{6}\right) \tag{7.4-15}$$

其中，f 是线性频率，单位为 Hz；b 是巴克频率，单位为 Bark。另外，为模拟人耳对不同频率声强具有不同敏感性的特点，又引入了等响度曲线对谱进行修正。最后，还要完成一个从响度级到响度的转换。这样就得到了所谓的巴克谱 $L(i)$。它充分反映了人耳对频率及幅度的非线性传递特性，以及人耳在听到复杂声音时所表现的频率分析和谱合成特性。其失真测度定义为

$$d_{\text{Bark}}(L；L') = \sum_{i=1}^{N}[L_i - L_i']^2 \tag{7.4-16}$$

其中，N 是巴克频带数。巴克谱失真测度已经在语音质量客观评价方法研究中得到了很好的应用，它也可以用于语音识别，只是计算量较大。

7.4.3　基于 Mel 谱失真测度的干扰效果评价

1. MFSC 的计算流程

首先将语音的 Hz 频率映射为 Mel 频率，以描述人耳频率的非线性感知特性；然后 Mel 域带通滤波表示了人耳对声音的频率分析功能；最后使用幅值非线性变换模拟声音的强度—响度变换特性，这样就实现了在 Mel 域上对语音的感知分析。将经过上述处理过程得到的谱命名为 Mel 谱。

Mel 谱是图 7.4-1 所示感知分析所得到的语音帧特征表示，为了保证特征参数之间的无关性和降低特征参数的使用维数，对 Mel 谱进行 DCT 变换处理，变换得到的参数称为 Mel 谱系数(Mel Frequency Spectra Coefficient，MFSC)。

MFSC 的实现流程如图 7.4-1 所示，虚线框中的为语音感知的实现环节，是 MFSC 计算的核心部分。

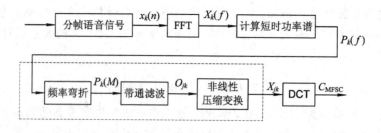

图 7.4-1　MFSC 实现流程

MFSC 的具体计算过程描述如下：

(1) 加窗、分帧。语音信号是非平稳信号，但一般认为在 10～25 ms 内是短时平稳的。因此取 25 ms 的时间片对语音信号进行分帧。为了减少截断效应，应采用 Hamming 窗将语音信号截断为一帧一帧的短时信号。

Hamming 窗表示为

$$w(n) = 0.54 - 0.46 \cos\left(\frac{2\pi n}{N}\right)，n = 0，1，2，\cdots，N-1 \tag{7.4-17}$$

其中，$N=200$，加窗后每帧的信号表示为

$$x_k(n) = s_k(n)w(n) \tag{7.4-18}$$

（2）时频变换。对经过预处理的第 k 帧语音帧 $x_k(n)$ 做 FFT 变换得到频谱 $X_k(f)$，即

$$X_k(f) = \text{FFT}\{x_k(n)\} \tag{7.4-19}$$

（3）短时功率谱计算：

$$P_k(f) = \text{Re}[X_k(f)]^2 + j\text{Im}[X_k(f)]^2 \tag{7.4-20}$$

（4）模拟人耳的频率感知特性。按照下面的频率变换关系式，实现实际频率坐标到 Mel 尺度坐标的变换：

$$\text{Mel}(f) = 2595 \lg\left(1 + \frac{f}{700}\right) \tag{7.4-21}$$

上式描述了音高与声音的物理频率之间的线性关系，其中，f 的单位是 Hz，Mel 谱的单位为 Mel。在实际计算中，频率的非线性感知特性常直接体现在 Mel 滤波器组的构成中。

（5）模拟基底膜上的频率响应特性。常使用三角型幅频响应的 Mel 滤波器组来模拟基底膜的滤波作用，这里使用了 24 个滤波器构成滤波器组，该滤波器组近似于频率范围内 4000 Hz 的听觉临界带滤波器组。滤波器的中心频率和带宽在 0~2146Mel 上均匀分布，在线性频率轴上则按对数间隔分布，如图 7.4-2 所示。

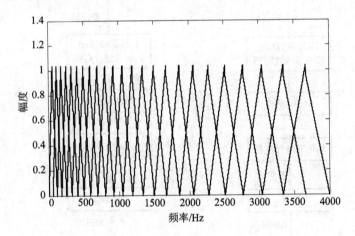

图 7.4-2　在 Hz 频率域上表示 Mel 三角滤波器组

各个三角滤波器的幅频特性由下式确定：

$$A_j(f) = \begin{cases} \dfrac{f - f_{j-1}}{f_j - f_{j-1}} & , f_{j-1} \leqslant f \leqslant f_j \\ \dfrac{f_{j+1} - f}{f_{j+1} - f_j} & , f_j \leqslant f \leqslant f_{j+1} \\ 0 & , \text{其他} \end{cases} \tag{7.4-22}$$

其中，f_j 为第 j 个滤波器的中心频率；$A_j(f)$ 是第 j 个滤波器的幅频函数。

第 k 帧语音的短时能量谱通过滤波器组，产生滤波器组的输出为

$$O_{jk} = \sum_f P_k(f)A_j(f), \qquad j = 1, 2, 3, \cdots, N \tag{7.4-23}$$

其中，O_{jk} 是第 k 帧语音的第 j 个滤波器的输出；N 为滤波器的数量。

（6）强度—响度变换模拟实现。为使变换关系既符合听觉感知特性又避免复杂的计算，对滤波器组输出进行立方根压缩处理，即

$$X_{jk} = (O_{jk})^{\frac{1}{3}} \tag{7.4-24}$$

（7）DCT 变换去相关。对 X_{jk} 做离散余弦变换（Discrete Cosine Transform，DCT），最终得到美尔谱系数 MFSC。

$$C_{\text{MFSC}}(i, k) = \sum_{i=1}^{N} X_{jk} \cos\left[i\left(j - \frac{1}{2}\right)\frac{\pi}{N}\right] \tag{7.4-25}$$

其中，i 表示系数的阶数，$i = 0, 1, 2, \cdots, m$。经过 DCT 处理后，各阶系数分量之间将不具有相关性。

在上述的计算流程中，步骤（4）、（5）和（6）分别实现了频率弯折、带通滤波和强度—响度感知功能，即图 7.4-1 基本感知模型中的三个模块的功能，所以 MFSC 分析的确是一种语音听觉感知分析。

图 7.4-3 为 MFSC 与 MFCC 的原理示意图。虽然两者在形式上只有一个环节不同，但是这个环节的区别体现的则是分析原理上的不同：MFCC 分析本质上是同态解卷处理，MFSC 分析则是听觉感知分析。同时，说明 MFSC 与 MFCC 分析的计算复杂性几乎相同。

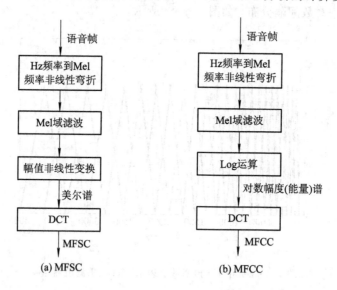

图 7.4-3　MFSC、MFCC 的原理示意图

2. 主观评价标准的选择

在语音性能的客观评价中，MOS 评分法使用最为普遍，其原因是 MOS 法更倾向于整体满意度得分，且不要专业的评听队伍，实施比较容易。MOS 法的核心内容，是将语音的整体分为为五个等级。参加测试的评听人在听完测试音后，便按这五个等级给出他对所测语音属于哪个等级的质量评价。全体评听者的平均分就是所测语音的质量的 MOS 值。

DMOS 是由失真等级评价法（DCR）发展而来的。在对高质量语音通信系统的评价中它比 ACR 具有更高的灵敏度。

MOS、DMOS 判分的五级标准如表 7.4-2 所示。

表 7.4 - 2　MOS、DMOS 判分的五级标准

得分	质量级别（MOS）	失真级别（DMOS）
5	优	不察觉
4	良	刚有察觉
3	中	明显察觉且稍觉可厌
2	差	明显察觉且可厌但可忍受
1	劣	不可忍受

3. 统计相关模型的建立

为了与主观评价等级一致，需要利用统计相关模块建立客观失真量与主观质量分之间的对应关系。假设主观质量分为 MOS 值，所使用的函数映射关系表示如下：

$$S_o(i) = P(d_i) \qquad (7.4-26)$$

其中，$P(\cdot)$ 为预测函数或回归函数，可以是线性或是非线性回归关系函数；d_i 为第 i 个样本的客观失真量值；$S_o(i)$ 为 d_i 通过 $P(\cdot)$ 对应的 5 级尺度范围内的质量分值，称为客观 MOS 分或者预测 MOS 分。对失真语音进行主观、客观评价关联，将得到一些分布在二维平面上的点，其横坐标为客观失真测度值 d，纵坐标为 MOS 值。如使用下式给出的二次多项式函数形式进行拟合确定 a、b、c 的数值，便得到客观失真测度值与客观 MOS 值之间的对应关系为

$$S_o(i) = ad_i^2 + bd_i + c \qquad (7.4-27)$$

必须指出，所获得的拟合关系只对特定使用范围内的客观评价有效。当使用评价系统时，先由客观评价系统计算出语音的客观失真测度值，再代入拟合公式进行计算，最后得出客观 MOS 值。

不同的客观测度的评价效果并不相同。由于客观评价结果实际上是对主观评价结果的一种估计，所以客观评价的性能通常以主、客观评价结果之间相关程度来衡量。描述客观评价性能的常用指标为相关度 ρ 和偏差 σ，相关度表示统计意义上的一致性（线性关系）程度，偏差是误差范围的描述，可以表示估计的置信区间。

主客观评价结果的相关性一般采用 Pearson 相关系数加以描述，其相关程度和偏差分别用下式计算：

$$\rho = \frac{\sum\limits_{i=1}^{M} [s_o(i) - \overline{s_o}](s_s(i) - \overline{s_s})}{\sqrt{\sum\limits_{i=1}^{M} [s_o(i) - \overline{s_o}]^2 (s_s(i) - \overline{s_s})^2}} \qquad (7.4-28)$$

$$\sigma = \sqrt{\frac{\sum\limits_{i=1}^{M} [s_o(i) - s_s(i)]^2}{M}} \qquad (7.4-29)$$

其中，$s_o(i)$ 是第 i 个失真语音文件的客观 MOS 值；$s_s(i)$ 是第 i 个失真语音文件的主观真实 MOS 值；M 是失真语音文件的数量。

若主客观 MOS 之间的相关值小于 0.85，一般认为客观评价结果的可靠性和有效性欠

佳；相关值大于 0.90 是目前客观评价的基本要求，达到 0.95 左右则认为是高度一致相关。

4. 美尔谱失真测度

将 MFSC 作为语音特征参数用于基于输入一输出方式的语音质量客观评价中，这种使用 MFSC 的客观测度称为美尔谱失真测度（Mel Frequency Spectral Distortion Measure，Mel-SD），其过程如下：

（1）预处理。由于输入一输出语音质量客观评价的要求，需要先对语音信号进行预处理；然后对预加重处理的语音信号加窗分帧，得到语音帧序列。

（2）特征参数提取。对每帧语音信号进行特征提取，完成快速傅立叶变换、频率弯折、Mel 域滤波处理、语音强度一响度感知变换及 DCT 处理，得到对应于每帧语音的 MFSC 参数。

（3）失真量计算。第 k 帧失真语音和第 k 帧原始语音 MFSC 之间的失真量按下式计算：

$$d(k) = \sqrt{\sum_{i=1}^{M} \left[C_x(i, k) - C_y(i, k) \right]^2}, \ k = 1, 2, \cdots, N \qquad (7.4-30)$$

其中，$C_x(i, k)$ 为原始语音第 k 帧 MFSC 的第 i 阶系数；$C_y(i, k)$ 为失真语音第 k 帧 MFSC 的第 i 阶系数；N 为总帧数；M 为所使用 $MFSC$ 的最高阶数。

按下式计算美尔谱系数失真距离的算术平均值，此平均值作为失真语音相对于原始语音的整体失真程度，即 Mel-SD 的失真测度值：

$$d_{\text{Mel-SD}} = \frac{1}{N} \sum_{k=1}^{N} d(k) \qquad (7.4-31)$$

5. 典型仿真结果

在只存在噪声的情况下，随着信噪比的增加，Mel-SD 减小，如图 7.4-4 所示。

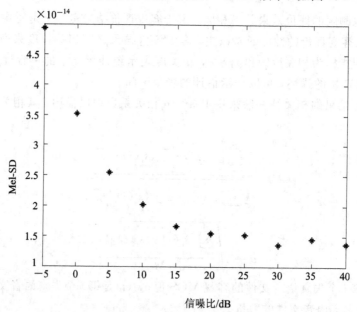

图 7.4-4　信噪比和 Mel-SD 距离图

Mel-SD 失真测度的主客观拟合曲线如图 7.4 - 5 所示。

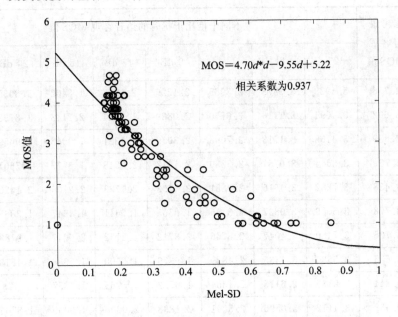

$$MOS = 4.70d*d - 9.55d + 5.22$$

相关系数为 0.937

图 7.4 - 5　归一化 Mel-SD 失真测度的主客观评价值二次拟合曲线

主客观评价结果的相关系数为 0.937，说明用 Mel-SD 失真测度还是比较可靠的。

以信噪比为参量，当信噪比分别为 20 dB、25 dB、30 dB、35 dB、40 dB 的语音信号，改变干信比得到的失真测度距离如图 7.4 - 6 所示。从图中可以看出，当信噪比较高时，失真距离比较大。

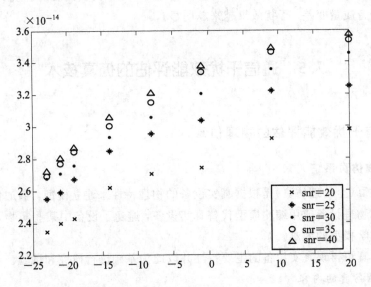

图 7.4 - 6　不同信噪比语音 Mel-SD 距离 - 干信比关系

当信噪比为 40 dB 时，加入干扰信号后，不同干信比得到的 Mel-SD 失真测度值的客观 MOS 值如表 7.4 - 3 所示。

表 7.4 - 3 参考语音客观 MOS 值和加干扰时的语音客观 MOS 值

语音编号	参考语音客观MOS值	不同干信比干扰时的语音客观 MOS 值							
		−23 dB	−14 dB	−1	9 dB	13 dB	18 dB	20 dB	25 dB
1	3.758	3.4923	3.0878	2.3985	2.1229	2.0277	1.8402	1.8635	1.7827
2	3.602	3.4694	3.1116	2.6710	2.0839	1.9414	2.2143	1.8792	1.8251
3	3.839	3.4168	3.1718	2.7098	2.3039	2.1331	1.9948	1.9659	1.8134
4	3.739	3.3644	3.0751	2.5230	2.1912	2.0348	1.8777	1.7601	1.5852
5	3.438	3.7282	3.4616	2.8881	2.4593	2.1723	2.2106	2.1420	2.1421
6	3.778	3.5069	3.0827	2.3416	1.8365	1.6611	1.4947	1.3865	1.3682
7	3.705	3.7480	3.4047	2.8766	2.3712	2.2132	2.0247	1.9783	1.8230
8	3.675	3.5580	3.1435	2.4839	1.9379	1.6500	1.5386	1.4813	1.4401
9	3.844	3.0175	2.6113	2.1354	1.6722	1.5765	1.4857	1.428	1.3492
10	3.668	3.4112	3.0596	2.5091	2.1838	2.0308	1.9000	1.8764	1.7107
11	3.824	3.4982	3.0364	2.2707	1.8527	1.6338	1.3556	1.3784	1.2224
12	3.552	3.5631	3.2687	2.6858	2.363	2.3506	2.0659	2.0481	1.9350
平均值	3.702	3.4811	3.1262	2.5411	2.1149	1.9521	1.8336	1.766	1.666

从上表可以看出，随着干信比增加，其对应的 Mel-SD 失真测度的客观 MOS 值不断减小，也就是语音质量变差，干扰效果越来越明显。

7.5 通信干扰效能评估的仿真技术

7.5.1 通信干扰效能评估的物理仿真

1. 全实物仿真系统

全实物仿真（全物理仿真）是根据真实设备的物理特性来建立模型，参加仿真试验的设备全部是实际物理设备或用缩比模型代替真实设备，避免了设备中某些实物及其部件难以建立精确的数学模型的困难。

全实物仿真可再现真实设备的主要特性并以此为基础进行研究和试验。

1) 全实物仿真的内容

全实物仿真首先需要建立物理模型（相似模型）。当人们对真实设备的物理特性无法用数学模型进行描述和分析时，物理模型（相似模型）可让人们对其有直观的认识。

根据仿真目的的不同，建立物理模型的方法也不同。对用于直观、便于人们了解的目的时，往往在人机界面建立逼真的物理模型，如控制台的操作菜单、全景显示等；而对于研究真实设备的物理特性时，则可建立一些缩比模型，如信号模拟器等。

建立缩比模型必须不改变真实设备的主要物理特性，如通信信号模拟器的工作频率、调制方式、跳速、频率集；干扰信号模拟器的工作频率、干扰方式、干扰样式；方向信号模拟器的工作频率、移相范围等。

2）全实物仿真的实施

用全实物仿真检测和评估通信对抗装备的干扰效能，一般采用外场试验和测试的方法（如电子靶场试验、部队试验等）。试验系统包括被检测和评估的通信对抗装备、用于检测干扰效能的通信系统、测量仪器、指挥控制网络和数据处理设备。参加试验的设备数量要根据试验的规模和测试的项目而定。用这种方法得到的数据真实、可靠性高，但试验和测试花费的时间长、耗资大，且难以完全展现战场复杂、密集的电磁环境。

全实物仿真一般在通信对抗装备设计定型试验或最终验收时采用。

2. 半实物仿真系统

半实物仿真（半物理仿真）是由实际物理设备和数学模型相结合的一种仿真试验环境。

由于受实物仿真条件的制约，随着计算机技术的发展和对仿真领域的深入认识，特别是大量成熟的仿真工具软件问世，现已逐步用数学模型代替物理模型。不过，仍还有一些需物理设备参与的仿真试验，如通信对抗装备的控制中心，因控制流程复杂，建立控制模型难度大，常用实际设备参与仿真研究。

这种数学、物理两方面仿真兼而有之的半实物仿真已成为当今物理仿真的主流。

1）半实物仿真的特点

半实物仿真大都用于大型复杂的通信对抗装备，通常对数学模型和物理模型建立一个软、硬件的仿真环境，用标准接口、网络联成一体，控制设备保证数学模型与物理模型的实时同步。

在物理模型上可设置一系列反映物理量的传感器，在数学模型上加载物理设备产生的仿真数据。通过计算机数据采集设备采集相应物理量的数据，由仿真计算机进行数据处理，将结果输出到显示设备，检测与评估系统可根据结果进行相应的评估。

半实物仿真必须满足控制设备的实时性和可靠性、计算机内存大而速度快、人机界面与真实设备一致且能模拟真实情况下通信对抗装备的系统响应等要求。

2）半实物仿真系统的组成及工作原理

半实物仿真可为通信干扰效能检测与评估提供一个真实的试验环境。半实物仿真检测与评估系统的组成如图 7.5-1 所示。该系统包括模拟器、信号合成网络、合路和衰减网络、通信电台、测试仪器、通信干扰检测和效能评估系统等。

各种模拟器、通信电台用于生成不同战术背景和试验条件下所要求的不同复杂程度的瞬时、宽频段、多种信号样式、大信号密度、多方位、动态可控的电磁背景信号环境。

信号合成网络由基本混合网络和端口扩展器组成，作用是模拟混合空间各路信号的环境，并把混合的信号环境传输给接收测试设备，同时对产生的背景电磁环境信号和试验信号进行衰减，生成满足战术要求的背景电磁环境和试验所需的各种电平的信号。

合路和衰减网络由合路器和衰减器组成，用于对实际电台信号、通信对抗装备产生的信号进行混合、衰减，除送给信号合成网络外并送给仪器组合进行测量。

通信对抗装备就是需要进行效能评估的真实设备，在通信干扰检测和效能评估系统计

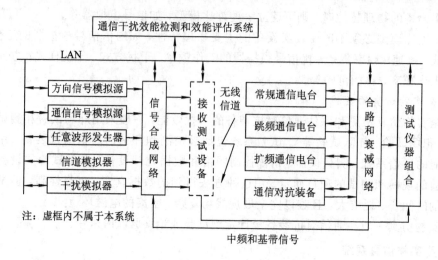

图 7.5 - 1　半实物仿真检测与评估系统的组成

算机的控制下，产生实际干扰信号。

通信干扰检测和效能评估系统是通信对抗仿真的控制中心，由计算机和专用软件组成，主要功能是通过网络、通信接口控制试验场景的设置、试验进程的动态变化、信号测量、数据采集、数据处理、分析评估。

在仿真过程中，通信对抗装备产生的干扰信号以及模拟器、通信电台产生的电磁环境信号通过有线、无线信道输入到接收测试设备。接收测试设备对接收到的合成信号进行数据处理、调制方式识别、网台分选、误码率分析，并把处理结果送给通信干扰检测和效能评估系统。通信干扰检测和效能评估系统的计算机通过对接收测试设备处理结果进行分析、比较，给出通信对抗装备干扰效果的定量检测与评估结论。

3) 信号模拟设备

信号模拟设备的种类比较多，一般是根据战场上敌方通信信号的调制方式、通信体制进行研制，为满足通信对抗装备进行外场试验的需要，按照常规方法，信号模拟设备应是实际设备的缩比模型。但在无线电技术高度发达的今天，如果按照常规方法，即完全用硬件来实现的话，则设备的体积、经费、研制周期等是不能接受的。

随着电子信息技术的迅速发展，信号模拟设备可采用软件无线电技术。软件无线电是一种基于宽带模—数变换(ADC)器件、高速数字信号处理(DSP)芯片，并以软件为核心的崭新的体系结构，具有灵活性、适应性和开放性等特点。因此，利用软件无线电技术研制信号模拟设备不仅具有经济成本的可承受性，而且具有技术上的可实现性。

我们知道，任意通信信号都可用数学表达式表示为

$$s(t) = A(t)\sin[\omega_c t + \varphi(t)] \tag{7.5-1}$$

若调制信号"调制"在 $A(t)$ 上，则为幅度调制(调幅)类信号，如 AM、DSB、SSB、ASK 等信号；若调制信号"调制"在 $\varphi(t)$ 上，则为角度调制(调角，即调频和调相)类信号，如 FM、FSK、PSK 等信号；若调制信号"调制"在 $A(t)$ 和 $\varphi(t)$ 上，则为幅角调制(调幅—调角)类信号，如 QAM 等信号；另外，对于跳频信号，上式 ω_c 还将随跳频图案变化。对上式形式稍作改写，可写为

$$\begin{cases} s(t) = A(t)\sin[f(t)] \\ f(t) = \omega_c t + \dfrac{\mathrm{d}\varphi(t)}{\mathrm{d}t} \end{cases} \qquad (7.5-2)$$

其中 $f(t)$ 是瞬时频率。

根据上面的数学表达式，建立相应的数学模型，通过计算，形成瞬时频率、瞬时幅度，然后加载到物理设备上，产生相应的通信信号。图 7.5-2 是基于软件无线电的直接数字频率合成(DDS)任意调制信号模拟设备的组成框图。

因此，基于软件无线电的信号模拟器的特点是：设备的硬件基本保持不变，只要改变待仿真信号相应的数学模型，便可实现信号模拟。

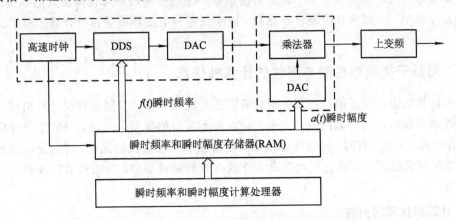

图 7.5-2 基于软件无线电 DDS 的任意调制信号产生示意图

4) 信号环境的生成

(1) 战场信号环境的特点。在现代战场环境中，通信信号的特点是宽频段、多制式、广地域、高密度、动态分布、调制复杂。通信信号主要有点对点通信、一点对多点通信、移动通信、卫星通信、接力通信等设备产生的信号。通信体制主要有常规定频通信、跳频通信、直接序列扩频通信、数据链、TDMA、CDMA 等，并采用多种组网方式。

战场信号环境是由各种类型的辐射源向空中发射的电磁波组合形成的。由于当今战场双方使用的电子信息武器装备数量成培增加，使战场电磁环境变得密集、复杂、多变。

(2) 信号环境的生成方式。为了模拟和产生密集、复杂、多变的通信信号环境，可以采用现成的仪器，如泰克公司的可编程任意波形发生器 AWG2040，其主要工作过程是：通过向波形存储器写入波形数据，利用地址序列发生器对其波形数据进行寻址扫描，相应的波形数据经过数模转换器转换输出，输出信号的频率和幅值都可以程控。

(3) 信号注入方式。信号注入方式分为辐射注入式和直接注入式两类。

在实验室(也称为内场)进行半实物仿真时，一般采用直接注入方式，模拟信号直接通过射频电缆注入到信号合成网络，也可通过先接入射频网络，在射频网络内叠加模拟信道特性，然后把混合信号注入到合成网络。

在野外自然场地(也称为外场)进行半实物仿真时，通信对抗装备、通信电台、模拟器一般放在外场，采用辐射方式注入。这种仿真方法所测试的指标真实，是系统研制过程中检验系统性能，保证研制质量的必要手段。

(4) 信号控制方式。对模拟器产生信号的控制分为手动方式和自动方式。

所谓手动方式是人工直接操作模拟器的控制面板键盘，发出命令，控制模拟器产生通信信号。自动方式也称为遥控方式，即人可远离模拟器，通过计算机网络或总线接口，向模拟器发送控制命令，遥控模拟器产生信号。

5) 半实物仿真系统的性能检测

半实物仿真是物理仿真的一个重要分支，应用于通信对抗装备的设计定型试验、技术指标测试、操作训练等领域，因而需要对半实物仿真系统本身的性能、效能、仿真准确度进行检测。

模拟器是半实物仿真的主要设备，由它产生的电磁信号环境是否满足试验的要求，存在着仿真电磁环境的逼真度问题。通过对模拟器产生信号的检测可提高仿真的准确度。在外场试验过程中，一般均有检测设备参与，以验证各种电磁环境是否符合通信对抗试验条件。

7.5.2 通信干扰效能检测与评估的计算机仿真

通过计算机仿真对通信对抗装备干扰效能进行检测和评估是随着现代计算机技术水平的不断蓬勃发展而正在兴起的一门专业。它以实际装备的模型为基础，以数字计算机为工具，具有方便、灵活、省时、经济等难以用其他方法和手段替代的优点，特别是通过计算机动态视景的仿真过程，可以直观地观察到作战双方的对抗态势，检测通信对抗装备的实际作战能力。

1. 计算机仿真的内容

1) 计算机仿真系统的三个要素

在计算机仿真系统中，一般有三个基本要素：仿真系统、仿真模型和仿真计算机(包括软、硬件)。

(1) 仿真系统：按照某些规律结合起来、互相作用、互相依存的所有实体的集合或总和。

(2) 仿真模型：模型是按照仿真系统的实际情况进行一定的数据抽象，运用数学工具来表达出仿真系统的运行状态和特性的方式。

(3) 仿真计算机：是运行仿真系统模型的载体，也是计算机仿真软件运行的平台。

2) 计算机仿真过程的三项活动

通信干扰效能检测与评估的计算机仿真过程包括系统建模、仿真建模和仿真试验三项活动。

(1) 系统建模：建立通信对抗装备、信号环境和被干扰对象的数学模型。

(2) 仿真建模：利用已建立的模型库中不同种类的模型构筑一个特定的通信对抗装备(单机或系统)的"虚拟样机"。

(3) 仿真试验：对建立的"虚拟样机"进行仿真，即对其性能进行全面、综合的分析评估。

3) 仿真三要素和三项活动之间的关系

仿真系统的三要素和三项活动之间的关系如图 7.5-3 所示。

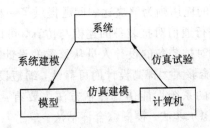

图 7.5-3　计算机仿真的三要素和三项活动的关系图

2. 计算机仿真的环境

计算机仿真环境是对通信对抗装备进行计算机效能和性能仿真的基础设施，它由硬件和软件组成。硬件主要是计算机、存储器、显示器、网络等；软件主要是系统软件和仿真专用软件。

近年来，随着计算机技术、信息技术和系统管理技术的飞速发展，使得计算机仿真环境也在不断更新，特别是仿真技术在军事领域广泛应用和现代战争中战场复杂性的增加以及各种信息武器装备技术含量的不断提高，许多问题靠传统的单个仿真系统已经无法解决，必须依靠多个仿真系统进行联合协同仿真。因此，分布型仿真环境已成为计算机仿真的主导。

典型的分布型仿真环境如图 7.5-4 所示。它是基于 HLA/RTI 的高层仿真体系结构。

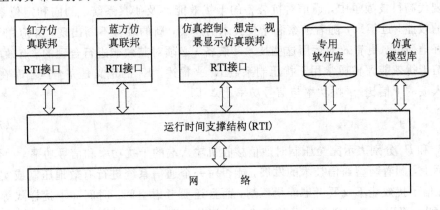

图 7.5-4　仿真通用的支撑环境

HLA/RTI 高层仿真体系结构，是一种全新的分布交互式仿真体系结构，可实现仿真对象互操作性和重用性。其核心是仿真应用层中联邦成员对象之间的交互、管理；其重要特征是将仿真应用与底层的通信和基本功能相分离，由运行支撑系统 RTI 提供的服务来实现底层的通信和基本功能，联邦成员不必涉及底层的网络编程。红、蓝双方仿真联邦是通信对抗仿真的手段和对象；仿真控制、想定、视景显示仿真联邦是仿真对抗的白方；专用软件库为仿真用户提供仿真的支撑软件，如 Matlab、Stk、Opnet、Spw 等；仿真模型库存储仿真用的各类模型，满足不同需求的通信对抗装备建模和仿真工作。

3. 通信干扰性能的计算机仿真

通信对抗装备的干扰性能技术指标是一种用于表征装备固有的完成给定功能的能力。而通信对抗装备的设计和研制属于一项复杂的系统工程，要经过实际试验来评定其能力是不现实的,建模与仿真技术的应用则为解决这一问题提供了一种有效的技术手段。

利用计算机仿真技术进行通信对抗装备的建模与仿真,可以高效地完成装备的系统方案论证和性能评估,将通信对抗装备的设计人员从繁重的设计工作中解脱出来,使系统设计更加方便、高效和优化,能够大大提高设计的可靠性,缩短设计周期,降低开发成本。

在现代系统工程中常用的系统性能仿真评估方法主要有:系统分析法、逻辑分析法、层次分析法、作战模拟法、德尔菲法、模糊综合评估法。

这些仿真评估方法各有各的优点,应用场合也各不相同。在通信对抗装备性能的计算机仿真中,层次分析法和模糊综合评估法是比较容易被人们所普遍接受的方法。这两种方法的特点是将一个复杂问题,根据目标、准则或结构按照层次展开,在低层次和高层次模型之间,系统性能的表示是连贯的、一致的,更为详尽的下层模型的输出,成为紧连着的上一层模型的输入,纵深的层次结构并不影响横向的交互作用,可以用德尔菲法等将人机系统中群体的主观因素通过加权的方法融入,形成比较完整而直观的从装备设计到研制全过程的系统性能仿真。

4. 通信干扰效能的计算机仿真

在仿真模型建立后,提出并遵循合理的性能评估算法,得到有效的评估仿真结果,这就对通信对抗装备进行干扰效能检测和评估的计算机仿真奠定了基础。

1) 干扰效能评估的计算机仿真

在现代高科技战争中,通信对抗装备的干扰效能涉及侦察系统、测向和定位系统、干扰系统的效能。近年来,随着侦察和干扰技术的发展,新的装备不断出现,并应用于实战。为了更好地研究、更有效地运用这些技术和装备,必须对其效能进行合理的、有效的评估。

通信干扰效能评估通常用干扰压制系数 K_j 来描述。K_j 的定义是完全压制时在通信接收机输入端的干信比(干扰功率与信号功率比),即

$$K_j = \frac{P_j}{P_s} \qquad (7.5-3)$$

式中,P_j 和 P_s 分别表示完全压制时通信接收机输入端的干扰功率和信号功率。

实际上,随着新型通信技术的发展,能否对一个通信系统进行有效地压制或实施最佳干扰,通信干扰效能不仅要考虑能量压制,而且还要考虑空间、时间和干扰样式等因素的影响。为此,可以重新定义新的通信干扰效能评估因子来表示干扰的有效性,即

$$K(P, S, T, J) = F(K_p, K_s, K_t, K_j) \qquad (7.5-4)$$

式中,K_p 为能量压制因子;K_s 为空间压制因子;K_t 为时间压制因子;K_j 为干扰样式压制因子。

通信对抗干扰效能评估因子并非是简单叠加,而是一种复杂的"耦合"或"相关"关系。

对于一个具体的通信对抗装备,通信干扰效能评估因子的选择要通过计算机仿真、逼真的物理仿真和作战经验等综合考虑才能确定。

2) 干扰效能检测的计算机仿真

干扰效能检测的计算机仿真就是对构建仿真系统的模型性能进行检测和可信度评估。

仿真是基于模型的试验活动,仿真试验和结果是否完全正确地代表真实设备的性能,存在模型的可信度问题,因为一个不正确的仿真结果可能导致重大的决策失误。按照现代建模与仿真(M&S)的要求,应采用模型的校核、验证与确认(VV&A,即 Verification,

Validation，Accreditation)方式，并贯穿在建模与仿真系统开发、应用和完善的全过程中。

　　模型校核、验证与确认工作的目的，是对建模与仿真可信度的评价，而评价建模与仿真可信度的过程被称为仿真系统的可信度评估，这是检验仿真模型对实际通信对抗装备模拟程度的必要手段。仿真模型的校核是证实实际装备的概念模型到其计算机程序之间的转换是否正确，即检查仿真程序有无错误；仿真模型的验证则是从仿真模型的应用目的出发，确定仿真模型代表真实设备正确程度的过程；仿真模型的确认是检验和评估仿真模型的有效性，确认仿真结果。

　　在计算机仿真过程中，应把模型校核、验证与确认贯穿于建模与仿真的全生命周期，成为仿真研究的有机组成部分。在建模与仿真的每个阶段，至少都需要一个校核或验证过程，以提高和保证建模与仿真的可信度，降低由于仿真在实际应用中仿真结果不正确而引起的决策的风险。

　　模型校核、验证与确认的过程及其相互关系如图 7.5－5 所示。

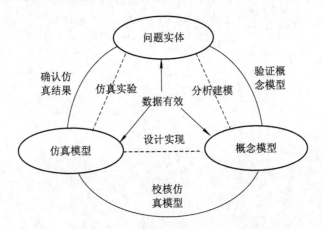

图 7.5－5　模型校核、验证与确认的过程及其相互关系图

　　上图说明在建模与仿真开发周期中进行的模型校核、验证与确认工作，其中，"问题实体"表示要进行建模与仿真的真实设备、设想或现象；"概念模型"和"仿真模型"表示建模与仿真开发周期中不同阶段所呈现的不同的表现形态；"设计实现"、"分析建模"和"仿真实验"表示建模与仿真开发生命周期中校核、验证与确认的三个主要阶段；"校核仿真模型"是为确保软件设计与概念模型的一致性；"验证概念模型"是检验问题实体模型表达是否合理；"确认仿真结果"则是为了确保仿真模型的输出结果正确。

习　　题

　　7－1　设通信发射天线在通信接收方向的增益为 0 dB，通信接收天线在通信发射方向的增益为 0 dB，通信距离为 10 km，通信发射机功率为 1 W；干扰天线在通信接收方向的增益为 5 dB，通信接收天线在干扰发射方向的增益为 0 dB，干扰距离为 20 km，干扰发射机功率为 10 W。试计算在自由空间传播模式下的通信接收机输入端的干信比。

　　7－2　其他条件同习题 7－1，如果干扰天线高度为 10 m，通信收发天线高度也为

10 m，试计算在地面反射传播模式下的通信接收机输入端的干信比。

7-3　设计一个车载 VHF(30～100 MHz)战术干扰系统，用于干扰空—地通信链路。如果最大干扰距离为 10 km，实施干扰后允许的最大通信距离为 1 km(即干通比 $r=10$)，通信发射机最大有效辐射功率为 10 W。试分析计算该干扰系统的干扰天线高度，及其所需的干扰有效辐射功率。

7-4　通信干扰效果评价有哪些准则？简述这些准则。

7-5　对语音通信系统的干扰效能的评估可以采用主观评价和客观评价两种方式，简述这两种方式的特点。

7-6　通信干扰效能的评估的物理仿真的两种方法各有什么特点？

7-7　通信干扰效能的评估的计算机仿真有哪三个基本要素？简述这几个要素。

7-8　通信干扰效能的评估的计算机仿真有哪三项基本活动？简述这几个活动。

第 8 章　对特殊通信系统的对抗技术

8.1　概　　述

　　信息化战争和数字化军队不仅使通信对抗的作战环境发生了根本性的变化，而且使通信对抗的作战对象和内容也发生了根本性的变化。

　　早期的通信对抗一般是在陆、海、空三军战术通信的范围内进行，仅仅针对通信信道和传输链路而言，其实质是敌对双方为争夺无线电信号频谱控制权展开的电磁斗争，作战对象是点对点的通信信道（链路）信号。进入 20 世纪 90 年代，随着各种低截获概率通信体制的出现和广泛应用，以及通信网络化技术的成熟，为适应网络中心战的战场透明、信息畅通并及时地流向任何需要信息数据的个人和装备的需要，在战场上出现了一种把包括敌我识别、卫星导航、遥测遥控和雷达等非通信的军用信息系统在内的各种信息装备、作战平台，以及指挥官和普通士兵利用计算机和通信网连接成一个无缝隙的战场电子信息网络——$C^4 ISR$ 系统。

　　$C^4 ISR$ 系统在实战中的应用，极大地提高了夺取战场信息优势和各军兵种与各类平台的联合作战能力，是名副其实的兵力倍增器。为实现对 $C^4 ISR$ 系统的有效对抗，破坏或降低各军用信息系统的作战能力是其重要的途径之一，而斩断该系统的纽带——通信网，更是一个高效能的措施。因此，本章拟对现代通信网中最常用的低截获概率通信体制（如扩频通信、数据链通信、通信网等）的对抗技术进行讨论，重点是扩频通信系统的对抗。

　　扩频扩频通信系统是指待传输信息的频谱用某个特定的扩频函数扩展后成为宽频带信号，送入信道中传输，再利用相应手段将其压缩，从而获取传输信息的通信系统。按照其工作方式可以分为直接序列扩频、跳频扩频（FHSS）、跳时扩频（THSS），以及以上三种基本扩频方式的结合。

　　跳频扩频通信采用某种形式的伪随机码，使其发射频率在约定的某个频率集中高速跳变，给通信对抗系统截获和分析带来极大的困难，导致通信对抗系统截获概率下降甚至不能截获。

　　直接序列扩频通信系统中，利用高速率的伪随机（PN）序列对低速率的信息序列进行扩频调制，然后进行载波调制，得到扩频调制的宽带射频信号。扩频调制使扩频发射信号的带宽增加、功率谱密度降低，直至被噪声所淹没，使侦察干扰机难以截获它的发射信号。如何有效的截获和干扰这两种扩频信号已成为通信对抗领域迫切解决的难题。

8.2 扩频通信系统及其特点

本节简单介绍几种扩频通信系统的基本特点，其详细的讨论请参考相关的书籍和资料。

8.2.1 直接序列扩频(DSSS)

在直接序列扩频(DSSS)通信系统中，利用高速率的伪随机(PN)序列对低速率的信息序列进行相乘(模2加)，然后进行载波调制，得到扩频调制的宽带射频信号。直接序列扩频系统的组成原理如图8.2-1所示。

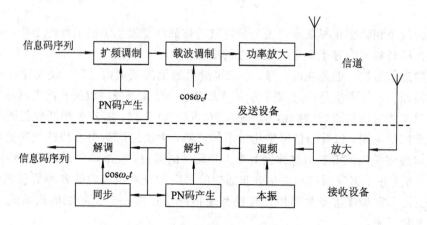

图 8.2-1 直接序列扩频系统的组成原理

在接收端，接收到的扩频信号经过混频放大后，用与发送端同步的伪随机码序列对中频信号进行相关解扩，将宽带扩频信号恢复为窄带中频信号，然后再进行解调，得到信息码序列。

直接序列扩频系统的频谱变化过程如图8.2-2所示。

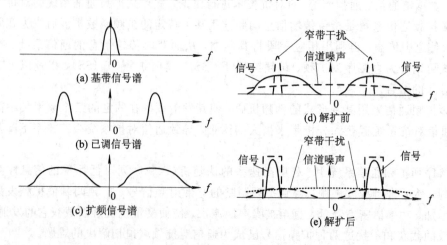

图 8.2-2 直接序列扩频系统的频谱变化过程

由图 8.2 - 2 可知，DSSS 通信系统有很强的抗干扰能力。图 8.2 - 2(d)是接收到的信号和噪声、窄带干扰信号谱的示意图。在解扩前，窄带干扰信号的谱比信号窄，但是电平比信号高。解扩后，窄带干扰信号的能量被扩散到整个扩频带宽中，其电平明显降低，而噪声电平基本不变。信号在解扩后，能量集中到窄带(解调器带宽)内部。于是只有落入解调器滤波器带宽内部的干扰和噪声能量才会影响通信性能，因此，它可以很好的抑制窄带干扰。

DSSS 通信系统可以采用的载波调制方式有 BPSK、MSK、QPSK、TFM 等，其中以相位调制方式应用最多。

DSSS 通信系统经过扩频/解扩处理，系统性能得到显著改善。这种改善通常用扩频处理增益描述。扩频处理增益定义为接收端相关处理器输出与输入信噪比的比值，即

$$G_p = \frac{\dfrac{S_o}{N_o}}{\dfrac{S_i}{N_i}} \qquad\qquad (8.2-1)$$

设扩频序列码速率为 f_c，扩频信号采用 BPSK 调制，扩频信号带宽为 $B_c = 2f_c$，扩频伪随机码长度为 N_c，信息码速率为 f_a，如果不采用扩频调制，则相应的信息带宽为 $B_a = 2f_a$。DSSS 扩频系统的处理增益为

$$G_p = \frac{f_c}{f_a} = \frac{B_c}{B_a} = N_c \qquad\qquad (8.2-2)$$

可见，DSSS 通信系统的处理增益是扩频序列码速率和信息码速率的比值，或者扩频信号带宽与信息带宽的比值，其变化范围约为 15~50 dB。

通信侦察系统最关心的 DSSS 扩频系统的参数包括：扩频伪码速率、扩频伪码序列码、扩频信号带宽、信息码带宽、调制方式等。

8.2.2　跳频扩频(FHSS)

跳频扩频(FHSS)通信系统发射信号的载波频率按照一定的规律随机跳变，可以看成是一种特殊的多进制频移键控信号。其系统组成如图 8.2 - 3 所示。

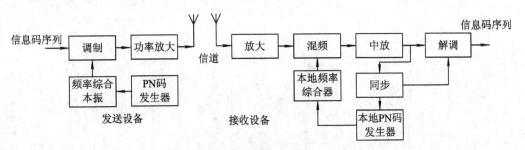

图 8.2 - 3　跳频通信系统的组成

跳频通信系统的基本原理是：在发送设备中，利用伪随机码控制发射频率合成器的频率，使发射信号的频率按照通信双方事先约定好的协议(跳频图案)进行随机跳变。在接收端，接收机混频器的本振也是按照相同的规律跳变，如果接收频率合成器的频率和发射信号的频率变化完全一致，那么就可以得到一个固定频率的中频信号，进一步可以解调信

号，使得收发双方频率一致的过程称为跳频码同步。跳频图案(即跳频规律)通常采用伪随机序列产生，跳频信号的发射频率随机地在若干个频率(几十至几百个)之间随机出现，因此具有很强的抗干扰和抗截获能力。

跳频通信系统多用 FSK/ASK(可利用非相干方式解调)等调制样式。设跳频信号的频率集为

$$f_i \in \{f_1, f_2, f_3, \cdots, f_N\} \qquad (8.2-3)$$

即发射信号的载波频率 f_i 在时间 $(i-1)T_h \leqslant t \leqslant iT_h$ 内取频率集中的某个频率。T_h 是每个频率的持续时间，称为驻留时间。

跳频系统频率合成器产生的频谱和跳频信号的频谱如图 8.2-4 所示。理想的频率合成器产生的频谱是离散的、等间隔的、等幅的线谱，占用的频带 $B = f_N - f_1 + \Delta F$，每个频率之间的间隔为 ΔF，某一时刻的频率是 N 个频率中的一个，由 PN 码决定。在某一时刻，跳频系统是窄带的。从整个时间观察，信号在整个频带内跳变，是宽带的。

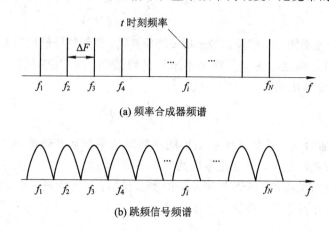

(a) 频率合成器频谱

(b) 跳频信号频谱

图 8.2-4　跳频系统的频谱

将载波频率随时间变化的规律绘成图，就得到所谓跳频图案。典型的跳频图案如图 8.2-5 所示。

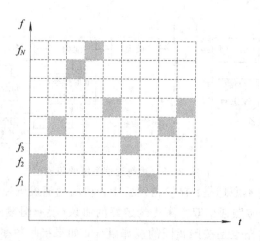

图 8.2-5　跳频图案

跳频系统可以按照跳频速率划分为快速跳频（FFH）、中速跳频（MFH）和慢速跳频（SFH）。具体有两种划分方法，第一种划分方法是，如果跳频速率 R_h 大于信息速率 R_a，即 $R_h > R_a$，则称为快速跳频；反之，则称为慢速跳频。另一种划分是按照跳频速率进行划分：

慢速跳频（SFH）：R_h 的范围为 10～100 h/s；

中速跳频（MFH）：R_h 的范围为 100～500 h/s；

快速跳频（FFH）：R_h 大于 500 h/s。

与 DSSS 扩频系统类似，跳频扩频系统的处理增益是其抗干扰的重要指标。如果在一个频带 B_h 内，等间隔分为 N 个频道，频率间隔为 ΔF，信息带宽 $B_a \leqslant \Delta F$，则其处理增益为

$$G_p = \frac{B_h}{B_a} \leqslant N \qquad (8.2-4)$$

因此，跳频系统的处理增益与可用信道数 N 成正比。N 越大，射频带宽 B_h 越大，处理增益越高，抗干扰性能越好。

通信侦察系统最关心的跳频系统的参数包括频率集和跳频图案，驻留时间或者跳频速率，跳频间隔、调制方式等。

8.2.3　跳时扩频（THSS）

跳时扩频（THSS）系统用伪随机码控制发送时刻和发送时间的长短。它将总的发送时间划分为若干个时隙，由伪码控制在哪个时隙发送信码，时隙的选择和时间的长短都由伪码控制。跳时扩频系统的原理如图 8.2-6 所示。

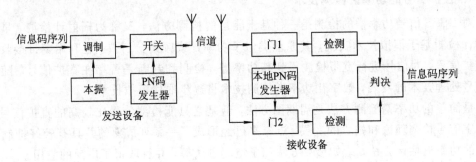

图 8.2-6　跳时扩频系统原理

在发送端，经过调制的信号被送到一个射频开关，该开关的启闭受一伪码的控制，信号以脉冲的形式发送出去。在接收端，本地伪码与发送端伪码完全同步，用于控制两个选通门，使传号和空号分别由两个门选通后经检波进行判决，恢复信息码。

跳时系统输出的信号波形如图 8.2-7 所示。

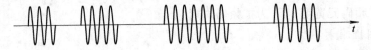

图 8.2-7　跳时信号波形

跳时系统一般很少单独使用，通常与其他扩频系统组合使用，形成混合扩频系统。如 FHTH、THDS、FHTHDS 等混合扩频系统。

8.3 直接序列扩频通信系统对抗技术

直接序列扩频通信系统的载波调制一般为 BPSK/QPSK 调制，它是用高速率的伪噪声序列与信息码序列模 2 相加后（波形相乘）的复合码序列去控制载波的相位而获得直接序列扩频信号，简称直扩信号，它具有以下基本特点：

（1）抗干扰性能好：具有极强的抗宽带干扰、窄带瞄准式干扰、转发式干扰的能力，有利于电子反对抗。

（2）保密性能好：由于系统可以使用码周期很长的伪随机码序列作为扩频码，经它调制后的数字信息类似于随机噪声，不会轻易被普通的侦察手段和破译方法发现和识别。

（3）功率谱密度小：直接序列扩频通信系统展宽了传输信号的带宽，使得功率扩展到较宽的频带内，降低了对地面通信的干扰。

由于直扩信号这些突出的特点，近年来在军事通信和民用通信领域得到了广泛的发展和应用。因此，直扩系统的对抗技术已经成为通信对抗领域的关键和热点技术问题之一。

8.3.1 直接序列扩频通信信号的截获技术

1. 直扩信号的功率谱检测技术

对 DSSS 信号功率谱的检测是一种基于能量的检测方法，又称为辐射计检测。早期的辐射计检测基于模拟技术实现，其原理类似于功率计或频谱分析仪。它利用宽带接收机接收直扩信号，对信号进行宽带检波得到其功率谱，检测和判断是否存在直扩信号。随着数字信号处理技术的发展，数字化功率谱检测技术将逐步取代模拟技术。

最简单的功率谱检测方法是周期图方法，但是它只能检测信噪比较高的直扩信号。随着数字信号检测理论和技术的发展，近年来已经形成了一系列成熟的并具有较好抑制噪声能力的功率谱估计方法，诸如参数方法和子空间方法等，并且取得了广泛的应用。

DSSS 信号 $s(t)$ 表示为

$$s(t) = \sqrt{2P}d(t)c(t)\cos(2\pi f_c t + \varphi_0) \qquad (8.3-1)$$

其中，$d(t)$ 为二进制信息序列，取值为 ± 1；$c(t)$ 为二进制的伪随机扩频序列，取值也为 ± 1；P 是信号功率；f_c 为载频；φ_0 是初相，并在 $[0, 2\pi]$ 内均匀分布。$s(t)$ 的功率谱为

$$S(f) = P\mathrm{Sa}^2[2\pi(f-f_c)T_c]\sum_{k=-\infty}^{\infty}\delta\left(f-f_c-\frac{k}{T_d}\right) \qquad (8.3-2)$$

其中，T_c 为扩频码元宽度；T_d 为扩频码周期。

1）周期图检测方法

设接收机输出信号 $x(t)$ 为

$$x(t) = s(t) + n(t) \qquad (8.3-3)$$

其中，$n(t)$ 为窄带高斯噪声。

对接收信号进行采样，得到离散的随机序列。设离散随机序列有 N 个样本 $x(0)$，$x(1)$，$\cdots$，$x(N-1)$。不失一般性，假定这些数据已经零均值化。对于离散信号 $x(n)$ 的周期图谱估计是以离散时间傅立叶变换为基础的。先计算 N 个数据的离散时间傅立叶变换，即

$$X(\omega) = \sum_{n=0}^{N-1} x(n)\exp(-\mathrm{j}n\omega) \tag{8.3-4}$$

再取频谱和其共扼的乘积，得到功率谱为

$$P_x(\omega) = \frac{1}{N}\,|\,X(\omega)\,|^2 = \frac{1}{N}\Big|\sum_{n=0}^{N-1} x(n)\exp(-\mathrm{j}n\omega)\Big|^2 \tag{8.3-5}$$

扩频通信信号是周期函数，所以得到的功率谱常称为周期图。周期图方法中功率谱的估计为有偏估计。为了减小其偏差，通常需要使用窗函数对周期图进行平滑。将窗函数 $c(n)$ 直接加给样本数据，得到的功率谱常称为修正周期图，即

$$P_x(\omega) = \frac{1}{NW}\Big|\sum_{n=0}^{N-1} x(n)c(n)\exp(-\mathrm{j}n\omega)\Big|^2 \tag{8.3-6}$$

其中，W 是窗函数内的功率规范化因子，表示为

$$W = \frac{1}{N}\sum_{n=0}^{N-1} |\,c(n)\,|^2 = \frac{1}{2\pi N}\int_{-\pi}^{\pi} |\,C(\omega)\,|^2 \mathrm{d}\omega \tag{8.3-7}$$

这里 $C(\omega)$ 是窗函数 $c(n)$ 的离散时间傅立叶变换。

对修正的周期图进行检测判断，可以确定扩频信号的存在。周期图法还有一些变型的方法，如 Bartlett 的平均周期图法、Blackman-Tukey 周期图平滑方法等。

2) 参数化功率谱估计

参数化功率谱估计是把待估计功率谱的信号假定成一个输入为高斯白噪声的线性系统的输出，通过估计该线性系统参数来进行信号功率谱的估计，该方法适合在信号的数据长度较短时的功率谱估计，其中具有代表性的是 Yule-Walker 自回归方法和 Burg 方法。这里以 Yule-Walker 自回归方法为例说明功率谱估计过程。

将离散随机过程 $x(n)$ 视为一个输入为白噪声 $v(n)$ 的线性时不变系统产生的。设该系统为 AR 系统，系统模型为

$$x(n) + a_1 x(n-1) + a_2 x(n-2) + \cdots + a_p x(n-p) = v(n) \tag{8.3-8}$$

其系统函数为

$$H(z) = \frac{1}{1 + a_1 z^{-1} + a_2 z^{-2} + \cdots + a_p z^{-p}} \tag{8.3-9}$$

对于 $P_v(\omega) = \sigma_v^2$，可以证明

$$P_x(\omega) = P_v(\omega)\,|\,H(\omega)\,|^2 = \sigma_v^2\,|\,H(\omega)\,|^2 \tag{8.3-10}$$

所以有

$$P_x(\omega) = \frac{\sigma_v^2}{|\,1 + a_1 \mathrm{e}^{-\mathrm{j}\omega} + a_2 \mathrm{e}^{-\mathrm{j}2\omega} + \cdots + a_p \mathrm{e}^{-\mathrm{j}p\omega}\,|^2} \tag{8.3-11}$$

对式(8.3-8)两边同乘 $x^*(n-m)$，其中 $*$ 表示取共轭，再取数学期望，有

$$E\{x(n)x^*(n-m) + a_1 x(n-1)x^*(n-m) + \cdots + a_p x(n-p)x^*(n-m)\}$$
$$= E\{v(n)x^*(n-m)\} \tag{8.3-12}$$

分别取 $m=0,1,2,\cdots,p$，将式(8.3-12)整理，得到

$$\begin{bmatrix} r(0) & r(-1) & r(-2) & \cdots & r(-p) \\ r(1) & r(0) & r(-1) & \cdots & r(-p+1) \\ r(2) & r(1) & r(0) & \cdots & r(-p+2) \\ \vdots & \vdots & \vdots & \vdots & \vdots \\ r(p) & r(p-1) & r(p-2) & \cdots & r(0) \end{bmatrix} \begin{bmatrix} 1 \\ a_1 \\ a_2 \\ \vdots \\ a_p \end{bmatrix} = \begin{bmatrix} \sigma_v^2 \\ 0 \\ 0 \\ \vdots \\ 0 \end{bmatrix} \qquad (8.3-13)$$

式中，$r(m)$ 为 $x(n)$ 在点 m 的自相关。根据上式，可以求解得到 $a_1,a_2,\cdots,a_p$ 和 σ_v^2，然后利用式(8.3-10)得到信号的功率谱估计。

2. 直扩信号的时域相关法检测

时域相关法是利用作为扩频码的伪随机序列的相关性，实现对 DSSS 信号的检测。对通信侦察系统而言扩频序列是未知的，不能利用匹配滤波或者相关器实现，因此这里的检测是一种盲检测。

1) 扩频序列的相关特性

设扩频码采用 m 序列，扩频码元宽度为 T_c，长度为 p，则其自相关函数为

$$R_c(\tau) = \begin{cases} 1 - \dfrac{\tau}{T_c}\left(1+\dfrac{1}{p}\right), & 0 \leqslant \tau \leqslant T_c \\ -\dfrac{1}{p}, & T_c \leqslant \tau \leqslant (p-1)T_c \\ \dfrac{\tau+(1-p)T_c}{T_c}\left(1+\dfrac{1}{p}\right)-\dfrac{1}{p}, & (p-1)T_c \leqslant \tau \leqslant pT_c \end{cases} \qquad (8.3-14)$$

相应的波形如图 8.3-1 所示。

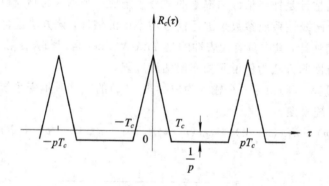

图 8.3-1 扩频序列的自相关函数

设扩频信号为

$$s(t) = \sqrt{2P}\,c(t)\cos(2\pi f_c t + \varphi_0) \qquad (8.3-15)$$

其中，$c(t)$ 是信息序列经过伪随机扩频序列扩频后的序列，取值为 ± 1；P 是信号功率；f_c 为载频；φ_0 是初相，并在 $[0,2\pi]$ 内均匀分布。假设 $c(t)$ 与载波相互独立，并且为了简化分析，设 $P=1$，$\varphi_0=0$，并且每个扩频码元内部正好有一个载波周期。此时其归一化相关函数为

$$R_s(\tau) = \frac{1}{p}\int_0^p c(t)\cos(2\pi t)c(t-\tau)\cos(2\pi t-\tau)\mathrm{d}t$$

$$= \begin{cases} \dfrac{1}{2}, & \tau = 0 \\[2mm] -\dfrac{1}{2p}, & \tau = 1, 2, \cdots, p-1 \end{cases} \tag{8.3-16}$$

由此可见，扩频信号的自相关函数与扩频序列的自相关函数有类似的特性。这是实现相关检测的重要基础。

2) 直扩信号的相关检测法

设接收机输出信号 $x(t)$ 为

$$x(t) = s(t) + n(t) \tag{8.3-17}$$

其中，$n(t)$ 为零均值高斯白噪声；$s(t)$ 是待检测的 DSSS 信号，并且两者不相关。于是 $x(t)$ 的自相关函数为

$$\begin{aligned} R_x(\tau) &= E\{[s(t)+n(t)][s(t-\tau)+n(t-\tau)]\} \\ &= R_s(\tau) + E\{[s(t)n(t-\tau)]\} + E\{[n(t)s(t-\tau)]\} + R_n(\tau) \\ &= R_s(\tau) + R_n(\tau) \end{aligned} \tag{8.3-18}$$

其中，$R_s(\tau)$ 是信号 $s(t)$ 的自相关函数；$R_n(\tau)$ 是高斯白噪声的自相关函数。由于 $R_n(\tau)$ 没有相关峰，因此相关函数 $R_x(\tau)$ 的峰值就是信号 $s(t)$ 的相关函数 $R_s(\tau)$ 的峰值。根据这个特性，就可以实现对 DSSS 信号的检测。

根据上述理论分析，构造的归一化无偏估计和有偏估计的时域自相关检测器如图 8.3-2 所示。

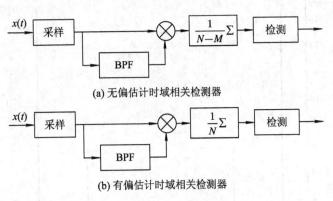

(a) 无偏估计时域相关检测器

(b) 有偏估计时域相关检测器

图 8.3-2　时域相关检测器

该检测器将离散的信号样本分为两路，将经过线性移位寄存器移位的信号与原信号样本进行相关，并且检测其相关峰。对于无偏估计，相关峰值只受信息码的影响；而对于有偏估计，相关峰值除了受信息码的影响外，还与移位延时的值有关，随着延时增加，相关峰值逐步减小。

3. 直扩信号的倒谱法检测

功率谱和时域相关法的检测是分别在频域和时域对直接序列扩频信号进行检测。利用倒谱对扩频信号的检测可以认为是频域检测方法的扩展。

信号的倒谱定义为信号的功率谱取对数后再进行一次功率谱运算，即

$$C(\tau) = | \, \text{FT}\{ \lg | \, \text{FT}[s(t)] \, |^2 \} \, |^2 \qquad (8.3-19)$$

其中，FT(·)是傅立叶变换，上述运算可以看成是从时间域 t 到伪时间域 τ 的变换。

DSSS 信号 $s(t)$ 表示为

$$s(t) = \sqrt{2P} \, d(t) c(t) \cos(2\pi f_c t + \varphi_0) \qquad (8.3-20)$$

其中，$d(t)$ 为二进制信息序列，取值为 ± 1；$c(t)$ 为二进制的伪随机扩频序列，取值也为 ± 1；P 是信号功率；f_c 为载频；φ_0 是初相，并在 $[0, 2\pi]$ 内均匀分布。$s(t)$ 的功率谱为

$$S(f) = P \text{Sa}^2 [2\pi(f - f_c) T_c] \sum_{k=-\infty}^{\infty} \delta \left(f - f_c - \frac{k}{T_d} \right) \qquad (8.3-21)$$

其中，T_c 为扩频码元宽度；T_d 为扩频码周期。

对其功率谱取对数，得到

$$\lg(S(f)) = \lg(PT_c) + \lg(\text{Sa}^2(f - f_c) T_c) + \lg \left(\sum_{k=-\infty}^{\infty} \delta \left(f - f_c - \frac{k}{T_d} \right) \right)$$

$$(8.3-22)$$

式(8.3-22)中存在三个分量，分别是信号的功率谱幅度、扩频码元宽度和扩频码周期。对其进行傅立叶变换，由于三个分量在伪时间域几乎位于不同的伪时间段，因此求模和平方后不会出现交叉项，即倒谱输出仍然是三个分量：第一项是功率谱幅度，表现为位于零位置的脉冲；第二项为扩频码元宽度，表现为非常靠近零位置的分量；第三项表示为扩频码周期，在伪码时间重复出现。某典型 DSSS 信号的倒谱如图 8.3-3 所示。

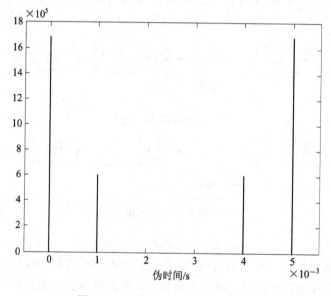

图 8.3-3　典型 DSSS 信号的倒谱

当存在噪声时，高斯白噪声的倒谱将明显低于信号的倒谱，据此可以对 DSSS 信号进行检测和判断。

4. 直扩信号的循环谱相关检测

前面给出的检测方法中，都是假设 DSSS 信号是平稳信号，而实际上 DSSS 信号的均值和自相关函数都是周期函数，它们应该是循环平稳信号，因此利用它的循环平稳性进行

检测可以得到更好的效果。

1) 循环自相关函数

设 $x(t)$ 是一个零均值的非平稳复信号，它的时变自相关函数定义为

$$R_x(t, \tau) = E\{x(t)x^*(t-\tau)\}$$

$$= \frac{1}{2N+1}\sum_{n=-N}^{N} x(t+nT_0)x^*(t+nT_0-\tau) \qquad (8.3-23)$$

若 $R_x(t, \tau)$ 的统计特性具有周期为 T_0 的二阶周期性，可以用时间平均将它表示为

$$R_x(t, \tau) = \lim_{N\to\infty} \frac{1}{2N+1}\sum_{n=-N}^{N} x(t+nT_0)x^*(t+nT_0-\tau) \qquad (8.3-24)$$

由于 $R_x(t, \tau)$ 是周期为 T_0 的周期函数，故可以用傅立叶级数展开它，得到

$$R_x(t, \tau) = \sum_{m=-\infty}^{\infty} R_x^\alpha(\tau)e^{j\frac{2\pi}{T_0}mt} = \sum_{m=-\infty}^{\infty} R_x^\alpha(\tau)e^{j2\pi\alpha t} \qquad (8.3-25)$$

其中，$\alpha = m/T_0$。其傅立叶系数为

$$R_x^\alpha(\tau) = \frac{1}{T_0}\int_{-T_0/2}^{T_0/2} R_x(t, \tau)e^{-j2\pi\alpha t}\,\mathrm{d}t \qquad (8.3-26)$$

其中，系数 $R_x^\alpha(\tau)$ 表示频率为 α 的循环自相关强度，简称循环（自）相关函数。如果 $\alpha=0$，即为平稳信号的自相关函数。

循环自相关函数 $R_x^\alpha(\tau)$ 的傅立叶变换为

$$S_x^\alpha(f) = \int_{-\infty}^{\infty} R_x^\alpha(\tau)e^{-j2\pi f\tau}\,\mathrm{d}\tau \qquad (8.3-27)$$

称为循环谱密度（Cyclic Spectrum Density，CSD）或者循环谱函数。

2) 直扩信号的循环谱

对于 DSSS/BPSK 信号，利用循环谱函数的定义，可以得到其循环谱为

$$S_x^\alpha(f) = \frac{1}{4T_c}Q\left(f+f_c+\frac{\alpha}{2}\right)Q^*\left(f+f_c-\frac{\alpha}{2}\right)e^{-j2\pi\alpha t_0}$$

$$+ \frac{1}{4T_c}Q\left(f-f_c+\frac{\alpha}{2}\right)Q^*\left(f-f_c-\frac{\alpha}{2}\right)e^{-j2\pi\alpha t_0}$$

$$+ \frac{1}{4T_c}Q\left(f+f_c+\frac{\alpha}{2}\right)Q^*\left(f+f_c-\frac{\alpha}{2}\right)e^{-j[2\pi(\alpha+2f_c)t_0-2\varphi_0]}$$

$$+ \frac{1}{4T_c}Q\left(f-f_c+\frac{\alpha}{2}\right)Q^*\left(f-f_c-\frac{\alpha}{2}\right)e^{-j[2\pi(\alpha-2f_c)t_0-2\varphi_0]} \qquad (8.3-28)$$

式中，$Q(f) = \sin(\pi f T_c)/(\pi f)$；$T_c$ 是扩频码宽度。等式右边前两项在 $\alpha = k/T_c$ 时存在，后两项在 $\alpha = \pm f_c + k/T_c$ 时存在，k 是整数。由此可见，在循环谱域中，扩频信号的循环谱是离散的，且仅存在于扩频码速率和载波频率的整数倍处。

另一方面，注意到属于平稳过程的高斯白噪声的循环自相关函数和循环谱分别为

$$R_n^\alpha(\tau) = \begin{cases} R_n(\tau), & \alpha = 0 \\ 0, & \alpha \neq 0 \end{cases} \qquad (8.3-29)$$

$$S_n^\alpha(f) = \begin{cases} S_n(f), & \alpha = 0 \\ 0, & \alpha \neq 0 \end{cases} \qquad (8.3-30)$$

设输入信号为 $x(t) = s(t) + n(t)$，其中 $s(t)$ 为扩频信号，$n(t)$ 为噪声，并且两者独立。

于是其循环谱为

$$S_x^\alpha(f) = S_s^\alpha(f) + S_n^\alpha(f) \tag{8.3-31}$$

由于当 $\alpha \neq 0$ 时，高斯白噪声的循环谱为零，而扩频信号的循环谱不为零，因此循环谱检测法具有极好的抑制高斯噪声的能力。

在相同的扩频码长度为 1023 时，上述的几种扩频循环检测方法的性能是不同的。其中循环谱法性能最好，可以在 -22 dB 的信噪比下完成扩频信号的检测。检测性能从好到差的次序为时域相关法、周期图法和倒谱法，其检测信噪比为 $-15 \sim -19$ dB。

8.3.2 直扩信号参数估计和解扩技术

1. 直扩信号的参数估计

1) 自相关法估计码元宽度和码元速率

利用自相关法可以估计直扩信号的码元宽度和码元速率，假设接收的信号与噪声经模数采样后表示为 $x(n) = s(n) + n(n)$，按下面的公式计算自相关函数，即

$$R(k) = \sum_{n=0}^{N-1} x(n)x(n+k) \tag{8.3-32}$$

其中，N 为相关长度。

按上式计算时，不管时延点在何处，其求和项均保持 N 项不变。当时延值 kT_s 等于扩频码周期时，$R(k)$ 出现峰值，峰值对应的延时点时间即为扩频码周期。扩频码周期等于信息码元宽度 T_b，由此可以计算出信息码速率 $R_b = 1/T_b$。

2) 利用循环谱相关函数估计码元速率

利用循环谱相关函数只需要判别在 $\alpha \neq 0$ 处有无谱线存在就可以检测直扩信号，并可根据谱线出现处的 α 值来估计直扩信号的载频和扩频码速率。

设直扩信号的载频为 f_c，码元速率决定于扩频码的码元速率 R_c。从基本调制方式看，直扩信号是一种 2PSK 信号，因此可以按照 2PSK 信号来计算直扩信号的循环谱相关函数。根据理论分析和计算，对于 2PSK 信号，当 α 值改变时，在 $\alpha = kR_c$ 及 $\alpha = \pm f_c + kR_c$（k 是整数，$k = 0, 1, \cdots$）处有峰值出现，其中 $\alpha = \alpha_0 = 2f_c$ 处峰值最大，$\alpha = \alpha_{+1} = 2f_c + R_c$ 或者 $\alpha = \alpha_{-1} = 2f_c - R_c$ 处峰值次之。因此，可以对 $S_x^\alpha(f)$ 在 α 轴上进行搜索，当达到最大峰值时对应的 α_0 值，可用来估计信号的载频 f_c。根据 α_0 值与距离最大峰值左边或右边邻近的次峰值所对应的 α_{+1} 或 α_{-1} 值之间的差值，可用来估计扩频码速率 R_c，即

$$f_c = \frac{\alpha_0}{2} \tag{8.3-33}$$

$$R_c = |\alpha_{+1} - \alpha_0| = |\alpha_{-1} - \alpha_0| \tag{8.3-34}$$

2. 直扩信号的解扩技术

信号检测解决了直扩信号的发现和部分参数的测量问题，如果需要获得其传输内容，还必须对其解扩，这也是对负信噪比的直扩信号进行侦察和干扰的必不可少的关键环节。

直扩信号的解扩是在不知道对方扩频码的情况下进行的被动处理方法，其目的是得到直扩信号的扩频码和信息码。

（1）解扩的主要作用。直扩信号的解扩应以对其检测为前提，并在测量或估计技术参

数的基础上进行解扩。其主要作用可提供高处理增益，恢复高信噪比的窄带信息流，即恢复基带信号，并得到扩频码，以便引导干扰设备进行相干干扰和欺骗干扰；进一步对基带信号解调，可获取情报信息。

（2）解扩的主要途径。直扩信号解扩的基本思路是：一是采用无码解扩技术，在不知道扩频码的基础上，对信息码进行估计；二是采用相关解扩技术，通过估计出扩频码，然后利用相关解扩方法对信息码进行恢复。

直扩信号的盲解扩是一件十分困难的工作，目前仍处于研究中，有许多问题待解决。

8.3.3　对直接序列扩频通信系统的干扰

对直接序列扩频信号的干扰样式主要有相干干扰、拦阻干扰、转发干扰等。

（1）相干干扰。任何与直扩信号不相干的规则干扰，都可以被直扩接收设备抑制掉。因此最佳干扰是在知道扩频码结构的情况下，以此扩频码调制到干扰信号上去，使直扩接收设备几乎 100% 的接收干扰信号，这样就可以最小的功率达到有效干扰目的，这就是"相干干扰"或"相关干扰"。如果再配以假信息，则可达到欺骗干扰的效果。

在对直扩信号准确检测、参数估计和解扩的基础上，就可以引导进行相干干扰了。相干干扰是在解扩后得到扩频码的基础上实现的，因此直扩信号的检测、参数估计和解扩是有效干扰直扩通信的关键和前提。

（2）拦阻干扰。若干扰信号的时域特征是不规则的，或者说是随机的，如高斯白噪声，其统计结构十分复杂，直扩接收设备对这种干扰就无法全部抑制。因此，通常在得不到扩频码结构的情况下，只要知道直扩信号的载波频率和扩频周期，甚至只要知道直扩信号分布的频段，采用高斯白噪声调制的大功率拦阻干扰，特别是梳状谱干扰，也能取得一定的效果。

（3）转发干扰。转发干扰也是在得不到扩频码结构的情况下，只要知道扩频周期，把截获的直扩信号进行适当的延迟，再以高斯白噪声调制经功率放大后发射出去，就产生了接近直扩通信所使用的扩频码结构的干扰信号，其效果介于相干干扰和拦阻干扰之间。

1. 信号和干扰模型

由于相移键控（PSK）调制是 DSSS 系统最常用的调制形式，因此本节中的讨论都采用 BPSK 调制。

1）直扩信号模型

直扩信号的表达式为

$$s(t) = \sqrt{2P}d(t)c(t)\cos(2\pi f_0 t + \varphi) \tag{8.3-35}$$

其中，P 是发射信号的功率；$d(t)$ 是信息码；$c(t)$ 是伪随机序列；f_0 是载波频率；φ 是初始相位，在 $[0, 2\pi]$ 均匀分布。

2）接收信号模型

接收信号的模型为

$$r(t) = s(t) + n(t) + J(t) \tag{8.3-36}$$

其中，$s(t)$ 是 DSSS 信号；$n(t)$ 是接收机内部噪声；$J(t)$ 是干扰信号。在这里假定接收机是理想的相关接收机，即假定接收机在时间、相位上与发射信号严格同步。相关接收机与扩

频码 $c(t)$ 的码元波形匹配，将接收信号 $r(t)$ 与本地信号 $c(t)\cos(2\pi f_0 t+\tilde{\varphi})$ 相乘后在 $[0, 2\pi]$ 内积分，并在 $t=T$ 时刻抽样，则相关接收机的输出为

$$z=\int_0^T r(t)c(t)\cos(2\pi f_0 t+\tilde{\varphi})\mathrm{d}t \qquad (8.3-37)$$

对相关接收机输出进行抽样判决，可以分析其误码率。直扩系统的误码率除了与信噪比有关外，还与背景有关。一般背景干扰有加性高斯白噪声（AWGN）、多径干扰。这里我们可以把 AWGN 理解为宽带噪声干扰。

直接序列扩频系统的干扰性能主要取决于直接序列扩频系统中使用的扩频码的长度。短码每隔一个或几个数据比特就重复一次，而长码要隔很多个数据才重复一次。因此，恢复短码中的码序列就相对容易一些。这样，短码比长码更容易受电子支援和电子攻击。

本节主要讨论在直接序列扩展频谱系统中，不同系统参数和干扰背景下，各种干扰波形的干扰效果。对干扰效果的分析，主要用平均误比特率来表征。它采用一定干扰功率利用率下的平均误比特率作为干扰效果的测度。误比特率是指错误接收的信息量在传送信息总量中所占的比例。对二进制编码而言，误比特率也等于误码率。

2. 宽带噪声干扰

宽带噪声干扰是指干扰信号 $J(t)$ 是宽带噪声，并且它的带宽与直接扩频信号带宽几乎相同。其功率谱分布如图 8.3-4 所示。

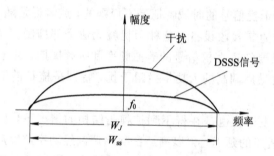

图 8.3-4　宽带噪声干扰功率谱示意图

经过相关接收机解扩和解调后，解调器输出的信号与噪声加干扰之和的比值用 v_0 表示。当采用宽带噪声干扰时，比值 v_0 为

$$v_0=\frac{R}{\frac{1}{2}N_0 W_{ss}+P_J}N \qquad (8.3-38)$$

其中，R 是接收到的信号功率；N_0 是单边带噪声功率谱密度，是信号带宽；P_J 是接收到的干扰功率；N 是每个数据比特的扩频码数。上式中，已经假设信号带宽与干扰带宽相同。根据扩频信号的特性，N 取对数就是扩频增益 G_p。比值 v_0 可以等效为解调器输入端的信噪比，即

$$v_i=\frac{R}{\frac{1}{2}N_0 W_{ss}+P_J} \qquad (8.3-39)$$

它与输出信噪比的关系为

$$v_o=Nv_i=G_p v_i \qquad (8.3-40)$$

采用宽带噪声干扰对 DSSS/BPSK 系统干扰时，其误码率与 BPSK 系统存在加性高斯白噪声的情况相同，因此其误比特率为

$$P_e = Q\left(\sqrt{\frac{2E_b}{N_T}}\right) \tag{8.3-41}$$

其中，$N_T = N_0 + J_0$，N_0 是内部噪声的单边带噪声功率谱密度，$J_0 = P_J / W_{ss}$ 宽带干扰噪声的单边带功率谱密度。这是存在热噪声情况下，BPSK 调制的常见结果，其中热噪声电平已通过宽带干扰噪声电平得到了增强。

把相应的功率关系代入式(8.3-41)，整理后可以得到

$$P_e = Q\left\{\sqrt{\frac{2E_b}{N_0 + P_J/W_{ss}}}\right\} = Q\left\{\sqrt{\frac{2ST_bW_{ss}}{W_{ss}N_0 + P_J}}\right\} \tag{8.3-42}$$

其中，T_b 是信息比特码元宽度，将关系式 $W_{ss} = 1/T_c$ 和 $P_n = W_{ss}N_0$ 代入上式，得到

$$P_e = Q\left\{\sqrt{\frac{2S(T_b/T_c)}{P_n + P_J}}\right\} = Q\left\{\sqrt{\frac{2N}{1/r_{sn} + r_{jn}}}\right\} \tag{8.3-43}$$

其中，$N = T_a/T_c = R_c/R_a$ 表示每个数据比特的扩频码数；$r_{sn} = S/P_n$ 是解扩输入的信噪比(SNR)；$r_{js} = P_J/S$ 是解扩输入的干信比(JSR)。

在处理增益 $N = 100$，即 $G_p = 20$ dB 时，对于某些信噪比的曲线如图 8.3-5 所示。

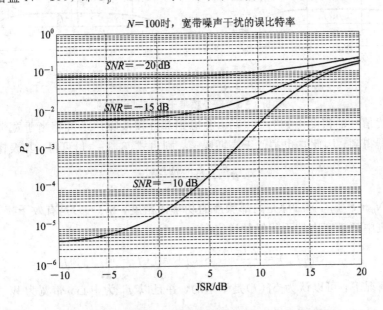

图 8.3-5　宽带噪声干扰的误比特率和干信比的关系

由图可以看出，由于扩频系统存在处理增益，因此宽带噪声干扰信号只有在克服了处理增益后，才能有效地发挥作用，否则其干扰作用不明显。也就是说，真正发挥作用必须克服扩频增益的影响。扩频增益越高，所需的干信比越高。

信噪比对干扰效果也有明显的影响，信噪比越大其误比特率的曲线越陡，也就是随着信噪比的减小，到达同样的误比特率所需的干信比减小，或者所干扰效果明显变好。当信噪比为 −20 dB、干信比为 10 dB，误比特率达到 16^{-1} 的限度；当信噪比分别为 −15 dB、−10 dB 的时候，干信比相应的需要达到 16 dB、17 dB，才能对目标信号施加有效干扰。

3. 部分频带噪声干扰

部分频带噪声干扰是指干扰信号 $J(t)$ 是噪声，并且它的带宽 W_J 小于直接扩频信号的带宽，即干扰带宽只是信号带宽的一部分。

干扰带宽与扩频信号的带宽之比为

$$\gamma = \frac{W_J}{W_{ss}} \tag{8.3-44}$$

干扰信号的功率谱密度为

$$S_J = \frac{P_J}{W_J} = \frac{P_J}{W_{ss}} \frac{W_{ss}}{W_J} = \frac{J_0}{\gamma} \tag{8.3-45}$$

其中，J_0 是干扰功率扩展到整个信号带宽上的干扰能量密度。图 8.3-6 给出了部分频带噪声干扰和直扩信号频谱的关系。干扰信号可能与信号的中心频率重合，如图(a)所示；或是有所偏离，如图(b)所示。

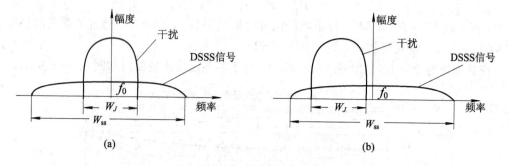

图 8.3-6　部分频带干扰频谱示意图

假设干扰信号的密度函数为 $S_J(f)$，考虑到部分频段噪声干扰相当于宽带噪声通过一个窄带滤波器得到，因此它也类似于高斯噪声，则由式(8.3-41)可得，其误比特率为

$$P_e = Q\left\{\sqrt{\frac{2E_b}{N_T}}\right\} \tag{8.3-46}$$

其中，$N_T = N_0 + S_J(f_{IF})$，N_0 是内部噪声的功率谱密度，$S_J(f_{IF})$ 是有效干扰功率谱密度，即进入接收机中频带宽内的干扰机频谱密度：

$$S_J(f_{IF}) = \frac{2T_a}{N} \int_{-\infty}^{\infty} S_J(f) \mathrm{Sa}^2[(f - f_0)T_c]\mathrm{d}f \tag{8.3-47}$$

在理想情况下，可以认为 $S_J(f)$ 是平坦的，并且以 f_J 为中心，带宽为 W_J。此时

$$S_J(f_{IF}) = \frac{P_J T_s}{N W_J} \int_{f_J - \frac{W_J}{2}}^{f_J + \frac{W_J}{2}} \mathrm{Sa}^2[(f - f_0)T_c]\mathrm{d}f \tag{8.3-48}$$

因此可以得到

$$P_e = Q\left\{\sqrt{\frac{E_b}{\frac{N_0}{2} + S_J(f_{IF})}}\right\} \tag{8.3-49}$$

设干扰机频率偏离 f_0，对于 $W_J \ll W_{ss}$ 的窄带干扰，$\mathrm{Sa}^2(\ )$ 函数在感兴趣的干扰机带宽上可认为是常数，即

$$S_J(f_{IF}) = J_0 \mathrm{Sa}^2\left[(f_0 - f_J)\frac{2}{W_{ss}}\right] \tag{8.3-50}$$

其中，f_J 是干扰信号的中心频率。

当 $f_J = f_0$ 时，P_e 最大。这样，当 $W_J \ll W_{ss}$ 且 $f_J = f_0$ 时，$S_J(f_{IF}) = J_0$，式（8.3-49）可写为

$$P_e = Q\left(\sqrt{\frac{E_b}{\frac{N_0}{2} + J_0}}\right) = Q\left(\sqrt{\frac{2}{\frac{N_0}{E_b}\frac{W_{ss}}{W_{ss}} + \frac{2}{ST_a}\frac{P_J}{W_{ss}}}}\right) = Q\left(\sqrt{\frac{2}{\frac{P_t}{S}\frac{T_a}{T_c} + \frac{2P_J}{S}\frac{T_a}{T_c}}}\right)$$

$$= Q\left(\sqrt{\frac{2N_0}{\frac{1}{r_{sn}} + 2r_{js}}}\right) \tag{8.3-51}$$

将式（8.3-51）与式（8.3-43）对比，两者有基本相同的结果，即在 $W_J \ll W_{ss}$ 且 $f_J = f_0$ 的情况下，部分频带噪声干扰和宽带噪声干扰的效果类似。

在信噪比为 −10 dB 的条件下，处理增益 N 对误码率 P_e 的影响如图 8.3-7 所示。

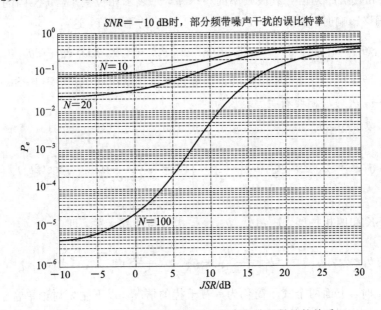

图 8.3-7　部分频带干扰的误比特率和处理增益的关系

显然，在干信比相同的条件下，误比特率和处理增益成反比。干扰机克服直扩系统的处理增益后，才能产生干扰效应。当处理增益为 100 时，干信比要达到 17 dB 以上才有可能对系统实施有效干扰；而在处理增益为 10 时，较小的干信比就可以对直扩系统实施有效的干扰。

4. 音频干扰

音频干扰分为单音和多音干扰两种，多音干扰信号的表达式为

$$J(t) = \sum_{k=1}^{N_J} \sqrt{2P_{J_k}} \cos(2\pi f_k t + \varphi_k) \tag{8.3-52}$$

其中，P_{J_k} 表示第 k 个单音的功率；f_k 是第 k 个单音的频率；φ_k 是第 k 个单音相位；N_J 是干扰单音的数量。多音干扰的功率谱分布主要有两种形式，如图 8.3-8 所示。

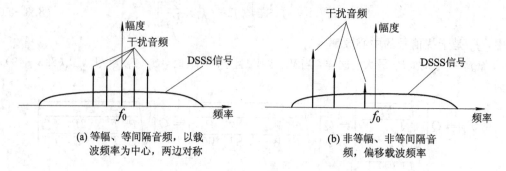

图 8.3-8 多音干扰频谱示意图

在图 8.3-8(a)中，5 个等幅等间隔分布的单音，以 f_0 为中心，两边对称放置；图 8.3-8(b)是更普遍的情况，即三个非等幅并且不等间隔分布的单音，不以 f_0 对称。

设使用 N_J 个单音作为多音干扰，P_{J_k} 表示接收机端第 k 个干扰音频的功率，δ_{f_k} 表示第 k 个干扰单音和直扩序列信号载波频率的频率差，θ_k 表示相位差。当 PN 码的长度足够长，并且有相位偏移影响时，需要在 $(0, 2\pi)$ 上求每个 θ_k 的平均值，这样

$$P_e = \left(\frac{1}{2\pi}\right)^{N_J} \int_0^{2\pi} \int_0^{2\pi} \cdots \int_0^{2\pi} P(e \mid \theta_1, \theta_2, \cdots, \theta_{N_J}) \mathrm{d}\theta_1 \, \mathrm{d}\theta_2 \cdots \mathrm{d}\theta_{N_J} \qquad (8.3-53)$$

其中，$P(e \mid \theta_1, \theta_2, \cdots, \theta_{N_J})$ 与相位扩展方法和数据调制情况有关。对于 BPSK 和双相扩展，$P(e \mid \theta_1, \theta_2, \cdots, \theta_{N_J})$ 与相移有关，表示为

$$P(e \mid \theta_1, \theta_2, \cdots, \theta_{N_J})$$
$$= Q\left\{ \left[\frac{1}{2N} \frac{P_t}{S} + \frac{1}{2N} \sum_{k=1}^{N_J} \left(\frac{P_{J_k}}{S} \mathrm{Sa}^2 \left(\frac{\pi \delta_{f_k} T_b}{N} \right) \left(1 + \frac{\mathrm{Sa}(2\pi \delta_{f_k} T_b)}{\mathrm{Sa}(2\pi \delta_{f_k} T_b / N)} \cos(2\theta_k) \right) \right) \right]^{-\frac{1}{2}} \right\}$$
$$(8.3-54)$$

对于 BPSK 和四相扩展，$P(e \mid \theta_1, \theta_2, \cdots, \theta_{N_J})$ 与相移无关，即

$$P(e \mid \theta_1, \theta_2, \cdots, \theta_{N_J}) = Q\left\{ \left[\frac{1}{2N} \frac{P_t}{S} + \frac{1}{2N} \sum_{k=1}^{N_J} \frac{P_{J_k}}{S} \mathrm{Sa}^2 \left(\frac{\pi \delta_{f_k} T_b}{N} \right) \right]^{-\frac{1}{2}} \right\} \qquad (8.3-55)$$

当 $N_J = 1$ 时，上面两个式子简化为单音干扰的情况。以下主要讨论单音干扰的特性。

当 PN 码的长度 L 大于扩频增益 N 时，对于双相扩展和 BPSK 调制，单音干扰的误比特与相位差有关，表示为

$$P(e \mid \theta) = Q\left\{ \left[\frac{1}{2N} \frac{P_t}{S} + \frac{1}{2N} \frac{P_J}{S} \mathrm{Sa}^2 \left(\frac{\pi \delta_f T_b}{N} \right) \left(1 + \frac{\mathrm{Sa}(2\pi \delta_f T_b)}{\mathrm{Sa}(2\pi \delta_f T_b / N)} \cos(2\theta) \right) \right]^{-\frac{1}{2}} \right\}$$
$$(8.3-56)$$

其中，δ_f 是音频频率偏移量。对于四相扩展和 BPSK 调制，单音干扰的误比特率与相位差无关，表示为

$$P_e = Q\left\{ \left[\frac{1}{2N} \frac{P_t}{S} + \frac{1}{2N} \frac{P_J}{S} \mathrm{Sa}^2 \left(\frac{\pi \delta_f T_b}{N} \right) \right]^{-\frac{1}{2}} \right\} = Q\left\{ \left[\frac{1}{2Nr_{sn}} + \frac{r_{js}}{2N} \mathrm{Sa}^2 \left(\frac{\pi \delta_f T_b}{N} \right) \right]^{-\frac{1}{2}} \right\}$$
$$(8.3-57)$$

对于四相扩展的 BPSK 调制的扩频信号，当 $\delta_f = 0$ 时，即干扰信号频率和信号频率重

合时，当信噪比为−10 dB 的误比特率如图 8.3−9 所示。

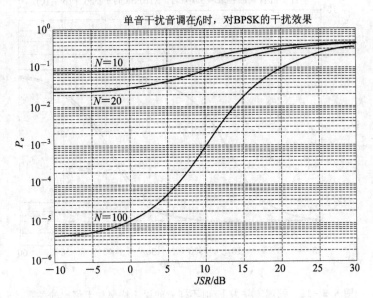

图 8.3−9 单音干扰在载频重合时的误比特率和干信比的关系

由图 8.3−9 可以看出，在音频频率等于载波频率的前提下，如果直扩系统处理增益为 10，则干信比只要到达 3 dB 左右，就可以得到明显的干扰效果；在直扩系统处理增益为 20 的时候，干信比要到达 12 dB 左右才能实现有效干扰；在处理增益为 100 的时候，则需要几乎是信号功率 100 倍的干扰功率才能达到干扰的目的。

当干扰机的音频频率偏移中心频率时，我们引入参数 k，$k = \delta_f / T_b$，它是干扰音频偏离载波频率数据率的倍数，用来表征干扰音频偏离载波频率的程度。当 $k = 0$ 时，即表示单音干扰音频与载波频率相同。与前面相同，假设信噪比 $r_{sn} = -10$ dB，对于不同的 k，在处理增益 N 分别为 100 和 10 时，误比特率与干信比的关系分别如图 8.3−10 和图 8.3−11 所示。

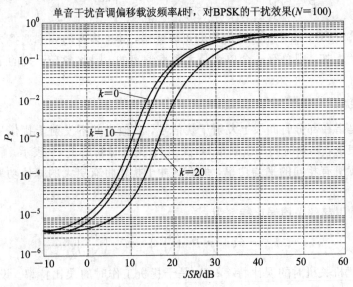

图 8.3−10 处理增益为 100 时不同 k 的误比特率和干信比的关系

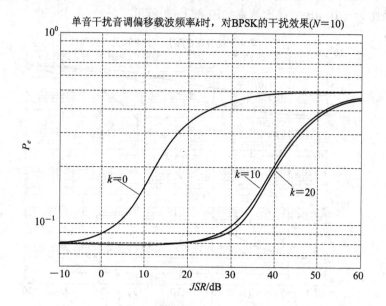

图 8.3-11　处理增益为 10 时不同 k 的误比特率和干信比的关系

比较上面两图，可以看出：当在处理增益很大（$N=100$）时，音频的偏离程度对干扰效果的影响不是很明显，不同 k 值的需要的干信比差异较小（6 dB 左右）。当处理增益较小（$N=10$）时，音频的偏离程度干扰效果的影响比较大。不同 k 值的需要的干信比差异较大（30 dB 左右）。

当干扰单音与目标信号之间存在相位差时，与单音干扰相比，在干扰信号的总功率相同的条件下，多音干扰的每个单音的干扰功率只有单音干扰时的 $1/N_J$，干扰效果比单音差。

当干扰单音与目标信号之间的相位差的影响可以忽略时，对于二相扩展和四相扩展的 BPSK 信号，其比特误码率相同，即

$$P_e = Q\left\{\left[\frac{1}{2N}\frac{P_t}{S} + \frac{1}{2N}\sum_{k=1}^{N_J}\frac{P_{J_k}}{S}\mathrm{Sa}^2\left(\frac{\pi\delta_{f_k}T_b}{N}\right)\right]^{-\frac{1}{2}}\right\} \tag{8.3-58}$$

根据式（8.3-58），如果相位差的影响可以忽略，并且多音的频率选择为 $1/T_b$ 的倍数，且倍数从 0 开始增加，则总有一个单音是无频率偏离的，因此多音干扰的干扰效果会比单音好的多。

5. 脉冲干扰

脉冲干扰是指在部分时间段上发射干扰信号，其他时间不发射干扰信号。设发射信号的时间段用 γ 表示，其余时间不发射信号（关机），关机时间用 $1-\gamma$ 表示。假如脉冲干扰机和宽带噪声干扰机有相同的平均功率，那么脉冲干扰机将有更大的峰值功率，因为它不是连续发射信号。

噪声和干扰引起的平均误比特率为

$$P_e = (1-\gamma)P_{e_1}\left(\frac{E_b}{N_1}\right) + \gamma P_{e_2}\left(\frac{E_b}{N_2}\right) \tag{8.3-59}$$

其中，P_{e_1} 是干扰机关机时的误比特率；P_{e_2} 是干扰机工作时的误比特率。设 $N_{0,1}$ 表示干扰机关机时的噪声密度，$N_{0,2}$ 表示干扰机工作时的噪声密度，那么 $N_1=N_{0,1}$，$N_{0,2}=N_0+J_0$。

因此，P_{e_1} 取决于热噪声，P_{e_2} 取决于干扰和热噪声。当假设干扰机工作时，其功率远大于热噪声，使噪声可以忽略，那么 P_e 的平均值为

$$P_e = (1-\gamma)Q\left(\sqrt{2N\frac{S}{P_t}}\right) + \gamma Q\left(\sqrt{\frac{2\gamma}{\frac{\gamma}{N}\frac{P_t}{S}+\frac{P_J}{S}}}\right) \tag{8.3-60}$$

这里我们假设干扰机工作时间至少为信息比特时间 T_b。该表达式适用于相干 BPSK、QPSK、OQPSK 和 MSK。

图 8.3-12 反映的是当信噪比为 -10 dB，处理增益为 100，干信比（JSR）分别为 5 dB 和 10 dB 时，脉冲干扰的性能。当干信比为典型值 10 dB 时，γ 必须超过 25% 才有效。若干信比减小，误比特率要达到 10^{-1}，γ 必须更大。对于更大的信噪比值，性能没有明显的改善。

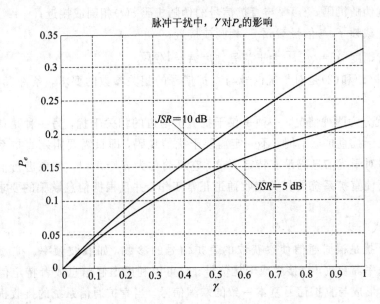

图 8.3-12　脉冲干扰时的误比特率和工作比的关系

有一个 γ 值使误比特率达到最大值，该值表示为 γ^*：

$$\gamma^* = \begin{cases} \dfrac{0.709}{\dfrac{E_b}{N_T}}, & \dfrac{E_b}{N_T} > 0.709 \\ 1, & \dfrac{E_b}{N_T} \leqslant 0.709 \end{cases} \tag{8.3-61}$$

最佳脉冲干扰对应的误比特率为

$$P_e^* = \begin{cases} \dfrac{0.083}{\dfrac{E_b}{N_T}}, & \dfrac{E_b}{N_T} > 0.709 \\ Q\left(\sqrt{\dfrac{2E_b}{N_T}}\right), & \dfrac{E_b}{N_T} \leqslant 0.709 \end{cases} \tag{8.3-62}$$

脉冲干扰的效果比宽带和窄带噪声干扰的效果好，它比宽带噪声干扰有大约 15 dB 的

优势。通过合理的选择工作比，在扩频码未知的情况下，需要使用噪声干扰、多音干扰和脉冲干扰，而脉冲干扰是一种较好的干扰样式。

6. 相关干扰

前面讨论的噪声干扰、多音干扰和脉冲干扰都是在未知扩频码的情况下使用的。如果我们已知扩频码等参数，则最佳的干扰样式是相关干扰。

相关干扰信号是利用与直扩信号具有类似的特性的干扰信号，即

$$s(t) = \sqrt{2P_j}d_j(t)c_j(t)\cos(2\pi f_j t + \varphi_j) \tag{8.3-63}$$

其中，P_j 是干扰信号的幅度；$c_j(t)$ 是干扰伪码序列；$d_j(t)$ 是干扰信息码；f_j 和 φ_j 是干扰信号的载频和相位。

相关干扰信号与直扩信号存在一定的相关性，具体应满足以下几个要求：

(1) 干扰伪随机码 $c_j(t)$ 要与直扩信号的伪随机码 $c(t)$ 相同或接近；

(2) 干扰载频 f_j 与信号载频 f_c 相同或接近；

(3) 干扰幅度 $A_j = \sqrt{2P_j}$ 大于信号幅度 $A = \sqrt{2P}$。

这里条件(1)和(2)是对干扰信号与直扩信号的相关参数的要求，条件(3)是对干信比的要求。

相关干扰分为两种情况，一种是仅干扰直扩信道的相关干扰，另一种是信息欺骗的相关干扰。当仅干扰直扩通信时，不一定需要干扰信息码，即只需要阻塞直扩系统的相关接收通道，此时对干扰信息码没有特定要求，它可简化为 $d_j(t)=1$。如果进行信息欺骗干扰的话，就需要使直扩系统的相关接收通道正常工作，并且根据信息欺骗的要求产生特定的欺骗信息码。

1) 产生式干扰

产生式干扰是根据通信侦察获取的直扩信号的参数，如载波频率、扩频码序列和速率、信息码速率等参数，直接生成干扰信号。它可以利用虚假信息或者特定信息调制到伪码扩频序列，形成与直扩信号基本一致的欺骗信号。当直扩通信系统的接收机收到真实信号和产生式干扰信号时，由于干扰信号功率较大，很容易被接收机捕获并跟踪，使接收机输出错误的信息。产生式干扰具有极佳的干扰效果，其隐蔽性强，但在实施中有两个问题需要解决：一是需要比较准确地获得直扩信号的各种参数；二是干扰信号需要与直扩信号在时间上同步；三是干扰信号一定要逼真。这些问题使产生式干扰的工程实现变得十分困难。

2) 转发式干扰

转发式干扰是侦察系统接收到的直扩信号经过一定的延时和放大后，再转发出去。对直扩通信系统的接收机来说，如果同时接收到同两个信号，它们之间只是延时不同、幅度不同。由于干扰信号较强，使用它首先被接收机捕获。在整个受干扰区域内，所有的直扩接收机都将优先捕获干扰信号。

与对其他通信信号的转发式干扰相同，转发式干扰工作过程中需要边收边发，因此有收发隔离度的要求。设接收机的灵敏度为 P_{rmin}，干扰发射机最大功率为 P_J，直扩通信接收机正常工作所需的识别系数为 D_c，则干扰机的收发隔离比为

$$G_0 = \frac{P_J}{P_{rmin}}D_c \tag{8.3-64}$$

收发天线实际具有的隔离度可以用下式估算

$$G_n = G_1 + G_2 + G_3 + G_4 \tag{8.3-65}$$

其中，G_1 为收发天线安装距离 D 带来的隔离，其估算公式为

$$G_1 = 10 \lg\left(\frac{4\pi D}{\lambda}\right) \tag{8.3-66}$$

G_2 为收发天线方向图带来的隔离，接收可以采用高增益定向天线，旁瓣可以控制在 25 dB 以下，发射天线一般采用全向天线，两天线在方向图上隔离可以达到 25 dB。G_3 为极化隔离，通过优化设计可达 25 dB。G_4 为其他措施带来的隔离，如吸波材料等，在收发的电波传播途径上采取屏蔽措施，或者将收发天线错位安装，可达 10 dB。在很多情况下，要实现所需的收发隔离度是十分困难的。

8.4 跳频通信系统对抗技术

8.4.1 跳频通信信号的侦察技术

对跳频通信信号的侦察系统应具备下述一些基本要求：① 截获概率高。通常要求截获概率应大于 90%。② 响应速度快。例如对于低跳速 50 h/s 的跳频通信信号，其驻留时间大约 18 ms。当采用跟踪式干扰时，如果留出一半的时间作为干扰时间，则要求干扰引导设备在 9 ms 以内完成信号搜索截获、分选识别和干扰引导。如果对于高速跳频通信信号，要求的干扰引导时间更短，难度极高。③ 频率测量的分辨率和精度高，通常要求干扰引导设备的频率分辨率 $\delta f \leqslant 300$ Hz。④ 瞬时动态范围大。侦收跳频信号时，要求侦察接收机具有大的瞬时动态范围，一般要求大于 80 dB。目前要实现这个要求困难比较大。⑤ 灵敏度高。一般要求侦察接收机灵敏度优于 -100 dBm。

对跳频通信信号的侦察主要包括对跳频信号的截获、网台分选、参数测量、信号解调等任务。经过长时间对跳频信号对抗技术的研究，在信号截获、网台分选、参数测量方面已取得许多研究成果，有些成果已被应用到侦察设备中。在跳频信号解调方面，能够实现对模拟话音调制的跳频信号解调，但对数字调制的跳频信号解调仍有待于进一步研究。下面主要介绍对跳频信号的截获和网台分选问题。

从理论上讲，截获跳频通信信号的最佳接收机是匹配接收机，但是由于通信侦察系统通常缺乏对跳频信号的先验知识，因此采用匹配接收机是不现实的，所以通信侦察对于跳频通信信号的截获和检测都是盲检测。此外，由于跳频通信信号的载波频率不断快速跳变，并且其跳频频率集、驻留时间、调制方式等基本参数对于通信侦察而言都是未知的，因此截获跳频信号比定频信号困难得多。从原理上讲，截获跳频信号可以采用压缩接收机、信道化接收机、声光接收机、数字接收机和其他体制的接收机。

1. 利用压缩接收机检测跳频通信信号

利用压缩接收机实现跳频信号的检测，是利用了压缩接收机的测频原理。压缩接收机具有宽的瞬时带宽和高的频率分辨率，可以适应快速跳频信号的检测。压缩接收机可以提供跳频信号的特征信息，如跳频图案、跳频时间等信号的重要参数，它适合于低信噪比条

件下的快速跳频信号的检测与参数估计。

利用压缩接收机检测跳频信号的原理框图如图 8.4 - 1 所示。

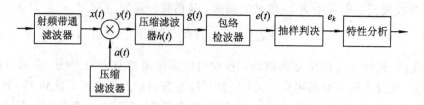

图 8.4 - 1　压缩接收机检测跳频信号原理框图

跳频通信信号为

$$s(t) = m(t)\cos[2\pi(f_0 + h_n\Delta f)t + \theta_n], \quad n = 0, 1, 2, \cdots, N \qquad (8.4-1)$$

式中，Δf 为跳变频率间隔；h_n 为跳频码；$m(t)$ 是信息序列；θ_n 为初相。接收机的输入为

$$x(t) = s(t) + n(t) \qquad (8.4-2)$$

式中，$n(t)$ 为高斯白噪声。本地 Chirp 扫频本振产生周期扫描信号，在一个扫描周期 T 内，它表示为

$$a(t) = \cos\left(\omega_0 t - \frac{1}{2}\mu t^2\right)G_T(t) \qquad (8.4-3)$$

式中，μ 是扫描速率，并且

$$G_T(t) = \begin{cases} 1, & 0 \leqslant t \leqslant T \\ 0, & \text{其他} \end{cases} \qquad (8.4-4)$$

Chirp 压缩滤波器的脉冲响应函数（$T_1 < T$）为

$$h(t) = \cos\left(\omega_0 t + \frac{1}{2}\mu t^2\right)G_{T_1}(t) \qquad (8.4-5)$$

则混频和压缩滤波输出的信号为

$$g(t) = \int_{-\infty}^{\infty} x(\tau)h(t-\tau)d\tau$$

$$\approx \cos\left(\omega_0 t + \frac{1}{2}\mu t^2\right)\int_{t_1}^{t_2} x(\tau)\cos(\mu t\tau)d\tau$$

$$+ \sin\left(\omega_0 t + \frac{1}{2}\mu t^2\right)\int_{t_1}^{t_2} x(\tau)\sin(\mu t\tau)d\tau, \quad T_1 \leqslant t \leqslant T \qquad (8.4-6)$$

其中，$t_1 = \max(0, t-T_1)$；$t_2 = \min(t, T)$。

当考虑某一跳时，设输入信号的持续时间 $h_1 \geqslant T$，可以将信号简化为

$$s(t) = A\cos(\omega_i t + \theta) \qquad (8.4-7)$$

于是，相应的压缩滤波输出信号为

$$g(t) = \frac{A}{4}\cos\left(\omega_0 t + \frac{1}{2}\mu t^2\right)\frac{\sin[(\mu t - \omega_i)t - \theta] - \sin[(\mu t - \omega_i)(t-T_1) - \theta]}{\mu t - \omega_i}$$

$$- \frac{A}{4}\sin\left(\omega_0 t + \frac{1}{2}\mu t^2\right)\frac{\cos[(\mu t - \omega_i)t - \theta] - \cos[(\mu t - \omega_i)(t-T_1) - \theta]}{\mu t - \omega_i} + n'(t)$$

$$(T_1 \leqslant t \leqslant T)$$

$$(8.4-8)$$

其中，$n'(t)$ 是压缩滤波器输出噪声。

$$n'(t) = n_c(t)\cos\left(\omega_o t + \frac{1}{2}\mu t^2\right) + n_s(t)\sin\left(\omega_o t + \frac{1}{2}\mu t^2\right)$$

$$n_c(t) = \frac{1}{2}\int_{-T_1}^{t} n(\tau)\cos(\mu t\tau)\,\mathrm{d}\tau$$

$$n_s(t) = \frac{1}{2}\int_{-T_1}^{t} n(\tau)\sin(\mu t\tau)\,\mathrm{d}\tau \tag{8.4-9}$$

其中，$n_c(t)$ 和 $n_s(t)$ 是相互独立的零均值高斯过程。经包络检波后，信号分量的输出包络函数为

$$
\begin{aligned}
e(t) &= \frac{A}{4}\left\{\left[\frac{\sin[(\mu t - \omega_i)t - \theta] - \sin[(\mu t - \omega_i)(t - T_1) - \theta]}{\mu t - \omega_i}\right]^2\right.\\
&\quad \left.+ \left[\frac{\cos[(\mu t - \omega_i)t - \theta] - \cos[(\mu t - \omega_i)(t - T_1) - \theta]}{\mu t - \omega_i}\right]^2\right\}^{1/2}\\
&= \frac{AT_1}{4}\left|\frac{\sin(\mu t - \omega_i)T_1/2}{(\mu t - \omega_i)T_1/2}\right| \tag{8.4-10}
\end{aligned}
$$

从式(8.4-10)中可看出，当 $\mu t = \omega_i$ 时，包络函数 $e(t)$ 取得最大值。这就表明，当信号存在时，包络检波后的峰值出现的时刻即对应着信号的中心频率，通过提取峰值便可以获得跳频信号该跳的频率。

在检测过程中，对压缩滤波器输出的信号进行包络检波，包络检波器输出的采样值与跳频信号的某个频率单元的幅度对应，将采样值与适当的门限比较，可以判断是否存在信号。记录有信号存在时对应的频率、出现时间及驻留时间，连续检测 N 个扫描周期 T，信号的频率点不断跳变，可判断跳频信号是否存在，如频率持续不变，则判断为定频信号。

2. 利用相关检测法检测跳频通信信号

自相关法检测跳频信号比基于能量检测的方法性能有明显的提高。其中可以利用单跳自相关技术作为预检测处理器，检测跳频信号，具有较好的检测性能。但是单跳自相关检测需要假定已知信号的一些参数，而通信侦察中，通信侦察方对于跳频信号的参数却是未知的。基于多跳自相关技术 MHAC(Multiple-Hope of Auto Correlation)的跳频信号检测方法，不需要知道跳频信号的功率、跳频图案、载波相位、跳变时刻、跳频速率等参数，只需假定已知信号的跳频带宽，并且跳频信号具有较大的处理增益，就可以实现跳频信号的盲检测。

多跳自相关检测系统利用宽带接收机前端，其带宽可以覆盖整个跳频带宽 W_{TH}。对输入信号进行数字化后，利用多跳自相关检测器对跳频信号进行检测。下面就讨论多跳自相关检测的基本原理。

经带通滤波器后的信号可以表示为

$$x(t) = s(t) + n(t) \tag{8.4-11}$$

其中，$n(t)$ 为窄带高斯白噪声，它可以表示为

$$n(t) = \sqrt{2}\left(n_c(t)\cos\omega_c t - n_s(t)\sin\omega_c t\right) \tag{8.4-12}$$

其中，ω_c 带通滤波器的中心角频率；$n_c(t)$ 和 $n_s(t)$ 是均值为 0，单边功率谱密度为 $N_0/2$ 的相互独立的带限高斯过程。$s(t)$ 是跳频信号，可以表示为

$$s(t) = \sqrt{2P}\sin(2\pi f_n t + \theta_n), \quad \alpha T_H + (n-1)T_H \leqslant t < \alpha T_H + nT_H \tag{8.4-13}$$

其中，P 是信号功率；f_n 和 θ_n 分别是第 n 跳的载频和相位；T_H 是跳频周期；αT_H（$0<\alpha<1$）代表跳变时刻，即第一跳相对于接收机观测起始时间的偏移。其时频关系如图 8.4 - 2 所示。

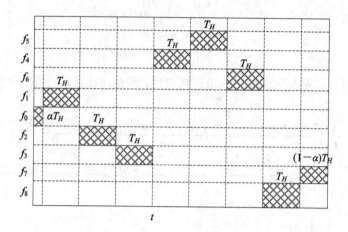

图 8.4 - 2　跳频信号时频示意图

假设观测信号的观测时间为 T，并且观测时间远大于信号的跳频周期，但小于跳频信号的跳频码周期，则多跳自相关输出为

$$R(\tau) = \int_0^T x(t)x(t-\tau)\mathrm{d}t = R_{SS}(\tau) + R_{SN}(\tau) + R_{NN}(\tau)$$
$$\approx R_{SS}(\tau) + R_{NN}(\tau) \tag{8.4-14}$$

其中，$R_{SS}(\tau)$ 是信号的自相关；$R_{SN}(\tau)$ 是信号与噪声的互相关；$R_{NN}(\tau)$ 是噪声的自相关。当输入信噪比远小于 1 的时候，$R_{SN}(\tau)$ 可以忽略不计。

$R_{SS}(\tau)$ 是信号的自相关，在 $\tau<T_H$ 时，跳频信号在一个跳频间隔内是相关的，其值非零。在跳频增益和跳频带宽都很大的情况下，在观测时间 T 内，跳频信号的频率在相邻几个跳频周期之间的是互不相同的，故当 $\tau>T_H$ 时，$R_{SS}(\tau)\approx0$。

当 $\tau\leqslant T_H$ 时，有

$$R_{SS}(\tau) \approx S\Big\{\max[\alpha T_H - \tau,\ 0]\cos(2\pi f_0 t) + \sum_{n=1}^{L}(T_H - \tau)\cos(2\pi f_n t)$$
$$+ \max[\alpha T_H - \tau,\ 0]\cos(2\pi f_{L+1} t)\Big\} \tag{8.4-15}$$

其中，L 是观测时间 T 里所包含的完整的跳频点个数，它与 α、T_H、T 之间有如下的关系式

$$\begin{cases} T - T_H < \alpha T_H + L T_H \\ \alpha T_H + L T_H \leqslant T < \alpha T_H + (L-1)T_H \end{cases} \tag{8.4-16}$$

对于处理增益较大的情况，$R_{NN}(\tau)$ 可以表示为

$$R_{NN}(\tau) = R_I(\tau)\cos(2\pi f_c t) + R_Q(\tau)\sin(2\pi f_c t) \tag{8.4-17}$$

其中

$$R_I(\tau) = R_{II}(\tau) + R_{QQ}(\tau),\ R_Q(\tau) = R_{IQ}(\tau) + R_{QI}(\tau) \tag{8.4-18}$$

在整个观测时间 T 内，噪声分量的自相关是一个离散序列，即

$$\{R_I(\tau_k),\ k=1,2,L,G\},\ \{R_Q(\tau_k),\ k=1,2,L,G\}$$

$$\tau_k = \frac{k}{W_{TH}},\ G = TW_{TH} \tag{8.4-19}$$

它包含了 2G 个零均值，独立的近似高斯分布随机变量。其方差可以表示为

$$\mathrm{var}\{R_I(\tau_k)\} = \mathrm{var}\{R_Q(\tau_k)\} \approx N_0 G^2 \left(1 - \frac{k}{G}\right)^2 F(k)$$

$$F(k) = \int_0^1 (1-\rho)\mathrm{Sa}^2[(G-k)\rho]\mathrm{d}\rho \tag{8.4-20}$$

图 8.4－2 和图 8.4－3 分别为跳频信号及其自相关结果的示意图。如图 8.4－2 所示，信号的观测时间 $T=8T_H$，包含 $L=7$ 个完整的跳频周期，观测信号的第一跳和最后一跳的持续时间分别为 αT_H 和 $(1-\alpha)T_H$。该观测信号的自相关运算结果如图 8.4－3 所示，从图 8.4－3 和式(8.4－15) 都可看出，该结果是由 $L+2$ 个三角调幅的波形组成。其中 L 个具有相同的幅度变化规律并且仅与 T_H 有关，第一项 f_0 和最后一项 f_8 幅度规律与其他不同，而且还跟 α 和 TMH 等有关。如果观测时间内包含完整的跳频点数 L 很多，则相关值中第一项和最后一项的结果可作为噪声考虑忽略不记。

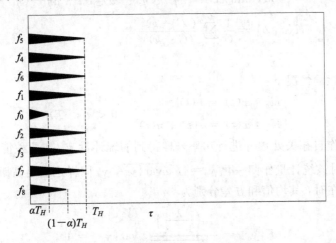

图 8.4－3　跳频信号多跳自相关值图

对得到的 $R(\tau)$ 在自相关域以 $1/W_{TH}$ 的速率进行功率采样，在观测时间 T 里可得到 TW_{TH} 个样本，第 k 个功率采样值表示为 $P_k = R^2(\tau_k)$。对该采样值进行低通滤波，在低通滤波带宽小于跳频信号的跳频频率间隔时，忽略自相关值平方引起的二次谐波分量和其他频率交叉分量值。当 $\tau \leqslant T_H$ 时，有

$$P_k \approx LS^2(T_H - \tau_k)^2 + S^2(\max[\alpha T_H - \tau, 0])^2$$
$$+ S^2(\max[T - \alpha T_H - \tau_k - LT_H, 0])^2 + R_I^2(\tau) + R_Q^2(\tau) \tag{8.4-21}$$

根据式(8.4－21)，可得功率采样值的均值和方差分别为

$$E\{P_k\} = LS^2(T_H - \tau_k)^2 + S^2(\max[\alpha T_H - \tau, 0])^2$$

$$+ S^2(\max[T - \alpha T_H - \tau_k - LT_H, 0])^2 + 2(N_0 G)^2 \left(1 - \frac{k}{G}\right)^2 F(k)$$

$$\tag{8.4-22}$$

$$\mathrm{var}\{P_k\} = 2\,\mathrm{var}\{R_I^2(\tau)\} + 4(N_0 G)^2 \left(1 - \frac{k}{G}\right)^4 F^2(k) \tag{8.4-23}$$

利用所得到的前 λG 个功率采样值，可以构造多跳功率和估计为

$$y = \sum_{k=1}^{\lambda G} \frac{P_k}{(T - \tau_k)^2} = \sum_{k=1}^{\lambda G} \frac{P_k}{T^2(1 - k/G)^2} \tag{8.4-24}$$

根据中心极限定理，可以证明，当 $\lambda < \eta (\eta = T_H/T)$，并且 $\lambda < 0.1$ 时，估计量近似满足高斯分布，其均值为

$$E\{y\} = q(\lambda, G, N_0, W_{TH}) + GS^2 M(\alpha, \lambda, \eta) \qquad (8.4-25)$$

其方差可近似表示如下

$$\text{var}\{y\} = 4(N_0 W_{TH})^4 \sum_{k=1}^{\lambda G} F^2(k) \approx (N_0 W_{TH})^4 \frac{\lambda}{G(1-\lambda)} \qquad (8.4-26)$$

其中，

$$q(\lambda, G, N_0, W_{TH}) = \sum_{k=1}^{\lambda G} 2N_0^2 W_{TH}^2 F(k) \approx (N_0 W_{TH})^2 \ln\left(\frac{\lambda}{1-\lambda}\right) \qquad (8.4-27)$$

是由噪声引起的分量，而

$$M(\alpha, \lambda, \eta) = (\eta^{-1} - \alpha) H(\lambda, \eta) + H(\min[\lambda, \alpha\eta], \alpha\eta)$$
$$+ H(\min[\lambda, 1 - \alpha\eta - (\eta^{-1} - \alpha)], 1 - \alpha\eta - (\eta^{-1} - \alpha)\eta) \quad (8.4-28)$$

$$H(a, b) = \frac{1}{G} \sum_{k=1}^{aG} \frac{(bG - k)^2}{(G-k)^2} \qquad (8.4-29)$$

只跟信号有关。

在二元假设检验情况下：

$$\begin{cases} H_0: x(t) = n(t) \\ H_1: x(t) = s(t) + n(t) \end{cases} \quad (0 < t < T) \qquad (8.4-30)$$

对输入信号作自相关处理并进行功率采样得到的统计量 y，在两种情况下的概率统计分布是不同的，对该统计量作归一化 $y_0 = y/\sqrt{\text{var}\{y\}}$，$y_0$ 同样也满足高斯分布。

当无信号存在时，其均值和方差分别为

$$E\{y_0\} = \frac{\ln\left(\frac{\lambda}{1-\lambda}\right)}{\sqrt{\frac{\lambda}{G(1-\lambda)}}}, \ \text{var}\{y_0\} = 1 \qquad (8.4-31)$$

当有信号存在时，其均值和方差分别为

$$E\{y_0\} = \frac{\ln\left(\frac{\lambda}{1-\lambda}\right)}{\sqrt{\frac{\lambda}{G(1-\lambda)}}} + \frac{G\gamma_{in}^2 M(\alpha, \lambda, \eta)}{\sqrt{\frac{\lambda}{G(1-\lambda)}}}, \ \text{var}\{y_0\} = 1 \qquad (8.4-32)$$

上面结果是已知跳频带宽，输入信噪比 $\gamma_{in} = S/(N_0 W_{TH}) \ll 1$，满足 $\eta \ll 1$，$G \gg 1$，$\lambda \leqslant \eta$ 的条件下得到的。当处理增益很大时，观测时间内包含的跳频个数比较多的情况下，以上假设是合理的。

在得到了两种假设情况下不同的统计量分布特性以后，根据一定的判决规则，设计出合理的判决门限，从而将观测结果的一次样本值与此门限比较即可决定信号的有无。根据上面的分析，可以给出采用 MHAC 技术的跳频信号检测系统框图，如图 8.4-4 所示。

图 8.4-4　多跳自相关检测系统原理框图

通过对观测信号作自相关，进行功率采样，得到统计量 y，并与判决门限比较，以确定信号的有无，这个过程中不需知道任何跳频信号的参数（包括跳频率）。但是相关函数计算、检测和判决过程都与参数 λ 的值有关，而 λ 值的选取与跳频周期 T_H 有关。因此多跳自相关技术作为跳频信号盲检测的方法，虽然不需要知道跳频周期，但是其检测性能却与跳频周期有关，因为检测器的参数 λ 与信号跳频周期有关。一般而言，当 $\lambda \in [0.3\eta,\ 0.7\eta]$（$\eta = T_H/T$）时，可以得到较好的检测效果。

3. 利用数字接收机检测跳频通信信号

数字软件无线电理论和高速信号处理技术的发展，对跳频信号侦察的数字接收技术的发展发挥了重要作用。适合于跳频信号检测的数字接收机有宽带数字接收机、数字信道化接收机等，本节主要讨论利用数字信道化接收机检测跳频信号。

信道化接收机的瞬时频率覆盖范围大于跳频信号带宽，它的多个频率窗口（信道）同时工作，这些频率窗口的总和覆盖了跳频信号的频率范围。信道化可以直接利用微波滤波器组在微波频段实现，也可以把信号变到中频后利用中频滤波器组实现。信道化接收机具有大动态范围、高增益、低噪声、窄带性能好、测量细致准确、具有分选功能等优点，同时又克服了窄带接收机瞬时测频范围小的缺点。

数字信道化接收机是将接收信号通过一组滤波器（称为信道化滤波器）均匀分成 D 个子频带输出，再将各个子频带的信号搬移到基带，进行降速抽取后进行 DFT 变换，就得到信道化滤波输出。对信道化滤波输出进行检测，可以实现对跳频通信信号的检测。数字信道化接收机的基本原理请参考 2.6.3 节。这里只讨论针对跳频信号检测的一些问题。

设数字信道化接收机有 D 个信道滤波器，信道间隔为 B_{ch}，则其瞬时带宽为 $B = DB_{ch}$。如果其瞬时带宽大于跳频带宽 W_{TH}，即满足条件 $B \geqslant W_{TH}$ 时，则跳频信号的某跳的信号总会落入信道化滤波器组的某个信道滤波器 k 中，并且该滤波器 k 输出最大，其他信道滤波器无信号输出。根据这种特点，只需要对所有的 D 个信道滤波器的输出进行检测，具有最大输出的信道与跳频信号的瞬时频率相对应。

数字信道化滤波器的输出通常是一个复信号序列，即

$$x(k,\ m) = x_I(k,\ m)\cos(\omega_k m + \theta_k) + \mathrm{j}x_Q(k,\ m)\sin(\omega_k m + \theta_k) + n(k,\ m)$$

$$(8.4-33)$$

其中 $k = 1, 2, \cdots, D$ 是信道序号；$m = 0, 1, 2, \cdots, N-1$ 是信道滤波器输出序列下标。$n(k,\ m)$ 是第 k 个信道滤波器的输出噪声

$$n(k,\ m) = n_I(k,\ m)\cos(\omega_k m + \theta_k) + \mathrm{j}n_Q(k,\ m)\sin(\omega_k m + \theta_k) \qquad (8.4-34)$$

对输出信号进行包络检波，得到

$$y(k) = \sum_{m=0}^{N-1} \sqrt{[x_I(k,\ m) + n_I(k,\ m)]^2 + [x_Q(k,\ m) + n_Q(k,\ m)]^2} \qquad (8.4-35)$$

对 $k = 1, 2, \cdots, D$ 个信道的包络检波输出幅度进行比较，其中最大输出的信道作为跳频信号的当前跳频频率值。

信道化技术具有瞬时测频能力，同时其输出信号是时域信号，因此保留了信号的全部信息，对后续的信号分析特别是信号的解调分析十分有利。而压缩接收机和相关检测方法的输出是非时域信号，因此难以实现信号的直接解调。所以信道化检测方法具有更好的应用前景。

8.4.2　跳频通信信号分析技术

1. 跳频信号的基本特征参数

每个跳频通信网台特有的基本特征参数包括：

（1）跳频速率：跳频信号在单位时间内的跳频次数。

（2）驻留时间：跳频信号在一个频点停留的时间，其倒数是跳频速率，它和跳频图案直接决定了跳频系统的很多技术特征。

（3）频率集：跳频电台所使用的所有频率的集合构成跳频通信网台的频率集，其完整的跳频顺序构成跳频图案。这些频率的集合称为频率集，集合的大小称为跳频数目（信道数目）。

（4）跳频范围：又称为跳频带宽，表明跳频电台的工作频率范围。

（5）跳频间隔：跳频电台工作频率之间的最小间隔，或称频道间隔，通常其他的频率差是跳频间隔的整数倍。

上述参数中的跳频范围、跳频间隔、跳频图案、跳频速率是跳频通信网台的"指纹"参数，是通信侦察系统进行信号分选的基础。

2. 跳频信号参数估计

跳频信号参数的估计，包括估计信号的跳变周期（即跳频速率）、跳变时刻、跳频的频率等参数。跳频信号由于其频率是时变的，故而它是一个非平稳的信号，由于考虑到其非平稳性，采用时频分析方法如 WVD 和短时傅立叶变换（STFT）对其进行分析，实现对其参数的估计。

下面讨论利用 STFT 实现跳频信号参数的估计。STFT 也称为加窗傅立叶变换，如果设定一个时间宽度很短的窗函数 $w(t)$，并让该窗函数沿着时间轴滑动，则信号 $x(t)$ 的短时傅立叶变换定义为

$$\text{STFT}_x(t, f) = \int_{-\infty}^{\infty} [w(\tau)x^*(\tau - t)]\exp(-j2\pi f\tau)d\tau \qquad (8.4-36)$$

从式中可以发现，由于窗函数的时移性能，使短时傅立叶变换具有既是时间函数又是频率函数的局域特性，而对于某一时刻 t，其 STFT 可视为该时刻的"局部频谱"。它通过分析窗得到二维的时频分布。

上面给出的是连续短时傅立叶变换，在实际应用中，经常使用的离散 STFT。其时间和频率都离散化，设时间变量的采样周期为 T，频率变量的采样周期为 F，$x(n)$ 为离散信号，则 STFT 的离散化形式为：

$$\text{STFT}_x(m, n) = \sum_{k=-\infty}^{\infty} [w(k)x^*(kT - mT)]\exp(-j2\pi nF)k \qquad (8.4-37)$$

对观测信号采样后得长度为 N 的序列 $x(n)$，$n = 0, 1, 2, \cdots, N-1$，采样频率为 f_s，STFT 估计跳频信号的参数的步骤如下：

（1）对信号 $x(n)$ 进行 STFT 变换，得到 $x(n)$ 的时频图 STFT(m, n)。

（2）计算 STFT(m, n) 在每个时刻 m 的最大值，得到矢量 $y(m)$。

（3）用傅立叶变换（FFT）估计 $y(m)$ 的周期，得到跳频周期的估计值 $\hat{T}_h$。

（4）求出 $y(m)$ 出现峰值的位置，得到峰值位置序列 $p(m)$，$m = 1, 2, \cdots, p$，p 为峰值

的个数，可以求得第一跳频的跳变时刻。

（5）估计接收到的跳频信号第一跳的跳变时刻。首先求出第一个峰值出现的平均位置为

$$\hat{p}_0 = \frac{\sum_{m=1}^{p}(p(m)-(p-1)p\hat{T}_h/2)}{p} \qquad (8.4-38)$$

跳频时刻可由下式求出

$$\hat{n}_0 = \frac{(p_0-\hat{T}_h/2)}{f_s} \qquad (8.4-39)$$

（6）利用得到的 $\hat{T}_h$，可以求出观测间隔 N 内包含的完整跳频点个数为

$$N_p = \frac{[(N-\hat{n}_0)]}{\hat{T}_h} \qquad (8.4-40)$$

其中［·］代表取整。

（7）估计观测信号内包含的跳频频率，得到跳频图案：

$$\hat{f}_k = \arg\max\left(\sum_{m=\hat{n}_0+l\hat{T}_h}^{m=\hat{n}_0+(l+1)\hat{T}_h}\frac{\text{STFT}(m,n)f_s}{2N}\right) \qquad (8.4-41)$$

由以上步骤可知，在未知跳频信号任何先验信息的情况下，通过对时域信号进行 STFT 变换求得跳频信号的有关参数，实现对跳频信号参数的估计。

Wigner-Ville 分布（WVD）也是一种常用的时频分析方法，其中利用经过时域和频域两次平滑所得到的平滑伪 WVD（SPWVD）可以有效地抑制交叉干扰项。使用 SPWVD 代替 WVD 和伪 WVD（PWVD）来估计跳频参数，也有较好的效果。其具体过程与采用 STFT 的方法类似，其主要差别是利用 SPWVD 得到跳频信号的时频分布，之后的过程完全类似。因此，这里不再赘述。

3. 跳频信号解跳和解调技术

跳频解跳和解调技术是对跳频信号的解扩与信息恢复过程，包括解跳和解调两部分内容。对于模拟制跳频信号，侦收后可直接解调出音频信息。但目前广泛使用的都是数字跳频设备，即使侦收并截获到跳频信号，也无法直接解调，必须先对跳频信号解跳（解扩），还原调制的基带信息，然后再对基带信息进行解调。

1）跳频信号解跳

为了对跳频信号进行解跳，首先需要进行网台分选以提供跳频网频率集。该频率集的主要作用是为解跳引导程序提供检测跳频信号的频率范围，提高解跳引导的效率。当解跳引导程序发现跳频信号后，由解跳拼接设备完成解跳功能，按照信号到达时间的先后顺序串接起来，将跳频信号搬移到基带，形成基带信息，便完成了对跳频信号的解跳工作。对于频率自适应跳频信号解跳，跳频引导程序不但要检测已知的频率点，而且要检测其他的频率点，以期快速发现跳频信号频率的改变。因此，对频率自适应跳频信号的解跳引导程序除了能在已知的频率集中检测跳频信号外，还必须具有在特定频段的重点信道内搜索跳频信号的能力。

2）跳频信号解调

在对跳频信号解跳后，当已知该基带跳频信号的调制样式时，可对其实现解调；当未

知跳频信号调制样式时，还需要先对其进行调制样式识别，在搞清跳频信号调制样式的基础上，按照对常规定频信号的解调方式解调并恢复出跳频信号调制信息。跳频信号常用的调制样式不多，主要有 SSB、FSK、PSK 等，对调制样式的识别相对容易。

跳频解调的主要问题是如何降低误码率。由于网台分选可能会存在错误，解跳过程可能会出现误判误引导，引导过程可能会出现信息遗失，因此，必须采取措施解决解调误码率的问题。

4. 跳频网台分选

在实际的通信对抗环境中，电磁环境十分复杂，密集的定频信号、噪声信号、外界干扰信号、各种突发信号以及多个跳频网台的跳频信号交织在一起，使得侦察接收机对跳频信号的检测和分选变得十分艰难。跳频网台分选的目的就是在这样复杂的电磁环境下，在剔除定频信号、随机噪声信号、突发信号、检测出跳频信号的基础上，将交织混合在一起的不同跳频网台的跳频信号分选出来，完成跳频网台的分选。

1）跳频网台的组网方式

跳频通信电台的组网，主要包括频分组网和码分组网两大类。

（1）频分组网：与常规通信设备频分组网类似，不同的跳频网络使用不同的跳频频率。常用的实现方法有两种：① 将工作频段划分为多个分频段，不同的跳频网络工作在不同的分频段；② 在全频段内选取频率，但各跳频网络的跳频频率表彼此没有相同的频率。

（2）码分组网：所有跳频网络在相同的跳频频率表上跳频，不同的跳频网络使用不同的跳频序列，依靠跳频序列的正交性或准正交性来区分不同的跳频网络。

在实际应用中，通常将频分组网和码分组网结合使用，首先在可用的工作频段上按照频分组网方式编制出多个跳频频率表，将跳频网络数量基本均分在各跳频频率表上，然后在各跳频频率表上进行跳频码分组网。

根据是否具有统一的时间基准，跳频码分组网方式可分为同步组网和异步组网。同步组网时，各跳频网络具有统一的时间基准，此时，跳频序列的设计一般不考虑在各种时间延时下的汉明自相关和汉明互相关性能。异步组网时，各跳频网络没有统一的时间基准，此时，跳频序列的设计必须考虑在各种时延下的汉明相关和汉明互相关性能。

根据跳频序列的汉明相关性能，跳频码分组网方式可分为正交组网和非正交组网。非正交组网时，任意两个跳频网络可能在同一时间跳变到同一频率上。因此可能存在相互干扰。正交组网时，任意两个跳频网络通常不可能在同一时间跳变到同一频率上，不存在相互干扰。只有在各跳频网络具有统一的时间基准时才能实现正交组网，没有统一的时间基准，任意两个跳频网络之间通常会发生频率碰撞。

综合考虑上述两种情况可知，跳频码分组网方式有：① 同步正交组网；② 同步非正交组网；③ 异步非正交组网。

（1）同步正交组网：所有的网在统一的时钟下使用同一个跳频频率表进行同步跳频，在每个时刻，不同的网络使用彼此互不相同的频率。不同的网络使用不同的跳频序列，在每个时刻，不同的网络使用彼此互不相同的频率。不同的网络也可以使用同一个跳频序列，但在时间上必须错开。

（2）同步非正交组网：所有的网在统一时钟下使用同一跳频频率表进行同步跳频，不同的网络通常使用不同的跳频序列，但是在某些时刻，不同的网络有可能发射相同的频率，每个网络在任意时刻总会遇到其他网络的干扰，称为"碰撞"。

（3）异步非正交组网：异步组网时，系统中没有统一的时间基准。由于各网互不同步，因而会产生网间频率碰撞。不过只要跳频序列设计得好，可使频率碰撞的次数控制在允许的限度内，各网仍可正常工作。

正交跳频网的跳频图案在时域上不重叠，其跳频图案如图 8.4-5 所示。非正交跳频网的跳频图案在时域上有重叠，如图 8.4-6 所示。

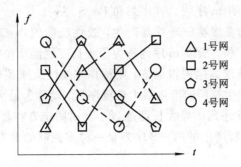

图 8.4-5 正交跳频网的跳频图案

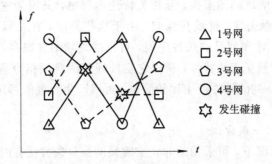

图 8.4-6 非正交跳频网的跳频图案

跳频网台的碰撞，对通信方来说是要尽量避免，以免跳频网台之间的互相干扰，对通信侦察系统的网台分选带来一定的困难，不同跳频网台的频率发生重叠，矢量叠加形成新的矢量，必须采用有效的方法进行分选。

2）跳频序列

用来控制载波频率跳变的多值序列称为跳频序列。在跳频序列控制下，载波频率跳变的规律称为跳频图案。跳频序列由跳频指令发生器产生，通常它利用伪码发生器实现。伪码发生器在时钟脉冲的驱动下，不断地改变码发生器的状态，不同的状态便对应于不同的跳频频率。跳频电台通常利用伪码发生器作为频率合成器的跳频指令，当伪码发生器的状态是伪随机地变化时，频率合成器输出的频率也在不同频率点上伪随机的跳变，这便生成了伪随机的跳频图案。当使用不同的伪码发生器时，频率合成器实际所产生的跳频图案也是不同的。一个好的跳频图案应考虑如下几点：

（1）图案本身的随机性要好，要求参加跳频的每个频率出现概率相同。随机性好，抗干扰能力也强。

（2）图案的密钥量要大，要求跳频图案的数目要足够得多，这样抗破译能力强。

（3）图案的正交性要好，使得不同图案之间出现频率重叠的机会要尽量小，这样将有利于组网通信和多用户的码分多址。

由于跳频图案的性质，主要是依赖于伪码的性质，因此选择伪码序列成为获得好的跳频图案的关键。

伪随机序列也称伪码，它是具有近似随机序列（噪声）的性质，而又能按一定规律（周期）产生和复制的序列。因为随机序列是只能产生而不能复制的，所以称其是"伪"的随机序列。常用的伪随机序列有 m 序列、M 序列和 R-S 序列。

m 序列由线性反馈的多级移位寄存器产生，线性反馈的 N 级移位寄存器产生的序列的最大长度（周期）是 2^{N-1} 位，所以 m 序列称为最大长度线性移位寄存器序列。如果反馈逻辑中的运算含有乘法运算或其他逻辑运算，则称作非线性反馈逻辑。由非线性反馈逻辑和移位寄存器构成的序列发生器所能产生最大长度序列，就称为最大长度非线性移位寄存器序列，或称为 M 序列，M 序列的最大长度是 2^N。利用固定寄存器和 m 序列发生器可以构成 R-S 序列发生器。它所产生的 R-S 序列是一种多进制的具有最大的最小距离的线性序列。

实用的跳频序列长度约在 2^{37} 左右。m 序列的优点是容易产生，自相关性好，且是伪随机的。缺点是可供使用的跳频图案少，互相关特性不理想，又因为它采用的是线性反馈逻辑，就容易被破译，其保密性、抗截获性差。由于这些原因，在跳频系统中一般不采用 m 序列作为跳频指令码。M 序列是非线性序列，可用的跳频图案很多，跳频图案的密钥量也大，并有较好的自相关和互相关特性，所以它是较理想的跳频指令码。其特点是硬件产生时设备较复杂。R-S 序列的硬件产生比较简单，可以产生大量的可用跳频图案，适用于跳频控制码的指令码序列。

3）跳频网台分选的一般方法

在跳频码未知的情况下，可采用的非正交跳频网台分选方法有时间相关法和细微特征参数法等常规分选方法。近年来，人们采用一些先进的信号处理技术，如周期谱、子波变换等，应用于跳频信号的特征提取研究，代替了一些基本时域特征和频域特征，此外还有采用非线性时频分布来研究跳频信号网台分选的方法，这些算法与理论成为目前跳频网台盲分选处理的研究热点。

跳频网台信号的时间相关分选过程就是利用同网台信号之间的时间相关性，对截获的信号数据进行分析处理，以获得有用参数，达到分选的目的。有用参数包括：非正交跳频网数、每网的跳频速率和频率集，在搜索期间出现的所有定频信号的幅度和频率，以及某一特定频率信号在观测期间出现的次数、每次出现的起始时间（起始帧）和持续时间等。

在跳频网台分选中利用方位信息来进行网台分选，引入测向信息将增加网台分选时的有用参数，利用测向得到的方位信息在极坐标图上表现为具有在某个中心的离散分布，采用模糊聚类将其有效分开。

（1）跳频网台的到达方向分选法。跳频网台的到达方向（TOA，方位）分选法的依据是：同一网台信号来波方位相同，不同网台信号来波方位不同。其基本思路是：实时测量出跳频信号的来波方位，按照跳频信号的来波方位把同一来波方位的跳频信号归入同一类，如图 8.4-7 所示。这种分选方法的优点是分选方法简单，实时性好；缺点是对侦察系统的测向能力要求较高，当不同网台信号的来波方位趋向一致或网台移动时，分选效果较差。

　　来波方位分选法的分选能力主要取决于跳频测向设备的测向速度和精度。测向速度直接决定该分选方法对跳速的分辨力；测向精度直接决定该分选方法的空间分辨能力。

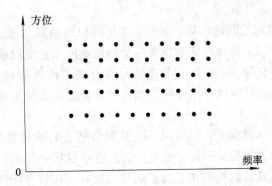

图 8.4 - 7　跳频信号来波方位分选法示意图

　　(2) 跳频网台的到达时间分选法。到达时间(TOA)分选法是到达时间与驻留时间分选法的简称，是利用同一跳频网(台)信号出现时间上的连续性和跳频速率的稳定性对跳频信号进行分类。其依据是：同一跳频网(台)的跳频信号的跳速恒定不变，且每一跳都具有相同的驻留时间和频率转换时间。

　　到达时间分选法的基本思路是：检测出每个跳频信号的出现时刻和消失时刻，根据同网台信号在出现时间上的连续性以及跳频速率的相对稳定性，把出现时间或消失时刻满足一定相关特征的信号归入一类，以达到跳频网台分选的目的。

　　这种分选方法的优点是对恒跳速跳频网台分选能力较强；缺点是对侦察系统时间测量精度要求高，不具备对变速跳频网与正交跳频网的分选能力。接收系统的时间分辨力直接决定着分选能力。

　　图 8.4 - 8 给出了一种利用到达时间法进行网台分选的方法。

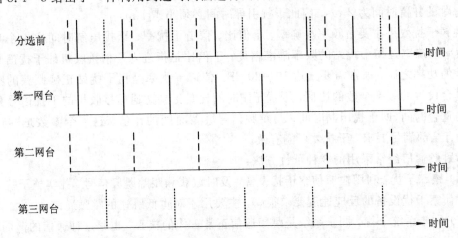

图 8.4 - 8　利用到达时间法进行网台分选的方法

　　假定，在规定时间内有 N 个频率的信号到达。分别记下它们的到达时间和信号驻留时间。分选的步骤是：① 对信号驻留时间进行比较，找出 N 个信号中驻留时间最小且相等的那些，如有 M 个，排成一个序列。② 计算 M 序列中相邻两个信号的到达时间间隔，依此为窗口尺度，分选出所有相同跳频周期的信号，完成一个网台的信号分选。③ 在提取出第一网台信号之后剩下 $N-M$ 个信号中，重复进行前面两个步骤，完成第二网(台)的的分选，以此类推，直至分选完毕。

若几个非正交跳频网的跳速相同，由于非正交跳频网的网与网之间互不相干，可以按到达时刻建立相应频率表，每张频率表就是一个同跳速的非正交跳频网。

(3) 跳频网台的综合分选法。综合分选法是综合利用跳频信号来波方位、到达时间、驻留时间、跳跃相位和信号幅度等信号特征和技术参数之间的关系对跳频信号归类的分选方法。

这种分选方法的基本思路是：按照同一跳频网信号之间的相关关系来实现信号分类。即有相关关系的信号归入一类，不具有相关关系的信号相互分开。

这种分选方法的优点是综合利用了跳频信号的所有可用信号特征和技术参数之间的相关性，分选能力较强；缺点是对侦察系统的信号技术参数的测量能力要求较高。

目前，在跳频侦察系统中运用最多的分选方法是综合分选法。

尽管从理论上讲，综合分选法可以解决网台分选问题，但因受各种客观条件的制约，目前的跳频侦察系统还无法完全解决跳频网台分选问题，尤其是对变跳速和自适应跳频网台的分选问题。跳频网台分选技术仍是制约跳频通信侦察系统发展的重要技术问题。

8.4.3 对跳频通信系统的干扰

与对定频通信系统的干扰相比，对跳频通信系统的干扰要困难的多。首先，干扰引导系统(侦察设备)必须能够快速的截获和分析跳频信号，确定被干扰目标并判断其方位。并且在对被干扰目标进行频率、信号形式(包括调制方式、带宽、信息格式等)、信息功率等分析的基础上，确定采用何种干扰方式进行干扰。这个过程所需要的时间就是干扰引导时间，它包括侦察截获时间和信号处理时间。如果要干扰 500 跳/s 的跳频电台，那么跳频信号的每跳的驻留时间为 2 ms，因此干扰引导时间必须小于 1 ms。

跳频干扰效果主要由频率准确率、干信比、信道干扰率、干扰压制时间比 4 个参数决定。频率准确率是指干扰站的频率瞄准精度；干信比是指进入通信接收机的干扰信号与通信信号的功率之比，通常需要到达 $10\sim20$ dB；信道干扰率是指干扰站正确截获的频率个数与电台设置的频率个数的比值；干扰压制时间比是指到达通信接收机的干扰信号和通信信号的重合时间(即干扰压制时间)与跳频信号驻留时间的比值。这 4 个参数是"与"的关系，只有全部满足要求，干扰才可能有效。

对跳频通信经常采用的 3 种干扰方法：

(1) 跟踪干扰：利用快速侦察干扰设备，及时截获和跟踪跳频信号，并实施干扰。这种方法对侦察干扰设备的反应速度要求很高，主要用于对付低跳速的跳频通信。

(2) 同步系统干扰：同步系统是跳频通信正常工作的核心，也是这种通信的薄弱环节。一旦遭到破坏，其通信就会完全瘫痪，可以使通信干扰在花费最小代价的前提下，达到最好的干扰效果。这种方法的关键就是要查找和识别传送同步信号频道、发送时刻和发送规律，但在实时系统中很难做到。

(3) 阻塞干扰：在目标跳频电台的整个频段或者部分频段实施拦阻干扰，拦阻的带宽与跳频的速率有直接关系，当跳速在 40～80 跳/s 时，需要压制的信道数会有减少。如跳速为 1 000 次时，只需干扰信道数的 25%～30%。因此运用阻塞式干扰机或多部宽频干扰机，选择目标电台工作频率跳跃最频繁的频段实施拦阻，可以较成功地干扰跳频通信，这已得到实践验证。

1. 跟踪式干扰

跟踪式干扰利用侦察系统检测跳频信号的频率并且分析其跳频参数，一旦发现感兴趣的目标信号，就引导干扰机对目标信号施放瞄准式窄带干扰。为了实现对跳频信号的有效干扰，必须使干扰信号在跳频信号驻留时间内进入目标接收机。这就要求侦察设备能够快速的获得跳频信号的参数并且引导干扰机，同时干扰机也能够快速的跟踪目标信号频率的跳变。跟踪式干扰主要用于低速跳频信号，如果跳频信号的跳频速率低于 500 跳/s，那么跟踪式干扰有较好的干扰效果。对于快速跳频信号，跟踪式干扰的效果不佳，其主要原因是快速跳频信号在每跳的驻留时间较短，侦察引导系统难以在极短的时间内完成跳频信号的检测和参数分析并且给出正确的引导参数。

跟踪式干扰实质是在侦收到跳频信号后立即实施瞄准式窄带干扰的一种干扰方式。设 T_{rp} 是跟踪式干扰机的反应时间，T_d 是电台在各个频率上的驻留时间，它略小于跳频周期。设 $\eta \in [0, 1]$ 为一常数，它代表每个跳频周期中干扰时间所占的比例，η 越大受干扰的时间越多，干扰的效果越好。无论对模拟通信还是数字通信受干扰时间 η 大于 50%，就能受到有效干扰。所以，一般取 $\eta \geqslant 0.5$。

设跳频收发信机和干扰机的几何关系如图 8.4-9 所示。

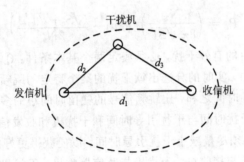

图 8.4-9　跳频收发信机和干扰机的几何关系

为了实现有效干扰，必须满足以下条件：

$$\frac{d_2 + d_3}{c} + T_{rp} \leqslant \frac{d_1}{c} + \eta T_d \qquad (8.4-42)$$

其中，c 是自由空间的电波传播速度；T_{rp} 是侦察引导时间；T_d 是跳频信号的驻留时间，η 是小于 1 的常数。令

$$c(\eta T_d - T_{rp}) + d_1 = 2a$$
$$\sqrt{a^2 - \left(\frac{d_1}{2}\right)^2} = b \qquad (8.4-43)$$

由上式可以知，如果 $T_{rp} < \eta T_d$，并且干扰机处于以跳频发信机和收信机为焦点，以 a 为长半轴 b 为段半轴的椭圆内时，则式 (8.4-41) 一定满足条件。

跳频接收机接收到的跳频信号和干扰信号之间存在一定的延迟，它与侦察引导时间

T_{rp}、干扰机和收发信机的位置有关，其延迟时间为

$$T_{sj} = \min\left\{ T_{rp} + \frac{d_2 + d_3 - d_1}{c}, \ T_d \right\} \tag{8.4-44}$$

而有效干扰时间为

$$T_j = T_d - T_{sj} \tag{8.4-45}$$

因此，只有当 $T_{sj} < T_d$ 时，干扰才可能发挥作用。

跟踪式干扰常用的干扰样式是窄带噪声干扰和单音/多音干扰，两种干扰样式都有较好的干扰效果。

对于采用 2FSK 调制的跳频通信信号，实施跟踪式干扰的误码率为

$$P_e = \frac{1}{2} \exp\left(-\frac{S+J}{2N_T} \right) I_0 \left(\frac{\sqrt{SJ}}{2N_T} \right) \tag{8.4-46}$$

其中，$I_0(\cdot)$ 是零阶贝塞尔函数；$N_T = N_0 + N_J$ 是热噪声和噪声干扰的功率；J 是单音/多音干扰功率。

当没有实施噪声干扰时，$J = 0$，$I_0(0) = 1$，于是跟踪干扰的误码率近似为

$$P_e = \frac{1}{2} \exp\left(-\frac{S}{2N_T} \right) \tag{8.4-47}$$

当实施单音/多音干扰时，噪声功率 $N_T = N_0$，考虑到接收机接收的信号功率和干扰功率都远远大于噪声功率，即满足 $\sqrt{SJ} \gg N_0$，利用贝塞尔函数的近似公式，当 $x \gg 1$，$I_0(x) \approx e^x / \sqrt{2\pi x}$，跟踪干扰的误码率近似为

$$P_e = \left(\frac{N_T}{8\pi \sqrt{SJ}} \right)^{\frac{1}{2}} \exp\left(-\frac{(\sqrt{S} + \sqrt{J})^2}{2N_0} \right) \tag{8.4-48}$$

为了实现对跳频电台的有效干扰，必须满足两个基本条件：① 通信侦察引导设备能够从多个跳频通信网信号中，实时的分选出欲干扰的某个特定的跳频信号。② 由于路程差引起的干扰延迟与干扰引导时间之和，比跳频信号的驻留时间小的多。

跟踪式干扰的有效干扰时间与干扰引导时间和干扰机和收发信机的相对位置有关。为了增加有效干扰时间，必须尽量减小干扰引导时间，以便获得更好的干扰效果。另一方面，干扰效果还与通信发射机与接收机、干扰机与通信接收机、干扰机和通信发射机之间的相对距离有关。因此，它通常用于干扰低速跳频信号。

2. 宽带拦阻式干扰

跟踪式干扰难以对付快速跳频信号。宽带拦阻式干扰机利用宽带干扰信号对整个跳频带宽进行干扰，它同时干扰跳频信号可能出现的所有信道，这样不管跳频电台使用那个跳频频率，都会受到干扰信号的干扰。

宽带拦阻式干扰一般不需要复杂的侦察引导系统配合，在技术上比跟踪式干扰简单。侦察引导系统只需要提供目标跳频信号的频段和功率，就可以确定干扰频段和干扰功率。拦阻式干扰通常使用宽带噪声干扰和宽带多音干扰等干扰样式，并且都有较好的干扰效果。

下面考虑采用正交 MFSK 调制和非相干解调器的跳频系统的情况。设跳频系统接收到的信号功率为 S，信息码的比特率为 R_b，那么接收到的码的每比特能量为 $E_b = S/R_b$，且每个符号（码元）的能量为 $E_s = E_b \, \mathrm{lb}(M)$。该系统受到高斯噪声干扰，干扰功率 J 均匀分布

在跳频带宽 W_{TH} 上，这样此信道就等价于加性高斯白噪声信道，并且具有功率谱密度为 $N_J = J/W_{TH}$。分析表明，当正交 MFSK 信号采用非相干解调时，存在宽带噪声干扰时的误比特率为

$$P_b = \frac{1}{2(M-1)} \sum_{n=2}^{M} (-1)^n C_M^n \exp\left(-\frac{kE_s}{2N_T}\right) \qquad (8.4-49)$$

式中，$M=2^k$ 是进制数；$N_T = N_0 + N_J$ 是信道噪声和干扰噪声的功率谱密度。可见，干扰效果与进入通信接收机的干信比 JSR 有关。于是，只要能够在目标通信接收机处达到一定的干信比（JSR），就可以实现有效干扰。

产生宽带干扰信号有多种方法，如利用锯齿波宽带调频复合窄带噪声调频产生梳状谱宽带干扰，其中锯齿波决定谱线间隔，而窄带调频决定每个谱线的带宽；利用三角波宽带调频、噪声宽带调频和伪脉冲序列调制都可以产生宽带干扰信号。

随着跳频带宽增加，为了实现有效干扰的宽带干扰的干扰带宽和干扰功率也随着增加，当干扰机功率一定时，存在一个干扰带宽选择问题。因为此时干扰频带系数 γ 会影响干信比，也就影响干扰效果。

3. 局部频带干扰

实际上，干扰信号并不需要覆盖全部的跳频带宽，就可以实现有效干扰。这就是局部频带干扰，其干扰信号不一定要覆盖全部的跳频带宽，而只覆盖其中几个不相邻的信道，称为不连续的部分频带干扰。同时干扰信号的频率分布可能会周期性的变化，以对付通信系统的抗干扰措施。干扰信号也可以覆盖部分相邻的信道。设干扰信号的带宽为 W_j，跳频带宽为 W_{TH}，则相应的干扰频带系数为

$$\gamma = \frac{W_j}{W_{TH}} \qquad (8.4-50)$$

当信号跳频到新频率（信道）时，该信道可能存在干扰，也可能不存在干扰。如果采用噪声干扰，则当信道可能存在干扰时，其噪声功率是信道噪声和干扰噪声的和，而当信道不存在干扰时，其噪声功率只有信道噪声。

设跳频通信系统存在噪声干扰时的符号错误概率为 P_{ej}，不存在噪声干扰时的符号错误概率为 P_{en}，干扰频带系数为 γ，则干扰信号出现和没有出现在跳频信道中的概率分别为

$$P_j = P(N_T = N_J) = \gamma$$
$$P_n = P(N_T = N_0) = 1 - \gamma \qquad (8.4-51)$$

于是总错误概率 P_e 为

$$P_e = P_{ej} P_j + P_{en} P_n \qquad (8.4-52)$$

对于采用正交 MFSK 调制和非相干解调器的跳频系统的情况，利用式（8.4-48），可以得到总错误概率为

$$\begin{aligned}
P_e &= \gamma P_{ej} + (1-\gamma) P_{en} \\
&= \gamma \frac{1}{2(M-1)} \sum_{n=2}^{M} (-1)^n C_M^n \exp\left(-\frac{kE_s}{2N_T}\right) \\
&\quad + (1-\gamma) \frac{1}{2(M-1)} \sum_{n=2}^{M} (-1)^n C_M^n \exp\left(-\frac{kE_s}{2N_0}\right) \qquad (8.4-53)
\end{aligned}$$

其中，$N_T = N_0 + N_J$ 是信道噪声和干扰噪声的功率谱密度；N_0 是信道噪声的功率谱密度；

N_J 是局部噪声干扰的功率谱密度。

上式告诉我们，局部频带干扰的总的干扰效果不但与干信比有关，还与干扰频带系数 γ 有关。如果减小 γ，则会减小干扰信号落入存在信号的信道的概率，但是当总的干扰功率不变时，干信比增加，使受干扰信道的误码率大大增加。反之，增加 γ，则会增加干扰信号落入存在信号的信道的概率，但是当总的干扰功率不变时，干信比却减小，使受干扰信道的误码率增加不大。综合这两方面的因素，局部频带噪声干扰存在一个最佳的干扰频带系数 γ，通常情况下，选取 $\gamma > 0.5$，可以得到较好的干扰效果。

8.5 通信链路对抗技术

8.5.1 数据链概述

在战场上，为了最大限度地发挥各种武器的综合协同和一体化打击的作用，取得主动，掌握信息权，就需要在各种作战平台（如飞机、舰船、坦克和车辆等）之间进行大量、快速和准确的战术数据传输、交换和分发。以特殊的数据通信为链接手段，以作战平台为链接对象，将不同的作战平台组合为整体的链接关系，把处于不同地理位置的作战平台进行紧密链接，实现信息资源共享，正是战术数据链（Tactical Data Link）最显著的特征和最主要的功能。多年来以美国为首的西方国家，针对不同的用途，开发了 LINK4、LINK4A、LINK11、LINK14、LINK16 和 LINK22 等多种数据链。

1. 数据链的基本特征

数据链具有以下基本特征：

（1）数字智能化的传输链接对象。数据链的使用是各作战平台之间战术信息数据快速流动的基础。各作战平台的武器系统、指控通信系统及其他各种信息装备除担负着具体的作战任务外，还担负着战术信息的收集、加工、传输、交换、处理和应用等重要使命。要完成这些使命，作战平台首要的工作就是数字化和智能化。没有作战平台的数字化和智能化，数据链就失去了存在的基础。也就是说，非数字化和智能化的作战平台不能实现与数据链的有效链接，也无法成为数据链的链接对象。因此，链接对象的数字化和智能化是数据链完成战术链接的基础。

（2）实时多样性的传输链接手段。数据链主要依靠无线数据通信作为链接手段，并在规定的时间、地点、按规定的通信协议和信息格式，向规定的链接对象传输规定的战术数据信息。因此，在数据链传输时，由于战争形势瞬息万变和链接对象的不同，通信链接手段必须满足实时性和多样性要求。

① 数据链传输的实时性要求。由于战场情况变化万千，战术数据的实时性很强，如果不在规定的时间内完成战术数据的实时传输与交换，许多数据将失去其意义。为此数据链一般采用的设计理念包括：

· 采用面向比特的方法来定义信息标准，以便尽可能提高信息表达效率，压缩信息量；采用传输效率高、简单实用的通信协议；采用相对固定的网络结构和直达的信息传输路径，不采用复杂的路由选择方法，如要求实时性极高的应用场合，可直接采用点到点的链路传输。

　　• 遵从可靠性服从实时性的原则。在满足信息实时传输的前提下，才考虑提高信息传输的可靠性，一般不采用无法满足或损害传输实时性的方法。如在信息传输中，一般不采用交织（因为会产生交织延迟），也不采用反馈重发（URQ）协议。

　　• 综合考虑，统一设计。如按照数据链的"链"的需求，综合考虑实际信道的传输特性、采用的信号波形、通信控制协议、组网方式和信息标准，将各技术环节作为一个整体，进行统一设计，其目的是要满足紧密战术关系的建立。

　　② 数据链传输的多样性要求。为保证信息的快速、可靠传输，数据链的链接手段可以采用多种方式，既有点到点的单链路传输，也有点到多点和多点到多点的网络传输，且网络结构和网络通信协议多种多样。只要能满足数据链信息的传输要求，很多数据传输方式均可作为数据链的链接手段。根据应用需求和具体作战环境的不同，数据链可综合采用短波信道、超短波信道、微波信道和卫星信道；为实现信息的无缝链接，还可以采用多种信道组建单一数据链路的结构形式。

　　(3) 标准格式化的传输链接关系。

　　① 信息资源共享。各作战平台要建立紧密的战术链接关系，主要依赖信息资源共享来实现。这包括通信传输方式共享和相对公平的发送机制。传输方式共享是指数据链各链接节点，既能共享其他链接节点发出的所有信息，也能相对公平地分配总的信息发送时间，分割总的发送信道。数据链链接还具有相对公平的发送机制，采用广播式的发送信道，保证各作战平台能及时感知和截获数据链内的所有信息。

　　② 信息格式统一。信息格式统一是指数据链采用统一的格式化信息标准，即按规定的信息标准（信息格式）和通信协议，在有限带宽内高效而实时地传输战场态势和指挥控制指令等格式化数字信息，以满足各种武器平台进行信息传输、分发、交换和共享的要求，提高各平台的态势感知和快速反应能力，实现空中预警、数字化指挥控制及装备协同作战。其好处在于：一是提高了信息表达效率，为战术数据的实时性链接赢得时间；二是为各作战平台间的密切交流链接提供了手段；三是为信息在不同数据链之间的传输、转接和处理提供便利，为信息数据的无缝链接和信息流程自动化提供了条件。

　　统一的格式化信息标准，可使战术信息数据从收集、加工、传输、交换和处理到使用能自动完成，无须人工干预，从而形成信息流程的自动化。

　　2. 数据链对现代战争的影响

　　数据链的广泛应用带来了信息化战场上战术思想以及军事理论的变革，其影响和意义极为深远。

　　(1) 数据链改变了传统的战术信息传输模式。作为"现代战争作战指挥的神经网络"的数据链通信，在各军兵种的不同作战平台之间架起了紧密的战术链接桥梁，把传统的垂直"烟囱"式的各自封闭的信息传输模式转变为"扁平"的网络化的信息传输模式，使各级指战员和各作战平台能在第一时间共享各种战术信息。因此，数据链通信的应用可以在各军兵种的不同作战平台之间，构建陆、海、空、天立体交叉式的信息传输网络，为多军兵种的联合作战提供有效的信息保障。

　　数据链不同于一般的通信系统，它除了拥有传统通信网络所必备的通信设备、传输信道和交换设备三个要素外，还具有特殊的通信规程，也就是高层协议。例如，信号频率协议、信号波形协议和传输数据格式等。因此，数据链与其视为硬件设备，还不如视为一组规范了传输方式、传输信息格式、各节点间组网方式，以及使用硬件的规格等实现信息交换的协议和规范。

（2）数据链变革了作战指挥模式。数据链通信的使用使单个作战平台的作用范围大大延伸，作战威力得到极大加强，为实现各作战平台的互连互通，形成联合作战的装备体系创造了条件。随着数据链的大规模应用，战场上将构成多个可实施联合作战的装备体系。装备体系的有效互连互通，将出现一个盘根错节的战场电子信息网络（C⁴ISR 系统），实现战场信息化。

C⁴ISR 系统的终端设备就是战场上众多的情报、监视、侦察（ISR）平台和火力武器平台，节点就是各级指挥所、通信枢纽（节点）和信息处理中心，中枢就是最高统帅部。这样，就可有力地在多个方面推动作战指挥模式的变革。

① 信息传输进程加快。传统的信息传输过程需要人工传输与人工处理，信息传输速度受制于中间的各个环节。而数据链的突出优点是全过程均无须人工介入，信息传输速度大幅度提高。信息传输进程的加快，可置整个战场于统一的时空之下，各级指挥员可以抓住稍纵即逝的良机，夺取战场上的主动权。

② 战场控制范围扩大。数据链应用不仅实现了信息共享，而且因信息共享带来了"资源"共享。这里的"资源"，既包括信息资源，也包括各种武器装备资源及其他资源。依托信息传输，使整个信息覆盖范围都变成了战场控制范围。

③ 作战协同能力增强。数据链的产生是源于战术协同和联合作战的需要，是在不同的作战平台间，建立紧密的战术链接关系。数据链的应用，使战术协同水平大大提高，从而催生了可进行联合作战和一体化打击的装备体系的出现，带来深刻的、意义深远的战术革命和指挥革命。

8.5.2　典型的战术数据链分析

由于数据链在现代战争中起着极其重要的作用，若对战术数据链信息进行截获，采用发假信息进行欺骗或占用以及堵塞对方信道等手段，扰乱和攻击敌方战术数据的信息传输，破坏敌指挥控制及情报信息的有效收集、获取和传输，就能将统一的作战装备体系割裂为相互独立的作战单元，达到降低其联合作战能力的目的。现就美军在战场上使用的最典型的数据链，如 LINK11、LINK4A 和 LINK16 等进行分析介绍。

1）LINK11 战术数据链

LINK11 是最早使用的战术数据信息链路之一，也称为 TADIL-A，用于支持空中、陆地以及舰船等的战术数据系统相互交换作战情报信息。LINK11 不仅可以用于视距数据传输（UHF 频段），而且也可用于远程超视距数据传输（HF 频段），采用组网通信技术和标准的信息格式，按"存储转发"原则进行工作。例如从预警探测雷达来的数据，首先送入终端计算机，经适当处理后，以时分复用方式加到 HF 频段或 UHF 频段，发送给网内各成员，使各个成员都可获取当前战场态势情报。

LINK11 由一个数据链网（络）控（制）站（DNCS）和若干个（可多达 64 个）从属站（也称监督站）组成。平时，监督站处于接收监视状态，而网控站则通过发送一个询问序列来启动网络传输。在所发送的询问序列中，除了网控站所要发送的战术数据外，还带有允许下一个发送的监督站的地址码。所有监督站均接收这一询问序列，并把战术数据输进自己的计算机，进行分析处理，同时把收到的地址码与自己的地址(网内每个成员都分配一个唯一的地址)进行比较。如果收到的地址码是自己的地址码，则该监督站把传输设备转换为发送状态，发送回答信息序列；在回答信息序列中，可发送本站的战术数据，以便使网内的其他成员共享该站战术信息。网控站收到该站的回答信息后，又转到发送状态，发送新的询问序列，直至网内的所有成员都被询问到为止。由此可见，LINK11 采用了循环呼叫方式，以保证在任一时刻只有一个成员处于发送状态，网内的其他成员均处于接收状态。

典型的 LINK11 数据链通信网如图 8.5-1 所示。

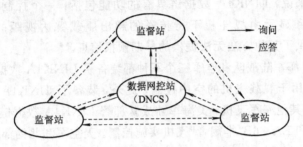

图 8.5-1 数据链通信网的组成示意图

数据链系统的配置有多种不同的形式，图 8.5-2 是具有代表性的系统配置。它由战术数据系统计算机(TDS)、密码装置(密钥发生器 KG-40)、数据终端(机)、HF 或 UHF 无线电通信设备，以及天线耦合器和天线组成，外部标频通常也是系统的一部分。

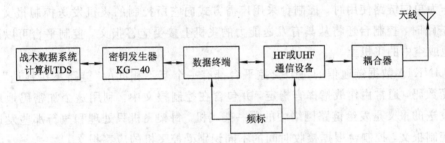

图 8.5-2 数据链通信网的组成示意图

2) LINK4A 数据链

LINK4A 也称为 TADIL-C 战术数据信息链路，其主要功能是用于把指挥控制站(如预警机等)所截获的目标信息和指令传输给作战飞机。使用 LINK4A 数据链的场合主要有航空母舰的飞机自动着舰系统(ACLS)、空中交通管制系统(ATC)、空中拦截控制系统(AIC)、突击控制系统(STK)、地面控制轰炸系统(GCBS)和舰载飞机惯性导航系统(CAINS)等。

LINK4A 数据链于 20 世纪 50 年代末开始装备美海军早期的 F-4 型战斗机中队，用于舰-空通信系统。到了 60 年代，其他舰载飞机也安装了 LINK4A 数据链，这些飞机包括 E-2A、E-2C、S-3A、A-6、A-7、EA-6A 以及 F-4 改进型战斗机。70 年代，EA-6B 飞机也安装了 LINK4A 数据链；同一时期，F-14A 战斗机配置了双向数据链，使其能够向控制台下行传送跟踪与状态数据。进入 80 年代后，LINK4A 数据链的双向通信能力进一步加强，并在 F/A-18 飞机上得以体现。

LINK4A 数据链设备与 LINK11 一样，也由战术数据系统计算机、数据终端（机）、UHF 无线电设备以及天线组成。图 8.5-3 是典型的 LINK4A 数据链的设备组成示意图。

图 8.5-3 数据链设备的典型配置示意图

对于水面舰船来说，LINK4A 数据链具有的功能包括：一个控制员能够控制多架飞机，以及能够接收和显示由战斗机下行传送的超出舰载雷达视距的目标数据，因此，LINK4A 数据链提供了其他方法无法提供的早期预报信息。

目前，美海军、海军陆战队和空军三个军种都装备了 LINK4A 数据链。美海军主要是将 LINK4A 数据链用于舰载飞机的空中控制，此外，装备了 LINK4A 数据链的 E-2"鹰眼"飞机还可以控制其他海军飞机。美海军陆战队部署 LINK4A 数据链的目的是对其部署的 F/A-18"黄蜂"和 EA-6B"徘徊者"飞机实施控制。美空军和北约部队在其 E-3"哨兵"飞机的机载预警与控制系统中也使用 LINK4A 数据链设备，利用它对其他飞机进行控制。

在实际作战环境中，单个 LINK4A 控制台可以根据不同的需求，操纵若干个不同的 LINK4A "网"或不同的控制频率。受控飞机在执行单项任务过程中也可以从一个 LINK4A 网转入到另一个网。为了实现各个网络的功能，LINK4A 链路可作为单向或双向通信链路。当作为单向链路使用时，控制台采用广播方式向它所控制的飞机发送控制报文；当作为双向链路时，控制台还将从具有发送能力的飞机上接受应答报文。控制平台可以设在舰船、陆地或空中的飞机上。

与 LINK4A 数据链通信的每个受控平台都有一个互不相同的"链路飞机地址"，该地址为加密数码，通常由作战指挥官指定，并包含在控制报文中。利用这个加密码地址就可以确定发送的报文是发给链路网络中的哪一架飞机。每架飞机只处理和执行那些发送给本地址的控制报文，控制台根据接收时间的不同识别受控飞机的应答报文。

3）LINK16 数据链

LINK16 数据链的核心设备（数据终端）就是美军的"三军联合战术信息分发系统"，一般简称为 JTIDS，是专门为美三军联合作战而设计的集通信、导航和指挥控制于一体的战术 C3I 系统。其主要功能就是迅速收集和分发战场上各种情报信息，实现各作战单元之间的实时战术数据交换，指挥三军协同作战，充分发挥总体作战效能。

与 LINK16 有关的名称包括：JADIL-J（战术数字信息链路与 J）、JTIDS（联合战术信息分发系统）、IJMS（临时消息规范）和 MIDS（多功能信息发布系统）。LINK16 与 JADIL-J 是等同的，美国海军和北约使用"LINK16"这一名称，而美国其他军种使用"JADIL-J"。

LINK16 采用 JTIDS 作为其无线通信部分，具体包括了 2 类数据终端软件、硬件、射频设备及其产生的大容量、保密、抗干扰波形。在北约国家，与 JTIDS 等同的名称是 MIDS。MIDS 是美国、法国、德国、意大利和西班牙正在联合研制的更小的 JTIDS 数据终端，它具有 2 类数据终端的所有功能，但体积、重量、功耗和价格至少降低了一半。IJMS 是 JTIDS 早期数据终端（如 JTIDS 1 类数据终端）使用的一种临时性的信息规范。JTIDS 1

类数据终端最初用于美国空军和北约的 E-3 飞机上，这些数据终端只能支持有限的容量，并与 LINK16 不完全兼容。为了解决兼容问题，美国空军的 2 类数据终端具备传输 IJMS 信息和 J 类信息的能力（双语言能力），而海军的 2 类数据终端不能处理 IJMS 消息。

LINK16 数据链的组网使用如图 8.5-4 所示。

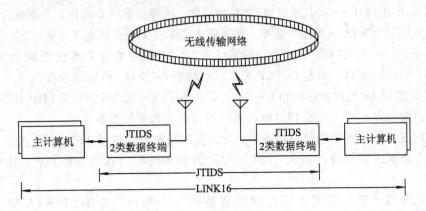

图 8.5-4　LINK16 数据链组网使用示意图

LINK16 使用 JTIDS 数据终端，这代表了 LINK16 在数据链通信方面较目前的 LINK11 和 LINK4A 有重大的进步。但是，由于 JTIDS 只使用在 UHF 频段，其通信距离受限（视距范围），只有在采用接力平台后才能超出视距，因此，LINK16 并不能完全替代其他数据链（如 LINK11 和 LINK4A）。而且，很多装备 LINK11 的平台并没有装备 JTIDS 数据终端。可以预见，在今后相当长的时期内，一个作战群会同时使用 LINK16、LINK11 和 LINK4A。

美海军已装备 LINK16 的舰船包括航空母舰、巡洋舰、驱逐舰、两栖攻击艇和潜艇；飞机包括 E-2C"鹰眼"预警机和 F-14D"雄猫"战斗机。另外，F/A-18"大黄蜂"也将装备 JTIDS 数据终端。预计其他作战平台，如 EA-6B 电子战飞机和 EP-3B 电子侦察飞机等也将装备 JTIDS 数据终端。

美海军舰载的 LINK16 数据链是最典型的通信系统，其设备组成情况如图 8.5-5 所示。

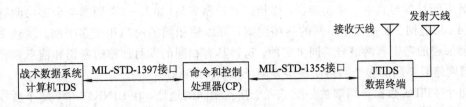

图 8.5-5　美海军舰载 LINK16 数据链通信系统的组成示意图

美海军舰载 LINK16 由战术数据系统计算机（TDS）、命令和控制处理器（C^2P）、数据终端、天线，以及它们之间的接口组成。战术数据系统计算机的主要功能是向其他数据链用户提供战术数据，接收和处理来自数据链用户的战术数据，进行战术数据库的维护和管理。命令和控制处理器管理消息的分发，提供战术数据系统计算机和 JTIDS 数据终端之间的接口。对于装备 LINK16 和 LINK4A 的平台，命令和控制处理器还提供战术数据系统计算机 LINK16 和 LINK4A 的数据终端之间的接口。

美海军陆战队采用了具备大功率放大器组(HPAG)的 AN/URC - 107(V)9 2 类数据终端,用于支持战术空中命令中心(TACC)、战术空中作战中心(TAOC)和空中防御通信平台(ADCP),数据终端与主系统之间的接口为 MIL - STD - 1553 标准。

美陆军采用 JTIDS - 2M(改进型)类数据终端,这种数据终端的特点是重量轻,适合陆军使用,采用低于 8 kb/s 的用户速率,其通信连通率在无干扰环境下不低于 85%,在干扰环境下不低于 70%。美陆军使用的 JTIDS - 2M 数据终端与主系统之间的接口不是 MIL - STD - 1553 总线,而是 CCITT X.25 接口的一种变种,称为混合接口。

美空军在 MCE 地域通信网和 E - 3A 上均装备了具有大功率放大器(HPAG)的 2 类数据终端,而装备在 F - 15 上的 JTIDS 数据终端没有大功率放大器。

JTIDS 是 LINK16 数据链通信系统中除通信网络和计算机以外的数据终端设备,其特点体现了 LINK16 数据链的特点。JTIDS 使用时分多址(TDMA)工作方式,具有如下的特点。

(1) 无节点。节点是用于维持网络通信的一个用户,如在 LINK4A 中,网控站(DNCS)就是一个节点。如果网控站被毁或出现故障,则整个链路就不能工作。JTIDS 是无节点的,其时隙预先分配给每个用户,链路进入运行后,网络中任何一个用户都不是不可缺少的。在 JTIDS 中,有一个与节点有点类似的东西,那就是网络时间参考(NTR)成员。在启动一个网络和新成员的入网同步时需要 NTR,而一旦网络建立后,JTIDS 可以在没有 NTR 的情况下正常运行数小时。

(2) 安全性高。JTIDS 的保密包括信息加密和发射加密,信息加密(MSEC)是通过采用 KGV - 8 加密机对传输的数据进行加密来实现的;发射加密(TSEC)是通过控制发射波形来实现的。JTIDS 信号采用了跳频、直扩和跳时等加密措施,扩频码和发射时间抖动(跳时)由发射加密的密钥确定,跳频图案则是由网络号和发射加密的密钥共同确定。

(3) 网络参与群(NPGs)。一个网络的 JTIDS 时隙可以包含一个或多个网络参与群。NPGs 是由它的功能,即由其发射的信息类型来定义的。如美国海军所使用的 NPGs 包括:监视、电子战、网络管理、武器协调、空中管制、保密话音以及精确定位和识别等功能群。

网络按功能群划分,确定了 JTIDS 设备仅参与到它们应参与的那个网络功能群。一般的成员可能只参与其中一个功能群,而指挥和控制成员(如 E - 2C)则参与全部功能群。

(4) 层叠网。通过采用不同的跳频图案,可以使相同的时隙用于多个网。跳频图案是由发射加密的密钥和网络号共同决定的。这种具有相同的发射加密的密钥和信息加密的密钥,但网络号不同的多个网络叫做层叠网(Stacked Nets)。

每个 JTIDS 数据终端都被分配了一个互不相同的地址,在 LINK16 中,每个数据终端的地址都是一个 5 位数的八进制号码,其范围为 00001~77777。由于 LINK11 数据终端地址范围是 001~177(八进制),因此,为了实现多链路能力,LINK16 的地址范围设置在 00001~00177,这与 LINK11 的地址 001~177 是等效的,即当一台设备同时在这两条链路中工作时,则可使用两条链路上相同的地址。这段范围的地址可分配给指挥与控制用户(如 E2 - C)。

(5) 反侦察和抗干扰能力强。JTIDS 采用了跳频、直接序列扩频、跳时和纠错编码等多种反侦察和抗干扰措施,同时,还采用了数据加密、直扩序列加密(控制改变直扩图案)、跳频图案加密(控制改变跳频图案)和时间加密(人为定时抖动)等多种加密措施。因此,对 JTIDS 信号的截获、解调和欺骗攻击是相当困难的。其反侦察和抗干扰措施的特点如下:

① 跳频:采用了高速跳频方式,并且跳频图案是随时隙号而变化的,即可以有 98304 种变化,这个变化的规律是由密钥控制的,密钥每天改变一次,因此,跳频图案的变化规律也每天改变一次。另外,JTIDS 的信号脉冲宽度只有 $6.4\ \mu s$,即每一次跳频中信号持续时间只有 $6.4\ \mu s$。在 $6.4\ \mu s$ 中,电磁波的传输距离只有 $1.9\ km$,因此,无法对其实施跟踪式干扰,只有在掌握了跳频图案及其变化规律的前提下,才有可能实现干扰信号与 JTIDS 的跳频同步。

② 直接序列扩频:JTIDS 使用了 32 位伪码序列,其中在信息段使用的是 32 位的 M 序列,在同步段使用的序列则是从所有的 32 位序列中任意挑选出来的,或者是从中挑选出来的自相关性能较好的二进制序列。JTIDS 所使用的扩频码同样也是随时隙号而改变的,且其变化规律也是由密钥控制的。因此,即使在截获到扩频码的情况下,也难以实现信息欺骗干扰,只有在掌握了扩频码的变化规律的前提下,才可能实现信息欺骗干扰。

③ 跳时:JTIDS 为了增强时间上的抗干扰性能,采用了人为的定时抖动,即每个时隙发送段的起始时刻相对于该时隙的起点有一个偏移量,这一偏移量也是随时隙号码而变化的。这个变化的规律也是由密钥控制的。JTIDS 终端机在接收信号时,并不是在时隙的起点等候信号,而是在时隙起点偏移一段时间(即定时抖动量)后再等待信号的到达。对于每个 JTIDS 数据终端而言,信号到达时间等于时隙起点时间加上定时抖动量和电波传输时间。

④ 纠错编码:采用了 $(16,4)$ 和 $(31,15)$ RS 编码,具有很强的检错和纠错能力。由于一条信息中的每个字都采取了纠错编码措施,具有接近 30% 的纠错能力,所以,即使某些字符(脉冲)受到干扰后发生差错,在接收端也能将其正确地纠正过来。

另外,JTIDS 的 51 个跳频信道中(注意每一跳只发送一个脉冲即一个字符),只干扰掉少量的信道,对 JTIDS 不会产生影响(其误码率不会降低);一定要干扰掉足够的信道,让其接收终端的无法纠错后才能降低 JTIDS 正确接收概率,从而引起"字"差错或"信息"差错。

8.5.3　数据链对抗技术

数据链是一种在各用户间依据统一的通信协议和信息格式,使用通信设备传输和交换数据信息的通信链路,具有传输速率高、反侦察/抗干扰和保密能力强的特点,是传感器、指挥控制系统与武器平台综合一体化建设和数字集成的基础,是实现战场信息共享、缩短决策指挥时间、对敌进行实时精确打击的保障。美国和北约等国家已开发了一系列用于陆、海、空三军的战术数据链,构成了完整的作战指挥和控制和通信体系。

因此,数据链已是现代数字化战场和数字化部队不可或缺的武器,深入研究数据链的通信协议、信息格式、信息编码和信息组网等特征,攻克数据链对抗装备的关键技术,已成为通信对抗装备发展的重点之一。

譬如,在已知数据链信道编码方式(如跳频图案和扩频码)、信源编码方式、通信协议和信息格式等的基础上,通过对数据链的侦察,实时分析并掌握其通信规程和活动规律,在关键时刻,通过占用信息传输信道,延误和降低信息数据的传输效能,或伪装数据链的网控站(或终端),产生大量相关的假数据进行欺骗,或利用大量的"垃圾"数据发送至数据链网络,造成数据链信道堵塞,延长情报处理时间等相应的干扰方式,可实现有效对抗数据链通信的目的。

1. 数据链侦察技术

对数据链信号的侦察技术主要包括:数据链信号的截获和侦收技术、数据链信号识别技术和数据链信号的解调技术等。

1) 数据链信号的截获和侦收

要完成对 LINK11 和 LINK4A 信号的截获和侦收,首先要采用搜索接收机对其所在频段进行搜索,发现信号及其频率,然后再对该信号进行分析、特征提取和识别以及解调等处理。

JTIDS 采用了宽带高速跳频体制,跳频频率集包含 51 个频率点,在每个频点上的信号驻留时间只有 6.4 μs,而且跳频频率范围宽,对 JTIDS 信号的截获必须同时满足宽带和实时性要求,采用常规的搜索体制显然不能满足需要。可行的方法是采用宽带信道化接收体制结合宽带数字化处理技术。信道化接收机对射频信号进行截获、滤波、放大、混频和分路等处理,输出多路并行信道,所有的信道共同完成对 JTIDS 工作频段(960~1215 MHz)的瞬时覆盖。

2) 数据链信号的识别

(1) 对 LINK11 信号的识别。工作于 UHF 频段的 LINK11 为调频信号,其信号带宽与话音调频信号的带宽相近,占用一个 25 kHz 信道;其频谱与话音调频信号的频谱相似;从基带频谱上看,LINK11 数据链信号有 16 个单音,这是识别数据链信号最主要的特征。

(2) 对 LINK4A 信号的识别。信号的主要特征有:工作频率范围为 225~399.975 MHz,采用 2FSK 调制,调制频偏较大(±20 kHz);信号带宽宽 50 kHz,占用 2 个 25 kHz 的标准信道;信号的持续时间为 14ms(控制报文)和 11.2 ms(应答报文),并有明显的信号断续特征;数据速率为 5 kb/s;同步的速率为 10 kb/s。根据 LINk4A 的这些信号特征,并通过信号分析接收机加以提取分析后,就很容易加以识别判断。

(3) 对 JTIDS 信号的检测和识别。JTIDS 信号是一个具有跳频、直扩和跳时等多项功能的低截获概率信号,因此,常规的接收机既无法对其进行侦收,也无法对其检测和识别,同样必须采用宽带信道化接收体制和宽带数字化处理技术,针对信号的不同特性进行检测和识别。

对 JTIDS 信号的直扩检测方法有多种,如能量检测法、相关检测法、倒谱检测法、循环谱相关检测法等,其详细讨论参见本章扩谱通信对抗的相关内容。

由于 JTIDS 信号是脉冲信号,脉冲宽度只有 6.4 μs,如果采用单脉冲检测,则检测器的积分时间是有限制的,即 T≤6.4 μs,所以检测器的处理增益值是很有限的,即检测器的处理增益不会很大,因此输入信噪比不能太低。另一方面,由于 JTIDS 信号的脉冲很密集,在检测时应着重考虑实时性,因此,检测算法应尽量简单,计算量尽量小。比较合适的方法是采用能量检测或单信道自相关检测。

在检测到信号后,还需要对信号进行识别。JTIDS 信号的跳速虽然很高,但跳频的频点很少,还可根据 JTIDS 信号的固有的特征,如脉冲宽度、脉冲周期、码元长度和发送(保护)段等特征对其进行识别。

3) 数据链信号的解调

（1）对 LINK11 信号的解调。可以采用有分析功能的监测接收机对 LINK11 信号进行调频解调，包括对音频信号进行解调，恢复音频信号，然后再对音频信号进行处理，恢复传输数据。

（2）对 LINK4A 信号的解调。LINK4A 信号采用了 2FSK 调制方式，它是通过把数据终端输出的基带信号输入到战术电台中对载波进行调频后产生的。因此，在接收信号时，可先对射频信号进行调频解调，输出基带数据，再由数据终端对基带数据进行处理、抽样判决及恢复数据，最后，根据 LINK4A 数字信号的格式恢复同步码和数据（解调）。

2. 对数据链的干扰技术

1) 对 LINK4A 和 LINK11 的干扰

从信号抗截获与反侦察体制方面采取的措施看，LINK4A 和 LINK11 可以归为同一类，这两种数据链信号只是对发送数据进行加密（也有不加密），而在射频信号发射方面并未采取抗截获与反侦察措施。因此，对 LINK4A 和 LINK11 两种数据链信号实施干扰时可以统一考虑。只是因为 LINK4A 数据终端的收发转换速度很快，因而对 LINK4A 的干扰在干扰反应速度上要求更高。

对 LINK4A 和 LINK11 数据链一般可采取压制干扰，也可在一定条件下采取效果更好的欺骗干扰。

欺骗干扰有两种方法：一种是在收到网控站发出询问信号情况时，通过发射应答信号来欺骗网控站；另一种是在收到监督站发出应答信号情况时，通过发射询问信号来欺骗监督站。

2) 对 JTIDS 的干扰

若对 LINK16 数据链信号进行干扰，需要等效干扰功率的大小主要取决于三个因素。

第一是干通比 R_j/R_s（干扰距离 R_j 与通信距离 R_s 之比），所需干扰功率与 $(R_j/R_s)^2$ 成正比。

第二是压制系数，根据定义，"压制系数等于在确保通信受到完全压制的情况下，在通信接收系统输入端所必需的干扰功率与信号功率之比"。由于 JTIDS 采用了直接序列扩频，有较大的扩频处理增益，因此，对于某种样式的干扰信号，要达到完全压制的干扰效果，压制系数是很大的值。

第三是干扰信道数，JTIDS 采用了纠错编码，具有很强的纠错能力，只干扰掉少量的信道对 JTIDS 没有影响（误码率不会降低），在跳频图案未知的情况下，只有同时在多个信道上发射干扰信号，干扰掉足够多的信道，让其接收终端无法纠错后才能降低的正确接收概率，从而引起"字"差错或"信息"差错，达到干扰目的。

8.6　通信网对抗技术

针对军事通信网的信息对抗，是指信息作战指挥中控制电磁频谱、计算机和信息网络等的一系列对抗活动。针对军事通信网的信息对抗是智力抗衡，技术较量，优势争夺。对通信网的对抗的技术基础是点对点通信对抗，它的基本要求包括对侦察定位要求和干扰攻击要求等方面。

8.6.1　通信网的分类

1. 按照网内通信平台的性质分类

军事通信网有许多子系统。对于通信网及其子网有不同的分类方法，如按承载业务划分，有电话通信网、数据通信网和综合通信网；按信息特点划分，有模拟通信网和数字通信网；按照网的活动形式划分，有固定通信网和移动通信网等，下面进行简要说明。

1) 战略通信网

战略通信网一般指为国家最高指挥当局，各军兵种和战区级指挥系统服务的、提供长途定点通信的固定通信系统。它是实施战略级指挥控制的手段。其主要特点是覆盖广大的地域以组成军事通信公用网。

现代战略通信网一般可分为自动电话网、自动数据网和自动保密电话网。在战略通信网中用户配置于固定的地理位置，传输线路连接方案基本固定，交换机也是固定的。网络平时采用的线路有地下电缆、光缆、微波接力线路、固定的对流层散射和卫星通信线路。战时还可以采用可移动的对流层散射设备、可移动的交换机等手段来改变网路的结构。此外，它还为陆、海、空军的移动战术部队提供干线网络。

2) 战术通信网

战术通信网是为保障战役军团、战术兵团、部队（分队）指挥而组织的通信网络，有时也属于战役通信范畴。战术通信网包括单工无线电网、地域通信网及自动数据分发系统等。

2. 按照通信网的作战任务分类

通信网络不全是直接面向用户的。一般对于直接面向用户的通信网络称为通信业务网，包括电话通信网、电报通信网、数据通信网等。对于不直接面向用户的通信网络称为支撑网，包括信令网、同步网、管理网等。

1) 通信业务网

通信业务网是直接面向用户的通信网络，可以根据其为用户提供的业务种类来划分，包括电话通信网、电报通信网、数据通信网、会议电视网及综合业务网等。军事通信网中常用的是电话通信网、数据通信网及会议电视网。

（1）电话通信网。电话通信网是最早建立起来的一种通信网。电话网由用户终端系统、信息传输系统及信息交换系统三大基本组成要素组成。用户终端系统包括电话机、调制解调器、应答器、用户交换机等。信息传输系统包括用户线环路及干线系统，用户线环路是把用户终端设备和交换设备连接起来的传输线路。目前，大部分还是采用用户线缆，但正走向光纤化。干线系统主要是指将交换设备相连的传输系统，可以采用数字微波传输系统、光纤传输系统、卫星传输系统等。

（2）数据通信网。现代数据通信就是为计算机之间以及各计算机和各种终端之间提供传输、交换信息的手段。广义而言，数据通信也就是计算机通信，从而形成的数据通信网也就是计算机通信网。

数据通信网也包括用户终端系统、信息传输系统及信息交换系统三大基本组成要素。

用户终端系统由以计算机为代表的数据终端组成；信息传输系统则广泛采用各种数字传输系统。数据通信网包括，数字数据网(DDN)、分组交换网(x.25 网、帧中继网、ATM 网)等。

（3）会议电视网。会议电视网的主体是会议电视系统，是集通信、计算机技术、微电子技术于一体的远程异地图像通信系统。在通信的发送端，将图像和声音信号变成数字化信号，在接收端再把它重现为视觉、听觉可获取的信息。它与电话会议相比，具有直观性强、信息量大的特点。会议电视系统主要由终端设备、传输信道(通信网，以及多点控制单元(MCU)三部分组成。

（4）综合通信网。综合业务数字网(ISDN)是通信网络的先进技术，它是通过网络为用户通过声音、图像和传真等各类业务的技术手段。

ISDN 业务有两个显著的特点；一是使一队传统的电话线最多能够接 8 个不同的终端进网，其关健技术是标准化的 ISDN 用户－网络接口。该接口可以提供两个 64 kb/s 及一个 16 kb/s 的带宽或 2Mb/s 的带宽。二是 ISDN 能够为用户提供端－端的数字连接，终端设备不经过调制解调器即可直接进入网络。

2）支撑网

不直接面向用户的通信网络是支撑网。支撑网是为保证通信业务网正常运行，增强网络功能，提高全网服务质量而形成的网络。支撑网中传递的主要是相应的监测、控制及信令等信号。按照支撑网所具有的不同功能，可分为信令网、同步网和管理网。

（1）信令网。信令网是在程控数字交换技术和 PCM 传输技术发展的基础上为提供更多的业务服务而提出的。信令网实际上是一个专门传递各种业务节点间信令消息的数据网。这些节点可以是程控数字交换局、专用数据库、智能中心、网络管理中心。它不受电话网和其他通信业务网的约束，是一个独立的网络体系，从而使得信令的传送不受通信业务的限制和影响，以提供许多增值业务。

（2）同步网。同步网是为通信网中所有通信设备的时钟提供同步控制信号，以使它们同步工作在共同速率上的一个同步基准参考信号的分配网络。同步网的功能是准确地将同步信息从基准时钟传递给同步网的各节点，从而调节网中的各时钟以建立并保持信号同步。同步网可分为数字同步网和模拟同步网。

（3）管理网。管理网是对通信网络实施管理的网络。它是建立于业务网之上的管理网络，是实现通信网业务管理的载体，是通信支撑网的一个重要组成部分。

电信管理网是一个有组织、标准化的网绍体系，可以提供一系列的管理功能如故障管理，性能管理、配置管理、计费管理以及安全管理。并能使各种类型的操作系统之间通过标准接口进行通信联络，还能够使操作系统与电信网络各部分之间通过标准接口进行通信联络。

3. 按照通信网传输的信息形式分类

按照通信网中信息的表现形式，可将通信网分为模拟通信网与数字通信网两种。

1）模拟通信网

模拟通信网中的主要组成要素是模拟系统，传输和处理的信号是模拟信号。模拟信号是指在时间上或幅度取值上连续的信号，如语音信号、图像信号和频分复用信号(FDM)等。

模拟通信网具有信道利用率较高、原理简单、易于实现的优点，在历史上曾经有过迅速的发展。

2）数字通信网

数字通信网中的主要组成要素是数字系统，传输和处理的信号是数字信号，如光纤数字传输系统、程控数字交换机等。数字信号是指在时间取值上和幅度取值上离散的信号，如电报信号、计算机数据信号和时分复用信号（TDM）等。

用数字信号构成的数字通信系统与用复杂波形传递信息的模拟系统相比有许多优点。数字化技术远比模拟技术复杂，但是在超大规模集成电路广泛使用的今天，这个问题也不那么重要了。因为集成工艺使数字设备在体积、功耗、可靠性和经济性方面都可以比模拟系统更好。

4. 按照通信网传输媒介分类

1）短波通信网

短波通信指频率为 3～30 MHz 的无线电通信，但人们常把中波的高频频段（1.5～3 MHz），归到短波波段中，它是历史最悠久的无线电通信，也是人们最熟悉的一种通信方式。在世界通信发展史上占有十分重要的地位，在军事通信领域更是独具魅力。

从军事通信的意义上来看，短波通信系统在军事通信网中主要用于建立各级指挥员之间快速、直接指挥通信和陆、海、空军之间的协同通信。它能保障那些通信方向不明、距离不等、位置不定的部队与指挥员之间的通信。短波通信主要应用方向如下：

（1）短波通信可应用于专用通信与战术通信网中，短波通信系统建立迅速、机动性强，既可用于近距离通信，又可用于远距离通信；既可用于点对点的固定通信，又可用于移动通信。非常适用于诸军兵种分层式与非分层式指挥控制的各种专用通信和联合通信，特别是战术通信的组网应用。

（2）短波通信可以作为战略通信网的应急手段，在通信卫星遭受打击后通信中断情况下，短波通信仍是唯一的远程通信手段，可实现最低限度的指挥与控制。

（3）短波通信装备于小分队与士兵，赋予了士兵在执行信息获取、指挥控制、作战等综合任务时的独立作战能力，使传统士兵的概念发生了根本性的变化。因此，保持迅速、准确、保密、不间断的通信尤为重要。

2）光纤通信网

光纤通信是以光波为载波，以光导纤维为传输媒质的一种通信方式。光纤是光导纤维的简称。光纤通信具有传输频带宽、通信容量大、传轮损耗低、中继距离长、抗电磁干扰、保密性能好等优点，成为当今信息网络的骨干与支柱。

3）微波通信网

微波是指频率在 300 MHz～300 GHz 内的无线电波。微波通信具有波段宽、天线增益高、方向性强、外界干扰小等特点，应用十分广泛。由于微波主要是利用空间波直射传播，而地球表面是弯曲的，即使在平原地区，传播距离仍然有限，在收发双方天线高度一定的情况下，传播距离只能在视距范围内，一般仅为几十公里。如果考虑地形地物的影响，通信距离就更有限。要实现远距离通信，必须在两个终端站之间建立若干个中间站，以接力方式逐站依次传递信号。这种利用地面中间站转发微波信号的超视距、多路无线电通信称为微波接力通信。微波接力通信系统可分为模拟微波接力通信系统和数字微波波接力通信系统。

数字微波接力通信系统具有多种优点；能提供远距离、大容量、高质量的传输信道；

可传轮话音、图像、数据等多种消息，能够通过有线电路难于通过的地区，机动性强；抵抗洪涝、台风、地震等自然灾害的能力较强、可靠性高。因此，它是世界各国的主要无线宽带传输手段。

4）卫星通信系统

卫星传输系统是指地球上的无线电通信站之间利用人造卫星作中继站而进行的通信。由于作为中继站的卫星处于外层空间，这就使得卫星传输方式不同于其他地面无线电通信方式，而属于宇宙无线电通信的范畴。

目前，军事大国均拥有自己的军用卫星通信系统。随着空间技术的发展，卫星通信在军事通信中将起着愈来愈重要的作用。卫星传输系统已经广泛应用于战略与战术通信网络中，各军事大国都建有自己的军事卫星通信系统。卫星通信系统的主要功能如下：

（1）利用卫星通信构建全球信息传输链路，以确保在全球任何位置的作战人员均可获得安全、高质量的声音、数据以及清晰的图像通信服务。如美军国防卫星通信系统（DSCSS）它是美国国防部进行远程大容量干线通信的主要网络，采用超高频（7～8 GHz）频段进行安全可靠的电话及高速数据传输，旨在为国防以及外交方面的用户，即宽带用户服务，以解决全球战略通信及关键战术单位的移动通信需求。

（2）利用卫星通信作为区域通信的无线主干链路。诸军兵种联合作战部队将在整个作战区域快速、频繁地机动，要求通信系统必须具有灵活性、移动性、与民用网及战略网的互连性，以及能传输各种业务的宽带通信能力和较强的覆盖性，故运用卫星通信作为无线主干链路。

（3）美军除现有的战术卫星通信系统外，还有美国国防部主持、三军共同协作的"军事星"（MILSTAR）系统，为全球范围的"移动/车载"用户提供"中/低"速率的数据入口。这一三军联合军事卫星通信系统不仅在战略 C^3I 系统中第一个享有最高优先权，而且也是由总统批准的屈指可数的优先计划之一。在美军实现军事卫星通信现代化中占据着颇为重要的地位。

8.6.2　典型军事通信网的基本原理

对于军事通信网而言，一个非常重要的考虑就是它们的战略意义或战术意义。可以提供多种业务、适于军事战略、战术需要的野战综合通信系统及战区通信系统，是军事通信网的重要应用，也是组成 C^3I 系统的主要成员。

1. 野战综合通信系统

野战综合通信系统是根据现代战役（战术）特点和作战要求，运用微电子技术、信息处理技术、抗电子干扰技术和软件工程等先进技术，综合多种通信手段、通信网络、通信业务而形成的新型的、多功能战役（战术）通信系统。它是野战通信系统的一种类型，也是世界各国军队野战通信发展共同的趋势。

自 20 世纪 60 年代初提出地域通信网的理论以来，世界各国都十分重视对以地域通信网为骨干的野战综合通信系统的研制工作。目前，发达国家军队已有或正在研制的野战综合通信系统主要有美军的"移动用户设备系统（MSE）"、英军的"松鸡系统（PTARMIGAN）"和"多功能系统（MRS）"、法军的"里达系统（RITAA）"以及瑞典、挪威联合研制的"增量调制移动通信系统（DELTA MOBILE）"。

　　野战综合通信系统由于其整体性能和技术上的先进性，较之由现行通信装备组成的野战通信系统，在作战运用上具有生存能力强、时效性高、综合及互通性能高、机动性能好、保密和抗干扰性能强、适应性强等许多特点。

　　野战综合通信系统由地域通信网、双工无线电移动通信网、单工无线电台通信网、战术卫星通信网和升空平台通信等组成，其组成示意图如图 8.6-1 所示。

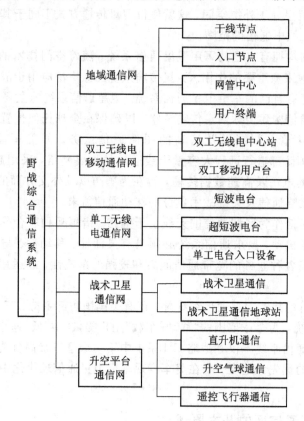

图 8.6-1　野战综合通信系统组成

　　1) 地域通信网

　　地域通信网由干线节点、入口节点、数据通信分系统、网控中心和用户终端等组成，它是在一定作战地域内开设若干个干线节点，以多路传输信道互联，形成栅格状可移动的公用干线网，各级指挥所(用户)通过入口节点进网，形成作战信息传递的通信网络。它可与上级、友邻及其他通信网互联，实现对战役(战术)作战整体通信保障，地域通信网是一个集群路数字传输、数字交换、数字加密、数字终端于一体的野战综合数字网络。

　　2) 双工无线电移动通信网

　　双工无线电移动通信网是一个集中控制式的、自动拨号的移动通信网。它不仅能独自组网，而且能与地域通信网、单工无线电通信网、军用电话通信网及民用电话网互通，是野战综合通信系统中实现用户—"动中通"的主要途径。双工无线电移动通信网，由无线电中心站和双工移动用户台两大部分组成。

　　无线电中心站是双工无线电移动通信网的交换与管理中心，主要用于双工移动用户之间以及双工移动用户与地域通信网的固定用户之间的通信。它由无线电收/发信机、单路加密设备、无线电中心交换机、控制终端以及将该中心站与地域通信网等互联的多路传输设备组成。

双工移动用户台是用户在运动中通过无线电中心站与其他用户达成通信的设备。它由一部配有保密机的双工无线电台和控制终端组成，通常装配于指挥车内或坦克、装甲车、直升机及遥控飞行器内，供指挥员在运动中使用，实施直接的电话通信。

3）单工无线电通信网

单工无线电通信网是使用短波、超短波单工无线电台组成的无线电网。在野战综合通信系统中，主要用于建立各级指挥员之间的快速、直接指挥通信和陆、海、空军之间的协同通信。

尽管通信容量不大，但它能够保障那些方向不明、距离不等、位置不定的部队与指挥员之间的通信。单工无线电台可经单工入网接口设备，通过入口节点交换机、复接器、双工移动台与地域通信网和双工无线电移动通信网互通。

野战综合通信系统中的单工无线电通信网具有话音、数据、电传、等幅报（仅高频电台）等工作方式。其建立的无线电链路均可以得到加密。

单工无线电通信网，由于结构相对简单、组网灵活、便于机动、便于实现点对点的通信。因此，仍然是作战指挥的重要通信手段之一，也是野战综合通信系统的重要组成部分。

4）战术卫星通信网

战术卫星通信网是野战综合通信系统实现大面积通信覆盖和远距离通信的重要通信方式，主要用于保障各部队间的通信。战术卫星通信网主要由战术通信卫星、战术卫星通信地球站等组成。

战术卫星通信网具有通信容量大、覆盖面积广、便于多址连接、不受地形条件限制、通信稳定、建网灵活等优点，其战术卫星通信终端可单独使用，与上级建立直接的通信，也可与地域通信网接口互联，能够传输各种信息。因此，战术卫星通信网是野战综合通信系统实施大面积通信覆盖和远距离通信的重要通信手段之一，也是野战综合通信系统的重要组成部分。

5）升空平台通信

根据升空载体的不同，升空平台通信可分为直升机通信、气球通信、遥控飞行器通信等。在野战综合通信系统中，根据战役作战的需要，各种升空平台可分别装载单工无线电台、无线电中心台、双工移动用户台、交换机及其相应的接口设备。其功能取决于载体所装配的通信设备性能和升空平台升空的高度。

2. 战区通信系统

战区是为实行战备计划、执行作战任务而划分的作战区域。战区根据战略意图和军事、政治、经济、地理等条件划分，主要负责辖区内诸军种部队联合（合同）作战的指挥和所属部队的军事训练、后勤保障等工作。

战区通信系统的通信网络节点构成如图 8.6-2 所示，通常网络节点的设备构成不包括指挥所内部通信系统。但是，为了利于管理、维护，实际上大部分战区通信网的节点建设都放在指挥所的所在地。因此，在此将战区指挥所内部通信系统一并考虑。指挥所内部通信系统是为指挥所内部各用户终端、各席位间的信息交换服务的。

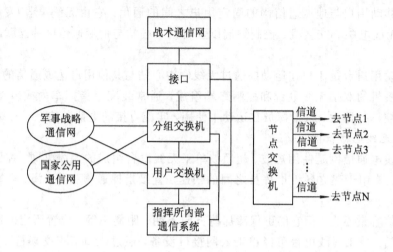

图 8.6 - 2　战区通信系统的网络节点结构

在现代自动化指挥所内,有大量的数据、语音、图像信息在指挥所内部传输、交换。这里既是战区通信网的信息产生源,又是信息目的地。可以说,战区通信网上传输的主要信息都来自于各指挥所内部,它们一般由内部小型数字交换系统、计算机局域网、指挥控制终端组成。在有图像要求的指挥所内,还有图像传输系统。各类信息经指挥所内的终端设备进行信息变换、复用形成具有多条逻辑线路的群路信息,群路信息经节点交换机和信道传输设备传输至相应的目的地。

战区通信系统完成信息的传输和转接任务,信息的变换则由指挥所内部通信系统完成。所以,战区通信系统一般由节点交换机和实现节点间链路连接的链路传输设备(又称信道机)构成。

节点交换机承担网络中干线交换任务,一般都实行群路交换,一般节点交换机有 3～4 个群路接口分别连接 3～4 个相邻节点。通过节点交换机,可以构成通信网内任意两端或多端用户间的信息连接。为了增强组网的灵活性,有的节点交换机提供用户接口单元选件。配有该选件的节点交换机具有各类语音接口和各种数据接口,可以直接与用户终端连接。用户单元的节点交换机需要由其他设备对用户终端进行复接,形成群路信号后进入节点交换机。

承担节点间链路连接的设备是信道机(信息传输系统)。信道机的种类很多,如微波信道机、超短波信道机、短波信道机、散射信道机、卫星通信传输系统、光纤传输系统等。

战区通信系统对组网的通信设备的要求是,机动灵活、便于安装;通信容量一般在 2～8 Mb/s 之间;抗干扰性强;网络维护方便。

目前的战区通信系统所使用的信道机主要有以下几种方式。

1) 微波和超短波通信

这两种通信属于视距通信,其信道参数基本上是恒定的,故称其为恒参信道。而且信道电磁信号的辐射具有方向性,所以,用该种设备构成的信道,可靠性高且具有一定的抗干扰能力。但是,由于它们是视距通信,在长距离通信中(通常指超过 40～50 km)需要建中继站进行信号的中继转发,这样,在网络的日常管理与维护上将增加工作量。

2）散射通信

利用大气层中对流层对电磁波具有散射的特点，实现远距离无线通信。它的通信距离可达 100～300 km 以上。也可进行中继接力通信，以实现超长距离的传输。由于散射时电信号的衰减很大，对散射通信设备的功率要求大，故它的功耗大，体积也大。又由于对流层的散射性能随着天气状况的变化而变化，因此，散射信道是一个随参信道。这种信道的质量不够稳定，抗干扰性较差，但其优点是中继通信距离长。所以，由该类设备构成的通信信道管理、使用较方便。

3）卫星通信

它是一种特殊的微波通信，它利用人造卫星进行中继通信，故称为卫星通信。卫星通信的质量稳定，通信距离长，一般为数千公里。利用若干卫星构成的通信系统可覆盖全球。卫星通信种类繁多，可适合多种要求的通信网络使用，既有安装方便、便于机动的小型卫星通信系统；也有通信容量大、提供多种通信接口的大型卫星通信系统。它们都具有通信质量可靠、管理和维护方便的优点。

8.6.3　对通信网的侦察技术

对军事通信网信号侦察的重要内容之一，是实现对通信网的信道信号的截获、处理、定位、网络协议分析、网台识别等，它是实现对通信网干扰和攻击的重要基础。

1. 对通信网信道信号的截获技术

为了截获通信网信道信号，侦察系统应该从工作频段、调制样式、多址方式、到达方向等几个方面满足截获条件。

1）通信网侦察设备的工作频段

战术通信网的工作频段为高频（HF：30～88 MHz）；无线接力信道的工作频段为特高频（UHF：240～2000 MHz）、超高频（SHF：12～18 GHz）；军用通信卫星的工作频率为特高频（UHF：300～3000 MHz）、超高频（SHF：3～30 GHz）和极高频（EHF：30～300 GHz）。

因此，实现全频段的通信网侦察时，工作频段应该覆盖上述的各种频段，即侦察频率范围为 30 MHz～300 GHz。实现对战场通信网侦察时，侦察频率范围为 30 MHz～18 GHz。实现对卫星通信网侦察时，侦察频率范围为 300 MHz～300 GHz。

2）通信网侦察设备的信号适应能力

通信网的信号具有多种形式，其多址连接方式主要有频分多址（FDMA）、时分多址（TDMA）、码分多址（CDMA）和分组交换等形式，基带复用的路数为 4～240 路。在 FDMA 方式，信道间隔为 25 kHz、125 kHz、500 kHz、5 MHz 等，信道数量从 50～10800 个。传输的信息包括模拟语音、数字语音、各种数据等，数据传输速率从 50b/s～2048 kb/s。战术通信网采用的抗干扰方式为跳频、扩频方式。无线信道的调制方式为 FM、MFSK、MSK、BPSK、QPSK 等。

由此可见，通信网侦察设备面临的将是一个复杂的信号环境，信号的参数包括多址方式、基带复用方式、调制类型、数据率、信息形式等都是复杂多变的。

3）通信网信号侦察系统的基本组成

通信网信号侦察系统的基本组成包括天线、接收机前端、载频测量和分析单元、调制识别和调制解调单元、多路复用解析单元、通信协议分析单元、通信网识别单元、信息分析和获取单元等。其原理如图 8.6 - 3 所示。

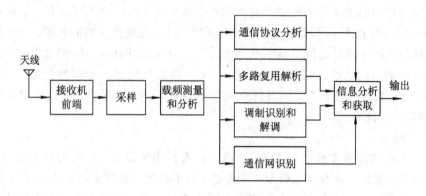

图 8.6 - 3 通信网侦察系统组成

其中天线和接收机前端接收是宽带或者窄带的接收机，用于接收通信网信道信号。接收机通常采用外差接收机，以保证一定的接收机灵敏度。其工作频段为 30 MHz～20 GHz，瞬时带宽为 10～200 MHz。接收机体制可以采用信道化接收机、窄带搜索接收机、数字化接收机等。

载频测量和分析单元完成对通信网信号的载波频率测量和分析，获取通信信号的载波频率、跳频图案等参数。

调制识别和调制解调单元完成对通信网信号的盲解调。它首先进行调制特征的提取，完成调制样式识别，在此基础上实现对信号的解调。

多路复用解析单元对解调得到的基带群进行分析，设法得到基带群的复用方式和复用参数，完成基带群的去复用，恢复多路基带信息。

通信协议分析和通信网识别单元对基带群信号进行分析，设法获取其交换信令、地址信息、通信内容，并且对通信网进行识别，识别其主干网络，是通信网侦察的重要环节。

信息分析和获取单元分析信息流，获取传输的信息内容，得到报文信息。

2. 对通信网信号的信号处理技术

通信网信号的信号处理部分包括通信信号的分选识别和参数估计技术两部分。

1) 通信网信号的调制识别

通信网信号的参数包括信号的到达方向、辐射功率电平、频率、带宽、调制方式和参数、多址复用方式、码速率等。实现信号参数检测时，先将射频信号变换到一个合适的中频，然后对中频信号进行采样数字化处理和分析，得到通信网信号的基本参数估计。对通信网信号的辐射功率电平、频率、带宽等参数的估计与单点通信信号的方法类似，因此这里不作分析。

通信网信号采用的调制方式主要有 FM、MFSK、MSK、MPSK、QAM 等方式。调制方式的识别可以采用时域分析法、频域分析法和时频分析法等方法实现，详细分析参见单点通信信号调制识别方法。

3. 通信网信号的多址方式识别技术

通信网信号的多址方式主要有 FDMA、CDMA、TDMA 和数据分组等方式。FDMA 是利用了信号频域的正交特性，而 TDMA 信号是利用了时间正交性，CDMA 则是利用了信号的码型正交性。

1）FDMA 多址方式的识别

FDMA 是频分多路的多址方式，其中的多路复用方式有每载波单路（SCPC）和每载波多路两种方式。通信网信道一般有较宽的频带，采用 FDMA 方式时，在信道带宽内，可能有数个载波在同时工作。因此，可以根据信号的谱特征和伪时域特征识别出有几个载波，然后利用每个载波所占带宽判断其是否为 SCPC 方式、FDMA 方式还是 TDMA 方式。

SCPC 信号的谱结构为一簇一簇的谱包络，其间由相等或不相等的保护间隔所分离，有一定内在的隐藏的周期性，对谱做适当的处理，再进行 FFT 变换，得到其倒谱分布。谱的内在的隐藏的周期性呈现为较明显的倒谱特征，即在非零点有显著的谱线。而 FDMA 的带宽是均匀且固定的，因此利用信号的带宽信息，可以区分出 SCPC 和非 SCPC 的 FDMA。

2）TDMA 多址方式的识别

TDMA 信号的基带信号的统计特征近似白噪声，其谱分布为典型的 PSK 调制谱分布，为窄带谱，故其倒谱特征与 FDMA 有明显的区别。

3）CDMA 多址方式的识别

CDMA 则是利用了信号的码型正交性，其中 FH/MFSK/CDMA 的平均谱与 FDMA 类似，故其倒谱特征与 FDMA 类似，但其调制方式为 FSK，故可与 FDMA 方式区分开来。DS/PSK/DMA 的谱与 TDMA 的谱都是 sinc 函数形式，但 CDMA 由于伪码的周期性，其倒谱有比较明显的特征与 TDMA 相区别。因此利用信号谱的结构特征、倒谱特征和调制参数相结合的方法，可以识别信号的多址方式。CDMA/PSK/DS 以及 CDMA/MFSK/FH 的谱结构和伪时域结构分别与 TDMA 和 FDMA 方式相似，可结合调制方式加以识别。

4．对通信网节点的无源探测与定位技术

无源探测定位是利用接收其他辐射源的辐射的电磁波，实现对目标探测、定位和跟踪的技术。这些辐射源可以是广播电台、电视台、通信台站、直播电视卫星、导航与定位卫星、各种平台上的有源雷达等。通信网辐射源定位，是利用通信网台的辐射信号，实现对通信网台的定位。其技术可以利用传统的辐射源定位技术，如测向无源定位、时差定位、差分多普勒定位等，详细内容参见单点通信台站测向定位技术。

5．对通信网传输协议的分析技术

通信网中要做到有条不紊地交换信息，每个节点就必须遵守一些事先确定的规则，这些规则明确规定了数据通信中同步、时序、错误检测和纠正等所有有关的细节，这些为网络的信息交换而建立的规则、标准或约定就是通信协议。

实际的通信网是按照某种分层方式构建的，如著名的 OSI 7 层模型。而广泛使用的是其混合模型，即包括了物理层、数据链路层、网络层、运输层和应用层。每个分层都有自己的协议，它们共同构成了通信网的协议框架。

通信侦察最关心的是前三层的协议。对物理层协议的分析，是对通信网络传输协议的分析的基础，可以与对信道传输信号的调制识别和参数分析相对应。对数据链路层和网络层的分析，是对解调后的基带码或者基带码群的分析过程。或者说要获取网络层信息，分析网络协议，就必须进行基带群码的盲恢复，即进行调制码反演。因此，对网络传输协议的分析按照以下几个步骤实现：

（1）对通信网信号的进行调制识别和调制参数分析，通过盲解调恢复基带群码或者基带码。

（2）对基带群码进行路由识别，即在基带复用方式分析的基础上，还原数据包或者数据，从中分析和推测所截获的数据报或分组的结构，得到路由结构。

（3）对数据包或者数据分组的网络协议进行分析，得到其网络传输协议。

1）通信网信号的基带群码恢复技术

由于通信网侦察系统是非协作工作，它对所截获的通信网信号的参数是未知的，因此基带群码的恢复是盲恢复。盲恢复的基本方法是，首先必须进行调制识别和调制参数分析；其次根据调制分析的参数，构建相应的解调器结构，恢复基带群码或者基带码。

调制参数分析可以与通信信号调制识别功能类似，这里不再说明，下面主要分析对解调器的实现。由于通信网信号的调制方式很多，为了适应对各种调制方式解调的要求，这里的解调器应该是一个通用的解调器，即它能够适应对各种调制方式和各种调制参数解调的要求。

通用解调器的实现方式有两种基本形式，一种是基于硬件的解调器，一种是基于软件的解调器。基于硬件的解调器的实时性好、但设备复杂、灵活性差。基于软件的解调器设备简单、灵活性好，但实时性差。

数字化通用解调器包括数字化模块、调制类型识别模块、调制参数分析模块、调制器控制模块和数字解调模块等，其关键是数字化解调模块。数字化通用解调器采用功率谱分析、时频分析、累量分析等方法进行调制类型识别和参数估计，采用数字化方法解调和恢复基带群码。

2）通信网信号的多路复用方式分析技术

通信网的复用方式主要有频分多路（FDM）、时分多路（TDM）等方式。FDM按照传输频率进行划分，把多路基带信号的频率搬移到不同的中心频率上，使各路信号的频谱互不重叠，形成基带信号群。每路基带信号占据一段子频带，各路基带信号具有不同的中心频率，相邻两个基带信号之间留有一定保护频带。

TDM按照传输设计进行划分，将各路基带信号的传输时间相互错开。当传输 n 路基带信号时，将每帧的时间分成 n 个时隙，时隙是指一帧中占据一特定位置的时间片段。每路基带信号仅在分配给自己的时隙内传输，占据特定的时间间隙。TDM方式的的帧按照一定的规则进行划分，每帧中包括一个同步分帧、若干个数据分帧，分帧中包含有同步头。

利用上述特点，利用谱分析方法可以识别复用方式。将基带信号进行数字化处理，然后进行谱分析，两者的谱特性有明显的差别：FDM信号的谱很宽，其特性类似与白噪声，因此可将FDM信号识别出来；TDM信号的谱较窄，窄利用TDM的同步信息，可识别TDM信号。

实现谱分析的方法可以采用FFT、短时傅立叶变换（STFT）、时频分析等技术。

3）通信网信号的网络协议分析技术

在通信网中，数据传输和帧传输协议是其重要的协议。它们规定了如何无差错地传送一帧数据，即规定了帧结构，包括每帧如何起始和结束、目的和源地址、采用何种校验方式，相互如何应答等。

通信网协议的类型较多，这里仅以最常见的TCP/IP协议、TDMA和数据分组方式为例说明。

（1）TCP/IP 协议分析。TCP/IP 协议分析一般包括数据包截获、协议分析、数据分析等部分。

① 数据包截获：将解调和解复用得到的数据包完整的收集起来，然后对其进行分析、过滤等处理，送往协议分析模块作进一步的应用。

② 协议分析：协议分析的功能是辨别数据包的协议类型，以便使用相应的数据分析程序来检测数据包。按照网络协议的层次组织结构，将依次分解出各层协议首部，进而确定其上一层协议，直至完成应用层协议的全部解析。典型的解析过程如下：从链路层获得以太网数据帧，解析出以太网首部；检查其帧类型，确定上一层的 IP 协议；解析出 IP 协议首部，检查其中的协议值、报文段，再解析出 TCP 首部；查看目的端口号，确定报文类型；最后解析出其首部和包含的实体数据。

③ 数据分析：数据分析模块的功能是分析某一特定协议数据，得到目的和源地址、数据内容等，确定是否关注该主机的结论。

（2）TDMA 协议分析。TDMA 以帧方式传输，它的帧有一个同步分帧和若干个数据分帧组成。每个分帧都有一个分帧报头，其中包含有独特码（UW）、同步参数、站址识别码和勤务指令码。独特码是 TDMA 帧的分帧时间基准，是系统实现时间同步的基准，它是一组特殊的编码。站址识别码表示站的编号及其类型，是区分基准站、备用基准站和普通站的标志。勤务指令码包含了系统工作状态等信息。

TDMA 协议识别的任务之一是对 TDMA 帧数据流进行分析，从其中提取分帧长度、基准分帧长度、独特码长度、站址识别码长度和勤务指令码长度及其传输内容。其中最关键的是获取分帧的独特码，它可以利用自相关试探法、互相关捕获法进行分析。

自相关试探法是对帧数据流进行滑动自相关，改变滑动相关时间和相关长度来判断和识别独特码的位置，它适合与对独特码缺乏先验知识的情况。

互相关捕获法是根据某些独特码的先验知识，对帧数据流进行互自相关来判断和识别独特码的位置。

TDMA 协议分析的另一个任务是识别信道分配方式，常用的信道分配方式有预约方式、按需分配方式。在预约方式，各站使用预先分配的时隙，在按需分配方式，各站提供信令信道或者公用信道申请和使用信道。可见这两种信道分配方式有明显的区别，可以通过是否使用信令信道和公用信道进行识别。

（3）数据分组协议分析。数据分组将数据按照一定长度进行分组，在分组前加上报头，分组后加入校验比特，形成类似于 TDMA 的帧。其中报头包括同步信息、发送站和接收站信息等。每个通信站按照固定连接、预约连接或者随机连接方式进入信道。

对数据分组协议的识别与 TDMA 方式类似，也包括分组传输分析和连接方式识别两个任务。其识别方法可以采用类似的方法。

6. 对通信网的网台识别技术

在通信对抗中，通信网台电台的识别一直是个非常棘手的难题。通信网台识别是利用通信信号的技术参数与通信网台、通信网台与装载平台之间的对应关系，经过自动或者人工智能化推理实现的，它实际上是一种通信网台的数据融合问题。

1）通信网台识别的基本参数

通信网台识别的基本参数的选择与识别的方法有关，不同的识别方法采用不同的参数集。可以作为识别参数的是通信信道信号的特征参数、通信网协议参数等。

（1）通信信道信号特征参数集。通信信道信号的特征参数包括达到方向、载波频率、调制方式、信号带宽、基带信号带宽、码元速率、扩频速率、调频速率、编码方法等时域参数和频域参数。

（2）通信网协议参数集。通信网协议参数包括多址方式、多路复用方式、通信协议、帧结构等参数。

2）通信网台识别技术

（1）专家系统通信网台识别技术。专家系统网台识别是基于知识库的识别技术。它利用先验知识建立网台信号参数知识库、通信协议知识库、平台知识库等，通过推理和判断实现对各种特征参数的数据融合，是一个智能化的系统。它通过对截取的网台通信信号参数、通信协议参数和人工情报等信息进行智能化融合，得到通信网台及其装载平台身份、军事部署等，并进一步对敌军态势和威胁程度进行合理的估计。

专家系统通常是一个智能化的多专家系统，每个专家具有某个领域的专门知识，负责该领域相关问题的推理。专家系统的推理方法采用不确定推理方法、证据理论方法、统计方法等。

（2）神经网络通信网台识别。神经网络作为一种模式分类器，是利用网台信号参数集和通信协议集，实现网台分类和识别。神经网络分类器由训练和工作两部分组成，其结构通常是多层结构，包括输入层、中间层和输出层。其结构一般采用 BP 网络、自组织网络等形式。

神经网络分类器具有强大的模式识别能力，可以获得很高的识别率，能够自动适应环境变化，较好地处理复杂的非线性问题，具有更好的稳健性和潜在的容错性。在通信信号调制分类中得到的广泛应用，在通信网台识别中也有广泛的应用前景。

8.6.4 对通信网的综合干扰技术

1. 对通信网的综合干扰技术

为了实现对通信网的干扰与攻击，包括信息欺骗干扰、节点阻塞干扰、网络交换机病毒干扰等主要形式。

1）信息欺骗干扰技术

使虚假信息以与通信网传输的信息包（组）相同的方式接入，形成虚假信息，对通信网主干信道和节点实施信息欺骗，甚至阻塞网络信息的流通。

信息欺骗对侦察系统的要求是正确截获和识别通信网的组网方式、解调和复原通信网传输的数据流、分析通信网的信息传输协议和加密方法。信息欺骗干扰可以采取以下主要方法实现：

（1）信息篡改技术：更改侦察设备接收到的部分或全部数据，以某种虚假数据代替真实数据，或者破坏其数据。是通信系统难以得到真实数据，破坏系统的正常工作。

（2）信息欺骗技术：将非法用户伪装成为合法用户，运用诸如重播攻击、篡改数据等主动攻击手段。可以获取系统密码或其他有用信息。重播攻击是记下一个消息或部分消息，在以后的时间重复发送，影响系统正常的工作。

2) 节点阻塞干扰技术

在侦察系统获取了重要节点相关参数的条件下，以适当的功率同时对网络的多个主干信道和节点进行压制干扰，破坏信息和数据的传递；或者以大量的虚假信息以与通信网传输的信息包(组)相同的方式接入，使系统或部分系统被阻止履行正常的功能。这种类型的攻击可以产生 RF 拥塞和系统资源过载，造成网络繁忙导致网络信息流的阻塞。

3) 对信令信道和同步信道的干扰技术

通信网的信令信道和同步信道是通信网的重要组成部分，不同的多址和复用方式，采用不同的信令信道和同步方式。对信令信道和同步信道的干扰的基础是正确截获和识别通信网的组网方式、分析信令信道和同步信道数据流等。

将虚假信令发送到信令信道，扰乱通信网信道的分配状态和信令传输；或者采用延迟转发方式转发信令数据，造成信令信道阻塞。

将虚假同步数据发送到同步信道或者同步分帧，扰乱通信网同步状态；或者采用延迟转发方式转发同步数据，造成通信网同步困难。

4) 网络交换机病毒对抗技术

通信网中的交换机是其重要的组成部分，交换机中的计算机是其神经中枢。与计算机通信网中的计算机类似，交换机中的计算机也是在某种操作系统的支持下，完成通信网的管理和交换等任务。这样就使计算机病毒攻击网络交换机成为可能。网络交换机对抗的手段可以分为窃取情报和扰乱、破坏两个方面。

(1) 情报窃取技术：通过电脑"黑客"非法进入敌国的网络交换机，窃取其经济军事秘密并假借合法用户身份，用非授权的方式改变数据资料，进行数据欺骗，对目标网络进行破坏。

(2) 计算机病毒攻击：把计算机病毒偷偷放入计算机网络以开展计算机病毒对抗，生成可破坏网络内部交换机系统的计算机工作的病毒，改变交换机的处理程序或者工作流程，还可以扰乱、删除、毁掉交换机网络计算机中的正常程序，使病毒定时发作或大量复制传递，造成网络的彻底瘫痪。

2. 对通信网的数据链路的干扰技术

1) 对战术数据链路的干扰技术

数据链主要通过无线信道来传输信息数据。到目前为止，美国已经研制出了几种战术数据链并装备了部队，它们分别是 LinkI、LinkII、LinkIII、Link4、Link11、Link16 等。其中典型的战术数据链是 Link4A、Link11、Link16。对数据链的干扰可采取以下几种方法：

(1) 瞄准式噪声干扰：使干扰机的干扰信号频率瞄准所截获的数据链信号频率，基带噪声为高斯噪声，干扰带宽大于或等于信号带宽，干扰样式为短波单边带调制信号或超短波窄带调频信号。这种干扰方式简单易行，现有的干扰装备即可实现。

(2) 数据欺骗干扰：利用通信侦察接收机截获数据链路信号，并且进行解调，记录其中的一段基带信号，比如一个完整的数据包、数据帧等，按照原调制样式调制后发射。这种方式是试图冒充网络中的一个合法子站，重复发送原数据包内容、或者用其他数据部分替换或全部替换数据包内容，使对方数据链路中原用户重新接收已接收过的数据或者虚假数据，从而达到迷惑或者扰乱其信息传输过程的目的。

（3）数据阻塞干扰：数据阻塞干扰与数据欺骗干扰不同的是，对一个数据包进行多次重复复制加工，或者以大量的虚假信息反复发送，按照原调制样式将所记录信号发射出去。这种方式是试图冒充网络中的多个合法子站，发送多个数据包或者大量的虚假信息，造成网络拥挤直至阻塞。

2）对卫星数据链路的干扰技术

卫星数据链路包括前向(上行)链路、后向(下行)链路和星际链路三种，实现星地、星间数据传送。实现对其侦察干扰的前提是必须设法截获其辐射信号，除了后向链路可以采用地面设备截获其信号外，前向链路和星际链路使用地面设备难以截获其信号。因此应该采用升空平台或者伴星平台，实现对其侦察和干扰。

卫星数据链路的主要调制方式是 UQPSK、OQPSK、BPSK 等，采用直接序列扩频(DSSS)方式或者非扩频方式。对其干扰时可以采用噪声阻塞干扰、梳状谱阻塞干扰和欺骗干扰等基本干扰技术。

（1）噪声阻塞干扰：包括窄带噪声调频干扰和宽带噪声调频干扰两种类型。窄带噪声调频干扰是瞄准式干扰，它的中心频率与数据链的中心频率相同，带宽为单个信道带宽。宽带阻塞干扰是多信道干扰，可以同时干扰多个信道，全面阻塞数据链路，破坏其正常工作。噪声干扰具有引导简单、使用方便的特点，但是当链路采用扩频方式时，需要的干扰功率较大。

（2）梳状谱阻塞干扰：可以同时阻塞多个信道。它在被干扰的带宽内，产生一组等间隔或者不等间隔分布的窄带信号、或者多音信号，形成宽带干扰。当谱分布的间隔与信道间隔相同，窄带谱峰对准信道中心时，具有最好的干扰效果。

（3）欺骗干扰：采用与卫星数据链路系统的参数，如载波频率、调制速率、调制方式和扩频方式，干扰调制的信息是通过转发、扰乱、随机改写原数据，或者产生虚假数据得到的。这样可以造成接收方接收到的信息的混乱，达到干扰的目的。欺骗干扰具有较好的隐蔽性，所需的干扰功率也比阻塞干扰小，但是需要精确的引导技术。即要求侦察系统能够正确截获、识别调制方式、解调和复原数据链路的数据流。

8.6.5 对通信网对抗的效能评估技术

1. 通信网对抗效能评估的基本原则

对通信网的电子战效能评估是建立在对单台通信干扰效果评估的基础上的。其评估的应遵循以下基本原则：

（1）整体性原则：通信网与传统单链路通信最大的区别就是参加这个网的所有节点的电台无论数量有多大，地理上分布多广，它们都是这个网的一个单元，它们共同构成一个整体，因此评估对通信子网的效能，首先就要估价被干扰攻击的通信网的整体性能，在遭受干扰以后的变化情况。

（2）时效性原则：时效性就是当干扰通信网的某个节点时，应是该节点到达数据报或分组最多的时间。这时所达到的对该节点性能的降低是最显著的。

（3）节点和路由优选原则：在确定干扰目标时，应对通信网节点和路由段优选。即选择重要性最高的节点和使用概率最高的路由段，只有这样才能达到对整个通信网最有效的迟滞和性能降低。

2. 通信网电子战效能评估技术

从上述原则出发，应用排队论的基本方法，建立以下评估通信网的电子战效能评估模型。

（1）通信子网全网传信总延时：使目标通信网所传送的各个电报或分组产生最大的延时，是对通信子网干扰的直接战术目的。为衡量这个效果，利用"通信子网全网传送总延时"，即全网中各节点与其的所有相邻节点路由段延迟的总和。

（2）重要节点传信延时：对通信子网性能的降低要高于普通节点。

（3）每节点数据报（分组）等待长度：到达每节点待发送的数据报（分组）的等待长度。一个节点一旦受到干扰攻击，其待发的消息必然发不出，从而增大该节点消息队列的长度。

（4）每节点路由表更换的周期：每个路由器节点的路由表，是为保证各节点都是可到达，且各个路由器都随时掌握其他路由器的状态而设置的。

当然，以上这些性能测度，在实际使用中很难直接测量及计算，因此应有一些估计上述测度的工程方法。这是网络电子战理论有待解决的一个重要课题。对物理层干扰的效能评估，可参考点对点通信干扰效果评估方法。

8-1　设直接序列扩频信号的序列码速率 1.024MSPS，信息码速率为 1024SPS，扩频信号采用 BPSK 调制。试计算该系统的扩频增益和扩频后的信号带宽。

8-2　某跳频扩频系统的调频带宽为 4 MHz，信息带宽为 200 kHz，试计算该系统的处理增益。如果它的调频间隔为 400 kHz，那么它的跳频频率点数是多少？

8-3　对直扩信号的检测有那些主要方法？试比较它们的特点。

8-4　自相关法可以估计直扩信号的码元宽度和码元速率，试用 MATLAB 编程实现直扩信号的码元宽度和码元速率的估计。

8-5　对直接序列扩频系统的干扰主要有哪些干扰样式？试简述和比较它们的特点？

8-6　对直接序列扩频系统实施宽带噪声干扰，扩频信号采用 BPSK 调制，每个数据比特的扩频码数为 100，解扩输入的信噪比为 0.1 倍，解扩输入的干信比为 10 倍，试计算干扰前后该系统的误码率。

8-7　对直接序列扩频系统实施脉冲干扰。设发射干扰信号的时间比为 0.3，不发射干扰信号的时间比为 0.7，无干扰时的误码率为 10^{-5}，存在干扰时误码率为 10^{-2}，试计算其平均误码率。如果欲使平均误码率最大，那么发射干扰信号的时间比应该是多少？

8-8　对跳频信号的检测有那些主要方法？试比较它们的特点。

8-9　利用多跳自相关法可以检测跳频信号，试用 MATLAB 编程实现该检测器。

8-10　跳频通信网台特有的基本特征参数包括哪几个？其基本含义是什么？

8-11　对跳频系统的干扰效果哪 4 个参数决定？其干扰方法主要有哪些？

8-12　LINK16 战术数据链采用采用 JTIDS 作为通信链路。试简述 JTIDS 的基本特点。

8-13　对数据链信号的侦察技术主要包括哪几个方面？

8-14　对数据链信号的干扰可以采用哪些干扰技术？

8-15　对通信网的侦察技术主要包括哪几个方面？

8-16　对通信网的干扰技术可以采用哪些干扰技术？

参 考 文 献

[1] 赵国庆. 雷达对抗原理. 西安：西安电子科技大学出版社，1999

[2] 栗苹. 信息对抗技术. 北京：清华大学出版社，2007

[3] 胡礼鸿，等. 超短波通信对抗系统. 合肥：中国人民解放军电子工程学院，1990

[4] 王红星，曹建平. 通信侦察与干扰技术. 北京：国防工业出版社，2006

[5] 编写组. 电子战技术与应用——通信对抗篇. 北京：电子工业出版社，2006

[6] ［美］Richard A. poisel. 吴汉平，等，译. 通信电子战系统导论. 北京：电子工业出版社，2003

[7] ［美］Richard A. poisel. 杨小牛，等，译. 现代通信干扰原理与技术. 北京：电子工业出版社 ，2005

[8] ［美］John G. Proakis. 张力军，等，译. 数字通信（第三版）. 北京：电子工业出版社，2001

[9] 曾兴雯，等. 扩展频谱通信及其多址技术. 西安：西安电子科技大学出版社，2004

[10] 杨小牛，等. 软件无线电原理及其应用. 北京：电子工业出版社，2001

[11] ［美］E. E. Azzou A. K. Nandi. 俞仁涛，李武阜，译. 通信信号调制的自动识别. 中国人民解放军 57394 部队，1998

[12] Kwok H. Li and Laurence B. Milstein, On the use of a Compress Receiver for Signal Detection，［J］IEEE Transaction on Communications，Vol. 39，No. 4，April 1991

[13] A. Polydoros and K. T. Woo. LPI Detection of Frequency Hopping Signal Using Autocorrelation Techniques ［J］IEEE Selected Areas in Communications，Vol. SAC—3，sept，1985.

[14] S. Hinedi and A. Polydoros. DS/LPI Autocorrelation Detection in Noise Plus Random—Tone Interference ［J］. IEEE Transaction on Communications，June 1999

[15] 罗明，杨绍全. 数字通信信号的自动识别与参数估计研究. 西安：西安电子科技大学博士学位论文，2005

[16] 郑文秀，赵国庆. 数字通信信号调制方式的自动识别. 西安：西安电子科技大学硕士学位论文，2004

[17] 陈慧，冯小平. 通信信号调制识别方法的研究. 西安：西安电子科技大学硕士学位论文，2007

[18] 张辰光，冯小平. 数字通信系统干扰方法研究. 西安：西安电子科技大学硕士学位论文，2007

[19] 陶俊，冯小平. 对 DSSS 系统的干扰及其效果分析. 西安：西安电子科技大学硕士学位论文，2006

[20] 姜园，仇佩亮. 通信对抗中的现代信号处理技术应用研究. 杭州：浙江大学博士学位论文，2004

[21] 贺伟，李鹏. TDRSS 链路干扰策略的研究. 西安：西安电子科技大学硕士学位论文，2004

[22] 罗利春. 无线电侦察信号分析与处理. 北京：国防工业出版社，2003

[23] 赵俊，等. 一种基于时频分析的跳频信号参数盲估计方法. 电路与系统学报，2003